水性胶黏剂配方精选

SHUIXING JIAONIANJI PEIFANG JINGXUAN

张玉龙　主编

化学工业出版社

·北京·

本书重点介绍了水性热塑性树脂胶黏剂、水性热固性树脂胶黏剂、橡胶型水性胶黏剂、水性淀粉胶黏剂、水性植物胶黏剂、水性动物胶黏剂的实用配方与制备实例。在制备实例中均按照原材料与配方、制备方法、性能与效果的格式进行编写。实用性、可查阅性强，可供从事水性胶黏剂生产、应用的各类技术人员和管理人员参考。

图书在版编目（CIP）数据

水性胶黏剂配方精选/张玉龙主编．—北京：化学工业出版社，2019.3（2022.11重印）

ISBN 978-7-122-33602-6

Ⅰ.①水…　Ⅱ.①张…　Ⅲ.①水凝胶-胶粘剂-配方　Ⅳ.①TQ430.7

中国版本图书馆CIP数据核字（2019）第000826号

责任编辑：赵卫娟　　装帧设计：韩　飞

责任校对：边　涛

出版发行：化学工业出版社（北京市东城区青年湖南街13号　邮政编码100011）

印　　装：北京天宇星印刷厂

787mm×1092mm　1/16　印张19¼　字数473千字　2022年11月北京第1版第2次印刷

购书咨询：010-64518888　售后服务：010-64518899

网　　址：http://www.cip.com.cn

凡购买本书，如有缺损质量问题，本社销售中心负责调换。

定　　价：98.00元

前言

随着科技创新和持续发展战略方针的推进，人们的环保意识日益增强，加之国家各项严厉环保处罚文件的出台，使国内各工业部门环保观念进一步增强。胶黏剂行业也不例外，为此，科技人员付出巨大努力，在环保胶黏剂，特别是水性胶黏剂的研究中做出相当大的贡献，使一大批新型水性胶黏剂投放市场，并在各个领域得到应用，呈现出良好的发展趋势。水性结构胶、水性功能胶和水性专用胶正在逐步替代传统的溶剂胶黏剂。

为了普及水性胶黏剂的基础知识，推广并宣传近年来水性胶黏剂研究与应用成果，我们编写了《水性胶黏剂配方精选》一书。在扼要介绍了水性胶黏剂基础知识的情况下，重点介绍了水性热塑性树脂胶黏剂（包括丙烯酸酯胶黏剂和聚乙烯醇胶黏剂）、水性热固性树脂胶黏剂（包括聚氨酯胶黏剂、环氧胶黏剂、酚醛树脂胶黏剂和脲醛胶黏剂等）、橡胶型水性胶黏剂（天然橡胶、氯丁胶乳、丁苯胶乳和丁腈胶乳胶黏剂）、水性淀粉胶黏剂、水性植物胶黏剂和水性动物胶黏剂等，并按照原材料与配方、制备方法和性能与效果的编写格式，逐一介绍每一配方实例，且对各种水性胶黏剂的实用配方进行叙述。本书是胶黏剂行业研究、设计、制造、销售、管理和教学人员必读必备之书，也可作培训教材使用。

本书突出实用性、先进性和可操作性，理论介绍从简，侧重于用实例和使用数据说明问题，结构严谨、语言精练、数据翔实、信息量大，图文并茂、可读性、借鉴性强。若本书出版发行能够促进我国的水性胶黏剂的研究与发展，作者将感到十分欣慰。

由于水平有限，文中不妥之处在所难免，敬请批评指正。

编者

2019.1

目录

第五章　水性淀粉胶黏剂　189

第一章　概　述

第一节　基本概念与范畴

所谓水性胶黏剂是那些以水或乳液为溶剂，成膜材料可均匀地溶解或分散于水或乳液中，干燥或固化后起粘接或连接作用的胶种。由于这类胶黏剂是以水或乳液为溶剂，不会对环境产生污染，又称环保胶黏剂。由于此类胶黏剂顺应了当前我国可持续发展战略，其发展速度很快，再加上高新技术在水性胶黏剂选材、配方设计、乳液与胶黏剂制备中的应用，近年来出现了众多粘接性能可与溶剂型胶黏剂相媲美的胶种，许多结构型、功能型和高性能型水性胶黏剂也相继问世，进一步拓宽了水性胶黏剂的应用领域。

作为水性胶黏剂成膜材料的物质起初仅有动物胶质、淀粉、精糊、血清蛋白、白蛋白、酪蛋白、虫胶质、松香、甲基纤维素与聚乙烯醇等，后来丙烯酸酯类、乙酸乙酯类和羧甲基纤维素也加入了水性胶黏剂成膜材料的行列；随着乳液制备技术的发展，以水性乳液为溶剂的制备方法，为水性胶黏剂的发展带来质的飞跃，随后出现了热固性树脂类水性胶黏剂（如脲醛、环氧、酚醛、聚氨酯等）和橡胶类水性胶黏剂（如天然橡胶、氯丁橡胶、丁苯橡胶和丁腈橡胶等）。这些热固性树脂和固体橡胶通过乳化作用，可均匀地分散生成水性分散液，若要增大黏度或粘接力还可在分散液中再添加合成烃类树脂或松香皂类衍生物，亦可添加其他助剂使其成为高性能、多功能、高粘接力的胶种。

应该加以说明的是水性胶黏剂以水作为流动载体，成膜材料分散于水中，从而会使胶体黏度有所降低，这样一来，在粘接被粘接材料时，施胶较为方便，可以以不同的胶层厚度涂覆被粘接材料，且涂层厚度均匀度较易掌握，但一般不能自然固化，需采用烘箱固化，流动载体要在烘箱加热条件下进行挥发固化，但也有个别水性胶黏剂品种可在无加热条件下固化，但时间较长。

水性胶黏剂也并不是绝对地不使用有机溶剂，即不是100％无溶剂，为了控制其流动性以及提高粘接力，也可加入适量或极少量的有机溶剂，对此应该灵活掌握，以配制出适用、无污染的胶黏剂为宜。

第二节　主要品种与分类

一、主要品种

水性胶黏剂主要有以下品种。

① 热塑性树脂类水性胶黏剂：如丙烯酸酯类水性胶黏剂、乙酸乙酯类水性胶黏剂、聚乙烯醇类水性胶黏剂（如聚乙烯醇缩醛类水性胶黏剂）等。

② 热固性树脂类水性胶黏剂：如聚氨酯类水性胶黏剂、酚醛类水性胶黏剂、环氧类水性胶黏剂、脲醛类水性胶黏剂等。

③ 橡胶类水性胶黏剂：如天然橡胶类水性胶黏剂、氯丁橡胶类水性胶黏剂、丁苯橡胶类水性胶黏剂、丁腈橡胶类水性胶黏剂等。

④ 淀粉类水性胶黏剂：如糊化淀粉类水性胶黏剂、氧化淀粉类水性胶黏剂、酯化淀粉类水性胶黏剂、改性淀粉类水性胶黏剂、糊精类水性胶黏剂等。

⑤ 蛋白质类水性胶黏剂：如豆胶类水性胶黏剂、酪素蛋白类水性胶黏剂、血液蛋白类水性胶黏剂等。

⑥ 动物胶质类水性胶黏剂：如骨胶、明胶、鱼胶、皮胶和虫胶等。

⑦ 纤维素类水性胶黏剂：如甲基纤维素、乙基纤维素、羧甲基纤维素、羟乙基纤维素、乙基羟乙基纤维素和羟丙基甲基纤维素类水性胶黏剂等。

二、分类方法

因水性胶黏剂品种较多，分类方法也不太统一，本书仅介绍四种分类法。

1. 按物理状态分类

按胶黏剂的物理状态可分为液体胶、糊状胶、胶带胶和固体胶（粉末状）。

2. 按化学组成分类

按化学组成可分为热塑性、热固性、橡胶（或弹性体）型和合金型等。

3. 按功能或用途分类

按功能或用途可分为结构胶和非结构胶。

4. 按胶体状态分类

按胶体状态可分为以下两类。

(1) 水溶型水基胶黏剂：如淀粉胶黏剂、蛋白质胶黏剂、动物胶黏剂、纤维素胶黏剂、聚乙烯醇胶黏剂和聚乙烯醇缩醛胶黏剂。

(2) 水分散型（又称乳液型）水性胶黏剂：其中包括热塑性树脂类、热固性树脂类与橡胶类水性胶黏剂。就目前而言，水分散型或乳液型水性胶黏剂发展最快，其品种多样、性能各异、用途广泛，配方设计与制备技术也比较复杂，代表着水性胶黏剂发展的方向，是当前研究的热点。

第三节　水性胶黏剂同溶剂型胶黏剂和热熔胶的比较

一、主要区别

溶剂型胶黏剂以苯、甲苯等有机溶剂为分散介质，物相是连续的。水性胶黏剂以水为分散相，是非均相体系。溶剂型胶黏剂的分子量较低以保持可涂粘性，而水性胶黏剂的黏性与分子量无关，因此，它的分子量可以较高。溶剂型胶黏剂的增黏剂主要是酚醛树脂，它可以使粘接力和耐热性都得到提高。水性胶黏剂含表面活性剂、消泡剂和填充剂等，表面活性剂的作用是增强水性胶黏剂的润湿性，消泡剂主要是消去搅拌时由表面活性剂引起的泡沫。溶剂型胶黏剂在溶剂挥发后会形成扩散膜，而水性胶黏剂若长时间放置，它的固态成分会聚结。溶剂型胶黏剂中的物质若析出能被溶剂再溶解，而水基胶黏剂中的固相物质是不可再被水溶解的。

二、粘接机理比较

1. 溶剂型胶黏剂粘接机理

以氯丁胶为例，溶剂型胶黏剂的成分主要有聚氯丁二烯、ZnO（或 MgO）、有机溶剂等。ZnO（或 MgO）主要作为交联成分，聚氯丁二烯是胶黏剂的主体，有机溶剂是分散介质。

聚氯丁二烯的玻璃化转变温度低（−45℃），存在多种晶型，晶体熔点为 53℃。低的玻璃化温度和有机溶剂的存在，加快了聚合物链的内部扩散，使自粘接能力增强，从而使聚合物有了黏性。粘接形成后，聚氯丁二烯开始结晶，并且 ZnO 和丙烯基氯产生了交联，残余的溶剂随之失去，这个过程的结果增加了粘接强度和耐热性，溶剂型胶黏剂的粘接机理见图 1-1。

2. 水性胶黏剂的粘接机理

在氯丁乳胶制备过程中，聚合物、增黏剂树脂、ZnO、稳定剂一起分散在水中，水是连续相。使用时，随着水分蒸发，就会发生物相的转变，固态粒子形成连续相，水成为分散相，水完全蒸发后，就会形成一层紧密的膜，聚合物和树脂的粒子产生了黏性，粘接强度受聚合物凝胶程度的影响，而粘接时间依赖于聚氯丁二烯的结晶率。水性胶黏剂的结晶和交联方式与溶剂型的相似，其粘接机理见图 1-2。

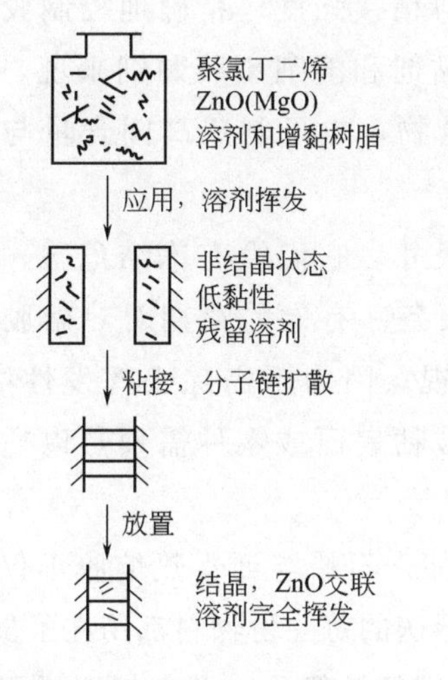

图 1-1 溶剂型胶黏剂的粘接机理

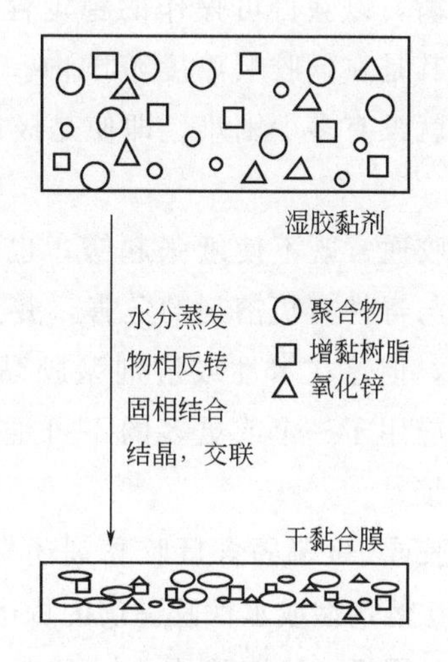

图 1-2 水性胶黏剂的粘接机理

三、优缺点比较

1. 水性胶黏剂

水性胶黏剂的成本低于等量的溶剂型化合物，即使是便宜的有机溶剂也比水贵。当用水作介质时，同有机溶剂相关联的易燃性与毒性问题被消除。水性胶黏剂较易配成极端范围的黏度与固含量，例如水性胶黏剂比溶剂型胶黏剂更易制得高固含量-低黏度或高黏度-低固含量的组合。在水分散液中的聚合物浓度可以比溶剂型胶黏剂高很多。水性胶黏剂的渗透与润湿可通过表面活性剂或分散液中胶粒的大小来控制。配方中可使用增稠剂使黏度增大到可防止水性胶黏剂渗透到多孔性表面内的程度。

水性胶的缺点是水的存在会使被粘织物收缩或使纸张卷曲与起皱，也会引起钢铁质的应用与贮存设施产生腐蚀与生锈问题。在多数情况下，水性胶黏剂在装运与贮存期间必须防止发生冻结，因为这可能永久性损害容器与产品。

2. 溶剂型胶黏剂

溶剂型胶黏剂则没有水性胶的上述缺点，而且它们的黏合接头通常比水性产品更耐水。它们一般有更大的黏性，能产生更大的初黏强度。对油性表面和一些塑料，溶剂型胶黏剂比水性胶黏剂的润湿性要好得多。其配方可调用多种溶剂以改变挥发、干燥及固化速率。但是，由于有有机溶剂，就必须使用防燃防爆设备，并且在操作与应用时还必须多加小心。此外，当使用溶剂型胶黏剂时，还必须对现场环境进行通风，使毒性有害物的影响降低到允许的程度。

3. 热熔胶或100%固含量胶黏剂

热熔胶必须加热到流动才能应用。因为所用聚合物在连续加热时可能分解，所以加热时间与温度必须加以控制。一方面聚合物热熔体的黏度随分子量与用量的增大而增大，从而导致涂胶困难；另一方面，要产生高粘接强度和韧性，又需用较高分子量与较高用量的高聚物，这是热熔胶普遍存在的矛盾。因此需要在分子量、浓度与温度之间寻求某种折中平衡，以获得可操作的稳定性、施工应用性与粘接强度。精确地控制胶层也是困难的，尤其是在低胶层厚度范围内。但对于水性胶黏剂和溶剂型胶黏剂来说，使用高分子量材料就没有多少困难。即使是极高分子量的聚合物，也可制成高固含量与低黏度的水性胶乳。

热熔胶通常既不使纸张起皱，也不扰乱织物的尺寸。它们没有冻结危险，也消除了使用易燃与毒性有机溶剂的危害，并且不需要干燥设备。有效贮存期对热熔胶来说通常不成问题，但这在水性或溶剂型胶黏剂中却不容忽视。因为不需除去挥发性溶剂或水，故它们能应用于一个或更多的不可透性表面。但是被粘表面或零件需预热以达到适当的润湿与粘接。

热熔胶或100%固含量胶黏剂还有一些优点。例如，石蜡与沥青热熔胶不仅初始成本低，而且比溶剂型或水性胶黏剂的货运成本低，因为运送的每一份物料都用在了最终粘接接头中成膜。同样，热熔胶的单位有效产品的包装成本较低。但是，沥青与石蜡用作胶黏剂时，对许多应用均缺乏内聚强度。高分子量聚合物，如丁基胶或聚异丁烯，可用来提高粘接强度。对这些材料，要制得有用的配合物，需将石蜡或树脂或增塑剂加热，以产生低黏度的聚合物流体。其他类型的热熔胶是基于高分子量的聚合物，如乙基纤维素、乙酸丁酸纤维素及聚乙酸乙烯等。

被视为100%固含量胶黏剂的胶带与胶膜通常通过将溶剂基分散液涂胶来制得。也可用压延法制造，但这是一种成本很高的制法且需要大量的设备投资。

上述三种类型胶黏剂的一般优缺点比较见表1-1。

表 1-1 不同类型胶黏剂的一般优缺点

胶种	优点	缺点
水性胶	成本低 不燃 无毒性溶剂 固含量范围广 黏度范围广 能使用高浓度的高分子量材料 可调控渗透与润湿性	耐水性较差 会发生冻结 使织物皱缩 使纸张起皱或卷曲 会被某些金属器皿污染 腐蚀某些金属 干燥慢 电性能较差
溶剂型胶	耐水 干燥速率与开放时间宽 产生高初黏强度或黏性 易润湿某些难粘表面	有易燃易爆危险 危害健康 需特殊防爆与通风设备
热熔胶	单位材料的包装与货运成本较低 不冻结 不需要干燥 易于粘接不可透表面 快速产生粘接强度 贮存稳定性良好 胶膜连续、耐水、不透过水蒸气	需特殊应用设备 使用强度有限 连续加热下会分解 涂胶量控制性较差 可能需预热被粘物

第四节 水性胶黏剂的配方组成与特性

水分散型水性胶黏剂种类繁多，性能各异，代表着水性胶黏剂的发展主流。而水溶性水性胶种类较少，用途有限，性质与配方组成亦较简单。故本节仅讨论水分散型水性胶黏剂的主要配方组成与重要性质。

水分散型水性胶黏剂的配方组成一般包括：树脂或橡胶（作为主要粘接成膜材料或非挥发成分）、水（作为流动介质与主要挥发成分）、表面活性剂或乳化剂及其他必要添加剂（如消泡剂等）。由它们组成的水性胶乳或分散液有些就直接用作水性胶黏剂，但更多是针对具体用途再添加必要配合剂或改性剂（如增稠剂与填料等），或者将不同胶乳或分散液掺混起来用作胶黏剂。

水性胶乳或分散液的重要性质有：固含量（非挥发物所占质量分数）、黏度、乳化剂或表面活性剂种类及用量、表面张力、pH 值、胶粒大小及其分布、成膜温度、机械稳定性。下面分别讨论这些性质。

在胶乳或分散液中，聚合物以胶体或悬浮粒子分散于水中。每个胶粒被一层乳化剂或保护胶体同相邻胶粒隔开或保护着。因此，不论分散相中聚合物的分子量为多少，40%或更高的固含量，伴以至少 1000mPa·s 的黏度是容易达到的。表 1-2 列出了用作胶黏剂的典型聚合物分散液及其固含量、黏度与 pH 值。

乳化剂与保护胶体的类型和用量对胶乳的性质有很大的影响。较大的用量将降低耐水性，用量过少又可能导致较差的稳定性，从而在泵送或施胶期间就可能导致破乳或开始凝聚，甚至在包装、贮存期间就开始分离。当需要胶黏剂快速破乳或快速固化时，较差的稳定

表 1-2　用作胶黏剂的胶乳的固含量、黏度与 pH 值范围

聚合物	固含量/%	黏度/mPa·s	pH 值
天然橡胶			
一般型	38～41	＜25	10.5
离心型	⩾61.5	50	10.2
乳脂型	⩾64	50	10.5
热浓缩型	72～74	（面糊状）	11～11.5
氯丁橡胶	50～58	8～35	12.2～12.5
丁基橡胶	55	900	5～6
丁苯橡胶			
高固含量	⩾55	200～2500	10～11.5
中固含量	39～55	15～300	10～11.5
低固含量	24～27	8～20	9～11
丁腈橡胶	40～55	12～200	8.5～11
丁苯树脂	45～50	10～80	9.0～11.5
聚氯乙烯	50～55	20～100	8.0
偏二氯乙烯共聚物	50～52	20～50	6.8
聚丙烯酸	47～55	25～47	7.0～9.5
聚乙酸乙烯酯	55	800～1500	4～5

性有时可能又是一个优点。

在水性胶黏剂制造期间，表面活性剂常用于降低表面张力，以便水能润湿其分散相。现有三大类表面活性剂：阴离子型、非离子型和阳离子型，大多数胶乳都是用阴离子型乳化剂制得的，另有少数用非离子型乳化剂制得。阳离子型乳液作为胶黏剂尚未被普遍应用，但阳离子型沥青乳液具有令人感兴趣的粘接性质。非离子型的聚乙酸乙烯酯乳液被广泛用作胶黏剂。天然与合成橡胶及其他一些树脂胶乳都是阴离子型的。

表面活性剂会引起发泡，给应用带来麻烦。故防止发泡或泡沫一旦形成即予以破坏的化合物——抗泡剂或消泡剂，常用于水性胶黏剂中。

一般乳液与其他水分散型水性胶黏剂在寒冷气温下足够长时间可能发生冻结，故有时要添加降低冰冻点的化合物。一些水溶液型胶黏剂不怕冻结，当再熔为液态时，它们仍能具有令人满意的使用效果。但是乳液或分散液却可能受到冻结的不可逆损害。在冻结期发生的膨胀能损坏容器。被冻结的胶黏剂必须在室温下保持许多小时后才能使用，具体时间依赖于其包装的大小。添加某些表面活性剂可改善冻-熔稳定性，但这样可能会降低耐水性。冻结速率、达到的最低温度及冻结时间的长短都对乳液型胶黏剂所能通过的冻-熔循环次数有影响。为保险起见，即使是所谓的冻-熔稳定型水基胶黏剂，也要防止它们在货运与贮存期间发生冻结。

乳液的 pH 值及其乳化剂类型对胶黏剂的配制也是重要的，它们将决定能使用何种类型的添加剂或改性剂。当胶黏剂用于某些反应性被粘物时，pH 值及乳化剂类型也对应用与粘接强度有影响。

粒度较细小的乳液有较高的黏度，且一般在包装和应用期间将更稳定。当将树脂或橡胶胶乳配成最终胶黏剂时，有时需要增大其黏度。例如，对仅需少量固含量的高分子乳液，或者对出于经济原因而被稀释的乳液，可能需向其中添加增稠剂以便应用。另一方面，当胶黏剂用于多孔和吸收性表面时，也可能需要高黏度。但通过机动辊涂胶时，黏度也影响其胶黏

剂的接收量或涂胶量。

广泛用于阴离子型乳液的增稠剂有酪蛋白、膨润土、甲基纤维素及聚丙烯酸钠等。聚乙烯醇可用于增稠非离子型的聚乙酸乙烯酯乳液。大多数胶乳增稠剂至少在某种程度上是通过聚结分散粒子来增大黏度的。当黏度只有几百毫帕秒或更低时，就有脱稳的危险。增稠剂常通过提高黏度来改善稳定性。

乳液及由乳液配制的胶黏剂在机械剪切下的耐凝聚能力可在宽广范围内变化。要评价机械稳定性，可在标准条件下将一定量的乳液用一种特制混合器进行高剪切混合试验。表面活性剂与保护胶体能用来改善机械稳定性。

对某些类型的乳液胶黏剂，它们与被粘物的温度对于是否沉积成连续的胶膜是重要的。在室温下，一些树脂乳液在未加增塑剂时，并不沉积成连续的胶膜，或者在比室温稍低温度下就会形成不连续的胶膜，从而影响粘接强度。有一种类型的聚乙酸乙烯酯胶黏剂，在 4～10℃粘接木材的粘接强度，就只有在 21℃或更高温度使用时所得粘接强度的一部分。与增塑剂等复配后的胶黏剂的玻璃化温度（T_g）必须低于其施胶应用温度。

表 1-3 和表 1-4 列出了胶黏剂和水性胶黏剂在有关行业的应用。

表 1-3 胶黏剂的常见用途

应用行业	用途
建筑	木质层压板、预制横杆、壁板、一般建筑物的制造与安装；地板、地砖、地毯、天花板与罩壁材料的安装
消费品	办公用品、休闲与模特用品及文具的制造
非刚性连接	机织布与无纺布的粘接；垫子、滤布、书籍、运动鞋和其他体育用品的制造
包装	纸板箱、纸盒与瓦楞纸板的制造；纸袋、信封、尿布或卫生巾及其他纸制品的制造；香烟、标签和邮票的制造
刚性连接	电器、电子产品、日用品和家具的制造
胶布胶带	所有胶布胶带的制造，包括用于外科、包装、工业、消费用品及掩饰面具用品等
交通运输	飞机与航天器的结构装配；汽车、货车、小船及公交车的装配；活动房屋的制造

表 1-4 水性胶黏剂的常见用途

应用行业	用途
建筑	包括安装地板、地毯、高压层压型浴盆、胶合板、瓷砖、绝热板及绝缘板等
非刚性连接	服装与其他非刚性品（如地毯）的粘接；机织布与无纺布的粘接
纸张、包装与表面保护	各种纸箱与纸板箱、标签及食品包装的制造
刚性连接	家具制造及其他制造业
胶布胶带	面具胶带与压敏胶带的制造
交通运输	包括汽车、小船、公交车及活动房屋的制造

第二章　水性热塑性树脂胶黏剂

第一节　水性丙烯酸酯胶黏剂

一、简介

（一）基本概念与范畴

丙烯酸系胶黏剂（acrylic adhesives）是由丙烯酸（AA）、甲基丙烯酸（MAA）及其众多衍生物单体的聚合物与共聚物所制成的胶黏剂。胶黏剂所用的主要单体是丙烯酸烷基酯类（CH_2 ═CH—COOOR）；其他单体，如丙烯酸、甲基丙烯酸甲酯（MMA），一般仅用作胶黏剂成膜材料的辅助性单体。通过改变具体单体种类、含量与聚合条件，可以开发各种类型的丙烯酸系胶黏剂。这些胶黏剂按产品剂型可分为溶液型、分散体型或乳液型以及含100%聚合物的液体型等。

水性丙烯酸树脂分散体或乳液同其溶剂型或其他水性胶黏剂相比，有许多优点，主要包括如下几点。

① 不使用有机溶剂，无毒害或易燃危险；不必回收溶剂，成本较低。

② 分子量高、固含量高的胶黏剂的黏度也较低。高分子量乳液聚合物的强度、韧性、耐溶剂性等性能比溶剂型或水溶液型的好。

③ 与聚乙酸乙烯酯等聚合物不同，由于胶黏剂用丙烯酸树脂的玻璃化温度（T_g）低，即使不添加增塑剂也容易形成较满意的膜，因此没有增塑剂迁移引起的问题。

④ 具有很好的耐候性和良好的耐水性与耐碱性，其胶黏剂与涂料适于户外应用。

⑤ 对木材、纸、织物、合金、水泥、陶瓷、塑料等各种材料显示出很好的粘接性。

⑥ 由于膜较柔软并易进行碱增黏，故很适于纤维加工和皮革加工应用。

在大多数应用中，这些优点足以抵消其缺点，如较低的耐冻融性、较差的贮存稳定性、较长的胶膜干燥时间（但比水溶液型易干燥得多），以及较高的胶膜吸水性。

（二）丙烯酸酯类单体制备技术

有许多生产丙烯酸和丙烯酸酯类的工艺方法具有商品化意义。最重要的一个是BASF Reppe法，即在压力下，将乙炔、水或醇同一氧化碳反应。

$$HC \equiv CH + CO + ROH \xrightarrow[\text{(R═H 或烷基)}]{\text{Ni 配合物}} CH_2 = CH—COOR$$

此外，丙烯酸酯的合成还有丙烯酸的酯化法；在水或醇存在下丙烯腈的酸性水解（或皂化）法；以及以廉价石油化学品为原料的合成法，如丙烯氧化法。甲基丙烯酸及其酯类较早的传统工业合成法，是从由丙酮和氢氰酸制得的丙酮氰醇出发的。其现代合成工艺采用异丁烯氧化法。

丙烯酸酯合成的重要公司及工艺方法见表 2-1。

表 2-1　丙烯酸酯合成的重要公司及工艺方法

公司	合成工艺方法
BASF	Reppe 法,丙烯酸作中间体
Rohm & Haas	改进的 Reppe 法,直接生产酯类,而不通过丙烯酸作中间体
Union Carbide	丙烯氧化法,温度 300～400℃,Mo 基催化剂
Ugilor	丙烯腈皂化法
Celanese	丙烯氧化法
Dow Badische	Reppe 法,同 BASF

其中，前两者在 20 世纪 70 年代时的年生产能力就达到约 20 万吨，是世界上最大的丙烯酸酯类的生产商。另外，甲基丙烯酸酯类单体的主要生产商包括 Rohm & Haas、DuPont、American Cyanamid、ICI、Rohm GrabH，它们主要用丙酮氰醇法。

用于胶黏剂生产的最重要丙烯酸酯类单体见表 2-2。

表 2-2　用于胶黏剂生产的最重要的丙烯酸酯类单体

单体名称	代号	分子式
丙烯酸甲酯	MA	$CH_2=CH-COO-CH_3$
丙烯酸乙酯	EA	$CH_2=CH-COO-C_2H_5$
丙烯酸丁酯	BA	$CH_2=CH-COO-C_4H_9$
丙烯酸-2-乙基己酯	EHA	$CH_2=CH-COO-CH_2-CH(C_2H_5)C_4H_9$

在室温下，它们都是无色透明液体。此外，为了使胶黏剂具有特殊的作用，还使用大量其他丙烯酸酯类单体。由于其双键高度活化，所有丙烯酸类化合物均很活泼，能在相当温和的条件下发生聚合或其他反应。为了防止在贮存、运输期间发生聚合（如由于外来物质的存在），丙烯酸化合物常用氢醌或氢醌单甲醚作稳定剂。一些具有重要技术意义的丙烯酸酯类单体及其物理性质见表 2-3。

表 2-3　丙烯酸酯类单体的物理性质

单体代号	沸点/℃	冰点/℃	黏度(20℃)/mPa·s	聚合热/(kJ/mol)	蒸发热/(kJ/mol)	闪点/℃
MA	80	−75	0.51	84.6	33.1	−2.7
EA	100	−72	0.58	65.3	34.6	6.5
BA	148	−64	0.9	62.8	33.9	44
EHA	229	−90	1.65	57.8	41.9	86
MMA	101	−48	0.5	54.4	36.0	−10
AA	141	12	1.7	77.4	37.3	68
MAA	161	15	1.4	66.1		65

注：MMA＝甲基丙烯酸甲酯；AA＝丙烯酸；MAA＝甲基丙烯酸。

为使聚合物具有所要求的性能，可以使丙烯酸酯类单体同其他乙烯基单体进行共聚。大体说来，赋予聚合物硬度的单体有苯乙烯、丙烯腈、MMA、VAc等；赋予表面附着力的有AA、MAA、亚甲基丁二酸、甲基丙烯酸羟乙酯等含有—COOH、—OH的单体，这些单体能给予聚合物极性，从而提高附着力。此外，还可用氯乙烯、丙酸乙烯酯、偏二氯乙烯等单体同各种丙烯酸酯进行共聚。

（三）丙烯酸酯乳液聚合及生产工艺技术

1. 乳液聚合配方及原理

胶黏剂用丙烯酸树脂的聚合方法主要有溶液聚合法与乳液聚合法。前者主要用来生产溶剂型胶，而其水性胶的生产则主要用乳液聚合法。

乳液聚合体系以水作外相，单体在乳化剂或表面活性剂和充分搅拌的作用下，通过胶束分散于水相并发生增溶溶解。添加水溶性引发剂（如过硫酸钾等）后，一经加热，引发剂就开始分解而产生自由基，进而引发胶束中单体发生聚合或共聚反应。生成的聚合物成为微细的粒子分散于水中，它们因表面活性剂（有时还有保护胶体）的作用而得以稳定。为调节聚合反应与pH值，可以使用聚合调节剂与缓冲剂。

表面活性剂对生成乳液的物理性质有重要影响，决定着乳液的粒度。因此，要根据单体的组成对表面活性剂进行选择。阴离子和非离子型表面活性剂在丙烯酸酯的乳液聚合中得到广泛应用。非离子型表面活性剂对电解质等的化学稳定性良好，但会使聚合速度减慢，且乳化力弱，单独使用时在聚合中易生成凝块。阴离子型表面活性剂的化学稳定性不是很好，但能使生成的乳液粒度小、机械稳定性好，聚合中不太容易生成凝块。因此，采用阴离子型表面活性剂易于得到固含量高而稳定的乳液。在多数情况下，总是把阴离子型和非离子型两种表面活性剂结合使用，但应注意控制好两者的用量比。为了使聚合稳定进行，阴离子型表面活性剂浓度一般在1%～3%就足够了，而非离子型则要5%以上的高浓度。合适的乳化剂例子有长链脂肪羧酸或磺酸的碱金属盐，或硫酸酯化的氧化乙烯加合物。

最普遍使用的引发剂是水溶性的、受热分解型的，如过硫酸钾、过硫酸铵或过氧化氢等。2,2-偶氮双-(2-甲基丙脒盐酸盐）是新近开发的水溶性偶氮类引发剂的代表，它们在40℃下是稳定的，在60～70℃下则比过硫酸钾更容易分解成自由基。上述水溶性引发剂的添加浓度为0.1%～0.2%。采用氧化还原引发体系（如过硫酸钾或$Na_2S_2O_5$与硫酸亚铁体系）时，聚合可在低温下进行，几乎没有诱导期，可以制得分子量很高的聚合物（可能是由于链转移反应的降低）。其他还原剂还有亚硫酸钠、硫代硫酸钠、连二亚硫酸钠等。

水溶性保护胶体用于防止乳液中聚合物粒子凝聚。它们是通过与聚合物粒子表面接触，把聚合物包围起来而起到防止凝聚作用的。但这种保护胶体会增大聚合物膜的亲水性，所以要尽可能地降低用量。

此外，在碱性条件下聚合物易发生皂化，通过共聚物的水解，pH值会有所降低。可以添加缓冲剂调节并稳定pH值，如使pH值维持在4～5。为使聚合结束后的乳液具有机械稳定性，并调节其黏度，防止对隆起部位的腐蚀等，又要把pH值调节成微碱性。丙烯酸系聚合物乳液在碱性一侧是稳定的。

乳液聚合中应该采用去离子水，盐类一般将造成乳液不稳定。

多用途丙烯酸树脂乳液胶黏剂（如层压胶）的典型生产配方如下：

组分	质量份
丙烯酸丁酯	1375
乙酸乙烯酯	1375
丙烯酸	50
Ampho 皂 18	25
Emulphor 0(1mol 十八烷基醇＋20mol 氧化乙烯)	25
水	2500
过硫酸钾(按单体计)	0.05%

2. 乳液聚合生产工艺过程

丙烯酸系水基胶黏剂主要通过乳液聚合生产。

(1) 添加单体法——后添加法和间歇法

① 后添加法：把单体以外的物料在反应开始之前全部投入，而单体本身则根据聚合反应进展情况，慢慢地增量添加。此法有助于控制大量聚合热的产生，并予以调节。此外，对于单体竞聚率差异很大的共聚体系，或者有意要延缓添加活性单体等情况，此法均较适用。此法又可进一步分为两种方式：其一是先将单体乳化于乳化剂水溶液中，制成单体乳液，并以单体乳液的形式向聚合釜中添加；其二是将单体本身直接添加到聚合釜中。

② 间歇法：是在反应开始前，就将全部物料添加完毕的方法。单体为气体并需要使用高压釜时常用此法。以丙烯酸酯类制取高聚合度聚合物时也可常用此法。在反应开始后，何时加热，何时冷却，要注意调节，以抑制反应热。但在工业生产装置中，对此法中反应热的控制有时还是有一定困难。在这种情况下，就有必要分 2～4 步把单体分批添加。

(2) 重要聚合条件与注意事项　聚合开始前，要在反应容器中通氮气以预先除去系统中的氧气。聚合时搅拌速度太快会延长聚合诱导期，降低聚合速率，有时还会导致凝聚。在实验室中，搅拌速度以 100～400r/min 为宜。除氧化还原引发体系外，聚合反应大多是在回流温度下进行的。为了使反应得以开始，起初需要加热。反应开始后，由于反应放热，即使不再继续加热，仍然可以维持反应单体的回流温度。接近聚合终点时，回流单体减少，一般要将温度升到 80～95℃，以进一步转化未反应的残留单体。

在氧化还原法乳液聚合中，有少量金属盐存在可以增大聚合速度。但如存在量过大，则又会对聚合起阻碍作用。因此，聚合釜宜用不锈钢釜或搪瓷釜，避免使用铁、铜装置。

(3) 残留单体的脱除（脱臭）　乳液聚合结束时，或多或少总会有一些单体残留，并造成丙烯酸酯乳液特有的恶臭问题。另外，为了满足某些要求，如在包装材料生产方面的要求，往往必须从分散体中进一步脱除极其少量的残余单体。

可采用以下方法除去残留单体。

① 一边加热乳液，一边吹入热空气或氮气或水蒸气，以驱除残余单体。

② 在聚合终了前，补加少量引发剂或催化剂，促进未反应单体的聚合。并且可以将最后阶段的转化时间延长数小时，以获得较高的转化率与较低的残留单体含量。

③ 在聚合末期，吹入臭氧或含臭氧的空气，通过臭氧化反应除去未反应单体。

④ 添加与丙烯酸酯单体反应的碱性物质，如肼的水溶液或吗啉、某些过氧酯类或过氧缩醛类物质。

⑤ 以 γ 射线等离子化射线照射乳液。

例如，采用水蒸气的一种方法是，先将乳液或分散体雾化，使产生的液滴同水蒸气混合，然后将液体单体从液滴中蒸发出去。另一种方法是将水蒸气通入沸腾的聚合物分散体，产生的泡沫状分散体混合物物流通过迅速减压破灭（流速约100m/s），然后从溃灭的泡沫分离物流，残留单体就在很大程度上被分离。

（4）无皂乳液聚合　这种乳液聚合法不使用传统表面活性剂，而是使用以下三种无皂型的乳化体系。

① 以水溶性低聚物起乳化剂作用，如顺丁烯二酸化聚丁二烯、顺丁烯二酸化醇酸、顺丁烯二酸化油、水溶性丙烯酸系树脂。这类乳化剂的用量一般比传统表面活性剂大；当涂膜形成时，它们还起着增塑剂的作用，并能使膜致密、光滑。此外，在胶膜干燥时，还发生了氧化、交联，使胶膜强韧。以顺丁烯二酸化聚丁二烯为乳化剂，使丙烯酸系单体进行乳液聚合，可以制得高耐久性常温交联型水性分散体。其粒子构造是，耐水性好的顺丁烯二酸化聚丁二烯排列于表面，与之进行接枝聚合的丙烯酸酯聚合物被包覆在粒子内部。这种乳液黏度高，可不用增稠剂。

② 同有聚合性的表面活性剂进行共聚，如含乙烯基的磺酸盐或季铵盐等。

③ 使用分解型表面活性剂，它们在聚合后，可加酸或加碱进行水解，如 $CH_3(CH_2)_{10}COOCH_2CH_2SO_3Na$ 或 $CH_3(CH_2)_{10}COOCH_2CH_2N^+(CH_3)_3Cl^-$。

（5）丙烯酸酯乳液聚合实例　按前文（1）所述配方，向带有冷却夹套和搅拌器的搪瓷釜中加入水、乳化剂与丙烯酸，用碱溶液中和至pH为7～8，然后加入其他单体，最后加入引发剂。保持此混合物冷却。从混合釜中通过压力抽取15%～20%的混合物，在反应釜中加热到70～80℃。在0.5～0.75h后，当反应达到平稳时（这能从回流看出），就将剩余量的单体混合物在2～3h内从混合釜中逐渐加入。在此步骤后，反应通常还不完全，还必须再在80～90℃混合0.5～1h。反应的结束可由黏度或固含量的监测确定。残留单体可在80～90℃下于液面通氮气30min脱除。而后冷却至35℃以下。

按以上配方和工艺制得的水性分散体具有以下性质：

固含量	约50%	黏度(25℃,Epprecht STV, AⅢ)①	约20mPa·s
平均粒径	0.2μm		

① Epprecht STV黏度计是一种旋转黏度计，有一定剪切梯度；而人们熟知的布氏（Brookfield）黏度计则不是在一定剪切梯度下工作，故两者的测定值无可比性。

（四）丙烯酸酯乳液的改性

1. 有机硅改性

有机硅的分子结构中含有Si—O键，其键能较高、分子体积较大、内聚能密度较低且稳定性良好，并且具有优良的耐高温性、耐UV（紫外光）辐照性和耐红外光辐照性。用有机硅改性传统的丙烯酸酯乳液，可得到兼具两者优点的高分子材料（既具有良好的成膜性，又具有良好的胶膜抗污性、耐水性等）。

有人将丙烯酸酯树脂与有机硅中间体进行接枝反应，制备了耐化学性优、附着力强、耐候性佳、透水气性好的硅丙树脂，并系统研究了有机硅含量、丙烯酸酯树脂的羟值及黏度等对硅丙树脂综合性能的影响。结果表明：当丙烯酸酯树脂的羟值为100mg/g、黏度为3.50Pa·s、有机硅中间体的 M_r（分子量）为2000～7000和 w(—OH)=3%时，按照特定的配方和工艺将两者进行缩聚、接枝反应，合成的硅丙树脂具有相对优良的综合性能。

除缩聚反应外，乳液聚合也是制备硅丙聚合物的重要方法之一。以BA（丙烯酸丁酯）、

MMA（甲基丙烯酸甲酯）、八甲基环四硅氧烷和乙烯基三乙氧基硅烷等为原料，采用乳液聚合法可以制得凝胶率低于1%、成膜性良好、漆膜耐水性及硬度均优于同类纯丙漆膜的硅丙乳液。有人以磺基琥珀酸单酯钠盐/脂肪醇聚氧乙烯醚作为复合乳化剂，采用乳液聚合法制备了硅丙乳液，并考察了乳化剂体系、软/硬单体配比和有机硅含量等对硅丙乳液性能的影响，从而优选出凝胶率（3.33%）、胶膜吸水率（3.65%）较低的硅丙乳液。

为进一步确定有机硅含量对丙烯酸酯乳液体系性能的影响，有人采用氧化-还原型引发剂合成了w(有机硅)=0～15%的硅丙乳液，并对其接触角、吸水率和耐酸性等性能进行了测定。研究结果表明：随着有机硅含量的不断增加，水接触角变大，样品的耐酸性也相应增强，但吸水率却随之明显下降。

2. 核/壳型改性

乳胶粒的结构形态与聚合物的性能密切相关，核/壳型“设计粒子”已成为新的研究热点。这是由于采用核/壳乳液聚合法可以得到均匀结构的乳胶粒；调整壳与核的T_g（玻璃化转变温度），可有效改善和提高乳胶膜的综合性能。

曾经有人对核/壳型丙烯酸酯乳液的改性机制进行了探讨和分析。研究结果表明：乳化剂浓度对乳液粒的粒径分布和形态、结构等影响显著，引发剂浓度的增加将使粒子的粒径减小；与一次投料法相比，种子乳液法生成的粒子分布相对较窄，并具有明显的核/壳结构；调节壳层单体的滴加速率可有效控制粒子的粒径及其分布，而壳层丙烯酸酯聚合物主要是集中在聚硅氧烷种子表面的“过渡层”。

WPU（水性聚氨酯）-丙烯酸酯复合乳液也可通过“设计粒子”的形态制成核/壳型结构。当乳胶粒中同时含有PU（聚氨酯）和聚丙烯酸酯时，可通过各种交联改性技术增加两者之间的相容性，使两者能更好地结合在一起。有人采用多步种子乳液聚合法合成了多层核/壳型共聚物基复合乳液，以MMA和EA（丙烯酸乙酯）二元共聚物作为种子乳液，在其外部依次包覆了丙烯酸酯聚合物，成功制得了以互穿网络聚合物为核的多层核/壳型乳液。研究结果表明：该多层核/壳型共聚物具有吸水膨胀性和遮光性，其遮光性随核聚合物吸水率的增加而提高，同时壳层聚合物的T_g越高，乳胶膜的遮光性能越大。

采用核/壳接枝聚合法和氨化法，以丙烯酸酯和乙烯基三乙氧基硅烷为共聚单体，渗透剂（辛基酚聚氧乙烯醚/聚醚）为复合乳化剂，戊醇为助乳化剂和过硫酸钾为引发剂，采用分段控温、补加引发剂等方法可制得丙烯酸酯预聚乳液，进而制得粒径为10～60nm的半透明核/壳型硅丙微乳液。采用水解抑制法和种子乳液聚合法，可以制备高硅含量（质量分数为20%）的核/壳型硅丙乳液，从而可明显提高乳胶膜的耐水性。

3. 环氧树脂（EP）改性

EP具有价格低廉、来源方便、耐热性优、防水性佳和耐腐性好等优势，常作为丙烯酸酯乳液“热黏冷脆”的改性剂。

曾经有人重点探讨了EP改性丙烯酸酯乳液的制备工艺条件。结果表明：该改性乳液的最佳工艺条件为w(复合乳化剂)=4.5%、w(引发剂)=0.6%、m(软单体)∶m(硬单体)=50∶50、w(EP)=10%、w(交联剂)=2.0%和聚合温度75℃。红外光谱（FT-IR）表征和分析结果表明，该改性乳液中EP已成功接枝至丙烯酸酯大分子链上，故共聚树脂的理化性能明显提高。随后，裴世红课题组又采用半连续种子乳液聚合法成功合成了稳定的含氟EP改性丙烯酸酯乳液；通过设计试验考察了各因素对单体转化率的影响，并优选出最佳试验方案。

以AA（丙烯酸）、苯乙烯（St）和MMA等为主要单体，采用溶液聚合法合成丙烯酸酯树脂；然后以EP为改性剂、氨基树脂为交联固化剂，制成的改性丙烯酸酯乳液用作涂料时，可有效解决水稀释型树脂用水稀释时易出现黏度峰值等难题。

将EP/丙烯酸酯与WPU进行共聚，可制成高交联密度、高胶膜性能的UV固化型改性乳液。

也有人曾合成了具有3层核/壳结构的、可自交联型EP改性丙烯酸酯乳液，并确定了最佳合成工艺条件。研究结果表明：由于EP的引入和自交联IPN结构的形成，该改性乳胶膜的附着力和硬度明显提高。

4. 其他改性

有机氟、纳米SiO_2以及St等也可用来改性丙烯酸酯乳液。有机硅聚合物的耐化学介质性较差，而有机氟的耐低温性欠佳；通常，在丙烯酸酯聚合物中同时引入硅、氟两种元素，可制得兼具两者优点的高性能聚合物。利用硅氢加成法可合成光固化型硅氟丙树脂。研究结果表明：光固化胶膜的吸水率随含氢硅油含量或全氟单体含量的增加而下降；当w(含氢硅油)=10.8%、w(全氟单体)=0.96%时，制成的光固化胶膜的性价比相对最高。

SiO_2是一种无色、无味的无机非金属材料，纳米SiO_2的粒径极小，可直接均匀分散在丙烯酸酯基体树脂中，形成的有机-无机复合材料能有效提高T_g和胶膜的稳定性。有人针对SiO_2改性丙烯酸酯的方法，详细分析了共混法、溶胶-凝胶法、原位聚合法以及原位生成法等改性方法的优缺点。并以过硫酸铵为引发剂、非离子表面活性剂（OP-10）/阴离子型表面活性剂（十二烷基苯磺酸钠）作为复合乳化剂、丙烯酸酯和纳米SiO_2为主要原料，制成了高性能改性丙烯酸酯乳液。通过探讨温度、乳化剂、预乳化液及加料方式等对改性乳液性能的影响，优选出制备改性乳液的适宜工艺条件。

（五）丙烯酸酯的性能

在室温下，甲基丙烯酸、丙烯酸以及一些甲基丙烯酸低烷基酯的均聚物是硬而无黏性的产品，在胶黏剂领域只有少数特殊应用。当丙烯酸酯的酯烷基R至少含有2个碳原子后，其均聚物就成为弹性的、柔软的、部分高黏性的产品，并大多可用作胶黏剂。值得注意的是，（甲基）丙烯酸酯均聚物的脆点温度起初随着烷基的碳原子数增多而降低，当R为正烷基且碳原子数为8（对聚丙烯酸酯）或12（对聚甲基丙烯酸酯）时，脆点达最低值（分别约为−30℃和−60℃），而后脆点随着烷基中碳原子数的增多而提高。表2-4对比了一些丙烯酸酯类均聚物与聚乙酸乙烯酯（PVAc）的物理性能。

丙烯酸树脂膜的性能不仅取决于其聚合物的玻璃化温度，而且还取决于其分子量与分子量分布以及酯基的长度与支化。与分子量较高的聚合物膜相比，分子量较低者更易发黏，柔韧性较低，且耐溶剂性通常也较差。R基的长度与支化程度也影响其树脂膜的性能。在可比条件下，支化程度增大，如从正丁基到异丁基直到叔丁基，其薄膜的刚性随之增大；R基越长，吸水性越低。耐皂化性一般随着R基的增大而提高，支化烷基尤其高。通常，丙烯酸树脂耐油、非氧化性酸以及盐水。所有丙烯酸树脂都有杰出的耐老化性，它们对光稳定，耐高温氧化，无发黄倾向。

在胶黏剂的生产中，丙烯酸共聚物比均聚物更重要。单体丙烯酸化合物能同大多数传统

表 2-4 丙烯酸酯类均聚物同 PVAc 的物理性能对比

均聚物代号	T_g/℃	硬度	黏性	伸长率	拉伸强度	不同溶剂中的溶解性				
						a	b	c	d	e
PMMA	105	↑	↓	↓	↑	+	+	+	−	−
PVAc	28					+	+	+	−	+
PMA	3					+	+	+	−	−
PEA	−23					+	+	+	−	+
PBA	−70					+	+	+	+	−
PEHA	−75					+	+	+	+	−

注：a 为酯类，b 为芳烃，c 为酮类，d 为脂肪烃类，e 为醇类；+为可溶，−为不溶；PMA 为聚丙烯酸甲酯，余同。

单体共聚。所有商品化的丙烯酸共聚物都具有与其均聚物同样的杰出性能，如耐热性和光稳定性。

通过与少量不饱和羧酸共聚，一般可获得对许多被粘基材的良好粘接性。将丙烯酸酯同少量丙烯酸一起聚合，所得到的聚合物分散体能用氨水增稠（如 Acronal 500 D，见表 2-5）。通过引入含有除乙烯基之外的其他活性基团的交联单体，可以生产高强度和优异耐溶剂性的丙烯酸树脂。交联可能发生在聚合过程期间，或者发生在胶料已经涂施到基材上后，后者通常为“自交联”丙烯酸树脂。这些聚合物一般通过加热或用高能射线交联。另外，也可通过加入能同丙烯酸聚合物上相应基团（—OH、—NH_2、—COOH）起反应的交联剂进行交联。可用的交联剂有多异氰酸酯类、环氧化合物、低分子量的脲醛、三聚氰胺甲醛或酚醛树脂。受热交联的产品称为热固性丙烯酸树脂。反应性单体包括丁二醇丙烯酸单酯、丙烯酰胺、*N*-羟甲基丙烯酰胺或甲基丙烯酰胺、*N*-烷氧基甲基丙烯酰胺（CH_2═CH—CONR′—CH_2—O—R)、甲基丙烯酸甘油酯、3-氯-2-羟丙基丙烯酸酯、2-氯乙基丙烯酸酯、*N*-二乙氨基乙基丙烯酸酯、羟丙基丙烯酸酯、羟乙基丙烯酸酯、α,β-不饱和羧酸。

丙烯酰胺和甲基丙烯酰胺的羟甲基与烷氧甲基衍生物是自交联聚合物中的重要共聚单体，它们在中性介质中能相互反应，在酸性介质中升温下交联反应更快。在羟甲基和烷氧甲基同其他官能团（如—OH、—NH_2、—COOH）之间也能发生交联。

表 2-5 列出了胶黏剂用 Acronal X D 系列分散体的性能。表 2-6 比较了新旧两组丙烯酸系乳液配方的组成与性能；这些乳液均有很好的坚韧性、各种耐性以及贮存稳定性，可用作水性涂料或胶黏剂。

表 2-5 胶黏剂用 Acronal X D 系列分散体的性能[1]

X=	交联	pH 值	粒径/μm	黏度[2]/mPa·s	T_g/℃	黏性	主要用途
4	—	6～7.5	0.15	15～38[3]	−40	高	压敏
7	—	6～7.5	0.15	15～38[3]	−42	高	压敏
14	—	7.5～9.5	1～1.5	(11～18)×10³[4]	4	中	通用
35	S	2～4.5	0.2	10～40[3]	−34	中	通用
40	—	7～8.5	0.2	27～34[3]	−32	高	通用
50	S	3～5	0.2	20～100[5]	−50	高	压敏
80	S	4.5～5.5	0.3	100～220[6]	−48	高	压敏,通用

续表

X=	交联	pH值	粒径/μm	黏度②/mPa·s	T_g/℃	黏性	主要用途
81	S	4.5～5.5	0.3	600～1100⑦	−40	高	密封，通用
85	—	2～3	0.2	70～150⑥	20	高	压敏
290	—	7.5～9	0.1	500～1500⑦	22	无	地板，植绒
295	—	7.5～9	0.1	500～1500⑦	26	无	地板，植绒
300	—	4.5～6	0.3	8～13③	5	无	造纸，热封
330	S	5～7	0.15	15～45③	−25	中	层压，植绒
500	C	3.5～4.7	0.2	17～27③	−40	中	通用

① 固含量：330D，45%；14D、85D，55%；81D，60%；其余50%。

② Epprecht STV型旋转黏度计，25℃。

③ AⅢ。

④ CⅠ。

⑤ AⅡ。

⑥ BⅢ。

⑦ CⅢ。

注：S=自交联型，C=用交联剂交联型。

表 2-6 两组丙烯酸系乳液配方组成与性能比较

种类	旧型		新型	
代号	A	B	C	D
水	58	46	48.4	48.3
乳化剂	2	2	0.5	0.5
丙烯酸乙酯	28			9.0
丙烯酸丁酯				1.0
丙烯酸-2-乙基己酯		9		
甲基丙烯酸丁酯			24.0	
甲基丙烯酸甲酯	11		16.0	9.0
苯乙烯				19.0
乙酸乙酯		40		
丙烯酸	1	1		
邻苯二甲酸二丁酯		2		
含官能团的单体			3.0	3.0
表面活性剂			0.1	0.2
增黏剂			8.0	10.0
固含量/%	42	52	42	40
黏度(24℃)/mPa·s	200	2000	150	250
最低成膜温度/℃	3	20	48	50
表面张力/(10^{-3}N/m)	48	50	36	32
外观	不透明	不透明～半透明		
粒径/μm	<1	<0.1		

续表

种类	旧型		新型	
分子量	$>10\times10^5$	$>10\times10^5$		
黏度调节	添加增稠剂	pH 调节		
流动性	差	很好		
硬度	软	硬		
固化性	稍慢	快		

（六）水性丙烯酸酯乳液胶黏剂配方与制备工艺

1. 纺织用丙烯酸酯乳液胶黏剂配方和工艺

(1) 静电植绒用丙烯酸酯乳液胶黏剂配方和工艺　静电植绒是利用带有电荷的物体在高压静电场中发生相斥或相吸的物理特性而实现的，具有独特装饰效果，且工艺简单、成本低、适应性强。近年来，我国科研工作者开发了多种静电植绒产品。国外有人研究了静电植绒用丙烯酸酯乳液合成中单体、乳化剂、交联剂、引发剂的种类及用量对产品性能的影响，最终确定了较适宜的配方（表 2-7）。聚合工艺采用纯单体滴加法，所合成的乳液带蓝色荧光。固含量为 35%～45%，pH 值为 4～5，贮存期 6 个月。

表 2-7　静电植绒用丙烯酸酯乳液聚合配方

原料	用量/g	原料	用量/g
丙烯酸丁酯	70	十二烷基硫酸钠	0.6～0.8
丙烯腈	10	烷基酚聚氧乙烯(7)醚	2～3.2
丙烯酸	4	过硫酸钾	0.3～0.5
N-羟甲基丙烯酰胺	3～5	去离子水	适量

丙烯酸酯乳液胶黏剂耐老化和耐气候性优良，应用广泛，但手感和湿牢度较差。有人通过选择合适的单体、交联剂、聚合方法，研制了具有柔软手感和优良牢度的自交联静电植绒黏合剂 RN。其软单体 32%（以下均为占单体总量的质量分数），硬单体 3%，自交联单体 1%，丙烯酸 2%；阴/非离子乳化剂（质量比为 1∶1.5）4%；引发剂 0.3%；反应温度 80～82℃，反应时间 1.5h；搅拌速度为 150r/min。所制得的柔软型静电植绒黏合剂 RN，经工厂试验手感比其他胶黏剂优越。还有人采用纯单体滴加法，选用丙烯酸异辛酯（2-EHA）作为软单体之一，也成功合成出性能符合静电植绒要求的植绒胶，用该胶生产的植绒布手感舒适、布料挺括、耐磨、耐擦洗。此外，为了使静电植绒胶在低温下能够正常使用，有人以丙烯酸类单体和环氧树脂为原料，OP-10 和十二烷基硫酸钠为乳化剂，过硫酸钾为引发剂，*N*-羟甲基丙烯酰胺（NMA）和甲基丙烯酸为交联剂合成了自交联型可低温固化的静电植绒胶。

研究发现，静电植绒面料的甲醛含量总体较高，多数在 100mg/kg 左右，有的甚至高达 350mg/kg。许多丙烯酸酯乳液植绒胶的交联单体羟甲基丙烯酰胺和外交联剂甲醚化羟甲基三聚氰胺毒性较大，交联后仍会缓慢地释放甲醛。为此，有人用甲苯二异氰酸酯（TDI）和二乙醇胺（DEA）对丙烯酸羟乙酯（HEA）进行改性，制备出丙烯酸氨基甲酸酯改性单体并替代羟甲基丙烯酰胺进行丙烯酸酯乳液共聚，外交联剂改用叔多异氰酸酯（TPI），由此生成了一种新型无甲醛型聚氨酯-丙烯酸酯复合乳液静电植绒胶。该产品手感柔软，耐干、湿磨牢度高，其他各项性能指标也都符合应用要求。合成采用种子预乳化、纯单体滴加工艺，配方列于表 2-8。

表 2-8　无甲醛静电植绒用丙烯酸酯乳液聚合配方

原料	质量分数/%	原料	质量分数/%
丙烯酸酯	85～90	过硫酸铵	0.2～0.4
丙烯酸	3～5	乳化剂	3～6
丙烯酸氨基甲酸酯	4～8	去离子水	与所有项质量总和相同

无甲醛静电植绒胶的改性避免了甲醛排放，但在制备改性单体丙烯酸氨基甲酸酯的过程中用到了毒性较大的甲苯二异氰酸酯（TDI）。为解决此问题，有人通过半连续种子乳液聚合法，采用无羟甲基活性单体作为交联剂，成功研制出新型无甲醛静电植绒黏合剂。

用二甲基丙烯酸乙二醇（EGDM）替代 *N*-羟甲基丙烯酰胺交联单体，纺织品中未检测出游离甲醛。合成静电植绒胶的最佳原料配比为 m(BA)∶m(MA)∶m(2-EHA)∶m(AA)∶m(EGDM)∶m(O-25/SDS)∶m(KPS/SM)＝100∶40∶4∶8∶3∶(26/7)∶(1/1.0)。工艺采用种子预乳化半连续滴加法（其中 BA 为丙烯酸丁酯，MA 为丙烯酸甲酯，2-EHA 为 2-乙基己基丙烯酸酯，AA 为丙烯酸，EGDM 为二甲基丙烯酸乙二醇酯，O-25 为平平加，SDS 为十二烷基硫酸钠，KPS 为过硫酸钾，SM 为偏重亚硫酸钠）。

（2）复合织物用丙烯酸酯乳液胶黏剂配方和工艺　采用预乳化半连续滴加工艺，可合成自交联无纺布用丙烯酸酯乳液，配方见表 2-9。该乳液应用于无纺布生产，产品的弹性、耐洗性、力学性能均优良。

表 2-9　自交联无纺布用丙烯酸酯乳液胶黏剂配方

原料	用量/g	原料	用量/g
甲基丙烯酸甲酯	56	十二烷基硫酸钠	2
丙烯酸丁酯	35	过硫酸铵	0.3
甲基丙烯酸	5	邻苯二甲酸二烯丙酯	0.2
N-羟甲基丙烯酰胺	4	去离子水	200
OP-10	3	—	—

在纺织行业中，丙烯酸酯乳液胶黏剂大量用作涂料印花胶。丙烯酸酯共聚物粘接强度高，成膜性好，能形成柔韧而富有弹性的薄膜。如果用量过多会导致手感发硬。另外，印制深色制品的湿摩擦牢度较差。为此，可对丙烯酸酯涂料印花胶进行改性，改性配方列于表 2-10 与表 2-11。

表 2-10　织物印花色墨用丙烯酸酯乳液胶黏剂配方

原料	用量/g	原料	用量/g
丙烯酸丁酯	37.2	十六烷基聚环氧乙烷醚	适量
丙烯腈	7.7	十二烷基苯磺酸钠	适量
50% *N*-羟甲基丙烯酰胺	3.5	过硫酸钾	适量
丙烯酸	1.7	氢氧化钠	适量
水	141	—	—

表 2-11 柔软性自交联丙烯酸酯涂料印花胶黏剂配方

原料	用量/g	原料	用量/g
丙烯酸丁酯	30	乳化剂	1.3
甲基丙烯酸甲酯	1	过硫酸铵	0.5
丙烯酸	1	去离子水	50
N-羟甲基丙烯酰胺	1	—	—

为了降低成本，有人用丙烯酸酯-醋酸乙烯酯-淀粉接枝共聚的方法，合成出性能优良、价格便宜的乳液胶黏剂，配方列于表 2-12。

表 2-12 丙烯酸酯-醋酸乙烯酯-淀粉接枝共聚乳液胶黏剂配方

原料	用量/g	原料	用量/g
玉米淀粉	10	甲醛(36%～37%水溶液)	5～10
醋酸乙烯酯	7～9	乳化剂	0.5
丙烯酸异辛酯	2～4	引发剂	0.15～0.2
聚乙烯醇 1788	2～4	增塑剂	0.5
醋酸(36%水溶液)	适量	去离子水	60

2. 纸塑覆膜胶用丙烯酸酯乳液配方和工艺

纸塑复合是利用胶黏剂把聚丙烯或聚酯薄膜与纸质印刷品复合在一起，从而使印刷品表面美观、光亮度高和富有立体感，并具有防潮、防污、防伪、耐折、耐磨等优点。丙烯酸酯乳液胶黏剂可用作纸塑覆膜胶，但存在初黏性差、干燥速度慢、耐水性差等问题，因此需要进行大量的丙烯酸酯纸塑覆膜胶研究改性工作。

有人以丙烯酸酯为主要原料，通过半连续乳液聚合法合成了丙烯酸丁酯-醋酸乙烯酯-丙烯酸三元共聚乳液，并添加一定比例的乳化松香增黏树脂，制成了一种新型的、性能优良的纸塑复合胶黏剂。该胶配方为（单位：质量份）：丙烯酸酯乳液 100、乳化松香增黏树脂 50。pH 值控制在 6～7 时，性能最为理想。同时还探讨了单体的组成、乳化剂种类及其用量、引发剂用量，以及聚合温度和时间对覆膜胶性能的影响。

用半连续加料工艺进行种子乳液聚合，可制备高性能的自交联型丙烯酸树脂纸塑覆膜胶，单体投料量为 VAc 46.5%、BA 46.5%、AA 3%、HPA 4%，复合乳化剂用量 3%～5%，引发剂用量 0.6%。实验发现，加入 20%松香乳液（相对于丙烯酸胶乳质量）不仅增大了胶黏剂的粘接强度，还降低了生产成本。

有人制备出了固含量低但粘接性能优良的丙烯酸酯乳液纸塑覆膜胶，弥补了传统覆膜胶耐水性差和低温下初黏性差的不足。采用种子乳液聚合，结合半连续滴加的聚合工艺，制备出的汽车内饰材料用高固含量和室温自交联环保型水基丙烯酸酯乳液胶黏剂，具有干燥时间短、初黏性好、无毒不燃以及无环境污染等优点。

以丙烯酸酯为原材料，通过“粒子设计”，采用递变进料聚合工艺可合成纸塑覆膜用丙烯酸酯乳液胶黏剂。测试结果表明，递变进料工艺要优于常规的乳液聚合工艺。

采用种子乳液聚合法合成一种交联型苯丙乳液，然后配以蜡乳液，再加入增黏树脂及其他助剂，可制备出一种稳定性好、剥离强度高、耐水性好且耐高温的医用环保型水性纸塑覆膜胶。

3. 压敏胶用丙烯酸酯乳液配方和工艺

压敏胶在较小压力作用下，即能形成牢固的粘接。标签用压敏胶黏剂的初黏性要求高，持黏性及180°剥离强度能满足使用要求即可。采用半连续预乳化工艺，选用丙烯酸乙酯、丙烯酸丁酯为软单体，丙烯酸甲酯为硬单体，丙烯酸、丙烯酸-2-乙基己酯为功能单体，所制备的压敏胶黏剂的初黏性、持黏性和180°剥离强度均较好。

采用预乳化工艺，将歧化松香溶于丙烯酸酯单体中，制成预乳液后，通过核壳共聚可制备出性能优良的松香基丙烯酸酯乳液聚合物。其中复合乳化剂（SDS/OP-10）的用量为3%～4%、SDS/OP-10的质量比为1∶3、引发剂的用量为0.4%、歧化松香用量为6%时，可获得综合性能优良的标签用压敏胶，尤其是初黏性得到了显著提高。

传统医用压敏胶中的蛋白酶对少数人的皮肤有一定刺激，可能会产生过敏反应，而丙烯酸酯类压敏胶对皮肤的刺激性小、透气性好，对人体皮肤有良好的亲和性，因此在医疗领域应用广泛，如采用纯单体滴加法合成的用于输液针头覆盖用的乳液型丙烯酸酯医用压敏胶。

便利贴现已广泛应用于生活、办公等各个领域。便利贴用可再剥离型压敏胶要满足两个条件：一是在经历多次的粘贴和剥离后依然能保持良好的粘接性能；二是贴合后经历长时间或者承受重压后剥离强度不发生明显上升，从而能够轻易与被粘物分离且不发生胶转移。

以丙烯酸酯类单体为主料，在含有分散剂的水相中采用悬浮聚合的方法可制备粒径为10～100mm的黏性聚合物微球，而添加单体A是制备出稳定且单分散性好的微球压敏胶的重要因素，其制备配方列于表2-13。

表2-13　可再剥离丙烯酸酯压敏胶配方

原料	用量/g	原料	用量/g
丙烯酸异辛酯	70～90	聚乙烯醇	0.1～1
丙烯酸甲酯	5～25	过氧化苯甲酰	0.1～0.5
甲基丙烯酸	5～20	氨水	适量
甲基丙烯酸缩水甘油酯	0.1～1	单体A	1～5
三烯丙基异氰尿酸酯	0.1～1	去离子水	适量

二、水性丙烯酸酯胶黏剂用乳液

（一）水性丙烯酸酯白胶浆乳液

1. 原材料与配方（质量份）

丙烯酸丁酯	60	功能单体A	6～10
甲基丙烯酸甲酯	40	乳化剂	3.0
苯乙烯	5.0	过硫酸铵	0.5
丙烯酸	2.0	去离子水	适量
自交联单体	5～8	其他助剂	适量

2. 制备方法

将乳化剂和去离子水加入装有搅拌器的烧瓶中，开动搅拌使乳化剂充分溶解后，分别加入各单体，高速搅拌15～20min使单体能被乳化剂充分包裹，得到预乳化单体。

在装有温度计、搅拌器、回流冷凝管、恒压漏斗的四口烧瓶中加入部分预乳化单体、去离子水开动搅拌，升温到80℃，加入引发剂水溶液，待底液开始变蓝，引发预乳化单体成为种子乳液后，再滴加剩余的预乳化单体和引发剂，反应时间2h，反应温度86～88℃。反应结束后，保温2h，降温到40℃以下，用氨水调节乳液的pH值至7.5～8.5，出料过滤。

3. 性能

胶浆成膜树脂的性能见表2-14。

表2-14　胶浆成膜树脂性能

检测项目	测试结果	检测项目		测试结果
外观	乳白微蓝	胶膜浸水试验吸水率/%		<1.0
离子性	阴离子	摩擦牢度/级	干摩	3
固含量/%	40.0±1.0		湿摩	3
黏度/mPa·s	<100	皂洗色牢度/级		3
pH值(25℃)	7.5～8.5	甲醛含量/(mg/kg)		<5

(二) 水性羟基丙烯酸酯乳液

1. 原材料与配方（质量份）

原料	质量份	原料	质量份
甲基丙烯酸甲酯(MMA)	35	叔碳酸缩水甘油酯(E-10p)	15
丙烯酸丁酯(BA)	20	偶氮二异丁腈(AIBN)	3.0
苯乙烯(St)	20	十二烷基硫醇(DDM)	1.5
丙烯酸(AA)	5～9	水	适量
丙烯酸羟乙酯(HEA)	10～20	其他助剂	适量

2. 制备方法

按配方配制包括单体MMA、St、HEA、AA、BA、E-10p及引发剂AIBN、链转移剂DDM的混合溶液。以油浴加热，在配备搅拌器、冷凝管、滴液漏斗以及温度计的四口烧瓶中加入一定质量的异丙醇，通N_2，升温至85℃，先滴加质量分数10%的混合溶液，保温30min后，再匀速滴加剩余质量分数90%的混合溶液，2.5～3h滴加完毕。保温1.5h之后，再补加一定质量的引发剂和少量溶剂，最后保温2h。将合成的树脂进行减压抽滤，除去少量异丙醇。将丙烯酸树脂降温至70℃，加入一定量的二乙醇胺和水，搅拌30min后出料，得到水性羟基丙烯酸树脂。

3. 性能与效果

最佳反应条件为：w(引发剂)=2%，温度85℃，w(E-10p)=10%，中和度100%，合成的水性羟基丙烯酸树脂固体质量分数达45%，黏度3.8Pa·s，其附着力佳，柔韧性较好。

(三) 自交联酪素接枝改性丙烯酸酯共聚物乳液

1. 原材料与配方（质量份）

原料	质量份	原料	质量份
丙烯酸丁酯(BA)	60	双丙酮丙烯酰胺(DAAM)	2.0
甲基丙烯酸甲酯(MMA)	40	过硫酸钾	1.0
丙烯腈(AN)	10	水	适量
酪素(CA)	30	其他助剂	适量

2. 制备方法

（1）酪素液制备　在装有搅拌器的三口烧瓶中加入适量的水和酪素，升温到65℃并缓慢搅拌使酪素溶胀；然后加入碱液调节pH值为9～10，酪素充分溶胀呈透明体系后继续恒温搅拌1h，得到酪素液。

（2）酪素/MMA/BA/DAAM/AN无皂乳液聚合　将MMA、BA、AN混合均匀配成A液，DAAM和适量的水配成B液，过硫酸钾水溶液为C液。在装有搅拌器的四口烧瓶中加入水、酪素液及1/10 A液和1/10 B液，升温至60℃后向其中加入1/2的引发剂C液，反应30min，升温至80℃把剩余的单体和引发剂在2～3h内滴加完，继续保温反应2～3h，调节体系pH值为7～8，得到带蓝光的淡黄色半透明黏稠乳液，固含量为15%，其单体转化率>95%。

（3）表面施胶液的制备　把95g水加入三口瓶中，缓慢倒入5g氧化淀粉搅拌均匀，升温至95℃保温搅拌0.5h，过滤得到质量分数为5%的糊化淀粉液。将定量的糊化淀粉液倒入反应瓶中，添加表面施胶剂，加水稀释保证体系总质量分数为5%，60～70℃下搅拌20min后进行施胶。

（4）表面施胶工艺　将原纸［铝箔衬纸，定量（50±1）g/m^2］铺在涂布机上，一端固定，开动施胶辊，用移液管取10mL施胶乳液均匀涂布在纸上，施胶定量为1.15g/m^2，压光烘干后在干燥器中平衡稳定24h后测试纸张的性能。

3. 性能与效果

（1）当酪素用量为单体总量的30%，BA与MMA的质量比为1.3，w(DAAM)=2%时，该表面施胶剂具有良好的应用效果。

（2）施胶量为1.15g/m^2，纸张施胶度为30.2s，耐折度为4672。

（3）TEM图和粒径大小及分布表明，当交联单体w(DAAM)=2%时，乳液粒子形貌是光滑的球状体，粒径为125.7nm。

（四）有机硅改性环氧丙烯酸酯乳液

1. 原材料与配方（质量份）

原料	用量	原料	用量
甲基丙烯酸甲酯(MMA)	60	烷基酚聚氧乙烯醚(OP-10)	2.0
丙烯酸丁酯(BA)	35	过硫酸钠(SPS)	1～2
丙烯酸(AA)	5.0	碳酸氢钠	0.5
环氧树脂(E-44)	5.0	氨水	1～3
十二烷基磺酸钠(SLS)	1.5	去离子水	适量
八甲基环四硅氧烷(D_4)	5.0	其他助剂	适量
乙烯基三乙氧基硅氧烷(A-151)	5.0		

2. 制备方法

准确称量单体MMA、BA、AA、D_4、A-151及E-44混合均匀备用；将一定比例的乳化剂OP-10与SLS溶于水，再加入一定量的$NaHCO_3$配成复合乳化剂待用；把SPS溶解在10mL去离子水中配成引发液。在配有回流冷凝管和搅拌器的250mL四口瓶中加入上述配好的1/2复合乳化液以及1/10的混合单体，在室温下搅拌10min后加入1/2的引发液，预升温至75℃得到种子乳液。体系中蓝相明显保温30min后同步滴加剩余的混合单体和复合乳化液，期间每隔10min补加一次引发液。全部滴加后在80℃下保温1.5h。最后将体系温度降到30℃左右后用氨水调其pH值到7～8，用100目的筛子过滤，出料。

3. 性能

有机硅改性环氧丙烯酸乳液性能和膜性能见表2-15。

表2-15　有机硅改性环氧丙烯酸乳液性能和膜性能

检测项目	检测结果	检测项目	检测结果
乳液外观	乳白泛蓝,均匀不分层	实干时间/h	2
固含量/%	43.93	附着力/级	1
转化率/%	98.84	硬度/H	2～3
Ca^{2+}稳定性	48h无分层	耐水性	96h无异常
稀释稳定性	48h无分层	耐酸碱性	48h无异常
pH值	7～8	吸水率/%	4.23
表干时间/h	1		

4. 效果

在油水比为0.8，丙烯酸占油性单体总量的4%，环氧树脂为5%，有机硅为10%，乳化剂烷基酚聚氧乙烯醚（OP-10）与十二烷基磺酸钠（SLS）的比为2∶1，用量为3.5%，引发剂为0.6%，电解质为0.45%时合成的乳液固含量达到43.93%。

（五）纳米SiO_2/有机硅改性核壳型丙烯酸酯乳液

1. 原材料与配方（质量份）

原料	用量	原料	用量
丙烯酸丁酯(BA)	60	反应乳化剂B(SE-10)	2.0
甲基丙烯酸甲酯(MMA)	37	过硫酸钾(KPS)	1.0
丙烯酸(AA)	3.0	亚硫酸氢钠(SHS)	0.5
正硅酸乙酯(TEOS)	1～2	$NaHCO_3$	0.2
γ-甲基丙烯酰氧基丙基三甲氧基硅烷(A-174)	10～15	纳米SiO_2	1～3
		蒸馏水	适量
反应乳化剂A(SN-102)	1.5	其他助剂	适量

2. 制备方法

预乳液的制备：将一定量的去离子水和乳化剂加入到预乳化用的四口烧瓶中，搅拌均匀后加入设计量的核层或壳层混合单体，室温高速乳化30min，即得核或壳预乳液，备用。

丙烯酸酯核乳液的制备：将一定量的去离子水、乳化剂和缓冲液（$NaHCO_3$）加入到带有搅拌器、冷凝器以及温度计的四口烧瓶中，升温至77～78℃，滴加20%～30%的核预乳液及30%引发剂水溶液；待体系出现蓝相后，继续保温反应30min，降温至75℃，通过滴液漏斗均匀滴加剩余的核预乳液与30%引发剂水溶液（1～1.5h内滴加完毕），升温至77℃，保温1h，即得丙烯酸酯核乳液。

壳乳液的制备方式：将上述丙烯酸核乳液体系降温至75℃左右，向核乳液中同时均匀滴加壳层预乳液和30%引发剂水溶液（2～2.5h滴加完毕），升温至77～78℃，加入剩余的10%引发剂水溶液，保温反应1.5h，然后降至室温，加入TEOS反应12h，加入适量的2-氨基-2-甲基-1-丙醇调节 pH 值至 7～8，用 200 目的滤网过滤出料，即得纳米 SiO_2/有机硅改性核壳丙烯酸酯乳液。

3. 性能与效果

(1) 纳米 SiO_2 以 TEOS 方式加入，有机硅单体选用 A-174，且与 30％的丙烯酸酯类单体混合预乳化加入，有利于提高乳液聚合稳定性。

(2) 最佳工艺条件：反应温度为 75～80℃，有机硅用量为 2％，TEOS 用量为 1％。此时可获得较理想的核壳型丙烯酸酯改性乳液。

(3) 乳胶粒并不是全部呈球形，有的乳胶粒可能通过硅羟基相互交联成网络结构，但球形的乳胶粒仍有明显的核壳结构；有机硅及纳米 SiO_2 已经接枝到丙烯酸酯乳液的分子链上；乳液胶膜具有 2 个玻璃化转变温度，进一步确定乳胶粒为核壳结构；在最佳工艺条件下可以使乳胶粒粒径达到 160.4nm，大于常规乳液乳胶粒及纯丙烯酸酯核壳乳液乳胶粒；改性的丙烯酸酯无皂乳液具有更好的耐热性。

(六) 自乳化全氟烷基阳离子聚丙烯酸酯乳液

1. 原材料与配方 (质量份)

原材料	质量份	原材料	质量份
丙烯酸丁酯(BA)	40	水性偶氮二异丁腈(AIBN)	1～2
甲基丙烯酸甲酯(MMA)	20	*N*,*N*-二甲基甲酰胺(DMF)	1～3
丙烯酸羟乙酯(HEA)	20	冰醋酸(Ac)	1～3
甲基丙烯酸二甲氨基乙酯(DM)	20	去离子水	适量
全氟烷基乙基丙烯酸辛酯(FEA)	38	其他助剂	适量

2. 制备方法

先将 FEA、DM、BA、MMA 及 HEA 几种单体混合液、助溶剂 DMF、酸化剂 Ac 加入 250mL 烧杯中，在 1000r/min 的速度下搅拌 30min，制得单体混合物溶液。然后向装有电动搅拌器、回流冷凝管、温度计、恒压滴液漏斗的 250mL 四口烧瓶中，加入 1/3 混合溶液和 1/3 的油溶性引发剂溶液 (AIBN+DMF)，搅拌并升温至 80℃，恒温反应 1h；开始滴加剩余的单体混合液及油溶性引发剂溶液，滴加过程持续 1h。滴加完毕后，继续恒温 80℃反应 2h。随后，在搅拌下，向反应体系中加入去离子水，搅拌 30min 后，连续滴加水溶性引发剂 AIBN 溶液，滴加过程持续 1h，滴加完毕后，继续恒温 80℃反应 3h。自然冷却至室温，得乳白色、带蓝光的乳液，即为自乳化全氟烷基阳离子聚丙烯酸酯 (PABF) 乳液。具体反应方程式如图 2-1 所示。

将乳液在聚四氟乙烯模具内流延成膜，室温下干燥 5d 后，放入烘箱中于不同设定温度下烘 12h，放入干燥器内待测。

3. 性能与效果

(1) 采用两步转相聚合法，以全氟烷基乙基丙烯酸辛酯 (FEA) 为功能单体制备了自乳化全氟烷基阳离子聚丙烯酸酯乳液，全氟单体的加入有效地降低了表面自由能。当 FEA 含量增加为 38％时，处理温度为 150℃，水接触角达 116.3°，二碘甲烷接触角达 91.5°，乳胶膜表面自由能降至 12.08mJ/m^2。

(2) 涂膜具有较好的耐热性和耐老化性能。当 FEA 单体用量达到 38％时，热分解温度为 172.08℃，提高了 30.63℃；涂膜经 1600h 人工加速老化后，保光率仍大于 90％，无裂

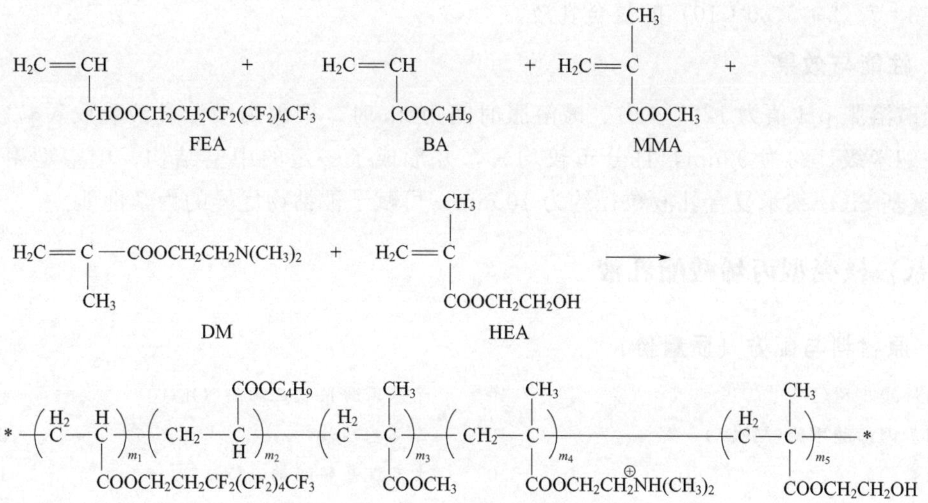

$$H_2C{=}CH{-}COOCH_2CH_2CF_2(CF_2)_4CF_3\ (\text{FEA}) + H_2C{=}CH{-}COOC_4H_9\ (\text{BA}) + H_2C{=}C(CH_3){-}COOCH_3\ (\text{MMA}) +$$

$$H_2C{=}C(CH_3){-}COOCH_2CH_2N(CH_3)_2\ (\text{DM}) + H_2C{=}C(CH_3){-}COOCH_2CH_2OH\ (\text{HEA}) \longrightarrow$$

$$*{-}\left(\overset{H_2}{C}{-}\underset{COOCH_2CH_2CF_2(CF_2)_4CF_3}{\overset{H}{C}}\right)_{m_1}\left(CH_2{-}\underset{H}{\overset{COOC_4H_9}{C}}\right)_{m_2}\left(\overset{H_2}{C}{-}\underset{COOCH_3}{\overset{CH_3}{C}}\right)_{m_3}\left(CH_2{-}\underset{COOCH_2CH_2\overset{\oplus}{N}H(CH_3)_2}{\overset{CH_3}{C}}\right)_{m_4}\left(\overset{H_2}{C}{-}\underset{COOCH_2CH_2OH}{\overset{CH_3}{C}}\right)_{m_5}{-}*$$

图 2-1　PABF 的聚合反应方程式

纹、粉化和变色等现象。

(七) 中空型丙烯酸酯/酪素基 SiO_2 纳米乳液

1. 原材料与配方 (质量份)

原料	质量份	原料	质量份
丙烯酸丁酯(BA)	60	己内酰胺(CPL)	1～3
甲基丙烯酸甲酯(MMA)	30	三乙醇胺(TEA)	1～2
甲基丙烯酸(MAA)	10	过硫酸铵(APS)	0.5
γ-甲基丙烯酰氧基丙基三甲基硅烷(KH570)	10	正硅酸乙酯(TEOS)	2～3
		去离子水	适量
酪素(CA)	30	其他助剂	适量

2. 制备方法

(1) 中空型聚丙烯酸酯乳液的合成　将一定量的混合单体 (MMA/BA/MAA)、乳化剂和引发剂等，加入装有搅拌器、冷凝管、温度计等的 250mL 三口烧瓶中，调节水浴温度为 70℃，反应一段时间，得到种子乳液；调节水浴至一定温度，分别以一定速度同时滴加核层混合单体 (MMA/BA/MAA)、乳化剂水溶液及引发剂水溶液，保温一定时间，制备核层乳液；继续调节水浴至一定温度，分别以一定速度同时滴加壳层混合单体、乳化剂水溶液及引发剂水溶液，保温一定时间后，冷却至室温，出料；取一定量的乳液置于烧杯中，通过 NaOH 溶液调节 pH 值，将碱化后的乳液置于三口烧瓶中，调节水浴至一定温度后，在搅拌作用下，保温反应一段时间，停止加热，将其自然冷却至室温，出料，得 A 乳液。

(2) 中空型聚丙烯酸酯/酪素基 SiO_2 纳米复合乳液的制备　调节水浴温度，在搅拌作用下，在装有搅拌器和冷凝装置的 250mL 三口烧瓶中加入一定量的酪素、三乙醇胺及去离子水，保温一定时间；水浴温度升高至一定温度，以一定速度滴加一定量己内酰胺水溶液，同时以一定的方式加入一定量的正硅酸乙酯和 KH570，保温反应一定时间，停止反应，室温冷却，出料，得B乳液。将一定质量比的A与B乳液混合加入到三口烧瓶中，加温搅拌30min，得到一系列不同组分比例（乳液A和乳液B的质量比分别为10∶0、7∶3、5∶5、4∶6、3∶7、2∶8、0∶10）的复合乳液。

3. 性能与效果

当碱溶胀pH值为12.3左右、碱溶胀时间为3h时，聚丙烯酸酯乳液乳胶粒粒径增大，粒径在纳米级，约为90nm，且分布较均一，并形成了一定的中空结构，中空型聚丙烯酸酯/酪素基SiO_2纳米复合乳液粒径约为100nm，可赋予被粘物优异的力学性能。

(八) 核壳型丙烯酸酯乳液

1. 原材料与配方（质量份）

原料	用量	原料	用量
丙烯酸丁酯(BA)	40	辛基苯酚聚氧乙烯醚(OP-10)	1.5
甲基丙烯酸甲酯(MMA)	40	乙烯基硅油	2～8
丙烯酸(AA)	5.0	十二烷基硫酸钠(SDS)	1～2
甲基丙烯酸羟乙酯(HEMA)	5.0	水	适量
丙烯酸-2-乙基己酯(2-EHA)	10	其他助剂	适量
过硫酸钾(KPS)	0.82		

2. 制备方法

(1) 核/壳型丙烯酸酯乳液的制备

① 核预乳液或壳预乳液的制备　在三口烧瓶中加入组分1（核层单体）或组分2（壳层单体）、对应的乳化剂和水，40℃搅拌30min，制得核预乳液或壳预乳液。

② 核层的聚合　将四口烧瓶置于40℃恒温水浴锅中，加入核预乳液，边搅拌边升温至80℃；然后加入1/3的固体引发剂，反应至乳液呈蓝光时，继续反应5min即可。

③ 壳层的聚合　80℃时在装有核乳液的四口烧瓶中交替滴加壳预乳液、部分引发剂溶液（3h内滴完），保温反应1h，出料，调节pH值至7即可。

(2) 硅丙乳液的制备

① 有机硅前期加入　将有机硅加入到核组分中一起进行预乳化，然后进行后续的核/壳乳液聚合反应。

② 有机硅中期加入　将有机硅加入到壳组分中一起进行预乳化，制得壳预乳液；然后与引发剂一起交替加入到核乳液中进行反应。

③ 有机硅后期加入　将制备好的丙烯酸酯乳液置于四口烧瓶中，60℃时加入有机硅，溶胀40min；升温至80℃，滴加引发剂溶液（1h内滴毕），保温反应1h，出料，调节pH值至7即可。

3. 性能与效果

最佳工艺条件是：m(SDS)∶m(OP-10)＝3∶2、w(KPS)＝0.82%、w(复合乳化剂)＝3.4%、w(HEMA)＝3.5%、聚合温度为80℃、聚合中期加入乙烯基硅油至壳单体中且w(乙烯基硅油)＝6.8%。由最佳工艺条件制成的有机硅改性丙烯酸酯乳液及其涂膜，其稳定性、耐水性和力学性能俱佳。

（九）环氧改性丙烯酸乳液

1. 原材料与配方（质量份）

丙烯酸丁酯(BA)	60	环氧树脂(E-44)	12
甲基丙烯酸甲酯(MMA)	35	十二烷基苯磺酸钠	2.0
苯乙烯	10	十二烷基硫酸钠	1.5
丙烯酸	5.0	NaOH	1～3
丙烯酰胺	3～4	OP-10乳化剂	2.5
丙二醇	1～3	去离子水	适量
过硫酸钠	0.7	其他助剂	适量

2. 制备方法

第一步：称取一定量的OP-10和十二烷基苯磺酸钠，加入去离子水中，搅拌溶解，制得复合乳化剂溶液。取1/3复合乳化剂溶液，加入到300mL四口烧瓶中。将环氧树脂溶解在丙烯酸中，在电动搅拌器高速搅拌下，缓慢加入到四口烧瓶中，制得预乳液，备用。

第二步：取1/7预乳液，和剩余复合乳化液混合，加入到恒温水浴锅中的装有电动搅拌器、温度计、回流冷凝管和恒压滴液漏斗的四口烧瓶中，并加入适量的碳酸氢钠。缓慢升温，并搅拌。升温到65℃，加入引发剂过硫酸钠溶液。温度升到（80±1)℃，体系出现蓝色，种子引发完毕。

第三步：待蓝色出现以后，维持反应温度，通过恒压滴液漏斗缓慢滴加剩余预乳液，在2～3h内滴完，并在这期间，定时滴加引发剂溶液。待预乳液滴加完毕后，加入剩余引发剂溶液。保温1h，冷却降温到40℃，过滤，滴加少量氨水，调节pH值至7。

3. 性能

乳液性能和涂膜性能检测结果见表2-16。

表2-16 乳液性能和涂膜性能检测结果

检测项目	检测结果	检测项目	检测结果
固含量/%	45	附着力/级	0
钙离子稳定性/(g/mL)	0.30	耐水性	36h不起泡
稀释稳定性	通过(无凝聚)	耐酸碱性	24h不起泡
储存稳定性	3个月不分层	铅笔硬度	5H
表干时间/h	2	吸水率/%	1.0
实干时间/h	10	柔韧性/mm	3

4. 效果

（1）采用预乳化的半连续种子乳液聚合可制得稳定性好、凝聚率低、转化率高、耐水性好的环氧改性丙烯酸乳液。

（2）实验表明，在反应温度为（85±1)℃，引发剂用量为6%，乳化剂用量为0.7%，功能单体为3%，环氧树脂E-44的用量为12%，软硬单体的比例为1∶1的情况下，可合成稳定的环氧改性丙烯酸乳液。

(十) 自交联型丙烯酸酯胶黏剂乳液

1. 原材料与配方 (质量份)

原材料	质量份	原材料	质量份
丙烯酸丁酯(BA)	46	聚乙二醇辛基苯基醚	2.0
甲基丙烯酸甲酯(MMA)	46	过硫酸铵(APS)	1.2
丙烯酸羟丙酯(HPA)	1～3	碳酸氢钠($NaHCO_3$)	1.0
甲基丙烯酸缩水甘油酯(GMA)	4.0	水	适量
十二烷基硫酸钠(SDS)	2.0	其他助剂	适量
丙烯酸(AA)	2.0		

2. 制备方法

(1) 乳液合成　按照配方配比，将 SDS、聚乙二醇辛基苯基醚、$NaHCO_3$ 和去离子水加入具有回流装置的反应容器内，于 80℃恒温水浴下开启搅拌装置，待乳化剂溶解完毕，将各类单体按配方混配均匀，取混合单体总质量的 10%一次加入烧瓶内，分散均匀后，加入总引发剂 30%的 APS 水溶液，等待反应至体系出现蓝光，将剩余的单体及 70%的 APS 水溶液于 2h 内匀速滴加完毕。结束后恒温 0.5h，之后升温至 85℃，继续恒温 0.5h。最后以冰水浴猝灭反应，以氨水调节 pH 值为 8～9，即可过滤倒出，备用。

(2) 水基丙烯酸酯胶黏剂乳液胶膜的制备　将制备好的乳液称取一定质量，倒入聚四氟乙烯板，于室温下自然干燥，待表面干燥后，放入电热鼓风干燥箱内于 40℃下干燥 24h，然后取出，可制得约 1mm 厚度的待测胶膜。

3. 性能与效果

HPA 的加入可以减小所制乳液的粒径，并使粒径分布更加均匀，乳液稳定性更好，流体呈现假塑性，随着 HPA 含量增加，乳液的黏度有所上升，胶膜的拉伸强度先增加后略微减小，断裂伸长率减小，吸水率先减小后上升。当 HPA 含量为 2%时，乳液的平均粒径为 97.3mm，力学性能优良，PVC 与织物间的黏结剥离强度从 17.6N/25mm 提升至 28.2N/25mm。当 HPA 含量为 1%时，吸水率达到最低值 4.2%，耐水性最佳。对乳液流变性能进行的研究表明，HPA 改性的自交联丙烯酸酯乳液呈假塑性流体，随 HPA 含量的增加，乳液的黏度与触变性上升。而不含 HPA 的乳液黏度较小，且不具触变性。

(十一) 环氧树脂改性苯丙共聚乳液

1. 原材料与配方 (质量份)

原材料	质量份	原材料	质量份
复配乳化剂	2.0～3.0	丙烯酸丁酯	18～22
反应型乳化剂	0.3～0.5	官能单体	1.0～2.0
引发剂(过硫酸铵)	0.2～0.4	硅单体	0.1～0.5
pH 值缓冲剂(碳酸氢钠)	0.02～0.04	E-44	2.0～5.0
苯乙烯	18～22	氨水	1.0～1.5
甲基丙烯酸甲酯	2.0～4.0	去离子水	49～51

2. 制备方法

将计量好的部分乳化剂、pH 值缓冲剂、去离子水投入釜底，在另一个罐中加入剩余乳化剂、反应型乳化剂、单体、环氧树脂、去离子水制备单体预乳化液。将釜温加热至 70℃，加入部分预乳化液，当温度升至 80～83℃时，加入初加引发剂，制备种子乳液，反应约 30min，开始滴加预乳化液和滴加引发剂，滴加时间约 3.5h，温度控制在 83～85℃。保温 1h，降温至 55～60℃，用氨水中和使 pH 值达到 7.0～9.0，冷却、过滤、出料，得到环氧树脂改性苯丙乳液。

3. 性能

各因素对乳液性能的影响见表 2-17～表 2-19。

表 2-17　环氧树脂用量对乳液性能的影响

w(环氧树脂)/%	乳液外观	耐水性	耐碱性	钙离子稳定性	贮存稳定性
0	微蓝半透明液体	发白起泡现象明显	无明显变化	通过	稳定
3	微蓝半透明液体	起泡,轻微泛白	无明显变化	通过	稳定
5	微蓝半透明液体	轻微泛蓝	无变化	通过	稳定
7	乳白微蓝液体	轻微泛蓝	无变化	通过	3个月分层
9	乳白微蓝液体	轻微泛蓝	无变化	通过	1个月分层

表 2-18　乳化剂用量对乳液的影响

w(乳化剂)/%	耐水性	乳液反应稳定性	钙离子稳定性	乳液外观
1.0	—	产生大量凝胶物	通过	乳白带蓝光液体,乳液粒子较粗
1.5	轻微泛蓝	产生少量凝胶物	通过	乳白带蓝光液体
2.0	轻微泛蓝	反应正常,轻微凝胶物	通过	乳白微蓝液体
2.5	轻微泛蓝	反应正常,轻微凝胶物	通过	微蓝半透明液体
3.0	起泡,明显泛白	反应正常,轻微凝胶物	未通过	微蓝半透明液体

表 2-19　玻璃化温度对乳液的影响

玻璃化温度(T_g)/℃	最低成膜温度(MFT)/℃	硬度	回黏性	耐擦洗性/次
−10	≤8	软	大	<300
−6	≤12	↕	↕	<300
0	≤18			>300
6	≤22			>500
10	≤26	硬	小	>500

4. 效果

（1）采用首先制备丙烯酸种子乳液，然后滴加溶有环氧树脂的单体溶液的工艺可制得具有较高机械强度和抗化学特性的环氧树脂改性苯丙乳液。

（2）环氧树脂用量为 5%，乳化剂用量为 2.0%～2.5%，玻璃化温度为 6～10℃的条件下，可制得综合性能优异的环氧树脂改性苯丙乳液。

（十二）环氧改性丙烯酸乳液

1. 原材料与配方（质量份）

丙烯酸丁酯(BA)	5.0	环氧树脂(E-44)	8.0
甲基丙烯酸甲酯(MMA)	50	过硫酸钠	0.5
苯乙烯(St)	5.0	OP-10	
丙烯酰胺	4.0	十二烷基苯磺酸钠(SDBS)	2.5
$NaHCO_3$	1～2	十二烷基硫酸钠(SDS)	2.0
丙二醇	1～3	去离子水	适量
丙烯酸(AA)	3.0	其他助剂	适量

2. 制备方法

第一步：预乳化。称取一定量的 OP-10 和 SDBS 加入去离子水中，搅拌溶解，得到复合乳化剂溶液。取复合乳化剂溶液的一半，加入到 250mL 四口烧瓶中。将环氧树脂溶解在丙烯酸类混合单体后，加入到四口烧瓶中，高速搅拌，制得预乳液，备用。

第二步：种子引发。取预乳液的 1/10 和剩余复合乳化剂溶液混合，加入到四口烧瓶，并加入适量的碳酸氢钠。缓慢升温，并搅拌，升温到 50℃，加入过硫酸钠溶液的 1/2。温度升到 (80±1)℃，体系出现蓝相，种子引发完毕。

第三步：壳层聚合。待蓝相出现以后，维持反应温度，通过恒压滴液漏斗缓慢滴加剩余预乳液，在 2～3h 内滴完，在这期间定时滴加剩余引发剂溶液。待预乳液滴加完毕，保温 1h。冷却降温至 40℃，过滤，滴加少量氨水，调节 pH 值至 7。

3. 性能

乳液性能和涂膜性能检测结果见表 2-20。

表 2-20　乳液性能和涂膜性能检测结果

检测项目	检测结果	检测项目	检测结果
固含量/%	40	附着力/级	0
钙离子稳定性/(g/mL)	0.25	耐水性	36h 不起泡
稀释稳定性	通过(无凝聚)	耐酸碱性	24h 不起泡
储存稳定性	3 个月不分层	铅笔硬度	5H
表干时间/h	3	吸水率/%	1.3
实干时间/h	7	柔韧性/mm	3

4. 效果

在反应温度为 (80±1)℃，引发剂用量为 5%，乳化剂为 OP-10 和 SDBS 按照 2∶1 的比例复合，用量为 4.5%，功能单体为 3%，环氧树脂 E-44 的用量为 8%，软硬单体的比例为 1∶1 的情况下，合成环氧改性丙烯酸乳液，其综合性能优异。

(十三) 有机氟/环氧树脂改性丙烯酸酯乳液

1. 原材料与配方 (质量份)

丙烯酸丁酯(BA)	40	甲基丙烯酸十二氟庚酯(MBFA-12)	2.0
甲基丙烯酸甲酯(MMA)	40	环氧树脂(EP)	4.5
甲基丙烯酸(MAA)	20	氨水	适量
烷基酚聚氧乙烯醚(OP-10)	1.0	碳酸氢钠($NaHCO_3$)	1～2
N-羟甲基丙烯酰胺(NMA)	2.5	十二烷基硫酸钠(SDS)	1.0
过硫酸铵(APS)	0.65	其他助剂	适量
去离子水	适量		

2. 制备方法

将适量的水、复合乳化剂 (SDS/OP-10) 和 $NaHCO_3$ 加入到带有搅拌器、回流冷凝器、温度计和恒压滴液漏斗的四口烧瓶中，升温至所需温度；然后加入适量的引发剂 (APS)，15min 内滴加 1/4 混合单体 (EP、MMA、BA 和 MAA)，反应 30min，得到蓝色荧光的种子乳液；随后 3h 内滴加剩余的混合单体和交联剂 (NMA)，滴加过程中每间隔 15min 加入适量的 APS；最后在 10min 内滴加完有机氟 (MBFA-12)，并加入剩余的 APS，滴毕后再升温 5℃，保温熟化 30min；冷却至 40℃以下，用氨水调节 pH 值至 8.0～9.0，出料过滤即可。

3. 性能与效果

(1) 各因素对单体转化率的影响依次为聚合温度＞MBFA-12 含量＞MAA 含量＞EP 含量＞APS 含量＞复合乳化剂含量＞NMA 含量，后两个是非显著性因素。

(2) 当 w(复合乳化剂)＝2.0%、w(APS)＝0.65%、w(MBFA-12)＝2%、w(EP)＝4.5%、w(MAA)＝2.5%、w(NMA)＝2.5%和聚合温度 70℃时，含氟 EP 复合改性丙烯酸酯乳液的综合性能相对最好，其单体转化率为 96.59%、黏度为 341mPa·s、平均粒径为 370nm、涂膜吸水率为 8.42%。

(十四) 水性丙烯酸酯乳液

1. 原材料与配方

乳液的配方见表 2-21。

表 2-21 核/壳结构乳液的配方

原料		第一阶段/g	第二阶段/g
单体	MMA	28	33
	BA	26	31
	AA	2	2.6
	DAAM	—	变量
乳化剂	OP-10	3	3
	SDS	2.5	1
引发剂(APS)		0.8	
交联剂(10% ADH 溶液)		适量	
去离子水		60	60
$NH_3 \cdot H_2O$		中和至 pH 值为 7～8	

2. 制备方法

(1) 预乳化　将第一阶段用乳化剂、去离子水以及单体加入到500mL的四颈瓶中，装上温度计、电动搅拌器、冷凝管及滴液漏斗，升温至54℃搅拌约30min，得到第一阶段预乳化液。将第二阶段用单体、乳化剂、去离子水用磁力搅拌器预乳化1h，待用。将APS溶于8mL水中，待用。

(2) 种子乳液制备　取1/4第一阶段预乳化液于四颈瓶中，升温至74℃，然后滴加2mL APS溶液，反应约30min，制得种子乳液。

(3) 乳液聚合

① 核乳液的制备　保持反应温度不变，加1.5mL APS溶液于反应瓶中，并滴加剩余3/4第一阶段预乳化液，1h滴完，滴加到一半时补加1mL APS溶液。

② 壳乳液制备　将第二阶段预乳化液移至滴液漏斗中，加入1.5mL APS溶液，然后慢慢滴加到核乳液中，滴加到一半时补加1mL APS溶液，1h滴加完毕，加入余下的APS溶液，保持温度为(74±2)℃反应2h后升温至(80±2)℃，继续反应2h，然后降至室温，用氨水中和至中性并缓慢加入10% ADH水溶液，搅拌均匀。过滤，出料，得到一种呈蓝光的乳白色乳液。

按照上述步骤制得核/壳结构自交联型丙烯酸酯乳液，调整DAAM用量，使其在乳液中的质量分数分别是0、1.5%、2.4%、3.5%、5%、7%。

(4) 乳胶膜的制备　将铝板进行擦洗和表面处理，将丙烯酸酯乳液涂布于干净的铝板和聚四氟乙烯板上，常温下自然干燥7d，等完全干燥后，进行各种性能的测定。

3. 性能与效果

(1) 功能单体DAAM的含量影响乳液及其乳胶膜的性能。结合涂料成本等因素综合考虑，当DAAM添加量为2.4%～3.5%时，得到的自交联丙烯酸酯共聚物乳液的稳定性好、单体转化率高、聚合凝胶率低，其乳胶膜的耐水性、耐溶剂性能以及力学性能较优。

(2) 交联单体ADH的加入量影响着酮羰基与酰肼基的交联反应。当m(ADH)/m(DAAM)=1～1.2时，胶膜的交联密度最大，吸水率、溶胀率最低，硬度达到2H，乳胶膜的各项性能较好。

(3) 激光散射实验表明，乳液DAAM含量高，聚合得到的乳液的乳胶粒粒径小，分布窄。

(4) FTIR测试表明，酮羰基与酰肼基发生交联反应生成了腙。

(5) 乳液聚合物DSC曲线表明自交联反应提高了聚合物的玻璃化温度(T_g)，从而提高了乳胶膜的力学性能和耐水、耐溶剂等性能。

(十五) 高固含量水性丙烯酸酯乳液

1. 原材料与配方 (g)

乳化剂	OP-10	2.00～5.00
	SDS	2.00
	OS	2.00～4.00
	平平加O-25	4.00
反应性乳化剂	HAPS	0.50～2.00

引发剂	APS	0.57
	亚硫酸氢钠	0.26
单体	AA	3.00
	BA	50.00
	MMA	40.00
	NMA	0～0.70
分散介质	去离子水	100.00～110.00
pH 调节剂	碳酸氢钠	1.00～2.00

2. 制备方法

将一定量的蒸馏水、乳化剂和 pH 调节剂，倒入装有回流冷凝器、搅拌器、温度计和恒压滴液漏斗的四口烧瓶中；然后边搅拌边水浴升温至 80℃，加入全部引发剂，开始滴加单体，3～4h 内滴完；升温至 90℃，保温反应 1h 后降至室温，出料。

3. 性能与效果

以甲基丙烯酸甲酯（MMA）为硬单体、丙烯酸丁酯（BA）为软单体、丙烯酸（AA）和 *N*-羟甲基丙烯酰胺（NMA）为功能性单体以及过硫酸铵（APS)-亚硫酸氢钠为引发剂，合成了固含量为 45%左右的丙烯酸酯微乳液。研究结果表明：普通乳化剂［烷基酚醚磺基琥珀酸酯钠盐（OS)、十二烷基硫酸钠（SDS)］、反应性乳化剂［烯丙氧基羟丙磺酸钠(HAPS)］、NMA 和反应温度等对合成的丙烯酸酯微乳液性能有影响；当反应温度为 80～85℃、w(OS)＝4.2%、w(SDS)＝2.2%、w(HAPS)＝0.5%和 w(NMA)＝0.50%时，合成的丙烯酸酯微乳液的综合性能较好。

三、水性丙烯酸酯胶黏剂实用配方

1. 乳液型丙烯酸酯胶黏剂（质量份）

甲基丙烯酸甲酯	75	界面活性剂	0.15
甲基丙烯酸丁酯	25	乳化剂	0.5
增黏剂	8.0	水	50
官能团单体	3.0	其他助剂	适量

说明：固含量 42%，黏度 1500mPa·s，成膜温度 20℃，流动性好，固化速度快。

2. 乳液型水性丙烯酸酯胶黏剂 1（质量份）

丙烯酸-2-乙基乙酯	69	邻苯二甲酸二丁酯	2.0
丙烯酸	1.0	水	50
醋酸乙酯	30	其他助剂	适量
乳化剂	2.0		

说明：固含量 52%，黏度 2000mPa·s，成膜温度 20℃，流动性好，固化速度快。

3. 乳液型水性丙烯酸酯胶黏剂 2（质量份）

甲基丙烯酸甲酯	48	叔丁基过氧化氢	1.5
丙烯酸丁酯	52	水	100
活性乳化剂	1.0	偶联剂	1.5
甲基丙烯酸乙酰乙酰氧乙基酯	4.0	其他助剂	适量

说明：固含量45.5%，B型黏度1700mPa·s，pH值2.3，贮存性好，固化速度快。

4. 水分散性丙烯酸酯胶黏剂（质量份）

丙烯酸丁酯	90	增稠剂	3～4
甲基丙烯酸甲酯	6.0	润湿剂	1.5
丙烯酸	4.0	消泡剂	0.25
乳化剂	5.0	氨水	1.8
铵盐	10	其他助剂	适量

说明：固含量40%，黏度2500mPa·s，成膜温度50℃，表面张力32×10^{-3}N/m。

5. 水性丙烯酸酯胶黏剂（质量份）

丙烯酸乙酯	49	活性剂	0.2
甲基丙烯酸甲酯	50	水	50
丙烯酸	1.0	其他助剂	适量
乳化剂	2.0		

说明：固含量52%，黏度2000mPa·s，成膜温度20℃，流动性良好，固化速度快。

6. 水性丙烯酸酯胶黏剂2（质量份）

丙烯酸乙酯	50	乳化剂	1.0
丙烯酸丁酯	48	表面活性剂	0.2
丙烯酸	2.0	乙酸乙酯	15
含官能团单体	3.0	增稠剂	10
水	50	其他助剂	适量

说明：固含量45%，黏度2500mPa·s，最低成膜温度51℃。

7. 水性丙烯酸酯乳胶（质量份）

丙烯酸丁酯	95	十二烷基硫酸钠	1.0
丙烯酸	5.0	松香	15～20
醋酸乙酯	40	NaOH	1～2
OP-10	2.0	水	100
过硫酸铵	0.5	其他助剂	适量

说明：纸塑复合用胶。

8. 塑料、木材粘接用水性丙烯酸酯胶黏剂（质量份）

丙烯酸	90	交联剂	0.2
丙烯酸丁酯	10	乳化剂	1.0
苯乙烯	25	蒸馏水	100
醋酸乙烯酯	10	其他助剂	适量

说明：可用于粘接塑料、木材、水泥等材料，固化时间90～120min、剪切强度0.86MPa。

9. 水性丙烯酸酯压敏胶黏剂（质量份）

丙烯酸丁酯	70	乳化剂	1.0
丙烯酸乙酯	20	引发剂	0.1
丙烯酸-2-羟乙酯	3.0	水	30
丙烯酸	7.0	其他助剂	适量

说明：主要用于制备压敏胶带、拉伸强度 31MPa、初黏性 14s、持黏性 2～8mm/h，剥离强度 8.2N/mm。

10. 水性丙烯酸酯高速贴标胶黏剂（质量份）

丙烯酸甲酯	45	复合增稠剂	4.0
丙烯酸丁酯	40	氨水	10
丙烯酸	15	酒精	20
丙烯腈	2.0	水	45
乳化剂	1.0	其他助剂	适量
引发剂	0.4		

说明：微黄色透明黏稠液体、不挥发物含量 28%，黏度 6.5Pa·s，pH 值 7～8。

11. 核壳型丙烯酸酯乳液胶黏剂（质量份）

丙烯酸丁酯	70～80	甲醛合次硫酸氢钠	0.1～0.2
2-甲基丙烯酸羟乙酯	2～4	链转移剂	0.5
丙烯酸	2～4	过硫酸铵	0.3～0.6
醋酸乙烯酯	20～30	氨水	10
乳化剂	3～5	去离子水	适量
叔丁基过氧化氢	0.1～0.2	其他助剂	适量

说明：该胶可作为建筑胶、装饰胶广泛使用。

12. 纸塑复合用水性丙烯酸酯胶黏剂（质量份）

丙烯酸丁酯	55	乳化剂	1.0
丙烯酸乙酯	35	NaOH	1～2
丙烯酸	10	蒸馏水	适量
引发剂	0.5	其他助剂	适量

说明：该胶成本低、环保无污染、黏度适中，干燥速度快，粘接强度良好。

13. 水性丙烯酸酯高清洁纸塑复合胶黏剂（质量份）

丙烯酸丁酯	40	去离子水	40
醋酸乙烯酯	60	聚乙烯醇	20
乳化剂	3～4	缓冲剂	1.0
引发剂	0.4	其他助剂	适量
交联剂	1.0		

说明：固含量 45%，黏度 19Pa·s，最低成膜温度 25℃，剥离强度 8.5N/2.5mm。

14. 水性丙烯酸酯铝箔纸复合用胶黏剂（质量份）

丙烯酸丁酯	60	十二烷基硫酸钠	0.5
丙烯酸	10	邻苯二甲酸二丁酯	3.0
醋酸乙烯酯	30	磷酸三苯酯	0.2
聚乙烯醇	5～8	蒸馏水	80
过硫酸铵	0.2	其他助剂	适量
聚乙二醇辛基苯基醚	1.0～1.2		

说明：主要用于铝箔与衬纸粘接，粘接强度牢固。

15. 水性丙烯酸酯/苯乙烯真空镀铝膜用胶黏剂（质量份）

甲基丙烯酸甲酯	40	过硫酸铵	0.1～0.3
丙烯酸丁酯	20	十二烷基硫醇	0.4～0.8
丙烯酸乙酯	20	乳化剂(MS-1、A-501)	1.0～1.5
丙烯酸羟乙酯	9.0	NaOH	4.0
苯乙烯	11	去离子水	适量
丙烯腈	0.1	其他助剂	适量

说明：固含量55%，黏度4000～8000mPa·s，乳白色乳液、胶层透明，主要用于卷烟的包装盒的制备。

16. 水性丙烯酸酯纸塑复合胶黏剂（质量份）

丙烯酸乙酯	40	松香乳液	30
丙烯酸丁酯	15	磷酸酯	1.5
丙烯酸	25	消泡剂	0.1
乙酸乙烯酯	20	水	适量
乳化剂	4.0	其他助剂	适量

说明：固含量52%，黏度1300mPa·s，pH值6.5，180℃剥离强度0.34N/m，主要用于聚烯烃材料的粘接。

17. 水性丙烯酸酯纸塑品封边用胶黏剂（质量份）

丙烯酸丁酯	40	羟甲基丙烯酰胺	3～4
丙烯酸异辛酯	50	过硫酸铵	0.5
甲基丙烯酸甲酯	8.0	亚硫酸氢钠	1.0
丙烯酸	2.0	去离子水	80
乳化剂	4.0	其他助剂	适量

说明：不挥发物含量60%～65%，黏度35～39Pa·s，初黏力（球号）>12，180℃剥离强度330N/cm。

18. 水性丙烯酸酯自交联胶黏剂（质量份）

丙烯酸丁酯	80	十二烷基硫酸钠	1.0
甲基丙烯酸甲酯	20	过硫酸铵	15
乳化剂OP-10	3.0	水	300
N-羟甲基丙烯酰胺	6.0	其他助剂	适量

说明：固含量30%，pH值为3～4，为蓝色荧光乳白色乳液，主要用于纺织工业，作涂料印花胶黏剂。

19. 水性丙烯酸酯/苯乙烯建筑用胶黏剂（质量份）

丙烯酸丁酯	60	乳化剂	2.0
苯乙烯	40	十二烷基硫酸钠	1.0
丙烯酰胺	5.0	过硫酸铵	9.0
丙烯醇	4.0	水	适量
聚乙烯醇	10	其他助剂	适量

说明：耐水性优良、粘接性能良好，主要用于建筑、木材、水泥等的粘接。

20. 水性丙烯酸酯阳离子交联胶黏剂（质量份）

甲基丙烯酸氨基乙酯	60	乙二胺四乙胺	2.0
液体石蜡	40	过硫酸钾/亚硫酸氢钠	2.5
丙烯酰胺	15	水	30
山梨醇单月桂酸酯	1.0	其他助剂	适量

说明：固含量50%，黏度982.3Pa·s，剥离强度4.6N/cm，主要用于壁纸、广告、标签、邮票信封等纸制品的粘接。

21. 水性丙烯酸酯/醋酸乙烯酯胶黏剂（质量份）

丙烯酸丁酯	60	氧化还原引发剂	0.4
醋酸乙烯酯	40	功能单体	80
乳化剂	3.0	蒸馏水	150
十二烷基硫酸钠	0.4	其他助剂	适量
辛基酚聚氧乙烯醚	0.8		

说明：固含量38.8%，黏度764Pa·s，初黏力大，主要用于热覆机与冷覆机覆膜。

22. 水性丙烯酸酯食品包装薄膜复合用胶黏剂（质量份）

丙烯酸乙酯	41	丁二酸二异辛酯磺酸钠	0.1
丙烯酸丁酯	20	异丙基萘磺酸钠	0.4
甲基丙烯酸甲酯	33	$(NH_4)_2S_2O_8$	0.6
甲基丙烯酸丁酯	2.5	$NaHCO_3$	0.25
丙烯酸	2.0	十二烷基硫醇	0.3
丙烯酸羟丙酯	1.5	其他助剂	适量
水	150		

说明：无毒、无味，复合剥离强度为1.0N/15mm。

23. 水性丙烯酸酯鞋用胶黏剂（质量份）

丙烯酸丁酯	40	还原剂	0.1
丙烯酸异辛酯	10	缓冲剂	0.2
甲基丙烯酸甲酯	30	引发剂	0.5
丙烯酸	15	去离子水	40
丙烯酸羟乙酯	5.0	聚氨酯乳液	80
乳化剂	2.0	其他助剂	适量

说明：固含量20%，粘接性能可与聚氨酯胶黏剂相媲美，成本下降了10%。

24. 水性丙烯酸酯地板胶黏剂1（质量份）

可交联丙烯酸酯乳液	100	氢化松香二乙醇酯	25
羧基丙烯酸乳液/增稠剂	5～10	二氧化硅(325目)	80～100
丙二醇	3.0	水	2～5
消泡剂	0.1	其他助剂	适量
表面活性剂(烷芳基聚醚醇)	2.5		

说明：固含量72%，黏度2000mPa·s，使用时颜料/胶黏剂配比为1∶1。

25. 水性丙烯酸酯地板胶黏剂 2（质量份）

组分	配方 1	配方 2	配方 3
丙烯酸酯乳液			
Rhoplex N-580	100	—	—
Rhoplex N-1031	—	100	—
Rhoplex LC-67	—	—	100
表面活性剂(烷芳基聚醚醇)	100	100	100
消泡剂	1.0	1.0	1.0
羧基丙烯酸乳液/增塑剂	1.9	5.0	5.0
氢化松香乙二醇酯/二甲苯	34(固含量 50%)	76.7(固含量 70%)	92.9(固含量 70%)
二氧化硅(325 目)	43.5	80.5	65
NaOH	6.0	2.0	—
氢氧化铵	—	—	1.0
其他助剂	适量	适量	适量
固含量/%	62.5	71.4	74.2
黏度/Pa·s	50	200	200
pH 值	8.0	8.0	8.0

26. 水性丙烯酸酯地板胶黏剂 3（质量份）

A 组分

组分	用量	组分	用量
丙烯酸酯树脂	100	防腐剂	0.5
聚丙二醇	5.0	2%纤维素醚水溶液	18
聚甲基丙烯酸酯	1.5	氨	0.3
葡糖酸钠	0.5	其他助剂	适量
消泡剂(Nopco NXZ)	1.0		

B 组分：白水泥

A∶B 组分配比=1∶1.5，现场配制。

27. 水性丙烯酸酯陶瓷粘接用胶黏剂 1（质量份）

组分	用量	组分	用量
羧基丙烯酸酯乳液	100	丙烯酸-苯乙烯共聚乳液	400
消泡剂	4.0	萜烯树脂乳液	40
邻苯二甲酸二丁酯	18	10# 白粉	275
防腐剂	1.0	$CaCO_3$ 精细粉	275
羟乙基纤维素	10	水	适量
氨	5.0	其他助剂	适量

28. 水性丙烯酸酯陶瓷粘接用胶黏剂 2（质量份）

组分	用量	组分	用量
羧基丙烯酸酯乳液	100	3%羟乙基纤维素水溶液	10
消泡剂	4.0	氨	5.0
壬基苯氧基聚乙氧基乙醇	5.0	丙烯酸-苯乙烯乳液	110
邻苯二甲酸二丁酯	2.0	石灰石	1000
防腐剂	1.0	其他助剂	适量
水	360		

29. 水性丙烯酸酯纸制品用胶黏剂（质量份）

聚丙烯酸乙酯	100	乳化剂	3.0
白垩土	75	水	适量
丙烯酸酯共聚物	3.0	其他助剂	适量

说明：该胶主要用于纸筒的制备，涂覆性好，粘接牢固。

30. 水性丙烯酸酯塑料层压制品用胶黏剂（质量份）

丙烯酸酯乳液	100	羟乙基纤维素 } 预混	1.0
消泡剂	0.5	冷水 } 预混	5.0
碳酸氢钠	6.5	其他助剂	适量

说明：固含量30%，黏度70Pa·s，粘接性能良好。

31. 水性丙烯酸酯密封胶黏剂（质量份）

丙烯酸酯乳液	100	碳酸氢钠	2.5
羟乙基纤维素 } 预混	2.0	$CaCO_3$	60
水 } 预混	5.0	其他助剂	适量
消泡剂	0.5		

说明：黏度50Pa·s，涂覆性良好，密封性能亦佳。

32. 水性丙烯酸酯无纺布用胶黏剂1（质量份）

组分	配方1（干法）	配方2（湿法）	配方3（干法）	配方4（湿法）
热活性丙烯酸酯乳液(Hycar 2600×120)	60	110	—	—
丙烯酸酯乳液(Hycar 2679)	—	—	60	110
草酸	0.7	8.0	0.7	8.0
填料	10	10	10	10
水	—	270	—	270
其他助剂	适量	适量	适量	适量

说明：浸渍后，铺平压实，在135℃下固化5min。

33. 水性丙烯酸酯无纺布用胶黏剂2（质量份）

组分	配方1（干法）	配方2（湿法）	配方3（干法）	配方4（湿法）	配方5（干法）	配方6（湿法）
热活性丙烯酸酯乳液(Hycar 2600×104)	60	110	60	110	60	110
乙二醛咪唑啉酮化合物(Permafresh LF)	—	—	3.0	3.0	6.0	6.0
氯化铵	—	—	0.3	3.0	6.6	6.0
草酸	0.7	8.0	0.7	8.5	0.8	9.0
水	—	280	—	290	—	300
其他助剂	适量	适量	适量	适量	适量	适量

说明：浸渍后铺平压实，在135℃下固化5min。

34. 水性丙烯酸酯无纺布用胶黏剂3（质量份）

丙烯酸乙酯	60	过硫酸钠	1.5
甲基丙烯酸甲酯	35	聚氧化乙烯辛基苯基醇(Siponic F400)	43
甲基丙烯酸	5.0	水	适量
48% *N*-羟甲基丙烯酰胺溶液	10.4	其他助剂	适量
3%亚硫酸氢钠溶液	40		

说明：用反应釜制备，反应温度60℃，反应时间3～4h，而后再反应30min。pH值为7。

35. 水性丙烯酸酯无纺布胶黏剂4（质量份）

组分	用量	组分	用量
自交联型丙烯酸酯溶液（Ucar Latex 874）	60	正十八烷基琥珀硫酸二钠（Aerosol 18）	3.2
羟乙基纤维素4%水溶液（Cellosize QP）	6.0	月桂基硫酸钠（Sipex UB）	1.8
		水	30
		其他助剂	适量

36. 水性丙烯酸酯织物层压用胶黏剂1（质量份）

组分	用量	组分	用量
热活性丙烯酸酯乳液（Hycar 2600×138）	100	氢氧化钠	1.0
羧基丙烯酸树脂	20	水	适量
邻苯二甲酸二辛酯	1.5	其他助剂	适量

37. 水性丙烯酸酯织物层压用胶黏剂2（质量份）

组分	用量	组分	用量
热活性丙烯酸酯乳液（Hycar 2600×138）	100	邻苯二甲酸二辛酯	5.0
丙烯酸乳液（Hycar 2679）	8.8	NaOH	1.0
水溶性丙烯酸酯树脂（Carbopol 960）	7.1	水	适量
		其他助剂	适量

38. 水性丙烯酸酯织物层压用胶黏剂3（质量份）

组分	用量	组分	用量
自交联丙烯酸酯乳液	100	消泡剂	0.2～0.3
羧基丙烯酸共聚物乳液	10	水	适量
邻苯二甲酸二辛酯	4.0	其他助剂	适量

39. 水性丙烯酸酯织物层压用胶黏剂4（质量份）

组分	用量	组分	用量
自交联丙烯酸酯乳液	100	氢氧化铵	1.0
羧基丙烯酸酯乳液	14.0	填料	3.0
催化剂	2.0	水	适量
消泡剂	0.3	其他助剂	适量

40. 水性丙烯酸酯织物层压用胶黏剂5（质量份）

组分	用量	组分	用量
自交联丙烯酸酯乳液	95	NaOH	1.0
丙烯酸	5.0	催化剂	1.5
消泡剂	0.25	水	适量
氢氧化铵	0.5	其他助剂	适量

41. 水性丙烯酸酯织物/织物粘接用胶黏剂1（质量份）

组分	用量	组分	用量
丙烯酸酯乳液	90	消泡剂	1.0
羧基丙烯酸酯树脂	10	水	适量
氢氧化铵	8.0	其他助剂	适量

42. 水性丙烯酸酯织物/织物粘接用胶黏剂2（质量份）

组分	用量	组分	用量
自交联丙烯酸酯乳液	95	硝酸铵	2.0
羧基丙烯酸酯乳液	5.0	氢氧化铵	3.0
消泡剂	0.3	水	适量
催化剂	0.5	其他助剂	适量

说明：以上织物/织物粘接用胶黏剂，透明、无毒无味，黏度较大，施胶干燥后还必须在149℃下固化1～3min方可固化充分。

43. 水性丙烯酸酯植绒胶黏剂1（质量份）

丙烯酸酯乳液(固含量53%)	92	氢氧化铵	1.0
水溶性丙烯酸树脂	5.0	草酸	2.5
热固性树脂	3.0	水	适量
消泡剂	0.2	其他助剂	适量

44. 水性丙烯酸酯植绒胶黏剂2（质量份）

丙烯酸酯乳液	100	草酸	2.0
羧基丙烯酸酯树脂	5.0	水	适量
氢氧化铵	1.0	其他助剂	适量

45. 水性丙烯酸酯植绒胶黏剂3（质量份）

自交联丙烯酸酯乳液	30	草酸	2～3
羟乙基纤维素	70	氢氧化铵	1.5
磷酸三(2-乙基己酯)	0.6	聚羧基丙烯酸共聚物	0.75
聚丙三醇	0.1	六甲氧基甲基密胺	0.70
水	适量	其他助剂	适量

46. 水性丙烯酸酯植绒胶黏剂4（质量份）

自交联丙烯酸酯乳液	100	草酸	25
羟丙基甲基纤维素	30	氢氧化铵	5～6
消泡剂	3.0	催化剂	1.0
水	适量	其他助剂	适量

47. 水性丙烯酸酯植绒胶黏剂5（质量份）

自交联丙烯酸酯乳液	100	固化剂RK-8	5.0
羧基丙烯酸共聚物乳液	5.0	氢氧化铵	8.0
消泡剂	1.0	草酸	2.0
水	适量	其他助剂	适量

48. 水性丙烯酸酯植绒胶黏剂6（质量份）

自交联丙烯酸酯乳液	100	催化剂	5.0
羧基丙烯酸共聚物乳液	30	氢氧化铵	0.5
消泡剂	3.0	其他助剂	适量
水	适量		

49. 水性丙烯酸酯植绒胶黏剂7（质量份）

自交联丙烯酸酯乳液	100	氢氧化铵	1.5
羟乙基纤维素	5.0	草酸	2.0
磷酸三(2-乙基己酯)	4.0	水	适量
消泡剂	0.5	其他助剂	适量

说明：该植绒胶黏剂可采用刮涂、辊涂法施胶，固化条件为149℃下固化4～5min。

50. 水性丙烯酸酯/氨基树脂植绒胶黏剂（质量份）

丙烯酸酯乳液	100	催化剂	2～5
氨基树脂	5～10	水	适量
羧基丙烯酸树脂	2～6	其他助剂	适量
氢氧化铵	1～2		

51. 水性丙烯腈-丁二烯/蜜胺甲醛植绒胶黏剂（质量份）

丙烯腈-丁二烯乳液	100	消泡剂	0.1～0.5
蜜胺甲醛缩聚物	10	水	适量
羧基丙烯酸树脂	2～3	其他助剂	适量
氢氧化铵	1～2		

52. 水性丙烯酸/聚乙烯吡咯烷酮植绒胶黏剂（质量份）

丙烯酸乳液	100	催化剂	1～3
聚乙烯吡咯烷酮	10	水	适量
消泡剂	0.1	其他助剂	适量
氢氧化铵	1.5		

说明：以上植绒胶黏剂可采用刮涂、辊涂的方法施胶，待胶黏剂干燥后，再于140℃下固化5min方可完全固化。

53. 水性丙烯酸酯金属/木材粘接用胶黏剂（质量份）

丙烯酸丁酯	60	十二烷基苯磺酸钠	1～2
甲基丙烯酸甲酯	30	亚硫酸氢钠	0.5～2.5
丙烯酸	5	过硫酸钠	0.5
丙烯酸羟乙酯	5	水	适量
乳化剂OP-10	1～3	其他助剂	适量

说明：固含量＞55%，黏度6～10Pa·s，pH值为中性，在涂胶时为防生锈可加入适量防锈剂。

54. 水性丙烯酸酯PVC膜复合用胶黏剂（质量份）

丙烯酸丁酯	90	乳化剂S-10	3～4
丙烯酸	5.0	过硫酸铵	1～2
丙烯腈	5.0	蒸馏水	适量
醋酸乙烯酯	10	其他助剂	适量
十二烷基硫酸钠	1～4		

说明：主要用于PVC膜与木材、水泥等多孔材料粘接，粘接性能良好，应用范围广。

55. 水性丙烯酸酯/苯乙烯纸制品粘接用胶黏剂（质量份）

丙烯酸丁酯	35	非离子表面活性剂	0.5
丙烯酸	15	阴离子表面活性剂	1.0
苯乙烯	50	丙烯腈	8.0
引发剂	1.5	去离子水	适量
乳化剂	3.0	其他助剂	适量

56. 水性丙烯酸/苯乙烯防水胶黏剂（质量份）

丙烯酸丁酯	30	N-烯丙基乙酰胺	30
甲基丙烯酸甲酯	15	乳化剂	3.0
丙烯酸	5	过硫酸钠	1.5
苯乙烯	50	水	适量
甲基丙烯酰胺	20～30	其他助剂	适量

说明：该胶乳性能稳定，粘接力强，防水性能好，可在常温常压下固化24h。

57. 水性丙烯酸酯JS防水胶黏剂（质量份）

A组分	丙烯酸丁酯/苯乙烯(70/30)乳液	100	B组分	
	消泡剂	0.5	新鲜水泥	40
	丙烯酰胺	2.0	石英砂	60
	过硫酸铵	3.0	配比：A∶B=1∶(1.2～2.0)	
	水	适量		
	其他助剂	适量		

说明：固含量55%～58%，黏度200～2000mPa·s，乳白色液体，主要用防水材料的粘接。

58. 水性丙烯酸酯塑料容器贴标签用胶黏剂（质量份）

丙烯酸丁酯	50	十二烷基苯磺酸钠	2～4
丙烯酸	10	过硫酸铵	0.2～0.5
苯乙烯	20	缩醛改性剂	10
醋酸乙烯酯	20	水	适量
增黏树脂(松香类)	20	其他助剂	适量

说明：该胶无毒、无污染、不霉变、耐水、成本低廉，粘接性能良好。

59. 水性丙烯酸酯聚丙烯粘接用胶黏剂（质量份）

丙烯酸	35	增黏剂	20～25
丙烯酸丁酯	25	交联剂	0.3～0.5
苯乙烯	15	消泡剂	1.5
醋酸乙烯酯	25	去离子水	适量
乳化剂	1～3	其他助剂	适量

说明：该胶无毒、无味、成本低，易于施加，主要用于难以粘接的聚丙烯制品。

60. 水性丙烯酸酯聚烯烃粘接用胶黏剂（质量份）

丙烯酸丁酯或辛酯	40	引发剂	0.1～0.5
丙烯酸	35	增黏剂	20
丙烯酸-β-羟乙酯	15	乳化剂	3.0
苯乙烯	10	去离子水	适量
醋酸乙烯酯	20	其他助剂	适量

说明：该胶无毒无味、价格适中，使用方便，粘接性能优异，主要用于聚乙烯、聚丙烯、尼龙等塑料的粘接。

61. 水性丙烯酸酯建筑密封胶黏剂（质量份）

丙烯酸酯乳液	100	滑石粉	20
硅灰石粉	40	白炭黑	1.0
增塑剂	4.0	过硫酸铵	1.5
重质 $CaCO_3$	30	水	适量
分散剂	5～8	其他助剂	适量

说明：该胶为膏状物，固含量为65%，粘接强度高，热导率好，主要用作建筑材料的粘接。

62. 淀粉改性丙烯酸酯水性胶黏剂（质量份）

醋酸乙烯酯/丙烯酸丁酯(1/2)	100	填料	10
淀粉	40	过硫酸钠	1.5
交联剂	5.0	水	适量
乳化剂	1.5	其他助剂	适量
引发剂	1.0		

说明：该胶黏剂粘接性能优良，剥离强度140N/cm，主要用于纤维织物的粘接。

63. 环氧改性丙烯酸酯水性低温静电植绒胶黏剂（质量份）

丙烯酸丁酯	40	复合乳化剂	3～4
甲基丙烯酸甲酯	30	交联剂	8～10
丙烯酸乙酯	20	引发剂	0.5
丙烯酸	10	去离子水	适量
N-羟甲基丙烯酰胺	5.0	其他助剂	适量
环氧树脂	20		

说明：固含量49%，黏度40～60Pa・s，pH值4～5，蓝色荧光乳白液体，主要用于植绒产品。

64. 聚氨酯改性丙烯酸酯薄膜复合水性胶黏剂（质量份）

丙烯酸酯单体(PMMA/丙烯酸辛酯/丙烯酸-α-羟丙酯)	100	偶氮二异丁腈	1～5
		水	适量
聚氨酯(聚二元醇/甲苯二异氰酸酯=2∶1)	30	固化剂	2～10
乳化剂	3.0	其他助剂	适量
N-甲基-2-吡咯烷酮	1.0		

说明：剥离强度为31.9N/m，复合膜粘接性能良好，达到国外先进水平。

65. 聚氨酯改性丙烯酸酯水性胶黏剂（质量份）

丙烯酸酯	100	引发剂	0.2～0.5
聚氨酯	10～20	丙烯腈	1～2
乳化剂	4.0	水	适量
二羟甲基丙烯酸酯	5～10	其他助剂	适量
N-羟甲基丙烯酰胺	3～5		

说明：黏度100～1000mPa・s，耐热性－30～90℃，剥离强度60～120N/mm，可用于汽车、轮船、建筑和家具的粘接。

66. 有机硅改性丙烯酸酯水性胶黏剂（质量份）

丙烯酸酯乳液	100	钛白粉(R-960-28)	0.8
滑石粉(粒径 5.5μm)	70～80	甲基纤维素	0.15
硅烷偶联剂	5.0	三聚磷酸钾	0.05
Santiciser 160	20	Proxel GXL	0.01
Triton X-405	2～3	Daxad 30-30	0.02
丙二醇	5.0	氨水	适量
Arylsol ASE160	1.0	其他助剂	适量

说明：主要用于纤维织物粘接。

67. 八甲基环四硅氧烷（D_4）改性丙烯酸酯胶黏剂（质量份）

甲基丙烯酸甲酯	50	复合乳化剂	3～5
丙烯酸丁酯	45	过硫酸钠引发剂	0.5
丙烯酸	3	水	150
丙烯酸羟乙酯	2	其他助剂	适量
八甲基环四硅氧烷	10～20		

说明：固含量 42%，黏度 30～50Pa·s，pH 值 7～8，外观：乳白、蓝光色，胶膜透明。

68. 有机硅改性丙烯酸酯水性压敏胶黏剂（质量份）

丙烯酸丁酯	80	链转移剂	0.3
2-甲基丙烯酸羟乙酯	10	过硫酸铵引发剂	0.5
丙烯酸	10	氨水	适量
乙酸乙烯酯	20～30	水	适量
乳化剂	3～5	其他助剂	适量
有机硅	2～5		

说明：固含量 54%，黏度 80Pa·s，180°剥离强度 6.8N/25mm，纯白色乳液，胶膜透明，光亮、光泽好。

69. 核-壳型有机硅改性丙烯酸酯水性印花胶黏剂（质量份）

丙烯酸甲酯	40	乳化剂	3～4
甲基丙烯酸甲酯	20	过硫酸铵	1.0
丙烯酸丁酯	30	十二烷基苯磺酸钠	3～6
丙烯酸乙酯	20	水	适量
有机硅树脂	10～15	其他助剂	适量

说明：主要用于印花粘接。

70. 废旧 PS 改性丙烯酸丁酯水性白乳胶黏剂（质量份）

丙烯酸丁酯	90	过硫酸钾	1～2
丙烯酸	10	乙酸锌	1～1.5
废旧 PS	100	乙酸丁酯	5～8
乳化剂 OP-10	4～5	稳定剂 S	适量
阳离子乳化剂	4.2	其他助剂	适量
水	适量		

说明：该胶制备工艺简便，成本低廉，粘接性能良好，主要用于木材、纸张、瓷砖和日

用品的粘接，可替代白乳胶。

71. 水性丙烯酸酯化妆用胶黏剂（质量份）

组分	配方 1	配方 2
丙烯酸酯化合物	100	100
聚二甲基硅氧烷共聚醇	5	—
聚二甲基硅氧烷低聚醇	—	5
乙醇	15	15
水	100	100
其他助剂	适量	适量

说明：该胶无毒无味，对皮肤亲和性好，干燥速度快，用肥皂水极容易去除，主要用于美容贴片、圆片、假睫毛和假指甲的粘贴固定。

72. 水性丙烯酸酯导电胶黏剂（质量份）

丙烯酸酯乳液	100	消泡剂(醋酸乙酯)	3.0
导电聚苯胺	10	去离子水	适量
乙醇	2.0	其他助剂	适量

说明：该胶表面电阻率为 $10^4\Omega\cdot cm$，主要用于电子、电气的安装。

73. 乳液型丙烯酸酯导电胶黏剂（质量份）

丙烯酸丁酯	90	乙炔炭黑	2.0
丙烯酸	10	分散剂 5040	1.0
醋酸乙烯酯	30	乙二醇乙醚	10
羟甲基丙烯酰胺	3.0	NaOH 水溶液	0.8
聚乙烯醇	1.0	去离子水	适量
乳化剂 OP-10	1.5	其他助剂	适量
过硫酸铵	0.5		

说明：主要用于矿山、煤矿、电子电气车间、微机房、手术室地面铺设、地板、瓷砖的粘接。

74. 水性丙烯酸酯印刷电路板用胶黏剂（质量份）

（1）乳液配方

丙烯酸丁酯	60	乙二胺	2.0
甲基丙烯酸甲酯	30	甲醛	1～2
丙烯酸	10	苯乙烯	1.0
过硫酸钾	2.0	十二烷基硫酸钠	0.5
乳化剂	3.0	水	适量

（2）水性胶黏剂配方

丙烯酸酯乳液	100	氧化铝粉混合填料	15
醛类固化剂	4.0	其他助剂	适量

说明：可用于粘接铜箔与聚酰亚胺，耐热性达 260℃，10s，耐折 3000 次。剥离强度高，耐酸碱性优良，可经受－100～300℃高低温冲击考验，适用于各种挠性印刷电路板的制备。

75. 水性丙烯酸酯无卤阻燃印刷电路板用胶黏剂（质量份）

多元丙烯酸酯	90	引发剂	2～5
交联丙烯酸酯单体	10	乳化剂	3～6
烯丙基磷酸酯单体	30	去离子水	适量
无机填料	20～40	其他助剂	适量
含磷填料	20～30		

说明：剥离强度≥1.4N/mm，耐锡焊性288℃/10s，阻燃性UL94 V-0级，表面电阻率≥1.0×10^5MΩ，体积电阻率≥1.0×10^6MΩ·m。

76. 水性丙烯酸酯医用胶黏剂（质量份）

2-乙基己基丙烯酸酯	80	3-甲基丙烯酰氧基丙基三甲氧基硅烷	0.05
甲基丙烯酸甲酯	15	1-十二烷硅醇	0.05
丙烯酸	5	引发剂	3.0
三油酸脱水山梨糖醇酯	30	水	适量
聚氧化乙烯十二烷基醚硫酸钠	3.0	其他助剂	适量

说明：主要用于医用绷带、胶带、急救胶黏带、绷扎材料等的制备。

77. 水性丙烯酸酯医用压敏胶黏剂1（质量份）

丙烯酸丁酯	60	乳化剂OP-10	2.0
丙烯酸-2-乙基酯	5	$NaHCO_3$	1.0
甲基丙烯酸甲酯	30	蒸馏水	适量
丙烯酸	5	其他助剂	适量
过硫酸铵	0.5		

说明：用于制备医用压敏胶带。

78. 水性丙烯酸酯医用压敏胶黏剂2（质量份）

丙烯酸丁酯/丙烯酸-2-乙基己酯	70	过硫酸铵	0.6
甲基丙烯酸甲酯	25	碳酸氢钠	1.0
丙烯酸	5.0	蒸馏水	适量
乳化剂	6～8	其他助剂	适量

说明：该胶无毒、无污染、成本低、粘接性能优良。

79. 水性丙烯酸酯阻燃压敏胶黏剂（质量份）

丙烯酸-2-乙基己酯	90	醋酸乙烯酯	3.0
丙烯酸	5.0	氨水	1.5
乙二醇二甲基丙烯酸酯	5.0	十二烷基硫醇	0.2
丙烯酸三溴苯酯	20	其他助剂	适量

说明：黏度4Pa·s，粘接性能优良，且具有自熄性。

80. 水性丙烯酸酯低温胶黏剂（质量份）

丙烯酸丁酯	60	聚氧乙烯辛基酚醚	4.0
丙烯酸异辛酯	30	5%过硫酸钾水溶液	30
甲基丙烯酸聚乙二醇酯	10	水	适量
亚磷酸钠	2.0	其他助剂	适量
二乙基苯磺酸钠	1.0		

说明：主要用于冷冻食品包装。

81. 丙烯酸酯乳液胶黏剂（质量份）

丙烯酸丁酯	75	乳化剂	2.5
甲基丙烯酸甲酯	27	过硫酸钾引发剂	1.0
丙烯酸	3.0	水	适量
丙烯腈	1.0	其他助剂	适量
苯乙烯	3.0		

说明：乳化条件65℃/20min，反应条件75℃/(0.5～1h)。pH值为7，粘接性能好，破坏形式为混合破损。

82. 快干型丙烯酸酯水性胶黏剂（质量份）

丙烯酸丁酯	60	交联剂	2.0
丙烯酸	40	乳化剂	3.0
松香	6～8	水	适量
十二烷基苯磺酸钠	3.0	其他助剂	适量

说明：反应条件为82～83℃下反应1h，90℃下反应1h，该胶黏剂干燥时间短、粘接强度高，稳定性好、耐水性优良，无毒、无味、无污染，安全可靠，固含量45%，黏度150～300mPa·s。pH值6～7，可密闭存放6～12个月。

83. 丙烯酸酯/醋酸乙烯酯水性胶黏剂（质量份）

丙烯酸丁酯	40	乳化剂	1.5
丙烯酸异辛酯	20	碳酸氢钠	1.0
甲基丙烯酸羟丙酯	5.0	聚乙烯醇	2.0
丙烯酸	5.0	过硫酸钾	0.3
醋酸乙烯酯	30	水	适量
N-羟甲基丙烯酰胺	1.0	其他助剂	适量

说明：胶黏剂反应条件为80℃下反应4～5h，pH值为7～9。初黏力高，粘接强度优良，且成本低廉，应大力推广。

84. 水性丙烯酸酯无甲醛柔性印刷用胶黏剂（质量份）

丙烯酸甲酯	40	乳化剂	4.0
丙烯酸丁酯	15	引发剂	0.4
丙烯酸乙酯	40	水	适量
丙烯酸	5.0	其他助剂	适量
环氧树脂	2～5		

说明：乳液制备条件，25～30℃下混合30min；胶黏剂反应条件，在80℃下滴加2～3h，反应保温1～2h。涂胶印刷后，焙烘工艺为140℃/5min；胶膜附着牢固，手感柔软。

85. 硅溶胶/丙烯酸酯水性胶黏剂（质量份）

丙烯酸丁酯	60	过硫酸钾	1～2
甲基丙烯酸甲酯	15	乳化剂	3～4
丙烯酸	5.0	水	适量
硅溶胶	20	其他助剂	适量

说明：胶黏剂反应条件，78℃下反应1h，滴料4h。固含量50%；压敏胶带制备条件为105℃下烘箱干燥4min。持黏力高，剥离强度优良。

86. 水性丙烯酸酯交联胶黏剂（质量份）

丙烯酸甲酯	50	交联剂(外加)	0.5
丙烯酸丁酯	20	复合乳化剂	3.0
丙烯酸	5.0	过硫酸钾	0.4
苯乙烯	15	水	适量
交联单体	6～10	其他助剂	适量

说明：胶黏剂反应条件为60～80℃反应1h，滴料时间3h，交联条件为11℃下8min。该胶耐水性好，湿剥离强度显著。

87. 氧化还原聚合丙烯酸酯水性胶黏剂（质量份）

丙烯酸丁酯	70	过硫酸钾	0.1～1.0
丙烯酸甲酯	25	润湿剂	0.5～1.5
丙烯酸	5.0	增黏剂	25
乙酸乙烯酯	1～3	水	适量
十二烷基硫酸钠	1～3	其他助剂	适量
氧化还原剂	0.3～1.0		

说明：乳液聚合条件，40℃下预乳化30min，恒温聚合4h，保温1h。胶黏剂制备条件，75～80℃反应1h。剥离强度为0.31kN/m。

88. 水性丙烯酸酯热熔胶（质量份）

丙烯酸丁酯/甲基丙烯酸辛酯	100	过硫酸铵	0.1～0.3
醋酸乙烯酯	15	亚硫酸氢钠	0.1～0.2
苯乙烯-甲基丙烯酸甲酯	10	碳酸氢钠	0.2～0.3
丙烯酸-*N*-羟甲基丙烯酰胺	3.0	聚乙烯醇	0.3
乳化剂OP-10	3.0	水	适量
十二烷基苯磺酸钠	1.0	其他助剂	适量

说明：胶黏剂制备条件，(90±3)℃下反应2～3h，固含量70%～75%，粘接温度90℃，粘接性能优良。

89. 水性丙烯酸酯/松香核壳压敏胶黏剂（质量份）

丙烯酸丁酯	60	过硫酸铵	0.1～0.2
甲基丙烯酸甲酯	30	十二烷基硫酸钠	1.0
丙烯酸	10	水	适量
改性松香	15	其他助剂	适量
乳化剂OP-10	1.5		

说明：预乳化条件，室温下混合20min。乳液制备条件，(85±2)℃反应1h，保温0.5h。胶黏剂工艺条件，85～90℃下1h，保温0.5h。pH值为8。初黏力12（球号），持黏力为7h，180°剥离强度6N/25mm。

90. 水性聚氨酯/丙烯酸酯胶黏剂（质量份）

丙烯酸酯单体	75	引发剂	0.1～1.0
聚氨酯	25	十二烷基硫酸铵	1.5
乳化剂	3.0	去离子水	适量
中和剂	1～5	其他助剂	适量
颜填料	10～15		

说明：胶黏剂制备工艺条件，70～80℃反应2～3h，保温2～3h。贮存时间6个月，涂胶强度25～28N/m。

91. 纳米 $CaCO_3$ 改性丙烯酸酯水性胶黏剂（质量份）

丙烯酸丁酯	60	引发剂	0.1～0.2
甲基丙烯酸甲酯	20	缓冲剂	0.05
丙烯酸	5.0	纳米 $CaCO_3$ 粉体(40～80nm)	0.2～0.3
醋酸乙烯酯	15	水	适量
乳化剂	1.5	其他助剂	适量

说明：胶黏剂制备工艺条件，78～80℃反应2～3h。胶黏剂流动性好，稳定性强，粘接性能优良。

92. 纳米海泡石改性丙烯酸酯水性胶黏剂（质量份）

丙烯酸酯核壳型胶黏剂	100	水	适量
纳米海泡石	0.2～0.4	其他助剂	适量
分散剂	1～2		

说明：用超声波振荡器进行分散，转速1500r/min，搅拌3h。胶层粘接力高达1级水平。

93. 水性丙烯酸酯木材粘接用胶黏剂（质量份）

丙烯酸乙酯/苯乙烯	80	碳酸氢钠	1.0
丙烯酸/丙烯酸辛酯	20	二异氰酸酯	10～15
十二烷基硫酸钠	0.5～1.0	邻苯二甲酸二丁酯	20～30
乳化剂	1～3	淀粉	10～15
过硫酸铵	0.1～0.2	其他助剂	适量

说明：制备工艺条件，80～86℃下反应1～2h，粘接性能优良，稳定性好，用途广。

94. 水性丙烯酸酯/醋酸乙烯酯木材用胶黏剂（质量份）

丙烯酸丁酯	100	乳化剂(OP-10)	3.0
丙烯酸/*N*-羟甲基丙烯酰胺	4.0	碳酸氢钠	0.3
醋酸乙烯酯	15	邻苯二甲酸二丁酯	10～20
聚乙烯醇	3.0	水	适量
过硫酸铵	0.3	其他助剂	适量

说明：胶黏剂制备工艺条件，90℃下反应1～2h。固含量43.8%，黏度6200mPa·s，pH值为4～5。稳定性良好，粘接强度高。

95. 水性丙烯酸酯纸塑粘接用胶黏剂（质量份）

丙烯酸丁酯	90	过硫酸铵	0.5
丙烯酸	10	亚硫酸氢钠	0.15
醋酸乙烯酯	30	碳酸氢钠	0.2
马来酸二丁酯	2.0	水性增黏树脂乳液	15～30
乳化剂	3.5	其他助剂	适量

说明：乳化条件，60℃下乳化1～2h；胶黏剂制备工艺条件，60℃、65℃、75℃、90℃下各反应1h。该胶为乳白色液体，不挥发分含量52%，黏度5000mPa·s，pH值6～7。

96. 水性聚氨酯/丙烯酸酯薄膜粘接用胶黏剂（质量份）

丙烯酸酯乳液	50	十二烷基硫酸钠	0.2
聚氨酯乳液	50	水	适量
乳化剂	1.5	其他助剂	适量

说明：工艺条件，70℃下反应 4h，85℃下反应 1h。剥离强度 31.9N/m。

97. 水性氯丁胶乳/乙烯基丙烯酸酯鞋用胶黏剂（质量份）

乙烯基丙烯酸酯乳液	40	十二烷基硫酸钠	0.1～0.5
氯丁胶乳	60	水	适量
乳化剂	3.0	其他助剂	适量

说明：丙烯酸酯乳液制备条件，80～82℃下乳化 0.5～1h，86℃反应 1h。pH 值 7～7.5。胶黏剂工艺条件，80℃下反应 1h。pH 值为 8。主要用于软 PVC 之间、软 PVC 与 SBS 橡胶之间、帆布之间和海绵之间的粘接。

98. 水性有机硅/丙烯酸酯印花用胶黏剂（质量份）

丙烯酸丁酯/丙烯酸甲酯	70	乳化剂	3.0
丙烯酸乙酯/甲基丙烯酸甲酯	30	过硫酸铵	0.5～1.5
八甲基环四硅氧烷(D_4)	5～10	水	适量
偶联剂 A-151	0.5～1.0	其他助剂	适量

说明：核壳乳液制备条件，80℃下 2h，保温 30min，85℃下反应 15min。该胶粘接性能良好，可满足印花要求。

99. 水性丙烯酸酯镀铝膜用胶黏剂（质量份）

丙烯酸酯单体	100	引发剂	0.6
丙烯酸	4.0	水	适量
复合乳化剂	3.0	其他助剂	适量

说明：工艺条件为，75℃下反应 1～2h，85℃下保温 30min。该胶为乳白色液体泛蓝光。固含量 40%～42%，黏度 14～16Pa·s，pH 值为 6.5～7.0。剥离强度 1.3～1.9N/m。

100. 水性丙烯酸酯铝箔/纸复合用胶黏剂（质量份）

丙烯酸丁酯	57	过硫酸铵	0.5
丙烯酸	3.0	水	适量
醋酸乙烯酯	40	其他助剂	适量
复合乳化剂	3.0		

说明：工艺条件，60℃下反应 30min，70℃下反应 3～4h，80℃下反应 1h。该胶综合性能好，满足使用要求。

101. 水性酯/丙乒乓球拍用胶黏剂（质量份）

丙烯酸甲酯	20	复合乳化剂	3.0
丙烯酸丁酯	45	十二烷基硫酸钠	1.0
乙二醇二甲基丙烯酸酯	5.0	二乙烯基苯	1.0
醋酸乙烯酯	30	水	适量
过硫酸钾	0.5	其他助剂	适量
乳化剂 OP-10	3.0		

说明：工艺条件为 90℃反应 2.5h。该胶综合性能满足应用要求。

102. 水性丙烯酸酯墙地砖胶黏剂（质量份）

（1）苯丙乳液配方

丙烯酸丁酯	55	过硫酸铵	1～4
丙烯酸	5.0	聚乙烯醇-1799	2～2.5
苯乙烯	40	磷酸氢钠	1～4
十二烷基硫酸钠	2～5	氨水	2.0
乳化剂(OP-10)	3.0	水	适量
偶联剂	1.0	其他助剂	适量

（2）胶黏剂配方

苯丙乳液	100	消泡剂	1.0
增稠剂	0.5	防雾剂	0.1
成膜助剂	1～1.5	水	适量
填料	60～80	其他助剂	适量

说明：工艺条件，80～82℃下反应1～1.5h，90℃下反应2h。pH值为8～9。该胶为灰色或白色糊状物，固含量75%～80%。主要用于墙地砖的粘接。

103. 水性丙烯酸酯可降解餐具用胶黏剂（质量份）

丙烯酸丁酯	60	过硫酸钾	1.0
甲基丙烯酸甲酯	30	*N*-羟甲基丙烯酰胺	0.5
丙烯酸乙酯	10	去离子水	适量
环氧树脂	10	其他助剂	适量
乳化剂	3.0		

说明：乳化条件，40～50℃下乳化50min，搅拌器转速为200r/min；胶黏剂工艺条件，76～80℃下反应1～2h。主要用于可降解纤维饮具或餐具的制作。

104. 水性丙烯酸酯服装用植绒胶黏剂（质量份）

丙烯酸丁酯	50	十二烷基苯磺酸钠	6.0
丙烯酸甲酯	40	过硫酸钾	1.0
α-乙基己烷丙烯酸酯	5.0	偏重亚硫酸钠	1.0
丙烯酸	5.0	去离子水	适量
二甲基丙烯酸乙二醇酯	3.0	其他助剂	适量
平平加(O-25)	2.0		

说明：工艺条件，50～65℃下反应0.5h，70℃下反应1h，保温2h，黏度30Pa·s，稳定性优良，摩擦牢度>2500次，柔软度4～5级。

105. 水性无增白丙烯酸酯压敏胶黏剂（质量份）

n-丁基丙烯酸酯	70	链转移剂	0.5
2-羟基乙基丙烯酸酯	30	pH调节剂	0.1
交联剂	1.0	水	适量
乳化剂	3.0	其他助剂	适量

说明：工艺条件，50～70℃下反应1～2h，70～85℃下反应2～4h。该胶耐水性良好，层压后，浊度≤2%，透明度≤95%。主要用于装饰物和灯具的粘接。

106. 可去除型水性丙烯酸酯压敏胶黏剂（质量份）

丙烯酸酯单体	100	消泡剂	1.0
乳化剂	3.0	引发剂	0.2
蜡乳液	2.0	去离子水	适量
异丙醇	1.0	其他助剂	适量
邻苯二甲酸丁基苄基酯	4.5		

107. 水性丙烯酸酯保护膜用压敏胶黏剂（质量份）

丙烯酸丁酯	70	复合乳化剂	3.0
丙烯酸-2-乙基己酯	25	过硫酸铵	0.5
丙烯酸	5.0	pH值调节剂	0.5
甲基丙烯酸缩水甘油酯	3.0	去离子水	适量
丙烯腈	15	其他助剂	适量

说明：工艺条件，在75℃下反应1～4h，在85℃下反应1h，pH值7.2～8.5。初黏力适中，剥离强度和持黏力良好，涂覆方便，干燥速度快，主要用于仪器仪表，彩钢、铝板等表面的防护。

108. 水性丙烯酸酯PP双拉伸膜粘接用压敏胶黏剂（质量份）

丙烯酸丁酯	60	水	适量
丙烯酸-β-羟乙酯	10	丙烯酸	2.0
丙烯酸-2-乙基己酯	10	过硫酸铵	0.2～1.0
醋酸乙烯酯	20	碳酸氢铵	1.0
苯乙烯	15	其他助剂	适量

说明：主要用于难以粘接的聚烯烃薄膜的复合与粘贴。

109. 水性丙烯酸酯可再剥离压敏胶黏剂（质量份）

丙烯酸-2-乙基己酯	98	十二烷基硫酸钠	0.5
丙烯酸	2.0	引发剂	0.5
聚乙烯醇	90	去离子水	适量
乳化剂	3.5	其他助剂	适量

说明：该胶主要用于可重复粘贴使用的压敏胶带。

110. 水性丙烯酸酯可再剥离压敏胶黏剂（质量份）

丙烯酸异辛酯	60	聚乙烯醇	1～2
丙烯酸甲酯	25	过氧化苯甲酰	0.5
甲基丙烯酸酯	15	氨水	1.0
甲基丙烯酸缩水甘油酯	1.0	水	适量
三烯丙基异氰脲酸酯	0.8	其他助剂	适量

说明：工艺条件，在90℃下反应20min，在80℃下反应6～10h。搅拌器转速为500r/min。pH值为7～8。主要用于胶带衬里的粘接。

111. 水性丙烯酸丁酯压敏胶黏剂（质量份）

丙烯酸丁酯	90	乙酸丁酯	100
丙烯酸	5.0	2,2′-偶二(2-甲基丁腈)	0.5
丙烯酸羟乙酯	5.0	水	适量
乳化剂	3.0	其他助剂	适量

说明：工艺条件，在85℃下反应2h，再在95℃下反应1h。该胶黏剂粘接强度、固着能力及黏性十分优异，且无毒、无味、无污染。主要用于压敏胶带的制备。

112. 水性丙烯酸酯导电/抗静电胶黏剂（质量份）

（1）配方1

丙烯酸酯乳液	100	引发剂	0.5
导电聚苯胺	10	去离子水	适量
分散剂	5.0	其他助剂	适量
消泡剂	3.0		

（2）配方2

丙烯酸丁酯	60	过硫酸铵	1.0
丙烯酸	10	分散剂	1.5
乙酸乙烯酯	30	乙二醇乙醚	10
羟甲基丙烯酰胺	3.0	NaOH溶液	0.8
聚乙烯醇	2.0	去离子水	适量
复合乳化剂	3.0	其他助剂	适量
导电炭黑	98		

说明：主要用于计算机室，电控室等的装修。

四、水性丙烯酸酯乳液胶黏剂配方与制备实例

（一）水性丙烯酸酯乳液胶黏剂

1. 原材料与配方（质量份）

丙烯酸丁酯(BA)	60	过硫酸钾(KPS)	0.3
苯乙烯(St)	15	$NaHCO_3$	1～7
甲基丙烯酸甲酯(MMA)	15	氨水	适量
聚乙二醇辛基苯基醚	1.5	去离子水	适量
十二烷基苯磺酸钠(SDBS)	2.0	其他助剂	适量
α-甲基丙烯酸(MAA)	9.0		

2. 制备方法

（1）预乳化液的制备　在四口瓶中加入定量的去离子水和由聚乙二醇辛基苯基醚与SDBS复配的乳化剂，控温45～55℃，高速搅拌，待乳化剂溶解后，依次滴入适量的MAA、St、MMA和BA. 搅拌乳化30min，即制备出预乳化液。

（2）聚合　将预乳化液倒出90%，四口瓶中留10%，加入18mL 5%的$NaHCO_3$溶液，继续搅拌。升温至82℃，加入1.5mL的KPS溶液，反应35min。然后滴加剩余的预乳化液，2h滴完，中间持续滴加12mL的KPS溶液，水浴控温在80～82℃，滴加完毕后，控制

温度在85℃，保温1h，加入剩下的1.5mL的KPS溶液，然后缓慢降至室温。用氨水调节pH值在7～8，过滤出料。

(3) 胶膜制备　将乳液涂在玻璃板上室温成膜，升温至60℃，烘烤2h，再于100℃烘烤10min，冷却。

3. 性能

该丙烯酸乳液的性能见表2-22。

表2-22　丙烯酸乳液的性能

性能	性能指标	检测结果
乳液外观	蓝光乳白色液体	蓝光乳白色液体
固含量/%	42±2	40
黏度/mPa·s	30～50	81.31
表干时间/h	≤2	0.35
转化率/%	≥90	96.97
pH值	7.0～9.0	7.5
耐热性/℃	120	350
吸水率/%	≤20	11.8
硬度	≥HB	4H
耐碱性	48h无异常	120h无异常
耐水性	96h无异常	240h无异常
机械稳定性	不破乳无明显絮凝物	合格
Ca^{2+}稳定性	无沉淀、分层	静置24h无变化
稀释稳定性	无沉淀、分层	静置72h无变化
冻融稳定性	无剥落、起泡、明显变色	重复3次无异常

4. 效果

(1) 通过理论计算得到质量比BA∶St∶MMA＝4∶1∶1，SDBS∶聚乙二醇辛基苯基醚＝1∶2时，丙烯酸乳液胶黏剂的性能较好。

(2) 通过实验可知：当MAA用量为软硬单体总量的9%，乳化剂用量为单体总量的3.5%，引发剂KPS用量为体系总量的0.3%，固含量为40%，反应温度为80～82℃时，可合成具有良好的快干性、耐热性及高黏度的丙烯酸乳液胶黏剂。

(二) 水性丙烯酸酯胶黏剂

1. 原材料与配方（质量份）

原料	用量	原料	用量
丙烯酸丁酯(BA)	60	$NaHCO_3$	1～3
甲基丙烯酸甲酯(MMA)	40	过硫酸钾(KPS)	0.5
苯乙烯(St)	20	氨水	适量
丙烯酸(AA)	3.0	蒸馏水	适量
十二烷基硫酸钠(SDS)	3.0	其他助剂	适量

2. 制备方法

采用预乳化种子乳液聚合法合成乳液。按配方称量二次蒸馏水、乳化剂、引发剂、单体及各种助剂。先取全部乳化剂水溶液的2/3加入烧瓶内，边高速搅拌边加称好的全部主单体，常温下搅拌30min得到预乳液。剩余1/3乳化剂溶液加入配方量的缓冲剂作打底液，待用。

向装有冷凝管、恒速搅拌器、恒压滴液漏斗及氮气导入装置的四口烧瓶中通氮气，加入上述预留的打底液，开动搅拌，同时加入1/3预乳液做种子，调节温度为80℃。当温度升至60℃左右时开始滴加1/5的引发剂溶液，在30min内滴加完毕．待体系呈蓝相，单体回流基本消失即得到种子乳液。

当体系温度升至(83±1)℃时，将剩余预乳液和3/5的引发剂双滴，调节滴加速度保证2.5h内滴完。升温至90℃保温，并补加最后1/5的引发剂。保温结束后，降温至40℃，用氨水调节体系pH值为8～9。

取10g制得的乳液用10%的氯化钙溶液破乳，然后抽滤，洗涤，干燥后备用。

3. 性能与效果

(1) 预乳化时选择油水比例为1.8∶1，不用预乳化器即可得到放置4h不分层的预乳化液，简化了实验设备，降低了成本。

(2) 选择种子用量为预乳化液1/3时，得到的乳液粒径较小，分布较窄，稳定性有所提高。

(3) 选择硬单体比例MMA/St为5.5∶1，AA含量为单体总量的3%，保温时间为1.5h，当软硬单体比例为40∶60、50∶50和60∶40时可以合成出延伸率分别为24.72%、684.59%和1682.38%，拉伸强度分别为31.32MPa、9.78MPa和1.61MPa，反应程度几乎均在90%以上，$\overline{M}_n$为45269左右的共聚物乳液。

(三) 丙烯酸酯乳液胶黏剂

1. 原材料与配方 (质量份)

原料	用量	原料	用量
丙烯酸丁酯(BA)	80	对苯二酚	1～2
甲基丙烯酸甲酯(MMA)	20	$NaHCO_3$	1～3
丙烯酸(AA)	3.0	γ-甲基丙烯酰氧基丙基三甲硅烷偶联剂(KH-570)	1.0
十二烷基硫酸钠(SDS)	2.0	三乙醇胺	1～3
过硫酸铵(APS)	0.5	其他助剂	适量
烷基酚聚氧乙烯醚(OP-10)	1.0		
去离子水	适量		

2. 制备方法

将SDS/OP-10阴/非离子型复合乳化剂、单体和去离子水用高剪切分散乳化机分散30min，制得预乳化液，备用。

将1/4预乳化液、3/4引发剂(APS)和$NaHCO_3$加入到带有电动搅拌器、回流冷凝管、温度计和分液漏斗的四口烧瓶中，控制反应温度为75～80℃，反应若干时间；当乳液出现蓝色荧光时，开始滴加剩余的预乳化液和引发剂，控制滴加速率(2～3h滴完)，保温1h；待聚合物乳液冷却至室温时，过滤出料，用三乙醇胺调节产物的pH值至7～8，即得所需产品。

3. 性能与效果

（1）当 w(APS)＝0.4%～0.5%、m(BA)∶m(MMA)＝4∶1 和 w(AA)＝2%～3%时，丙烯酸酯乳液及胶黏剂的综合性能相对较好。

（2）KH-570 可改善胶黏剂的耐水性和粘接性能，当 w(KH-570)＝1.0%时，胶黏剂的耐水性相对较好、粘接性能相对最好。

（四）丙烯酸酯贴标胶黏剂

1. 原材料与配方（质量份）

A 组分：		B 组分：	
丙烯酸丁酯(BA)	6.4	过硫酸铵(APS)	0.32
甲基丙烯酸甲酯(MMA)	6.4	氨水	5.0
甲基丙烯酸(MAA)	4.0	复合增稠剂	4.0
丙烯酸(AA)	2.0	去离子水	49.0
丙烯酸乙酯(EA)	21.2	其他助剂	适量
聚氧乙烯-4-酚基醚硫酸铵(CO-436)	1.6		

2. 制备方法

MAA、AA、MMA、EA 和 BA 单体混合均匀后，将混合单体质量的 1/4 记作 A 组分，剩余混合单体记作 B 组分。在带有电动搅拌器、温度计、冷凝管和滴液漏斗的四口烧瓶中，加入乳化剂（CO-436）和 3/4 的去离子水，搅拌升温至 50℃，保温 0.5h，使乳化剂充分形成空胶束；然后加入 A 组分及适量引发剂（APS），升温至 70～75℃，反应 1h 左右，制得种子乳液；随后滴加 B 组分及剩余的引发剂（2～3h 滴完），保温 1h，得到泛蓝光白色乳液。降温至 50℃以下，用氨水调节体系的 pH 值，再用适量的复合增稠剂调节体系的黏度，出料即可。

3. 性能

将反复试验和生产实际检验确定的胶黏剂配方，用于高速贴标胶的生产，其实测性能（如表 2-23 所示）完全满足使用要求。

表 2-23　新型高速贴标胶的性能

项目	实测值
外观	微黄透明黏稠液(具有一定的流动性)
固含量/%	45±2
pH 值	7～8
黏度/Pa·s	＞7.5
贮存稳定性/d	180(合格)
耐冷藏性能	合格

4. 效果

（1）当软/硬单体中 m(EA)∶m(BA)∶m(MMA)＝19.2∶6.4∶6.4＝3∶1∶1 时，乳液综合性能相对最好。

（2）当功能单体中 m(MAA)∶m(AA)＝2.00∶1、w(MAA＋AA)＝6%～8%时，胶黏剂的初黏强度、干燥速率和黏度较适宜。

（3）当 w(BA)＝6%～8%时，啤酒瓶贴标用胶黏剂具有良好的耐冷藏性能。

（4）经氨水中和后胶液的 pH 值为 7～8 时，胶液黏度适宜且稳定性良好，贴标后标签清洗也相对容易。

（5）在生产和实际使用过程中，该胶黏剂具有初黏强度大、干燥速率快、耐冷藏性能好、不起皱、不掉标和易清洗等特点，有利于啤酒瓶的回收，适应我国啤酒工业的发展。

（五）改性丙烯酸酯胶黏剂

1. 原材料与配方（质量份）

A 组分：		B 组分：	
甲基丙烯酸高级酯	90	甲基丙烯酸高级酯	90
甲基丙烯酸	9	甲基丙烯酸	9
ABS	30	NBR	20
CHPO	5	硫脲衍生物	3
增黏剂	3	三乙胺	1
稳定剂	3.0×10^{-4}	促进剂	微量

2. 制备方法

A 组分：往三口烧瓶中依次加入甲基丙烯酸高级酯、甲基丙烯酸、增黏剂和事先处理好的 ABS，室温放置，使增黏剂、ABS 溶胀。加入对苯二酚，水浴加热，(60±2)℃恒温搅拌 4h，使增黏剂、ABS 充分溶解，停止加热，待冷却至 25℃，加入 CHPO、稳定剂，继续搅拌，使 CHPO 均匀地分散在胶液中，出料。

B 组分：同法制备。

3. 性能与效果

采用低毒、低挥发性的甲基丙烯酸高级酯作为主要单体，以异丙苯过氧化氢（CHPO）为氧化剂、硫脲衍生物/三乙胺为还原剂，制备了一种固化速度快、贮存稳定、粘接强度高的第 2 代丙烯酸酯胶黏剂。

（六）硅烷共聚改性丙烯酸酯乳液胶黏剂

1. 原材料与配方（质量份）

丙烯酸丁酯(BA)	60	亚硫酸氢钠	0.5
丙烯酸甲酯	30	碳酸氢钠	1～2
丙烯酸(AA)	6.0	氨水	5.0
醋酸乙烯酯	8.0	氢化松香	5～6
十二烷基硫酸钠	1.0	乙烯基三乙氧基硅烷(A-151)	15
OP-10 乳化剂	2.0	去离子水	适量
过硫酸钾	0.43	其他助剂	适量

2. 制备方法

将部分去离子水加入烧瓶中，待水浴温度升至 35℃时，将部分有机硅 A-151 和丙烯酸酯单体混合物以及全部复合乳化剂、pH 缓冲剂、氧化剂加入烧瓶中。升温至 50℃预乳化 30min 后，开始匀速滴加剩余单体和还原剂。滴加完毕后，在 50℃下保温反应 2h。停止搅拌，冷却至室温. 用氨水增稠，调节 pH 值到 6～7，出料。

3. 性能与效果

当 A-151 用量少于单体量的 7%时，丙烯酸酯乳液胶黏剂的剥离强度较高；随其含量的增加，黏度增大，剥离强度开始降低，乳液的吸水性降低，耐水性增强；当其含量为单体量的 15%时，完全干燥后浸在水中胶膜不发白，可用于耐水涂层。

（七）纳米粉体/有机硅改性丙烯酸酯胶黏剂

1. 原材料与配方（质量份）

原料	质量份	原料	质量份
丙烯酸丁酯(BA)	58	甲基丙烯酸缩水甘油酯(GMA)	3.0
丙烯酸甲酯(MA)	28	过硫酸铵(APS)	0.5
苯乙烯(St)	10	纳米 SiO_2(20nm)	0.6～0.8
丙烯酸(AA)	1.8	纳米 TiO_2(30nm)	0.6～0.8
十二烷基硫酸钠(SDS)	1.25	氨水	适量
复合 AEO	2.05	其他助剂	适量
八甲基环四硅氧烷(D_4)	5.0		

2. 制备方法

（1）纳米粉体的表面修饰（理论固含量 30%）

① 称取 1.0g 纳米粉体，加入 40°Bé 硅酸钠溶液（5～15mL）、无水乙醇（2～6g）和 H_2O 使之溶解。

② 加入复合 AEO（2.05%，对单体）、SDS（1.25%，对单体），搅拌溶解。

③ 在规定温度（室温/30℃/40℃）下，用高速分散均质机以 5000r/min 高速剪切分散 20～30min。

④ 采用 0.1mol/L 的盐酸溶液调节体系 pH 值为 6～7。

⑤ 加入 VTMS（0.05g），然后用高速分散均质机以 5000r/min 高速剪切分散 5min，降至室温待用。

（2）有机硅预聚　纳米粉体分散结束后，加入 D_4（5%，对单体）、AA（1.8%），升温至 75℃，预聚 180min。

（3）聚合单体的预乳化　有机硅预聚结束后，恒温 40℃，依次加入单体进行预乳化。

① BA（58%），快速乳化 15min。

② St（10%），快速乳化 15min。

③ MA（28%）、GMA（3%），快速乳化 15min，乳化结束。

（4）聚合反应　预乳化结束后，以碳酸氢钠调节预乳液的 pH 值为 4；剩余 1/6 预乳液作为打底液。升温至 75℃后，加入 1/5 引发剂；待烧瓶内乳液呈现蓝色荧光后，开始同时滴加剩余的预乳液和 3/5 引发剂，滴加 100min 结束；保温 10min，追加剩余 1/5 引发剂并升温至 84℃，保温 60min 使单体反应彻底；最后降温、加入氨水调节黏合剂乳液 pH 值为 6～7；过滤出料，即得涂料印花黏合剂。追加引发剂后保温 100min 使单体反应彻底；加入氨水调节黏合剂乳液 pH 值为 8～9。

（5）印花配方及工艺

印花（涂料大红 4%，黏合剂 20%，620 增稠剂 4%，去离子水 72%）→烘干（100℃×3min）→（150℃×3min）。

3. 性能与效果

无水乙醇 2%（对单体），40°Bé 硅酸钠溶液 5mL，室温分散 30min，为最适宜 SiO_2 粉体表面修饰的工艺。纳米 SiO_2 比纳米 TiO_2 对黏合剂性能的提升更加明显，也更易分散，且纳米 SiO_2 用量为丙烯酸酯单体的 0.6%～0.8%时，可得到应用性能较好的纳米原位复合有机硅改性丙烯酸酯乳液。

（八）环氧树脂改性苯丙乳液胶黏剂

1. 原材料与配方（质量份）

原料	用量	原料	用量
丙烯酸丁酯(BA)	30	环氧树脂(E-44)	5.0
苯乙烯(St)	30	丙烯酰胺(AM)	1～3
过硫酸铵(APS)	0.6	碳酸氢钠	1～3
亚硫酸钠	1～2	去离子水	适量
十二烷基硫酸钠(SDS)	3.0	其他助剂	适量
乳化剂 OP-10	3.0		

2. 制备方法

在 500mL 四口瓶中加入定量的去离子水、复合乳化剂、碳酸氢钠、环氧树脂（环氧树脂已经溶解在 50%苯乙烯单体中）和丙烯酸丁酯单体，进行高速乳化（300r/min），时间控制在 15min 左右，作为种子乳化液及核乳化液备用。

在 500mL 四口瓶中加入定量的去离子水、复合乳化剂、单体，进行高速乳化（300r/min），时间控制在 15min 左右，作为壳乳化液备用。

在装有搅拌器、回流冷凝管、滴液漏斗、温度计的四口烧瓶中，加入种子乳化液（20%，相对于单体总量），边搅拌边升温至 75℃，加入一定量的引发剂，使乳化液生成种子乳液，种子聚合的时间大约为 15～30min，然后将温度设定为（75±1)℃，开始滴入核乳化液，同时间歇加入一定量的引发剂，控制滴加速度，1.5～2h 滴完。当核乳化液滴完后继续滴入壳乳化液，同时间歇加入一定量的引发剂，控制滴加速度，1.5～2h 滴完，滴完壳乳化液后，在 80℃保温 1h。然后降温至 50℃，加入碳酸氢钠饱和溶液 3mL，调 pH 值为 7～9，过滤即得产品。

3. 性能与效果

经过正交实验得到了环氧树脂改性苯丙乳液胶黏剂的最佳配比：引发剂加入量为 0.6%（相对于单体质量，下同），复合乳化剂加入量为 6%，St/BA 质量比为 50/50，环氧树脂加入量为 5%。根据红外谱图可知各种功能单体均参加了聚合反应，且相应基团的 FT-IR 特征峰明显，证明了合成的最终产物为环氧树脂改性苯丙乳液胶黏剂。环氧树脂改性苯丙乳液胶黏剂是一种性能优良的涂料与黏合剂。

改性后的苯丙乳液胶黏剂既具有环氧树脂高强度、耐腐蚀、附着力强的优点，又具有苯丙乳液胶黏剂耐候性、光泽好等特点，其涂膜有良好的硬度、耐污染性及耐水性。用环氧树脂改性后的苯丙乳液胶黏剂的剥离强度为 0.90MPa，未改性苯丙乳液胶黏剂的剥离强度为

0.49MPa，改性后为改性前剥离强度的1.84倍。

（九）纤维素/丙烯酸酯水性胶黏剂

1. 原材料与配方

制备纤维素/丙烯酸酯乳液胶黏剂的配方见表2-24。

表2-24　制备纤维素/丙烯酸酯乳液胶黏剂的配方

原料名称	质量分数/%	作用
丙烯酸丁酯(BA)	6.63～17.65	赋予胶黏剂柔韧性和黏附性
甲基丙烯酸甲酯(MMA)	18.37～7.35	提高胶黏剂的内聚强度，改善胶黏剂的粘接强度和耐水性
丙烯酸(AA)	0.50	提高胶黏剂的内聚力和粘接性能
磷酸氢二钠(DHP)	0.60	作为稳定剂增加胶黏剂的稳定性
过硫酸钾(KPS)	0.13	作为引发剂引发聚合反应
去离子水	73.27～73.77	溶解作用
羧甲基纤维素钠(CMC)	0.25±0.25	增稠、乳化作用

2. 制备方法

在装有电动搅拌器和冷凝管的三口烧瓶中加入适量CMC、DHP，并加入136.55～137.55g去离子水溶解，搅拌均匀，升温至60℃预乳化20min。取0.25g KPS引发剂溶于10mL去离子水中进行溶解，将不同比例的MMA、BA和1g AA单体加入到圆底烧瓶中，并加入少量引发剂。升温至反应温度，缓慢滴加KPS引发剂溶液，持续2～3h，滴加结束后再保温1h，冷却至室温出料。

3. 性能

纤维素/丙烯酸酯乳液胶黏剂性能见表2-25。

表2-25　纤维素/丙烯酸酯乳液胶黏剂性能

项目	固含量/%	黏度/mPa·s	表面张力/(mN/m)	剪切强度/MPa	pH值
纤维素/丙烯酸酯乳液	22.7	38.4	36.6	1.81	3.72
丙烯酸酯乳液	20.4	14.2	36.2	1.40	3.40

通过与未添加CMC的丙烯酸酯乳液的对比分析，可以看出纤维素丙烯酸酯乳液的固含量、黏度、剪切强度均有增加，其中黏度增长了170.4%，剪切强度增长了29.3%，表面张力变化不明显。

在乳液稀释稳定性的测试过程中，发现在静置30d后，乳液的沉降位移为0，保持稳定，而其他未采用CMC的乳液在放置10d后就出现沉降，而且沉降位移随着时间的延长而增大，因此添加CMC的乳液要比未添加CMC的乳液稳定得多，CMC有乳化剂的功效。

（十）水性苯丙乳液封口胶黏剂

1. 原材料与配方

（1）原材料　丙烯酸丁酯（BA）、苯乙烯（St）、丙烯酸（AA）、丙烯酸-2-羟丙酯

(HPA)、N-羟甲基丙烯酰胺（NMAM）、双丙酮丙烯酰胺（DAAM）、正十二硫醇（NDM）、碳酸氢钠（ABC）、过硫酸铵（APS）、叔丁基过氧化氢（TBHP）、雕白粉（SFS）、氨水、润湿剂（OT-75）、消泡剂（DC-65、DF-568）、防腐杀菌剂（JKB10-1015、HF-1）、己二酰肼（ADH）、氢氧化钠（NaOH）、二丙二醇甲醚（DPM）、50%松香乳液（NS-120）、硼砂（工业级，市售）、乙烯基醋酸盐和二丁基马来酸盐的共聚物（LDM 7255）乳液。

（2）乳液配方（kg）见表 2-26。

表 2-26 乳液配方

原料名称	DW	CO-459	BA	St	AA	HPA	NMAM	DAAM	NDM	ABC	APS
A(预乳化料)	136	6.25	254	170	9	9	2	5	0.35		
B(釜底料)	313	2.75								1.8	3

原料名称	DW	ABC	氨水	HF-1	ADH	OT-75	DF-568	TBHP+DW	SFS+DW
C(滴引发)	50	1.5							
D(后消除)								0.9+10	0.45+10
E(后调整)			适量	0.5	3	1.5	0.5		

（3）胶黏剂配方（kg）见表 2-27。

表 2-27 胶黏剂配方

原料名称	型号	配方 $1^{\#}$	配方 $2^{\#}$	配方 $3^{\#}$
自制苯丙乳液	138 型	420	420	420
50%松香乳液	NS-120	150	150	150
二丙二醇甲醚	DPM	10	10	10
防腐剂	JKB10-1015	1	1	1
LDM 7255		420		
VINNAPAS® 920			420	
H-723				420

注：各配方中消泡剂（DC-65）均为 0.3kg。

2. 制备方法

将组分 A 中各原料依次加入预乳化罐中预乳化若干时间，待体系呈均匀乳白色且黏度超过 150mPa·s 时，即得预乳化液；将组分 B 中的水加入反应釜中，边搅拌边升温至 70℃，加入组分 B 中的其他原料和 30kg 的组分 A；30min 内从 70℃持续升温至 85～90℃，保温（2h 内）滴加组分 C 和其余的组分 A，低速搅拌保温 1.5h；降温至 65～75℃，依次加入组分 D（首先缓慢加入 TBHP 溶液，30min 内缓慢匀速加入 SFS 溶液，65℃以上保温 30min）；降温至 40℃以下，依次加入组分 E；调节 pH 值为 7.0～7.2、黏度为 50～500 mPa·s，出料，300 目（约为 48μm）过滤后得固含量为 45%和 T_g（玻璃化转变温度）为 −12℃的苯丙乳液。

3. 性能

乳液性能见表 2-28。

表 2-28　乳液的性能

项目	LDM 7255	VINNAPAS® 920	H-723
固含量/%	54～56	54	54
黏度/mPa・s	500～1500	800～2000	1000～2000
pH 值	6.5～7.5	4～5	4～5
T_g/℃	−20	−20	−20
碱增稠性	一般	良好	良好
干黏性	黏	黏	黏
柔韧性	优	优	优
湿黏性	高	高	高
耐水性	良	良	良
机械稳定性	优	优	优
冻融稳定性	良	良	优
成膜的透明性	清晰	清晰	清晰
对硼砂的反应	凝结	凝结	凝结
对玻璃的粘接性能	良	良	优
内聚力和耐热性	良	良	优

H-723 是一种羧基化的醋丙乳液，具有常温自交联特性，对多种聚合物薄膜表面、套印上光表面、覆膜表面和其他较难黏合的材料表面均具有优异的粘接性能。

H-723 的优点：①通过独特的聚合工艺将常温自交联和羧基化反应结合起来，并具有耐高低温性优良和碱增稠等优异特性；②H-723 以聚乙烯醇（PVA）为保护胶体，具有高湿黏性和机械稳定性；③优异的内聚力使其具有比常规乳液更好的透明度和耐水性，低 T_g 使其具有更好的柔韧性、初黏力和持黏力；④力学性能良好，可用于各种滚筒、挤压和喷涂施胶等场合；⑤H-723 也可通过微热和微压方式预先固化。

水性封口胶的基本性能见表 2-29。

表 2-29　水性封口胶的基本性能

项目	指标
外观	乳白微黄黏稠液体
黏度/mPa・s	5000～10000
固含量/%	50±1
pH 值	5～7

按照复配配方，分别选用 LDM 7255 乳液、VINNAPAS® 920 乳液和 H-723 常温自交联共聚乳液作为基础乳液，复配成 3 组水性封口胶样品。3 种乳液作为基础乳液复配的水性封口胶，均具有良好的实际上机效果，并且无明显差异，完全满足产品的使用要求。

4. 效果

(1) 以 CO-459 为乳化剂、BA 为软单体、St 为硬单体和引入适量的交联剂，成功制得水性封口胶用 138 型苯丙乳液，其 T_g 为−12℃、固含量为 45%。

（2）分别以 LDM 7255 乳液、VINNAPAS® 920 乳液和 H-723 乳液作为基础乳液，复配成相应的水性封口胶，三者的综合性能均能满足手涂、机涂的使用要求，并且无明显差异。

（十一）纸塑复合用丙烯酸酯水性胶黏剂

1. 原材料与配方（质量份）

丙烯酸丁酯(BA)	30	十二烷基硫酸钠(SDS)	1.0
醋酸乙烯酯(VAc)	45	过硫酸铵(APS)	0.5
丙烯酸异辛酯(2-EHA)	20	氨水	适量
丙烯酸(AA)	6.0	去离子水	适量
壬基酚聚氧乙烯醚(NP-10)	3.0	其他助剂	适量

2. 制备方法

向单口烧瓶中按一定比例加入 BA、VAc、2-EHA、AA、去离于水、NP-10 和 SDS 复合乳化剂，在 25℃下搅拌 45min，得到乳白色预乳化液，备用。

向装有搅拌器、温度计、回流冷凝管的三口烧瓶中加入一定量的去离子水、预乳液及少量 APS 引发剂，升温至 75℃，乳液出现淡蓝色，待单体回流完毕，乳液颜色变为乳白色，然后升温至 78℃，开始滴加剩余的预乳化液，控制滴加速度，在 2.5～3h 内滴加完，同时滴加引发剂，待预乳化液滴加完毕，升温至 80℃并恒温，保温搅拌 1h，自然降温至 50℃，用氨水调节 pH 值至 6～7，过滤，出料。

3. 性能与效果

（1）选用丙烯酸丁酯、丙烯酸异辛酯作为软单体，醋酸乙烯酯作为硬单体，丙烯酸为功能单体，软硬单体比例为 45∶50～50∶45 时，聚合反应过程中的凝聚物较少，具有明显的蓝光，乳液细腻，且剥离强度最大，达 4.4～4.5N/25mm。

（2）当乳化剂用量为单体用量的 3%时，乳液呈乳白色，有蓝光，性能较好。

（3）引入具有双官能团的丙烯酸（AA）作为功能单体，使线型共聚物进行交联。经过电晕处理的 BOPP 膜，表面含有大量的极性基团，丙烯酸中的—COOH 能与这些基团形成化学键，提高粘接强度。同时，随着丙烯酸用量的增加，胶膜的吸水性也随之升高。丙烯酸用量为单体用量的 6%时，乳液的综合性能最好。

（十二）印花用丙烯酸酯自交联胶黏剂

1. 原材料与配方（质量分数/%）

丙烯酸丁酯(BA)	60	过硫酸铵(APS)	0.41
苯乙烯(St)	40	$NaHCO_3$	1～2
丙烯酸(AA)	3.43	交联剂(1008)	0.68
丙烯酸羟乙酯(HEA)	3.32	氨水	适量
脂肪醇聚氧乙烯醚(AED)/烷基二苯醚二磺酸钠(DB-45)	1.82	去离子水	适量
		其他助剂	适量

2. 制备方法

（1）乳液制备　采用预乳化半连续种子乳液聚合法，分为预乳化和乳液聚合 2 个步骤。

先将称量好的全部单体与定量的DB-45水溶液在四口烧瓶中预乳化15～20min，制得预乳液备用。

在装有搅拌器、温度计、回流冷凝管和恒压滴液漏斗的500mL四口烧瓶中，搅拌条件下依次加入部分预乳液、剩余的DB-45和AEO复配乳化剂水溶液，升温至78℃，加入少量碳酸氢钠和定量的引发剂水溶液，待乳液出现蓝相且颜色不再加深后，滴加剩余的预乳液、碳酸氢钠和引发剂溶液，2～2.5h内滴完，聚合反应温度控制在85～88℃；滴加完毕后，再继续滴加剩余的引发剂水溶液，保温1.5h；最后降温至45℃以下，用氨水调节pH值为9～10，过滤出料，即可得到印花胶黏剂乳液。

(2) 乳液胶膜的制备　将乳液涂在玻璃板上，并使其均匀平铺，放在空调室风干，观察胶膜的透明度、光泽和柔软性，并制成大小规整的胶膜，待用。

3. 性能与效果

(1) 通过研究确定了较优的工艺条件：采用阴离子、非离子型复合乳化剂，复配乳化剂用量为单体总质量的1.82%，APS用量为0.41%，AA用量为3.43%，自交联单体HEA用量为3.32%，自制交联单体用量为0.68%，采用预乳化半连续种子乳液聚合法制备自交联涂料印花胶黏剂。

(2) 自交联聚丙烯酸酯印花胶黏剂固含量为35.5%～36%，pH值为9～10，黏度为150～200mPa·s，外观乳白色带蓝光，干湿摩擦色牢度、皂洗色牢度和耐水性均良好，能满足涂料印花的使用性能要求。

(3) 选用自制的交联剂和丙烯酸羟乙酯为交联单体，代替传统的*N*-羟甲基丙烯酰胺，制备得到的印花胶黏剂中游离的甲醛含量为5mg/kg，符合环保要求。

(十三) 纸塑覆膜用水性丙烯酸酯胶黏剂

1. 原材料与配方（质量份）

原料	质量份	原料	质量份
丙烯酸丁酯(BA)	80	聚丙烯酰胺(PAM)	1～2
丙烯酸(AA)	3.0	过硫酸铵	0.5
醋酸乙烯酯(VAc)	50	叔丁基过氧化氢	1～2
N-羟甲基丙烯酰胺(NMAM)	12	蒸馏水	适量
丙烯酸羟乙酯(HEA)	2.5	其他助剂	适量
烷基酚聚氧乙烯(10)醚(OP-10)	3.0		

2. 制备方法

(1) 单体的预乳化　将定量的BA、VAc、AA、NMAM、HEA、OP-10、PAM蒸馏水加入到预乳化装置，开启搅拌30min，混合液外观呈均匀乳白色，停止搅拌，即得预乳化液。

(2) 乳化剂的溶解　将剩余配方量的乳化剂和蒸馏水加入到四口烧瓶中，搅拌约15min。

(3) 加入底料和种子　将部分预乳化液加入到上述四口烧瓶中，并加入定量的引发剂过硫酸铵，水浴锅升温至65℃左右时开始加热四口烧瓶，持续升温至82℃，恒温。

(4) 滴加预乳化液　反应一段时间后，乳液变为蓝色，再过一段时间，乳液变为乳白色，回流明显减少，开始滴加预乳化液与剩余引发剂溶液，控制2.5～3.0h滴完。

(5) 恒温过程　滴加结束后，反应温度控制在82℃，保温30min。

(6) 消除反应　降温至75℃，加入定量的叔丁基过氧化氢溶液，接着恒温30min。再加入剩余量的叔丁基过氧化氢，75℃恒温30min。

(7) 调节pH值和乳液黏度　持续降温至45℃左右时加入$NH_3 \cdot H_2O$，调节pH值至7.0～7.5，完毕后加入相应配方量的PAM溶液（自制），搅拌混合充分，出料。

3. 性能与效果

以丙烯酸丁酯（BA）、醋酸乙烯酯（VAc）为主要原料，引入多种功能单体，采用单体预乳化种子聚合工艺合成一种复合交联型乳液型纸塑覆膜胶。并利用均匀实验考察了m(BA)：m(VAc)及丙烯酸（AA）、丙烯酸羟乙酯（HEA）和N-羟甲基丙烯酰胺（N-MAM）、聚丙烯酰胺（PAM）用量等因素对覆膜胶性能的影响。确定了适宜的工艺配方，制得了综合性能良好的覆膜胶产品。

（十四）单组分有机硅改性丙烯酸酯水性胶黏剂

1. 原材料与配方

本品配方见表2-30。

表2-30　有机硅改性丙烯酸酯水性胶黏剂的基本配方

材料	单位/质量份	生产厂家
丙烯酸酯乳液UCAR 169	100～120	Union Carbide
滑石粉Snowflake(粒径5.5)	70～80	Hampshire
Santiciser 160	20～30	Monsanto
Wetlink 78硅烷	0～5	Crompton
A-187硅烷	0～5	Cromptoni
Triton X-405	适量	Union Carbide
丙二醇	适量	国产
Arylsol ASE 160	适量	Rohm hass
钛白粉R-960-28	适量	DuPont
甲基纤维素Methocel 856	微量	Dow
三聚磷酸钾	微量	国产
Proxel GXL	微量	ICI
Daxad 30-30	微量	Hampshire
氨水(25%)	微量	国产

2. 制备方法

称料—配料—混料—反应—卸料—备用。

3. 性能与效果

(1) 使用Wetlink 78硅烷达到了以单组分体系取代双组分水性胶黏剂的目的，硅烷交联的水性单组分丙烯酸乳液胶黏剂改善了工艺稳定性并减小了交联剂的毒性。

（2）Wetlink 78 硅烷应用于水性丙烯酸乳液胶黏剂体系中作为粘接促进剂和交联剂，可持续显著地改善水性丙烯酸乳液胶黏剂的湿态和干态粘接性能和贮存稳定性。也可提高水性丙烯酸乳液胶黏剂的撕裂强度和耐持久性，提高拉伸强度并同时保留伸长率性能。

（十五）水性丙烯酸酯双组分胶黏剂（YH610）

1. 原材料与配方（质量份）

A 组分		氨水	适量
丙烯酸酯乳液	100	消泡剂	0.1～1.0
有机硅	20	润湿剂	1～2
填料	10～20	乳化剂	2.0
增黏剂	5.0	其他助剂	适量
B 组分			
水基固化剂(YH05)			

2. 制备方法

采用乳液聚合法制备出水基丙烯酸乳液，用氨水调节至中性，最后加入消泡剂、润湿剂得到丙烯酸乳液 YH610。

取一定量的主剂 YH610 置于烧杯中，开动搅拌，缓慢滴加水基固化剂 YH05 到其中，加完继续搅拌 10min，得到双组分的水基复合黏合剂，用于干法复合 BOPP/CPP 等结构。

3. 性能

YH610/YH05 的基本物性见表 2-31；不同复合塑料膜的剥离强度见表 2-32。双组分水基胶的性能对比见表 2-33。

表 2-31　YH610/YH05 的基本物性

项目	主剂 YH610	固化剂 YH05
外观	白色乳液	无色或浅黄色透明液体
固含量/%	42～45	100
黏度(25℃)	(16±2)s	(2000±200)mPa·s
密度/(g/cm^3)	1.05	1.15
pH 值	7	—

表 2-32　不同复合塑料膜的剥离强度

复合塑料膜结构	上胶量/(g/m^2)	复合外观	剥离强度/(N/15mm)
BOPP/CPP	2.0～2.4	良好	1.5～2.5
BOPP/PE	2.0～2.4	良好	1.8～2.5
PET/PE	2.0～2.4	良好	2.0～3.0
PA/PE	2.0～2.4	良好	2.0～2.5
PA/CPP	2.0～2.4	良好	2.0～2.8

注：表中数据来源于实验室的实验值，与实际上机情况可能有所差异。

表 2-33 双组分水基胶的性能对比

复合结构	剥离强度/(N/15mm)		
	YH610/YH05	某国外产品	某国内产品
BOPP/CPP	1.5～2.5	1.5～3.0	1.5～2.0
BOPP/PE	1.8～2.5	1.5～2.5	1.0～2.0
PET/PE	2.0～3.0	2.5～3.5	1.5～2.0
PA/PE	2.0～2.5	2.0～2.5	1.5～2.0
PA/CPP	2.0～2.8	2.0～2.5	1.5～2.0

4. 效果

YH610/YH05 是一种新型的水基复合黏合剂，对塑/塑复合结构，完全可以达到使用要求，并且成本低，符合环保要求。使用工艺为：m(YH05)∶m(YH610)＝1∶100，上胶量 1.8～2.4g/m^2，45℃固化 8h 左右。其性能与国外同类产品相当，可推广使用。

(十六) 水性丙烯酸酯复合胶黏剂

1. 原材料与配方 (质量份)

丙烯酸酯乳液	100	消泡剂	0.1～0.5
环氧树脂乳液	10～15	润湿剂	1～2
有机硅	5.0	引发剂	1～2
填料	5～10	氨水	2～3
增黏剂	3～5	其他助剂	适量

2. 制备方法

称料—配料—混料—反应—卸料—备用。

3. 性能

(1) 该胶属完全水性产品，环保安全，卫生性能良好。

(2) 可以应用于镀铝膜复合，也可以应用于普通塑料膜、透明膜复合。

(3) 复合强度高，初黏力好，可快速分切。

(4) 胶膜柔软，透明性好，外观良好。

(5) 熟化时间短，可加快生产周期。

该产品的技术指标见表 2-34；镀铝膜的性能见表 2-35；复合塑料膜结构的性能见表 2-36；热封性能见表 2-37。

表 2-34 技术指标

项目	指标
外观	白色乳液
固含量/%	42±2
黏度(25℃)/s	15±2
密度/(g/cm^3)	1.0～1.10
pH 值	6.0～7.0

表 2-35　镀铝膜的性能

上胶量/(g/m^2)	剥离强度/(N/15mm)	
	BOPP/VMCPP	PET/VMPET
1.6	1.2	1.5
1.8	1.3	1.6
1.9	1.4	1.7
2.0	1.6	1.8

注：复合膜在 50℃下熟化 2h。

表 2-36　复合塑料膜结构的性能

上胶量/(g/m^2)	剥离强度/(N/15mm)			
	BOPP/PE	BOPP/CPP	PET/PE	PET/CPP
1.8	1.6	1.4	1.8	1.7
1.9	1.7	1.5	1.9	1.8
2.0	1.9	1.6	2.1	2.0
2.2	2.0	1.8	2.3	2.1

注：复合膜在 50℃下熟化 4h。

表 2-37　热封性能

复合结构	上胶量/(g/m^2)	热封强度/(N/15mm)
BOPP/VMCPP	1.8～2.0	12～15
PET/VMCPP	1.8～2.0	13～16
BOPP/CPP	1.8～2.0	15～18
PET/PE	2.0～2.2	16～22

4. 效果

通过加入一些改性树脂，大大改善了丙烯酸酯乳液的综合性能，提高了胶膜与塑料膜的亲和性，改善了耐热性、耐低温性能，使得它既可以应用于镀铝膜复合，也可以应用于普通塑料膜的复合，具有很好的通用性，可以用于大多数普通干物、休闲食品和糖果的包装，进一步扩大了水性胶的使用范围。

（十七）自交联型水性丙烯酸酯胶黏剂

1. 原材料与配方（质量份）

（1）乳液配方

丙烯酸丁酯(BA)	60	烷基酚聚氧乙烯醚(OP-10)	2.0
甲基丙烯酸甲酯(MMA)	30	过硫酸铵(APS)	1.0
甲基丙烯酸缩水甘油酯(GMA)	10	对苯二酚	0.5
十二烷基硫酸钠(SDS)	2.0	碳酸氢钠($NaHCO_3$)	0.3
丙烯酸(AA)	1.5	氨水	适量
丙烯酸羟丙酯(HPA)	3.0	其他助剂	适量

(2) 胶黏剂配方

丙烯酸酯乳液	100	消泡剂	1～2
改性树脂	20	润湿剂	1～3
填料	5～10	氨水	适量
增黏剂	5.0	其他助剂	适量

2. 制备方法

(1) 乳液的合成　将一定量的乳化剂（SDS、OP-10）、$NaHCO_3$ 和去离子水加入到带有回流冷凝管的四口烧瓶中（四口烧瓶置于 80℃恒温水浴中），边搅拌边使体系充分溶解；然后加入 1/10 的混合单体，搅拌 2min；随后一次性加入 1/3 引发剂（APS）水溶液，反应至体系出现蓝光；10min 后滴加剩余的混合单体和引发剂溶液，2～3h 滴完；继续保温反应 30min，升温至 85℃保温反应 30min；结束反应，边搅拌边冷却至室温，过滤后用氨水调节乳液的 pH 值至 7.0～8.0 即可。

(2) 胶膜的制备　将一系列等质量的丙烯酸酯胶黏剂乳液倒入聚四氟乙烯板中，室温静置 1h 后，50℃干燥 24h，冷却后制得厚度约 1mm 的胶膜，放入干燥器中待用。

(3) PVC 薄膜/织物复合薄膜的制备　将丙烯酸酯胶黏剂乳液均匀涂覆在织物表面，室温干燥 5min 后，将施胶织物与 PVC 粘贴在一起，用滚筒沿其表面滚压 3～5 次（除去气泡）；然后边均匀施压边 80℃烘干 1h，冷却后用于剥离强度的测定。

(4) 胶黏剂制备　称料—配料—混料—反应—卸料—备用。

3. 性能与效果

(1) 以 BA 为软单体、MMA 为硬单体、AA 和 HPA 为功能单体、CMA 为交联剂以及 SDS/OP-10 为阴/非离子型复合乳化剂，采用半连续乳液聚合法制备了自交联型水基丙烯酸酯胶黏剂乳液。

(2) 采用单因素试验法优选出制备该胶黏剂乳液的最佳工艺条件为 m(SDS)∶m(OP-10)=1∶1、w(复合乳化剂)=3%～4%、w(APS)=1.0%、m(软单体)∶m(硬单体)=5∶5和 w(GMA)=4%，此时胶黏剂乳液的综合性能均满足生产要求和使用要求，其稳定性较好、凝胶率较低、室温成膜性能优异、耐水性相对最好且 PVC/织物的剥离强度相对最大(28.3N/25mm)。

(3) 该自交联型水基丙烯酸酯胶黏剂乳液可完全替代溶剂型同类产品。

(十八) 锂离子电池专用水性丙烯酸酯胶黏剂

1. 原材料与配方（质量份）

丙烯酸酯乳液	100	导电炭黑	3～5
过硫酸铵(APS)	1.0	聚偏氟乙烯(PVDF)	5～10
亚硫酸氢钠	0.5	石墨	1～2
烷基酚聚氧乙烯醚(OP-10)	3.0	去离子水	适量
N-甲基吡咯烷酮(NMP)	5.0	其他助剂	适量
氨水	适量		

2. 制备方法

(1) 乳液聚合法合成水性丙烯酸酯胶黏剂　采用半连续法将乳化剂（OP-10/SDBS）和

去离子水加入反应容器中，搅拌 0.5h，混合均匀并使其乳化；然后升温至 50℃，同时通入 N_2（排除体系中的 O_2），加入 1/10 混合单体和 1/3 引发剂（等质量比的 APS/亚硫酸氢钠氧化还原引发剂），65℃反应若干时间；随后分别向体系中同时滴加剩余的混合单体及引发剂（控制滴加速率），滴完后，继续反应若干时间；降温至 40℃，用氨水调节 pH 值至 7.0～8.0，冷却后即得目标产物。

（2）电极的制备及锂离子电池的组装　分别以水性丙烯酸酯胶黏剂、PVDF/NMP 溶液作为锂离子电池用胶黏剂。将胶黏剂、导电炭黑和石墨按照一定比例组合均匀，加入一定量的去离子水，用打浆机分散 20min，配成固含量为 45%的负极材料。

用移液枪取 4～8mg 的负极材料，并将其均匀涂覆在泡沫镍（直径为 12mm，质量为 M_0）上，80℃真空干燥 10h；然后用手动液压机以 20MPa 压力压紧泡沫镍，并称重（质量为 M_1），则 M_1-M_0 即为泡沫镍上负极材料的质量。电池负极极片制作完毕后，将其置于真空干燥箱中，80℃烘干 4h 后转入手套箱。

对电极和参比电极都采用高纯锂片，以 PP 多孔膜为隔膜，采用 1mol/L 的六氟磷酸锂电解液 [溶剂质量比为 m(碳酸乙烯酯)∶m(碳酸二甲酯)∶m(碳酸二乙酯)＝1∶1∶1]装配成 2032 扣式电池。锂离子电池的组装是在充满高纯氩气的手套箱中进行的。

3. 性能与效果

（1）将水性丙烯酸酯胶黏剂作为锂离子电池用胶黏剂，并与 PVDF 胶黏剂进行对比试验。使用水性丙烯酸酯胶黏剂的锂离子电池经 50 次循环后的放电比容量为 422.2mA·h/g，并且其放电比容量要高于使用 PVDP 胶黏剂的锂离子电池，而且其放电比容量保持率变化较为稳定。

（2）使用水性丙烯酸酯胶黏剂的锂离子电池的放电曲线范围较窄，峰型较尖锐，说明其充放电效率相对较好。

（十九）纳米 Fe_3O_4 改性丙烯酸酯磁性水性压敏胶黏剂

1. 原材料与配方（质量份）

原料	用量	原料	用量
丙烯酸酯混合单体乳液	100	阴离子乳化剂(CO-436)	3.0
纳米 Fe_3O_4	4.0	氨水	1～2
KH-570 偶联剂	2.0	去离子水	适量
过硫酸铵(APS)	0.5	其他助剂	适量
$NaHCO_3$	0.3		

2. 制备方法

（1）硅烷偶联剂 KH-570 对纳米 Fe_3O_4 颗粒的表面改性　称取 6g 纳米 Fe_3O_4 颗粒加入到乙醇/水分散液中（乙醇∶水＝3∶1），在 30℃、100W 下超声分散半小时，将超声后的混合液加入到装有温度计、冷凝管、搅拌器的三口烧瓶中，并加入占溶液体积 2%的硅烷偶联剂 KH-570，用冰醋酸调至弱酸性，静置水解一段时间后，在 50℃恒温条件下，强烈搅拌 2h。冷却至室温并离心，用乙醇洗涤后在 50℃下真空干燥 72h，得到 KH-570 表面修饰后的 Fe_3O_4 颗粒。

（2）Fe_3O_4 改性丙烯酸酯压敏胶的制备　将 $NaHCO_3$ 缓冲溶液加入到装有温度计、冷凝管、恒压漏斗和搅拌器的四口烧瓶中，升温至 80℃并均匀搅拌，将 0～10%（质量分数）

Fe_3O_4（或 KH-570 改性后的 Fe_3O_4）加入水中超声分散 30min 后，也倒入四口烧瓶中。将乳化剂和去离子水充分混合后向其中加入混合单体（90g BA、16g MMA、2.5g HEA、3g AA），置于磁力搅拌器上搅拌均匀后得到预乳化乳液，取 30% 的预乳液和 30% 的引发剂于恒压漏斗中，30min 内均匀滴加完后保温 0.5h；然后加入剩下的预乳液和引发剂，3～4h 内滴完；升温至 90℃并保温 1h，再降温至 40℃后出料。

3. 性能与效果

（1）FT-IR、XRD、TEM 分析发现，有机基团成功接枝于纳米 Fe_3O_4 粒子表面，得到了具有良好分散性的改性纳米 Fe_3O_4 粒子，表面修饰后的纳米 Fe_3O_4 粒子与丙烯酸酯乳液相容性更好。

（2）通过 TG 分析发现，加入纳米 Fe_3O_4 粒子能明显改善丙烯酸酯压敏胶的热稳定性，且表面修饰后的纳米 Fe_3O_4 粒子改善压敏胶的热稳定性效果更好。

（3）VSM 测试表明加入纳米粒子使丙烯酸酯压敏胶具有良好的磁性能，且加入的纳米含量越多，磁性越好，加入量为 10% 时饱和磁强度达到 0.39emu/g。这使其在磁性压敏胶方面具有广阔的应用前景。

（4）此外，粘接强度研究表明加入适量纳米 Fe_3O_4 粒子改性丙烯酸酯压敏胶能提高 180°剥离力，当纳米 Fe_3O_4 粒子加入量为 4% 时，丙烯酸酯 PSA 的剥离强度达到 10.9N/25mm，剪切强度提高了 18.2%，此时粘接性能最佳。

（二十）紫外光固化聚氨酯丙烯酸酯水性胶黏剂

1. 原材料与配方（质量份）

（1）乳液配方

原料	用量	原料	用量
2,2-二羟甲基丙酸	60	阻聚剂对苯二酚	0.5
异佛尔酮二异氰酸酯(IPDI)	30	三乙胺	1～2
聚乙二醇(PEG400)	10	去离子水	适量
季戊四醇三丙烯酸酯(PETA)	5.0	其他助剂	适量
二月桂酸二丁基锡(DBTDL)	0.5		

（2）胶黏剂配方

原料	用量	原料	用量
聚氨酯丙烯酸酯乳液	100	涂料	4.0
单体	20	光引发剂	5.0
交联剂	1.0	去离子水	适量
增稠剂	3.0	其他助剂	适量

2. 制备方法

（1）聚氨酯丙烯酸酯的合成　首先在三口烧瓶中加入一定量的 PEG400 和 IPDI 及少量的催化剂 DBTDL，根据体系黏度加入适量的丙酮，于 60℃反应 1h，再加入适量的 2,2-二羟甲基丙酸，于 70℃反应 1h，然后加入适量的 PETA 和阻聚剂对苯二酚反应 4h 进行封端，降温至 40℃，加入适量的三乙胺进行中和，反应 30min，同时加入适量的去离子水乳化得到水性聚氨酯丙烯酸酯（PUA）乳液，反应式见图 2-2。

（2）印花工艺　按照配方调好印花色浆，对织物印花，室温下干燥 10h，然后用 RD-1 履带式光固化机固色 60s。在紫外光的照射下，光引发剂分子吸收光能，电子发生跃迁，分子结构呈现不稳定状态。其中光引发剂分子中的羰基和相邻碳原子间的共价键拉长、弱化、

$$\text{IPDI} + HO\text{-}[CH_2CH_2O]_n\text{-}H + H_3C\text{-}C(CH_2OH)_2\text{-}COOH$$

(IPDI)　(PEG400)　(DMPA)

$$\xrightarrow[60\sim70^\circ C]{DBTDL}$$

$$OCN\text{—}R\text{—}NHCOOCH_2\text{—}C(CH_3)(COOH)\text{—}CH_2OC(=O)\text{—}NH\text{—}R\text{—}NH\text{—}C(=O)O\text{—}[CH_2CH_2O]_n\text{—}C(=O)\text{—}NH\text{—}R\text{—}NCO$$

$$\xrightarrow[60\sim70^\circ C]{PETA}$$

$$HN\text{—}R\text{—}RHCOOCH_2\text{—}C(CH_3)(COOH)\text{—}CH_2OC(=O)\text{—}NH\text{—}R\text{—}NH\text{—}C(=O)O\text{—}[CH_2CH_2O]_n\text{—}C(=O)\text{—}NH\text{—}R\text{—}NH$$

$$O{=}COCH_2C(CH_2OC(=O)CH{=}CH_2)_3 \qquad (H_2C{=}HCC(=O)OH_2C)_3CH_2OC{=}O$$

图 2-2　PUA 合成反应式

断裂，生成自由基。产生的活性自由基迅速引发丙烯酸酯基中不饱和双键的聚合，从而形成一个连续的高分子膜，将颜料颗粒固着，达到低温快速固色的目的。UV（紫外线）固化印花机理如图 2-3 所示。

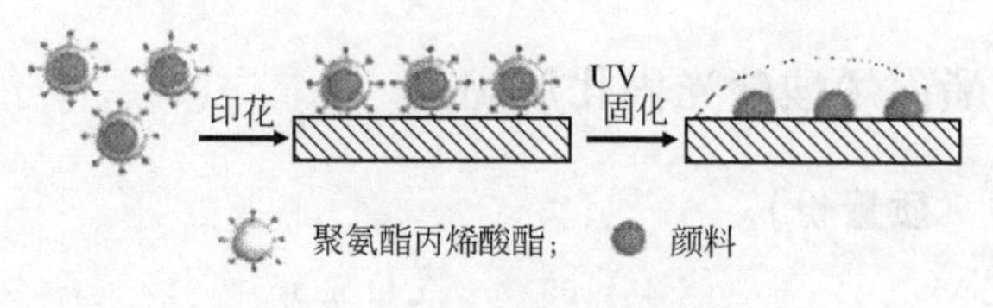

图 2-3　UV 固化印花机理

3. 性能与效果

以异佛尔酮二异氰酸酯（IPDI）、聚乙二醇 400（PEG400）、季戊四醇三丙烯酸酯（PETA）等原料成功合成了具有紫外光固化性能的聚氨酯丙烯酸酯。将其作为涂料印花黏合剂，配以 5%光引发剂，6%单体，经紫外光辐射 60s，得到性能优良的印花织物。印花织物的水洗牢度可达 5 级，干摩擦牢度可达 4～5 级，且印花图案清晰细致，但湿摩擦牢度仅为 3 级。合成的黏合剂经 UV 光辐射较短时间即可完成固色，摒弃了传统的长时间高温焙烘，缩短了固色时间，减少了能源损耗，达到高效节能的目的。

（二十一）聚氨酯丙烯酸酯/环氧丙烯酸酯光固化胶黏剂

1. 原材料与配方（质量份）

原料	用量	原料	用量
聚氨酯丙烯酸酯/环氧丙烯酸酯(PUA/EA)	100	丙烯酸异冰片酯(IBOA)	16
		二缩三丙二醇二丙烯酸酯(TPGDA)	6.0
丙烯酸羟乙酯(HEA)	10	光引发剂(1173)	8.0
甲基丙烯酸羟乙酯(HEMA)	24	其他助剂	适量

2. 制备方法

(1) PUA 的合成　实验前，PTMG 在 120℃下减压蒸馏 4h，冷却待用。

在装有搅拌器、温度计、恒压滴液漏斗的干燥三口瓶中，加入 2mol TDI，开启搅拌，取 1mol PTMG 加入到恒压滴液漏斗中，常温下逐滴滴加，注意反应器中温度的变化，当升温较快时，减慢滴加速度，直至滴加完毕。升温至 50℃，反应数小时，检测反应体系中—NCO的含量，当达到原先含量的 50%时，向反应瓶中滴加 2mol 丙烯酸羟乙酯，并加入 1.0%（质量分数，下同）二月桂酸二丁基锡和少量对苯二酚，于 65℃下继续反应到游离—NCO的质量分数小于 0.5%时，停止反应，冷却出料，即得聚氨酯丙烯酸酯（PUA）。

(2) 紫外光固化胶黏剂的制备　按不同的质量比将聚氨酯丙烯酸酯和环氧丙烯酸酯（EA）复配，在一定用量的稀释剂的稀释下混合均匀，再加入光引发剂和一定量的其他助剂，搅拌均匀，然后均匀涂布在洁净的玻璃片和马口铁上，在 1000W 高压汞灯下照射至完全固化。

3. 性能与效果

以甲苯-2,4-二异氰酸酯（TDI）与聚四氢呋喃醚二醇（PTMG）、丙烯酸羟乙酯（HEA）反应，制备了聚氨酯丙烯酸酯（PUA），将 PUA 与自制的环氧丙烯酸酯（EA）混合，以丙烯酸羟乙酯，丙烯酸异冰片酯等为活性稀释剂，制备了光固化胶黏剂。探讨了 PUA 的反应机理，通过红外光谱对其结构进行了表征，研究了 PUA 和 EA 不同质量比对光固化胶黏剂力学性能的影响以及光引发剂 1173 的用量对胶黏剂固化时间的影响。结果表明，当 $m(\mathrm{EA})/m(\mathrm{PUA})=1:1$、光引发剂用量为 0.4g 时，所制备的光固化胶黏剂对玻璃和金属的附着力均为 1 级，拉伸强度为 12.5MPa，柔韧性优良，并有良好的耐水性和耐溶剂性。

(二十二) 聚氨酯丙烯酸酯光固化胶黏剂

1. 原材料与配方（质量份）

原料	用量	原料	用量
聚氨酯丙烯酸酯(PUA)	45～65	气相 SiO_2	0.5
甲基丙烯酸羟乙酯(HEMA)	15～20	光引发剂(1173/184=4∶1)	3.5
丙烯酸异冰片酯(IBOA)	10～15	其他助剂	适量
二缩三丙二醇二丙烯酸酯(TPGDA)	4.0		

2. 制备方法

(1) 预聚体的合成　在三口瓶中加入 PTMG，140℃下减压蒸馏 4h，冷却到 50℃，加入微量浓磷酸，混合待用；在装有搅拌器、恒压滴液漏斗、温度计的三口瓶中加入计量好的 TDI 和催化剂 DBTDL（二月桂酸二丁基锡），室温下缓慢滴加上述 PTMG 混合溶液，机械搅拌，升温至 50℃反应 3h，用二正丁胺法测定—NCO 含量，反应到计量点时，加入稍过量的 HEA 和阻聚剂混合液，65℃下反应 2h，当—NCO 含量小于 0.5%时，冷却出料，避光保存。

(2) 光固化胶黏剂的制备及测试　按照配方配制光固化胶液，将光固化胶液涂在载玻片上，在 1000W 紫外灯下完全固化，测定固化膜的附着力、柔韧性、耐溶剂性、耐水性。

3. 性能

由表 2-38 可知，该光固化胶对玻璃和金属有良好的粘接作用，综合性能优良，但由于分子中存在苯环，容易形成苯醌结构而变黄。可以应用在一些工业生产和生活用品的粘接中。

表 2-38 自制 PUA 光固化胶的性能

颜色	附着力	邵氏硬度	柔韧性	耐化学药品性	固化时间/s	耐水性
琥珀色	1级	82	7号轴棒	优	13	水煮4.0h不脱粘，耐水性良好

4. 效果

(1) 适宜的聚氨酯丙烯酸酯合成条件为：反应温度 60～65℃、催化剂二月桂酸二丁基锡用量 1.0%、反应时间 5h，在此条件下，—NCO 含量接近 0.1%。

(2) 由聚四氢呋喃醚二醇制备的聚氨酯丙烯酸酯配制的光固化胶对玻璃和金属有良好的粘接作用，综合性能优良。

(二十三) 柔性印刷线路板 (FPC) 用丙烯酸酯耐高温保护膜

1. 原材料与配方 (质量份)

丙烯酸丁酯(BA)	80	丙烯酸(AA)	3.0
丙烯酸异辛酯(2-EHA)	20	偶氮二异丁腈(AIBN)	1～2
醋酸乙烯酯(VAc)	20	交联剂B	0.5
三苯基膦	0.5	其他助剂	适量
甲基丙烯酸缩水甘油酯(GMA)	6.0		

2. 制备方法

(1) 常规聚合工艺制备保护膜用 PSA (压敏胶) 在装有回流冷凝管、温度计、搅拌器、滴液漏斗和 N_2 保护装置的四口烧瓶中，加入 1/3 混合单体、1/3 醋酸乙烯酯溶剂和第 1 批引发剂 (AIBN) 溶液，边中速搅拌边升温至 82℃，反应 2h 左右；然后加入 1/3 混合单体、1/3 乙酸乙酯和第 2 批 AIBN 溶液，升温至 80℃左右，反应 3h；随后加入剩余的混合单体和乙酸乙酯，再加入第 3 批 AIBN 溶液，80℃左右反应 4h；最后补加第 4 批 AIBN 溶液，80℃反应 3h，冷却至室温后出料。

(2) 改进聚合工艺制备保护膜用 PSA (压敏胶) 将混合单体和溶剂一次性加入到装有回流冷凝管、温度计、搅拌器、滴液漏斗和 N_2 保护装置的四口烧瓶中，边搅拌边水浴升温；待体系出现回流 3～5min 时，匀速滴加第 1 批 AIBN 溶液，回流反应 3h；然后在回流状态下匀速滴加第 2 批 AIBN 溶液，继续回流反应 3h；随后在不断回流状态下匀速滴加第 3 批 AIBN 溶液，继续回流反应 3h；最后加入第 4 批 AIBN 溶液，回流反应 3h，冷却至室温后出料。

在上述整个反应过程中，控制温度为 (80±1)℃，并且应保证回流液滴为 20～50 个/min，以防止空气吸入后影响反应过程。

(3) PSA 胶带的制备 将一定量的自制 PSA、适量促进剂和交联剂混合均匀后 (黏度适宜)，涂覆在 PI 膜上 (干胶厚度为 20～25μm)，经 100℃处理 30min (去除溶剂) 后，冷却至室温，得到所需产品。

3. 性能与效果

(1) 该 PSA 的初黏力为 3# 钢球，经 100℃处理 1h 后持黏力仍为 3.5h，耐高温剥离强度 (2.0N/25mm) 几乎不随放置时间延长而增长，而且经高温处理后胶膜从铜箔上剥离时无残胶痕迹。

（2）该保护膜用PSA的综合性能优良，特别是耐高温性能优异，可在FPC用耐高温保护膜中得到推广与应用。

（二十四）保护膜用丙烯酸酯乳液压敏胶黏剂

1. 原材料与配方（质量份）

丙烯酸丁酯(BA)	60	壬基酚聚氧乙烯醚-10(NP-10)	2.0
丙烯酸异辛酯(2-EHA)	20	甲基丙烯酸羟乙酯(HEMA)	4.0
甲基丙烯酸甲酯(MMA)	1.0	氨水	适量
过硫酸钾(KPS)	0.6	去离子水	适量
十二烷基硫酸钠(SDS)	2.0	其他助剂	适量

2. 制备方法

采用预乳化半连续乳液聚合法制备乳液，将混合单体（主单体MMA、BA、2-EHA）90g，一定量的功能单体（HEMA），乳化剂和部分去离子水于40℃下高速搅拌均匀，预乳化20min，制得预乳化液；在装有温度计、搅拌器、回流冷凝管和恒压滴液漏斗的四口烧瓶中，加入部分预乳化单体，加热升温至70℃，在升温的同时向四口烧瓶中滴加引发剂溶液，当乳液有蓝光出现时，开始滴加剩余的预乳化单体，3h滴完，升温至80℃，保温1h，降温出料，用氨水调pH值至7～8。

3. 性能与效果

以2-EHA和BA为软单体，MMA为硬单体，HEMA为交联剂，采用预乳化半连续乳液聚合法制备压敏胶乳液，用于保护膜。对合成工艺条件进行研究，软、硬单体质量之比为63∶27，HEMA 4.0g，乳化剂SDS与NP-10以2.5∶1复合，用量2.0g，引发剂KPS用量0.6g，反应温度80℃，反应时间约4h，所制得的乳液型压敏胶具有较好的剥离强度和胶层稳定性。

（二十五）枫香树脂/丙烯酸酯乳液压敏胶黏剂

1. 原材料与配方（质量份）

丙烯酸丁酯(BA)	60	过硫酸铵(APS)	0.7
甲基丙烯酸甲酯(MMA)	40	$NaHCO_3$	1～2
丙烯酸	3.0	氨水	适量
十二烷基硫酸钠(SDS)	1.0	去离子水	适量
烷基酚聚氧乙烯醚(OP-10)	2.0	其他助剂	适量
枫香树脂	10		

2. 制备方法

（1）预乳化液的制备　在三口烧瓶中分别加入称量好的乳化剂[m(SDS)∶m(OP-10)＝1∶2]和部分去离子水，搅拌30min，然后用恒压滴液漏斗缓慢加入溶有枫香树脂的丙烯酸酯混合单体，预乳化1h。

（2）乳液聚合　向四口烧瓶中加入剩余的去离子水及部分预乳化液，搅拌升温至70℃；然后加入部分pH缓冲剂及部分引发剂（APS），升温至82℃左右；再继续升温到85℃，保温30min，待瓶内乳液变蓝时，同时滴加剩余的预乳化液（3.5h滴完）和APS（4.0h内滴完)，升温至87℃保温1h，降温至40～50℃，用氨水调节pH值至7～8，用100目筛子过滤出料备用。

(3) PSA胶带的配制　选择20μm涂布棒，将含枫香树脂（质量分数分别为2%、4%、6%、8%、10%、12%）和不含枫香树脂的乳液分别涂覆在PET（250mm×25mm）薄膜上，放入105℃的烘箱中烘2～3min，烘干后取出，即制成相应的PSA胶带。用于初黏、持黏、180°剥离强度的测定。

3. 性能与效果

枫香树脂作为一种新开发的新型天然树脂，有着与松香树脂类似的增黏特点，有望作为一种新型增黏剂应用于胶黏剂中。

采用枫香树脂作为增黏树脂，通过预乳化半连续乳液聚合制备了枫香树脂/丙烯酸酯复合乳液，研究枫香树脂用量对单体转化率、凝胶率、溶胶分子量及其分布、乳胶膜的T_g，以及乳胶膜的热稳定性和压敏胶粘接性能的影响。

以混合丙烯酸酯为共聚单体，枫香树脂为增黏剂，过硫酸铵（APS）为引发剂，十二烷基硫酸钠（SDS）、烷基酚聚氧乙烯醚（OP-10）为乳化剂，采用预乳化半连续乳液聚合法制备枫香树脂-丙烯酸酯复合乳液，研究枫香树脂用量对单体转化率、凝胶率、玻璃化转变温度、热稳定性以及压敏胶（PSA）粘接性能的影响。结果表明，在枫香树脂一定的质量分数范围内，随着枫香树脂用量的增加，分子量、凝胶率、热稳定性、玻璃化转变温度随之增加。枫香树脂的适宜用量为质量分数10.0%，此时压敏胶的初黏力为16#，180°剥离强度为10.12N/25mm。

(二十六) 乳液型竹纤维素/丙烯酸酯压敏胶黏剂

1. 原材料与配方 (质量分数/%)

丙烯酸丁酯(BA)	31.80～37.60	过硫酸钾	0.1～0.46
醋酸乙烯酯(VAc)	1.45～8.67	碳酸氢钠	0.23
甲基丙烯酸甲酯(MMA)	1.16～2.89	去离子水	52.00
丙烯酸(AA)	1.73	氨水	适量
十二烷基硫酸钠(SDS)	0.29	醋酸乙酯	适量
烷基酚聚氧乙烯醚(OP-10)	1.73	竹纤维素	0～1.00

2. 制备方法

(1) 竹纤维素的提取　竹纤维素采用硝酸-乙醇法提取。精确称取竹粉样品75.2485g，放入1000mL锥形瓶中，加入300mL的硝酸-乙醇混合液，摇晃均匀，装上回流冷凝管，置沸水浴上加热1h，加热过程中，随时摇荡锥形瓶，以防止底部固液混合物烧焦及残渣蹦跳；加热完毕后移去水浴加热和冷凝管，并将锥形瓶取下，静置，残渣沉积于瓶底。然后用倾滤法将上层液体倒入已经称质量的玻璃滤器，尽量不使残渣流出，利用循环水真空泵将滤器中滤液吸干。滤器内的残渣全部移入原锥形瓶，加适量硝酸-乙醇混合液再次回流，循环数次，直到纤维变白。最后用热水将纤维素洗出并洗净；0.1%甲基橙溶液测试，不显酸性为止。余下残渣过滤后，用水洗净并烘干称量，竹维素的得率为42.50%。

(2) 竹纤维素-丙烯酸酯乳液型压敏胶制备

① 预乳化　在装有电动搅拌器、球形冷凝管、温度计和滴液漏斗的四口烧瓶中，加入

十二烷基硫酸钠0.29g、OP-10 1.73g、$NaHCO_3$ 0.23g与去离子水52.00g，搅拌均匀。加入丙烯酸丁酯31.80～37.60g、甲基丙烯酸甲酯1.16～2.89g、醋酸乙烯酯1.45～8.67g和丙烯酸的混合单体1.73g，再加入适量醋酸乙酯，加热至60℃并充分搅拌，形成具有一定黏度的乳液。

② 继续加热升温　当温度升至75～90℃左右时，加过硫酸钾总量的40%，反应开始。当反应体系出现蓝色荧光，表明乳液聚合反应开始，10min后打开滴液漏斗缓慢滴加剩余的混合单体，同时逐步加入剩余的引发剂溶液，继续搅拌，添加交联剂竹纤维素（总质量0～1%），保温2h，搅拌冷却至室温，将生成的乳液经滤布过滤除凝聚物，用氨水调节乳液pH值至7.0～8.0，得到竹纤维素-丙烯酸酯乳液型压敏胶。

3. 性能与效果

（1）竹纤维作为新研发的生物基质材料，天然竹纤维素截面呈扁平状，纤维中间具有孔洞，纵向存在沟槽，横向有枝节，纤维细长，柔韧性好，具有良好的透气性、吸水性，较强的耐磨性和良好的染色性。在乳液型丙烯酸酯压敏胶中加入适量的纤维素，能增加丙烯酸酯压敏胶交联的网状结构，可以使其性能提高。从竹材加工下脚料中提取竹纤维素，采用竹纤维复合添加进入丙烯酸酯压敏胶中，起到交联作用，在线型分子之间产生化学键合，形成网状结构，以提高黏度及剥离强度，获得的结果对丙烯酸酯压敏胶的研究具有重要意义。

（2）通过对制备的竹纤维素-丙烯酸酯压敏胶的乳液黏度、180°剥离强度、初黏性、持黏性的测定，发现加入竹纤维素的丙烯酸酯乳液型压敏胶在各方面性能均有所提升。通过对实验数据的分析，确定合理的聚合温度为85℃，聚合反应时间为3h，搅拌速率为150r/min。

（3）引发剂的适宜用量为单体总质量的0.30%。通过对不同单体在乳液聚合影响的研究，确定软硬单体最佳体积比为4∶1，硬单体中MMA与VAc的最佳体积比为1∶4，竹纤维素最适宜添加量为0.6%，反应时间3h，压敏胶黏度为21.3mPa·s，剥离强度为0.692N/mm。

（二十七）耐热型丙烯酸酯乳液压敏胶黏剂

1. 原材料与配方（质量份）

原料	用量	原料	用量
丙烯酸丁酯(BA)	42	烯丙氧基壬基酚丙醇聚氧乙烯醚硫酸铵	2～3
甲基丙烯酸甲酯(MMA)	5.0	十二烷基硫酸钠(SDS)	1～3
丙烯酸(AA)	6.0	氨水	适量
N-羟甲基丙烯酰胺(NMA)	1.0	去离子水	适量
过硫酸铵(APS)	0.5	其他助剂	适量

2. 制备方法

（1）压敏胶的合成　将乳化剂、混合单体、去离子水加入烧杯中搅拌，制成预乳液备用。将一定量的预乳化液加入去离子水中，搅拌，在70℃时，加入一定量10%（质量分数）过硫酸铵溶液，在85℃下反应30min，当乳液呈蓝色荧光，回流减少时，则形成了种子乳液。分液漏斗滴加剩余的预乳化液和过硫酸铵溶液，控制在4～5h滴完。冷却至室温，用氨水调节pH值至7～8，出料。

（2）压敏胶黏带的制备　将丙烯酸酯乳液压敏胶均匀涂在25mm宽的胶带上，干燥1～5min，制成压敏胶带，待测。

3. 性能与效果

（1）优选出合成压敏胶的最佳配方为：软硬单体质量比为42∶5，功能单体用量为单体总质量的6%，m(AA)∶m(NMA)=3∶1，DNS-86用量为单体总质量的4%。

（2）以最佳配方制备出的耐热性压敏胶，其180°耐热剥离强度达到220N/m，耐热初黏力为11号钢球，耐热持黏力大于36h，固体质量分数为50%，黏度为460mPa·s，满足应用性能要求。

（二十八）可热剥离型丙烯酸酯压敏胶保护片

1. 原材料与配方（质量份）

（1）乳液配方

丙烯酸异辛酯(2-EHA)	60	醋酸乙烯酯(VAc)	5.0
丙烯酸丁酯(BA)	10	过氧化苯甲酰(BPO)	1.0
甲基丙烯酸甲酯(MMA)	10	增黏树脂	9.4
丙烯酸(AA)	3.0	其他助剂	适量
甲基丙烯酸羟乙酯(HEMA)	20		

（2）胶黏剂保护片配方

丙烯酸酯乳液	100	热膨胀型微球粉	3.0
乙酰丙酮铝(Al-acac)	0.2	醋酸乙酯(EAc)	适量
多异氰酸酯(M-75)	1.0	其他助剂	适量

2. 制备方法

（1）常规溶液聚合法制备丙烯酸酯共聚物　在装有电动搅拌器、回流冷凝管、温度计和滴液漏斗的四口烧瓶中，加入按比例配制好的BA、AA、MMA、2-EHA、VAc、HEMA和EAc；启动搅拌，升温至81～82℃，开始滴加BPO/EAc溶液（控制滴加速率，约2h内滴完）；滴毕（开始进入自反应阶段），维持反应釜外温比内温高5℃，自反应5h；降温至60℃左右，加入增黏树脂，继续冷却至45℃以下，卸胶得丙烯酸酯共聚物（记为PSA01）。

（2）保护胶片的制备　用甲苯溶解Al-acac干粉制成10% Al-acac溶液；用EAc稀释M-75制成50% M-75溶液。将上述物料密封保存（作为交联剂），待用。

将PSA01直接（或加入适量Al-acac溶液、M-75溶液和膨胀粉等）涂布在PET薄膜上，(118±3)℃干燥2min，贴合离型纸，制成测试用保护胶片。

3. 性能与效果

（1）以丙烯酸酯类单体为共聚单体，制得一种初黏力、剥离强度均较高的PSA01。当w(Al-acac)=0.100%～0.175%或w(M-75)=1.0%～2.0%时，PSA01可获得最佳的综合粘接性能。

（2）膨胀粉可使保护胶片的初黏力和剥离强度略有提升；当w(膨胀粉)=1%时，微球在胶层中只是零星分布，对保护胶片的冷热剥离性能影响较小；当w(膨胀粉)=3%时，微球在胶层中分布密集，制得的保护胶片经7d以上的熟成后，产品的热剥离性能完全达到无残胶的使用要求。

(二十九) 氟碳铝型均用丙烯酸酯乳液压敏胶黏剂

1. 原材料与配方 (质量分数/%)

丙烯酸丁酯(BA)	30	阴离子乳化剂/非离子乳化剂	0.6
甲基丙烯酸甲酯(MMA)	5.0	过硫酸铵	0.4
丙烯酸(AA)	3.0	$NaHCO_3$	1～2
甲基丙烯酸丁酯(BMA)	2.0	消泡剂 691	0.2
丙烯酸羟丙酯(HPA)	5.0	氨水	适量
丙烯酸异辛酯(2-EHA)	60	去离子水	适量
缓冲剂	0.25	其他助剂	适量

2. 制备方法

(1) 预乳化液的制备　将部分去离子水、部分乳化剂、部分引发剂及全部单体加入乳化杯中，乳化 30min，得到预乳化液。

(2) 将剩余的去离子水、乳化剂、引发剂和全部缓冲剂投入反应瓶中，通入冷凝水，边搅拌边升温至 70℃；然后加入部分预乳化液，反应若干时间；待瓶内温度为 80℃时，3h 内滴加剩余的预乳化液；保温反应 0.5h 后补加少量引发剂 (以消除残余单体)，继续保温反应 2h；结束反应，依次加入 pH 调节剂和消泡剂，经 300 目 (即 0.045mm) 滤网过滤后，出料即可。

3. 性能与效果

以丙烯酸丁酯 (BA) 和丙烯酸异辛酯 (2-EHA) 为软单体、甲基丙烯酸甲酯 (MMA) 为硬单体、丙烯酸 (AA) 和丙烯酸羟丙酯 (HPA) 为功能单体，采用降低 PSA (压敏胶) 的 T_g (玻璃化转变温度) 和预乳化半连续乳液聚合法合成了丙烯酸酯 PSA 乳液。研究结果表明：当 m(软单体)∶m(硬单体)∶m(功能单体)＝90∶5∶5、m(BA)∶m(2-EHA)＝1∶2、w(AA)＝1.0%、w(HPA)＝5%、w(缓冲剂)＝0.25%、w(引发剂)＝w(复合乳化剂)＝0.6%且 m(阴离子型乳化剂)∶m(非离子型乳化剂)＝1∶1 时，PSA 乳液的综合性能相对最好，用该 PSA 制成的保护膜对氟碳铝型材具有良好的附着力，并且其耐湿热老化性能和耐热老化性能俱佳。

(三十) 反光膜用丙烯酸酯压敏胶黏剂

1. 原材料与配方 (质量分数/%)

丙烯酸丁酯(BA)	60	丙烯酸(AA)	6.0
丙烯酸异辛酯(EHA)	15	过氧化苯甲酰(BPO)	0.5
甲基丙烯酸甲酯(MMA)	5.0	乙酸乙酯	适量
丙烯酸羟丙酯(HPA)	4.0	其他助剂	适量

2. 制备方法

(1) 合成工艺　在四口烧瓶中加入适量的溶剂、引发剂溶液和部分混合单体，开动搅拌，升温至回流温度 (76±2)℃保持回流 20～30min，滴加剩余单体混合液和部分引发剂溶液，在回流温度下维持反应约2～3h。然后滴加剩余引发剂溶液，待滴加完毕后，在回流温度下保温反应3h，得到无色透明黏稠状胶液，冷却至40～50℃，过滤出料。

(2) 胶带的制作　采用转移法制作胶带，取4～5kg胶液在涂布机上用上刮法均匀涂在双塑单硅离型纸上，进入烘道焙烘，然后和PET镀铝膜复合，室温放置1h，剥离离型纸即得到压敏胶带，用测厚仪测试胶膜厚度（18～22μm）。

3. 性能与效果

PSA性能指标见表2-39。

表2-39 PSA性能指标

测试项目	测试结果
黏度(25℃)/mPa·s	6000±500
固含量/%	50±1
初黏性/球号	17～19
持黏性/(mm/h)	0
剥离强度/(N/25mm)	20±1
附着性/(mm/5min)	10±5

以甲基丙烯酸甲酯（MMA）为硬单体，丙烯酸异辛酯（EHA）和丙烯酸丁酯（BA）为软单体，丙烯酸（AA）和丙烯酸羟丙酯（HPA）为交联单体，过氧化苯甲酰（BPO）为引发剂，乙酸乙酯为溶剂，制备了反光膜用的溶剂型聚丙烯酸酯压敏胶。

当软单体质量分数为85%、MMA为5%、AA为6%和HPA为4%时，压敏胶具有优异的性能，能满足使用要求。

(三十一) 高附着力丙烯酸酯乳液密封胶黏剂

1. 原材料与配方（质量份）

丙烯酸酯共聚物乳液	100	SiO_2	0.5
分散剂AFX3070	0.5	低活性环氧基硅烷(Wz-A)	0.8～1.2
$CaCO_3$	140	其他助剂	适量
润湿剂AFX-1080	0.5		

2. 制备方法

称料—配料—混料—反应—卸料—备用。

3. 性能与效果

(1) 通过后添加Wz-A可以部分提高密封胶的力学性能，但是密封胶的黏结性能仍不够理想，黏结形成时间较长。

(2) 通过Wz-B对聚合物基料进行改性，配合后添加Wz-A可以显著地改善密封胶的抗拉强度和剥离强度，缩短密封胶产品的黏结形成时间。

(3) 对于经Wz-B改性的密封胶，Wz-A的添加量超过1.2%后，对密封胶力学性能的改善作用减弱，且易造成密封胶凝胶、综合性能下降及成本增大。因此，Wz-A的添加量在0.8%～1.2%较为合适。

第二节　聚乙烯醇胶黏剂

一、水性聚乙烯醇胶黏剂实用配方

（一）水性聚乙烯醇胶黏剂实用配方

1. 水性聚乙烯醇建筑用胶黏剂（质量份）

聚乙烯醇(PVA)	100	防霉杀菌剂	0.15
黏度调节剂	0.5	水	适量
耐水性改性剂	2.0	其他助剂	适量
增强剂	3.0		

说明：该胶为无色透明液体，黏度 3.45Pa·s，固含量 14.1%，pH 值为 8，180°剥离强度 12.6N/25mm，对接粘接强度 0.49MPa。

2. PVA 无毒胶黏剂（质量份）

PVA 乳液	100	增黏剂	2.5
纤维素 A	5.0	防霉剂	0.15
纤维素 B	5.0	水	适量
纤维素 C	5.0	其他助剂	适量

说明：主要用于抹灰、粘贴瓷砖、石膏及自流平配料。

3. 水性 PVA 人造纤维板用无醛胶黏剂（质量份）

PVA	100	BPA 交联剂	8～15
YH-配合剂	10～15	水	适量
氧化淀粉	20～30	其他助剂	适量

说明：该胶为淡黄色液体，固含量 36%，黏度 660mPa·s。

4. 水性 PVA/醋酸乙烯酯人造板用胶黏剂（质量份）

PVA	100	异氰酸酯	10
醋酸乙烯酯乳液	10	水	适量
淀粉	10	其他助剂	适量
丙烯酸酯乳液	15		

说明：该胶为乳白色乳液，固含量＞45%，黏度 20～40s（涂-4 杯），pH 值为 7～8；贮存期 6 个月，主要用于纤维板和层压板的生产。

5. 水性 PVA 木材用环保胶黏剂（质量份）

PVA	100	重质 $CaCO_3$	10～12
硅溶胶	15～20	防霉杀菌剂	0.1～1.0
乙二醇	1～5	水	适量
聚丙烯酰胺	1～3	其他助剂	适量

说明：主要用于胶合板、细木工板、刨花板、纤维板等板材的生产。

6. 水性PVA细木工板用胶黏剂（质量份）

PVA	100	苯并异噻唑啉酮	0.1～1.0
硅溶胶	15	重质 $CaCO_3$	10
乙二醇	2.0	水	适量
聚丙烯酰胺	0.5	其他助剂	适量

说明：该胶工艺简便、粘接力强、固化速度快、成本低，主要用于细木工板制造。

7. 水性PVA胶合板用胶黏剂（质量份）

PVA	100	硅溶胶	20
乙二醇	5.0	水	适量
聚丙烯酰胺	3.0	其他助剂	适量
云母粉	10～15		

说明：该胶制备工艺简便、固化速度快、粘接强度高，成本低，主要用于胶合板的生产。

8. 水性PVA刨花板环保胶黏剂（质量份）

PVA	100	氧化锌	0.05
乙二醇	2.5	氯化铬	0.04
聚丙烯酰胺	1.0	酒石酸	0.01
重质 $CaCO_3$	8.0	水	适量
硅溶胶	15	其他助剂	适量

说明：该胶制备工艺简便，原材料来源丰富，固化速率快、粘接性能好、成本低，主要用于刨花板的生产。

9. 水性PVA高密度纤维板用胶黏剂（质量份）

聚乙烯醇	100	氧化锌	0.06
乙二醇	2.0	氧化铬	0.06
聚丙烯酰胺	1.5	酒石酸	0.1
苯并异噻唑啉酮	0.1	淀粉	3～5
重质 $CaCO_3$	10	水	适量
硅溶胶	15	其他助剂	适量

说明：该胶工艺简便、固化速度快、粘接强度高、成本低，主要用于高密度纤维板的生产。

10. 水性PVA阻燃胶黏剂（质量份）

PVA	100	填料	10
含磷硼无机酸	4～8	去离子水	适量
多氨基有机胺	4～8	其他助剂	适量
防腐剂	1～5		

说明：主要用于刨花板、纤维板、胶合板和细木工板的生产。

11. 水性PVA水果套袋纸用胶黏剂（质量份）

PVA	100	NaOH	2～3
甲醛	5～7	水	适量
乙醛	3～4	其他助剂	适量
盐酸	1～2		

说明：该胶为乳白色黏稠体，固含量≥30%，黏度1000～2000mPa·s，贮存期>6个月。pH值为5～7。主要用于纸制品和木制品的粘接。

12. 水性PVA高强度纸管用胶黏剂（质量份）

PVA	100	增稠剂	1.0
醋酸乙烯酯	30	乳化剂	3.0
聚丙烯酰胺	1.5	乙二醇	4.0
邻苯二甲酸二丁酯	2.0	水	适量
过硫酸钾	0.4	其他助剂	适量
玉米淀粉	10		

说明：固含量30%，黏度3000～5000mPa·s，贮存期>6个月，pH值7～8，主要用于各种纸管、纸桶、纸罐的制备。

13. 水性PVA新型纸管胶黏剂（质量份）

PVA	100	玉米淀粉	10
醋酸乙烯酯	35	增稠剂	1.0
聚丙烯酰胺	1.0	乙二醇	1.0
邻苯二甲酸二丁酯	2.0	水	适量
乳化剂	3.0	其他助剂	适量
过硫酸钾	0.4		

说明：该胶为乳白色乳液，无毒、无异味，固含量>26%，黏度1600mPa·s，贮存期>6个月，pH值7～7.5。

14. 水性PVA鞋用胶黏剂（质量份）

PVA	100	氢氧化钠	5.0
甲醛	40	水	适量
盐酸	10～20	其他助剂	适量

说明：可替代胶水、糨糊，用于鞋制品的粘接，强度高，不发霉。

15. 水性PVA泡沫塑料用胶黏剂（质量份）

A配方：PVA	100	B配方：PVA	100
氯化铵	10	脲醛树脂	150
水	适量	水	适量

说明：A∶B配方配比=1∶1，室温固化24h，初黏度高，用于泡沫塑料粘接。

16. 快干型淀粉改性PVA水性胶黏剂（质量份）

PVA	100	工业杀菌剂	0.1
玉米淀粉	40～45	邻苯二甲酸二丁酯	0.08
高岭土	20～40	乳化剂	3.0
过硫酸铵	0.1～0.5	水	适量
松香	2.0	其他助剂	适量

说明：主要用于纸制品和木制品的粘接。

17. 甲苯二异氰酸酯改性PVA水性胶黏剂（质量份）

PVA	100	引发剂	0.5
甲苯二异氰酸酯	1～2	水	适量
表面活性剂(OP-10)	3.0	其他助剂	适量

说明：主要用作建筑胶黏剂，粘接瓷砖、水泥、陶瓷和木材等。

18. 己二异氰酸酯改性 PVA 水性胶黏剂（质量份）

PVA	100	引发剂	0.5
六亚甲基二异氰酸酯	10～30	水	适量
乳化剂	3.0	其他助剂	适量

说明：主要用作建筑胶黏剂，粘接瓷砖、陶瓷、水泥、木材等。

19. 乙-丙多元共聚物改性 PVA 水性胶黏剂（质量份）

PVA	100	弱碱	1～2
醋酸乙烯酯/丙烯酸丁酯/甲基丙烯酸甲酯三元共聚物	50	尿素	3～5
		轻质 $CaCO_3$	10
十二烷基苯硫酸钠	3.5	立德粉	3.0
消泡剂	0.3	滑石粉	5.0
过硫酸铵	1～2	钛白粉	3.0
甲醛	50～60	水	适量
盐酸	1～2	其他助剂	适量

说明：该胶为乳白色，不挥发分 28%～30%，黏度 6000mPa·s，耐水性良好，剪切强度高，主要用于玻璃布的上胶。

20. 丙烯酸酯改性 PVA 水性胶黏剂（质量份）

PVA	100	SDS	1.0
醋酸乙烯酯	10	缓冲剂	2.0
丙烯酸丁酯	50	DBP	12
丙烯酸	3.0	水	适量
乳化剂(OP-10)	3.0	其他助剂	适量
过硫酸钾	1.0		

说明：该胶为乳白色，固含量 30%，黏度 2500～3500mPa·s，pH 值为 5～6，贮存期 6 个月，主要用于铝箔与纸的粘接。

21. 纳米改性 PVA 水性胶黏剂（质量份）

PVA	100	引发剂	0.1
纳米凹凸棒	1～6	乙二醇	2.0
丙烯酸乙酯	20	水	适量
乳化剂	3.0	其他助剂	适量

说明：主要用作建筑胶黏剂，粘接木材、地板、水泥等。

22. PVA 偏振片粘接水性光学胶黏剂 1（质量份）

PVA	100	引发剂	0.5
羟甲基蜜胺	30～40	水	适量
固化剂	5.0	其他助剂	适量

说明：该胶黏剂工艺简便、粘接性能优越，外观良好，透明性好，主要用于液晶装置、有孔装置、PDP 图像装置的组装。

23. PVA 偏振片水性光学胶黏剂 2（质量份）

PVA	100	引发剂	0.5
羟甲基蜜胺	35	纯水	适量
固化剂	5.0	其他助剂	适量
醋酸乙烯酯	8.5		

说明：主要用于电子器件、光学器件的组装。

24. PVA 高强度水性胶黏剂（质量份）

PVA	100	乳化剂	3.0
乙醇	120	蒸馏水	适量
甘油	80	其他助剂	适量

说明：该胶在 90～95℃水浴中合成，主要用于非金属材料的粘接。

25. 水性 PVA 高强抗冻型胶黏剂（质量份）

PVA	100	硅溶胶	13
盐酸	5.0	乳化剂	3.0
甲醛	10	引发剂	1.0
NaOH	1.5	水	适量
聚丙烯酸酯	15	其他助剂	适量

说明：该胶为乳白色黏稠体，黏度为 7Pa·s，使用温度－20～50℃，贮存期≥2 年。

26. 水性 PVA 快固化双组分胶黏剂（质量份）

A 组分：		B 组分：	
羧基化 PVA 水溶液	100	15%乙二醛水溶液	适量
聚乙烯亚胺	10	A∶B 配比＝2∶1	
其他助剂	适量		

说明：初黏力高，粘接性能优良，具有优越的渗透性和优越的后固化强度。

27. 水性 PVA 胶黏剂（质量份）

粉状 PVA	100	多异氰酸酯	10～20
丙烯酸乙酯/甲基丙烯酸	30～50	水	适量
羟乙酯/甲基丙烯酸甲酯共聚物		引发剂	0.2
乳化剂	3.0	其他助剂	适量

说明：主要用作家具制造用胶和建筑用胶，也用于人造纤维板的生产。

28. 耐水性 PVA 胶黏剂 1（质量份）

PVA	100	引发剂	0.5
十二烷基苯硫酸钠	1.0	水	适量
甲苯二异氰酸酯	3.0	其他助剂	适量

29. 耐水性 PVA 胶黏剂 2（质量份）

PVA	100	引发剂	0.4
十二烷基苯磺酸钠	1.0	水	适量
二苯基甲烷二异氰酸酯	3.0	其他助剂	适量

说明：工艺条件：60～90℃下反应 3～4h。

30. 尿素/PVA水性胶黏剂(质量份)

PVA	100	引发剂	0.2
尿素	1～5	水	适量
乳化剂	3.0	其他助剂	适量

说明:该胶为浅黄色或无色黏稠体,不挥发分含量13%,黏度380mPa·s,低温稳定性好,pH值为8,粘接强度6.2MPa。

31. 水性PVA家具组装用胶黏剂(质量份)

PVA	100	分散剂	1～2
乙烯-醋酸乙烯酯	2.0	防腐剂	0.5～1.5
纳米膨润土	10	水	适量
重质$CaCO_3$	5～10	其他助剂	适量

说明:固含量60%,黏度24Pa·s,pH值4.1,胶膜白色不透明,拉伸剪切强度13.6MPa。

32. 水性PVA型焦用胶黏剂(质量份)

PVA	100	水玻璃	8.0
石膏或水泥	7.0	分散剂	1～2
煤焦油	8.0	水	适量
淀粉	10	其他助剂	适量

说明:主要用于型焦的制备,当用量为13%时,型焦的冷热强度为4.98MPa和2.55MPa,耐水性优良,固定碳管量达76.42%。

33. 水性PVA/丙烯酸酯复合胶黏剂(质量份)

PVA	100	交联剂	5～10
丙烯酸/丙烯酸甲酯	95	水	适量
玉米淀粉	50	其他助剂	适量

说明:主要用于缓施肥包装胶膜。

34. 水性磷酸酯化PVA胶黏剂(质量份)

PVA	100	丙酮	3.0
磷酸	80	去离子水	适量
尿素	5.0	其他助剂	适量

说明:工艺流程:称料—配料—常温浸泡/混合—95℃反应1h—60℃下干燥—备用。主要用于纸张表面涂覆,可提高印刷速度和质量。

35. 水性PVA/淀粉木制品用胶黏剂(质量份)

PVA	100	硼砂	10～13
淀粉	30～40	水	适量
NaClO	2～5	其他助剂	适量
过硫酸钾	0.1～0.2		

说明:该胶无味无毒、无污染,可自然降解,实用性强。

36. 水性 PVA/玉米淀粉胶黏剂（质量份）

PVA	100	异氰酸酯	6～10
玉米淀粉	50	NaOH	5～10
NaClO	2～5	水	适量
过硫酸钾	0.1～1.0	其他助剂	适量

说明：该胶为乳白色胶液，固含量15.2%，黏度2000mPa·s，湿强度0.91MPa。可取代脲醛胶作木材用胶。

37. 水性 PVA/玉米淀粉建筑胶黏剂（质量份）

PVA	100	过硫酸钾	1～2
玉米淀粉	5～8	亚硫酸钠	5～10
NaClO	5～15	水	适量
硼砂	0.2	其他助剂	适量

说明：该胶为乳白色半透明胶体，不挥发分13%，黏度420mPa·s，低温呈流动状态，粘接强度6.2MPa，属无毒、无醛、环保建筑胶。

38. 水性 PVA/玉米淀粉鞋用胶黏剂（质量份）

PVA	100	引发剂	1～2
玉米淀粉	20	亚硫酸钠	3～8
硼砂	0.3	其他助剂	适量
NaOH	1～5		

说明：该胶为白色无异味粉末，粒度80目，可溶于水，呈半透明液状或膏状，主要用作制鞋胶。

39. 水性 PVA/淀粉标签胶黏剂（质量份）

PVA	100	尿素	5～10
改性淀粉	40	去离子水	适量
六偏磷酸钠	1～2	其他助剂	适量
硫酸镁	0.1～0.5		

说明：该胶粘接力强、干燥时间短，主要用于标签制备。

（二）水性聚乙烯醇缩醛胶黏剂实用配方

1. 水性聚乙烯醇缩甲醛固体胶棒（质量份）

聚乙烯醇缩甲醛	100	复合保湿剂	5.0
硬脂酸钠	5～15	水	适量
尿素改性剂	5～6	其他助剂	适量

说明：该胶为白色棒状固体，固含量95%，pH值为9，保存期1年，主要用作办公用胶。

2. 聚乙烯醇缩醛水性胶黏剂（质量份）

PVA	100	尿素	15
甲醛/乙醛	40～50	水	适量
盐酸	1～5	其他助剂	适量
NaOH	1～3		

说明：粘接强度高达93.34MPa，稳定性优越，在100℃沸水中浸泡10～15min，性能无变化。主要用作纸制品和木制品用胶。

3. 水性聚乙烯醇缩醛胶黏剂（质量份）

改性聚乙烯醇缩醛胶黏剂	100	固化剂	2～5
羧基丁苯橡胶	40～50	水	适量
碳酸铵锆	5～6	其他助剂	适量

说明：主要用于木制品和纸制品的制作。

4. 水性聚乙烯醇缩甲醛纸管胶黏剂（质量份）

PVA	100	填料	10
甲醛	20	水	适量
增黏剂	10～15	其他助剂	适量

说明：可用于纸管、布匹、皮革的粘接。

5. 水性高黏度聚乙烯醇缩甲醛胶黏剂（质量份）

PVA	100	NaOH	1～2
甲醛(37%水溶液)	50	水	适量
尿素	5～10	其他助剂	适量
盐酸	1～3		

说明：主要用于木材、纸张等多孔材料的粘接。

6. 水性聚乙烯醇缩甲醛/聚丙烯酰胺胶黏剂（质量份）

聚乙烯醇缩甲醛	100	NaOH	1～2
聚丙烯酰胺	1～1.5	水	适量
盐酸	1～2	其他助剂	适量

说明：该胶为无色透明体，固含量6%，黏度2.0Pa·s，180℃剥离强度14N/25mm，pH值为8。主要用于木材、纸张、水泥的粘接。

7. 水性聚乙烯醇缩甲醛胶黏剂（质量份）

PVA	100	淀粉	30
37%甲醛溶液	5.0	水	适量
尿醛	2～3	其他助剂	适量

说明：固含量12%～15%，黏度5.3～7.0Pa·s，粘接强度14MPa，耐水性良好，游离甲醛含量0.44%。

8. 水性聚乙烯醇缩丁醛胶黏剂（质量份）

聚乙烯醇缩丁醛	100	甲醛	1.3
硫酸钠	1.0	乙二醇	1.2
淀粉	3.0	水	适量
聚乙二醇	1.5	其他助剂	适量

说明：工艺条件为反应温度85℃，保温3h，滴料速度20～30滴/min。主要用于木材、纸张和纤维织物等材料的粘接。

9. 聚乙烯醇缩二醛水性胶黏剂（质量份）

PVA	100	NaOH	1～2
乙二醛	5～10	水	适量
盐酸	1～3	其他助剂	适量

说明：固含量12.7%，黏度1220mPa·s，剥离强度12.3N/25mm，耐酸性21h，耐碱性20d，耐水性20d，主要用于木材、织物和纸张的粘接。

10. 水性聚乙烯醇缩乙醛胶黏剂（质量份）

PVA	20	NaOH	1～2
乙二醛	100	去离子水	适量
盐酸羟胺	1～5	其他助剂	适量

说明：主要用于织物、纸张、木材等多孔材料的粘接。

二、聚乙烯醇水性胶黏剂配方与制备实例

（一）氧化淀粉改性聚乙烯醇水性胶黏剂

1. 原材料与配方（质量分数/%）

聚乙烯醇(PVA)	100	硼砂	2.0
氧化淀粉	40	水	适量
H_2O_2	3.0	其他助剂	适量
过硫酸铵(APS)	0.45		

2. 制备方法

（1）氧化淀粉的制备　在装有机械搅拌装置、温度计和冷凝管的250mL四口烧瓶中加入水和淀粉（两者质量比8∶2），搅拌均匀；然后加入一定量的H_2O_2，水浴升温至60℃，保温氧化0.5h；随后继续升温至85℃，保温糊化0.5h，冷却至室温即可。

（2）改性PVA胶黏剂的制备　在上述相同装置中加入PVA和水（两者质量比5∶25），水浴升温至70℃，搅拌溶解后加入一定量的APS，氧化0.5h；冷却后，加入氧化淀粉，搅拌均匀，调节pH值至9左右；继续搅拌0.5h后．加入一定量的5%硼砂溶液，水浴升温至80℃左右，交联反应1h，得到由乳黄色混浊液转变为淡黄色半透明液的目标产物。

3. 性能与效果

（1）以PVA、红薯淀粉为原料，H_2O_2和APS为氧化剂，硼砂为交联剂，制备了耐水性和胶接强度俱佳的氧化淀粉交联改性PVA胶黏剂。该制备工艺简单、成本低且无污染，其应用前景非常广阔。

（2）FT-IR和XRD表征结果表明，淀粉和PVA发生了氧化反应，并形成了交联结构。

（3）当w(淀粉)=40%、$w(H_2O_2)$=3%、w(APS)=0.45%和w(硼砂)=2.0%时。胶黏剂的胶接强度和耐水性分别达到0.88MPa、95h，并且其流动性佳、无霉变且综合性能相对最好。

（二）水性聚乙烯醇贴标胶黏剂

1. 原材料与配方（质量份）

聚乙烯醇(PVA)	100	复合乳化剂	2～3
苯乙烯(St)	10	消泡剂	1～2
丙烯酸丁酯(BA)	20	防腐剂	0.1～0.5
丙烯酸(AA)	3.0	尿素	1～3
NaOH	0.5	其他助剂	适量
氧化锌	1～2		

2. 制备方法

在带有搅拌器的四口烧瓶中，加入计量好的水、乳化剂、丙烯酸及酯类单体和部分引发剂，高速搅拌下乳化 30～60min，制得混合单体乳化液，倒出备用。在带有搅拌器、冷凝器、温度计、滴加装置的四口烧瓶中加入水与 PVA，搅拌升温至 90℃，充分溶解后，加水降温得到 PVA 水溶液。在上述 PVA 水溶液中加入剩余的引发剂并开始滴加混合单体乳化液。温度控制在 80～82℃，烧瓶中 PVA 水溶液逐渐变为乳白色，乳化液在 2h 内滴完，然后升温至 85℃，保温 1～2h，降温至 30℃，用复合中和液调 pH 值至 6 左右，加防腐剂、消泡剂，放料得到改性 PVA 耐水环保贴标黏合剂。

3. 性能

改性 PVA 黏合剂与市售酪素胶产品性能对比如表 2-40 所示。从表 2-40 中可以看出改性 PVA 黏合剂完全可以与酪素胶媲美，而且本产品还有耐水性好、成本低的优点。

表 2-40 改性 PVA 黏合剂与市售酪素胶产品性能对比

性能指标	改性 PVA 黏合剂	市售酪素胶
外观色泽	半透明、乳白色	浅黄色
黏度/mPa·s	35000～80000	45000～75000
固含量/%	20～30	30～45
pH 值	5～7	7
黏合速度/s	25	25～30
耐水性/d	通过 3d 水泡试验	通过 2d 水泡试验

4. 效果

通过乳液聚合把 AA、St、BA 单体接枝到 PVA 上，用 ZnO 和 NaOH 中和—COOH，制备了一种综合性能优良的新型啤酒贴标黏合剂。单体 St、BA 接枝反应后，引进疏水性的苯基及丁酯基使黏合剂具有耐水性，单体 AA 接枝后引入的羧酸基在适当的中和度下易于碱洗脱标，同时，ZnO 与 NaOH 的配合使用不但提高了黏合剂的初黏性和粘接强度，而且也进一步改善了黏合剂的耐水性能。当 m(AA)/m(PVA)为 13.5%～14.5%，m(St+BA)/m(AA)、m(NaOH)/m(ZnO)分别为 0.7～1 和 3∶1，pH＝5～7 时，黏合剂的综合性能较佳。

(三) 水性聚乙烯醇缩甲醛胶黏剂

1. 原材料与配方 (质量份)

聚乙烯醇(PVA)	100	盐酸	1～2
甲醛	40	NaOH	1～3
玉米淀粉	20	水	适量
尿素	2～3	其他助剂	适量

2. 制备方法

(1) PVA (聚乙烯醇缩甲醛) 胶黏剂的制备　将10g PVA和100mL H_2O加入250mL三口烧瓶中，于90℃下搅拌30min使PVA完全溶解。降温至60℃，用6mol/L盐酸调节pH值为一定数值后，升温至85℃，缓慢加入甲醛溶液并恒温搅拌一定时间，使PVA与甲醛发生缩合反应。之后，再降温至75℃，用10%的NaOH溶液调节pH=7，冷却至室温，得无色透明PVF胶液。

(2) 尿素改性PVF胶黏剂的制备　将所制备的PVF胶黏剂与50%的尿素溶液按40∶1质量比加入三口烧瓶中，于80℃反应1h，冷却至室温，得尿素改性PVF胶黏剂。

(3) 淀粉改性PVF胶黏剂的制备　将淀粉与未改性的PVF胶黏剂按4∶14质量比混匀，即得淀粉改性PVF胶黏剂。

(4) 复合改性PVF胶黏剂的制备　将PVA、淀粉、H_2O以5∶1∶30质量比加入三口烧瓶中，90℃搅拌30min使PVA完全溶解。降温至60℃，用6mol/L盐酸调节pH=2，再升温至85℃，缓慢加入甲醛溶液并恒温搅拌1.5h。然后加入50%的尿素溶液，反应0.5h后，降温至60℃，用10% NaOH溶液调节pH=7，冷却至室温，得淀粉/尿素复合改性PVF胶液。

3. 性能与效果

以聚乙烯醇 (PVA) 和甲醛为主要原料，制备了聚乙烯醇缩甲醛 (PVF) 胶黏剂。研究了PVA与甲醛溶液的质量比[m(PVA)/m(甲醛)]、缩合反应时间、缩合温度及pH值对产品性能的影响，获得了制备PVF胶黏剂的最佳工艺条件。在此条件下，通过加入改性剂，在提高黏结强度和耐水性的同时，降低了游离甲醛的含量，制得了环保且性能优良的PVF胶黏剂。

(四) 正丁醛/尿素改性聚乙烯醇缩甲醛水性胶黏剂

1. 原材料与配方 (质量份)

聚乙烯醇	100	盐酸	1～2
甲醛	25	NaOH	1～2
正丁醛	10～15	去离子水	适量
尿素	5～8	其他助剂	适量

2. 制备方法

在装有温度计、搅拌器和滴液漏斗的三口烧瓶中加入7.0g PVA和蒸馏水，90℃下搅拌使之完全溶解；降温至80℃，用25% HCl溶液调节pH值至2～3；随后升温至85℃，滴加甲醛或正丁醛溶液，反应若干时间；待体系逐渐变稠时，取普通纸检测其粘接性能；待粘接性能适宜时，用8%NaOH溶液调节pH值至7～8，降温至70℃，加入尿素，继续反应0.5h，冷却至室温即可。

3. 性能

性能见表2-41～表2-44。

表2-41　PVF胶黏剂的初黏力

样号	3#	5#、6#、7#	8#、11#、12#	13#、14#
初黏力(球号)	4	5	6	7

注：样号9#在试验过程中即呈凝胶状，无法测得其初黏力数据。

由表2-41可知：未改性PVF胶黏剂（样号3#）的初黏力相对最差，采用正丁醛/尿素共同改性的PVF胶黏剂的初黏力相对较好，而采用单一改性剂制成的胶黏剂的初黏力（相差不大）介于上述两种情况之间。

表2-42　PVF胶黏剂的耐水性和耐酸碱性

样号	耐水性/d	耐酸性/d	耐碱性/d
3#	15	4	11
5#	15	4	11
6#	17	5	15
7#	18	4	14
8#	18	4	14
11#	18	5	15
12#	14	5	13
13#	18	5	13
14#	15	5	12

由表2-42可知：对同一样号的PVF胶黏剂而言，耐水性>耐碱性>耐酸性，并且其耐酸性远不如耐水性和耐碱性。这是由于PVF胶黏剂的合成反应是在酸性条件下进行的可逆反应，PVF胶黏剂浸泡在强酸溶液中时，H^+使缩醛发生逆反应，生成半缩醛物质，故PVF胶黏剂的稳定性降低；另一方面，高浓度的碱本身对胶黏剂有一定的腐蚀作用，故PVF胶黏剂的耐碱性不如耐水性。

表2-43　PVF胶黏剂的耐高温法

温度/℃	市售固体胶	市售液体胶	样号3#	样号13#
60	开胶	否	否	否
80		否	否	否
100		否	否	否
120		否	否	否
140		开胶	开胶	否
160				否
180				否

由表 2-43 可知：市售固体胶在稍高温度时就失效脱胶；PVF 胶黏剂的耐高温性相对较好，市售液体胶和未改性 PVF 胶黏剂在 140℃时开胶失效；经正丁醛/尿素共同改性的 PVF 胶黏剂在 180℃时仍未开胶，说明其具有相对最好的耐高温性。

表 2-44　PVF 胶黏剂的剥离强度

样号	样号 3#	样号 13#	市售液体胶
剥离强度/(N/25mm)	13.7	14.9	15.3

(五) 聚乙烯醇固体胶棒

1. 原材料与配方 (质量份)

聚乙烯醇	100	增白剂	0.1～1.0
琼脂	2.0	香精	0.01～0.1
乙二醇保湿剂	5.0	防腐剂	0.5～1.5
硬脂酸	1～2	白乳胶	2～3
尿素	1～2	蒸馏水	适量
碱片	0.5	其他助剂	适量

2. 制备方法

将定量的 PVA、琼脂与去离子水置于装有温度计、电动搅拌器及回流冷凝器的四口烧瓶中（扩大试验在反应釜中进行），加热至 90℃，搅拌使之溶解，待溶液无悬浮小颗粒且呈透明状时（大约需 1h），即为溶解结束；降温至 80～85℃时，加入硬脂酸和碱片搅拌 30min；然后加入白乳胶、乙二醇和尿素，搅拌使之混合均匀；再降温至 60℃，加入适量的增白剂、香精及防腐剂等助剂，待胶液搅拌均匀后，停止搅拌，静置脱泡后灌装。

3. 性能

本产品的综合性能见表 2-45。

表 2-45　产品的综合性能

测试项目	中试产品实测结果
外观	白色棒状固体
粘接力(3～900s)	30s 后纸张严重破坏
不挥发物含量/%	22.14
游离甲醛/%	0
pH 值	9
保质期/年	1

另外值得注意的是，实验中胶液出料前的脱泡保温温度对产品合格率的影响很大，温度过高时，胶液会出现分层现象，从而影响固体胶棒的质量，导致生产效率降低。实验结果表明，其最佳出料温度为 60℃左右。

(六) 木材用水性聚乙烯醇胶黏剂

1. 原材料与配方 (质量份)

A组分(主剂)		多亚甲基多苯基多异氰酸酯(PAPI)	
聚乙烯醇乳液	80	去离子水	适量
丙烯酸酯乳液	30	其他助剂	适量

B交联剂组分

PAPI:邻苯二甲酸二辛酯(DOP)=1:1

2. 制备方法

(1) 双组分API胶黏剂的制备

① 按照m(PVA):m(水或醇水溶液)=20:80的比例[m(水):m(乙醇)=78.5:21.5],将两者室温下充分搅拌均匀后,制得PVA水溶液(或PVA醇水溶液)。

② 将一定量的羟基丙烯酸酯乳液加入PVA水溶液(或PVA醇水溶液)中,搅拌20min;待体系混合均匀后,制得API主剂。

③ 按照m(PAPI):m(DOP)=1:1的比例,将两者混合均匀后,制得API交联剂。

(2) 胶合板的制备

① 柞木径切单板:幅面80mm×25mm×20mm,含水率12%,双面施胶量0.2~0.3g/cm^2。

② 制胶:按照一定的m(API主剂):m(API交联剂)比例,将两者混合均匀即可。

③ 热压工艺条件:热压温度70℃,热压压力1MPa,热压时间1h;然后室温放置48h。

3. 性能

API胶黏剂的主要性能见表2-46。

表2-46 API胶黏剂的主要性能

检测项目	黏度/Pa·s	固含量/%	胶接强度/MPa	耐水胶接强度/MPa	适用期/min
标准值			≥0.80	≥0.70	
实测值	27.7	35	2.59	2.05	48

4. 效果

(1) PVA水溶液中乙醇的存在,能明显改善API胶黏剂的胶接强度。

(2) 以胶接强度和耐水性为考核指标,采用单因素试验法优选出制备APl胶黏剂的最优方案为m(PVA):m(水+乙醇)=20:80、m(水):m(乙醇)=78.5:21.5、m(PVA醇水溶液):m(羟基丙烯酸酯乳液)=60:30、m(PAPI):m(DOP)=1:1和w(交联剂)=15.0%。

(七) 己二酸/聚乙烯醇水凝胶

1. 原材料与配方 (质量份)

聚乙烯醇(8%)	8.21	去离子水	100
己二酸	1.0	其他助剂	适量

2. 制备方法

将聚乙烯醇加入去离子水中，水浴加热（水浴温度85℃），搅拌直至完全溶解，配制浓度为8%的PVA水溶胶。

按质量比PVA∶己二酸=8∶1添加己二酸，加热搅拌反应1～3h，冷却至室温，得到改性PVA水凝胶，进行性能测试。

3. 性能与效果

用己二酸对PVA胶进行改性，用响应面优化法对合成条件进行了优化，得出最佳条件为：PVA胶质量浓度8%，反应温度88.47℃，反应时间1.61h，PVA胶与己二酸质量比8.21∶1，在此条件下，可得到性能优良的改性PVA胶，相应的性能都有显著改善，耐水性能也得到了提高。实践证明采用响应面分析法对实验的合成工艺进行优化是非常有效的。

(八) 甲苯二异氰酸酯改性聚乙烯醇水性胶黏剂

1. 原材料与配方（质量份）

聚乙烯醇	100	催化剂	0.4
甲苯二异氰酸酯(TDI)	3.0	去离子水	适量
非离子型表面活性剂(OP-10)	2～3	其他助剂	适量
羟甲基纤维素(CMC)	3.2		

2. 制备方法

将设计量的PVA放入烧杯中，加入200mL水；然后将该烧杯置于恒温水浴锅中，(90±5)℃搅拌（搅拌速率为300r/min）至PVA完全溶解并形成透明的胶黏剂。冷却后加入0.2% OP-10，搅拌均匀（表面活性剂掺量对合成反应有很大的影响，本研究的所有合成样品中OP-10掺量均为0.2%）；继续加入设计量的催化剂-X，搅拌均匀；严格控制体系的反应温度，边搅拌边加入设计量的TDI，继续搅拌至设计的交联时间；最后常温时加入设计量的CMC，加水定容至200mL，搅拌均匀即可。合成TDI改性PVA胶黏剂的工艺流程如图2-4所示。

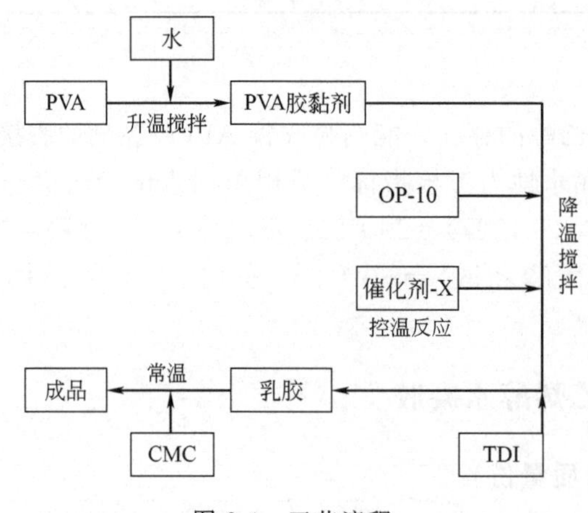

图2-4 工艺流程

3. 性能与效果

（1）在水介质中进行 TDI 和 PVA 的交联反应，所得改性胶黏剂的最大压缩剪切强度超过 6.00MPa。当 PVA≥12g/100mL 时，胶黏剂存放若干时间后易变色或变稠；当 PVA>10g/100mL 时，胶黏剂的冻融稳定性较差。

（2）以胶黏剂的压缩剪切强度、颜色、流动性及冻融稳定性为考核指标，采用正交试验法优选出 TDI 交联改性 PVA 胶黏剂的最佳工艺条件是 PVA 为 12g/100mL、φ(TDI)=3%、φ(催化剂-X)=0.4%、CMC 为 3.2g/100mL、交联温度为 30℃和交联时间为 45min，影响胶黏剂压缩剪切强度的因素依次为 PVA 掺量>交联温度>TDI 掺量>催化剂-X 掺量>交联时间>CMC 掺量。

第三章　水性热固性树脂胶黏剂

第一节　水性聚氨酯胶黏剂

一、简介

水性聚氨酯胶黏剂是水性胶黏剂的一个类别，它具有耐磨、耐化学性优异，柔韧性佳，附着力好，光泽度高等优点，同时还具有挥发性有机溶剂含量低、无毒性、不可燃、无异味、对环境无污染，对操作人员无健康危害等特点，正逐步占领溶剂型聚氨酯的市场。

（一）水性聚氨酯胶黏剂的定义及其分类

水性聚氨酯胶黏剂是指聚氨酯溶于水或分散于水中形成的胶黏剂，有人也称水性聚氨酯为水系聚氨酯或水基聚氨酯。

水性聚氨酯胶黏剂原料繁多，配方多变，制备工艺也各不相同，自其诞生那天起就存在多种分类方法并存的现象，通常采用以下分类方法。

（1）按分散状态分类：聚氨酯水溶液，粒径＜0.001μm，外观透明；聚氨酯分散液，粒径0.001～0.1μm，外观半透明；聚氨酯乳液，粒径＞0.1μm，外观白浊。通常，分散液和乳液又统称为聚氨酯乳液或聚氨酯分散液，区分并不严格。在实际应用中亦以聚氨酯分散液或乳液居多，水溶液较少。

（2）按亲水基团的性质分类：阳离子型水性聚氨酯胶黏剂（一般是指主链或侧链上含铵离子或锍离子，大多数情况下是季铵离子）、阴离子型水性聚氨酯胶黏剂（又可细分为羧酸型和磺酸型）、非离子型水性聚氨酯胶黏剂（即不含离子基团的水性聚氨酯）。

（3）按使用形式分类：单组分水性聚氨酯胶黏剂及双组分水性聚氨酯胶黏剂。

（4）按照合成聚氨酯的原材料分类：①按选用的低聚物多元醇可分为聚酯型、聚醚型、聚酯聚醚混合型水性聚氨酯；②根据选用的异氰酸酯又可以分为芳香族水性聚氨酯胶黏剂、脂肪族水性聚氨酯胶黏剂以及脂环族水性聚氨酯胶黏剂。

（二）水性聚氨酯胶黏剂的特点

与溶剂型聚氨酯胶黏剂相比，水性聚氨酯胶黏剂有自身的一些特点。

（1）大多数水性聚氨酯胶黏剂中不含—NCO基团，因而主要是靠分子内极性基团产生内聚力和黏附力进行固化。水性聚氨酯中含有羧基、羟基等基团，适宜条件下可参与反应，使胶黏剂产生交联。

（2）除了外加的高分子增稠剂外，影响水性聚氨酯黏度的重要因素还有离子电荷、核壳结构、乳液粒径等。聚合物分子上的离子及反离子（指溶液中的与聚氨酯主链、侧链中所含的离子基团极性相反的自由离子）越多，黏度越大；而固体含量（浓度）、聚氨酯树脂的相对分子质量、交联剂等因素对水性聚氨酯黏度的影响并不明显，这有利于聚氨酯的高相对分子质量化，以提高胶黏剂的内聚强度。

(3) 黏度是胶黏剂使用性能的一个重要参数。水性聚氨酯的黏度一般通过水溶性增稠剂及水来调整。而溶剂型胶黏剂可通过提高固含量、聚氨酯的相对分子质量或选择适宜的溶剂来调整。

(4) 由于水的挥发性比有机溶剂差，故水性聚氨酯胶黏剂干燥较慢，并且由于水的表面张力大，对表面疏水性的基材的润湿能力差。若当大部分水分还未从粘接层、涂层挥发到空气中，或者被多孔性基材吸收就突然加热干燥，则不易得到连续性的胶层。由于大多数水性聚氨酯胶是由含亲水性的聚氨酯为主要固体成分，且有时还含水溶性高分子增稠剂，胶膜干燥后若不形成一定程度的交联，则耐水性不佳。

(5) 水性聚氨酯胶黏剂可与多种水性树脂混合，以改进性能或降低成本。此时应注意离子型水性胶的离子性质和酸碱性，否则可能引起凝聚。因受到聚合物间的相容性或在某些溶剂中的溶解性的影响，溶剂型聚氨酯胶黏剂只能与为数有限的其他树脂胶黏剂共混。

(6) 水性聚氨酯胶黏剂气味小，操作方便，残胶易清理，而溶剂型聚氨酯胶黏剂使用中有时还需耗用大量溶剂，清理也不及水性胶方便。

水性聚氨酯胶黏剂是把聚氨酯溶在水中或分散在水中形成的胶黏剂，和溶剂型聚氨酯胶黏剂相比，水性聚氨酯具有无溶剂、无污染、成膜性好、粘接力强、有利于改性等优良特点。和其余胶黏剂比较，具有软硬度可调节、柔韧性好、耐低温、粘接强度高等特点，能粘接的材料有非金属和金属，用途极为广泛。但是现在市场上销售的胶黏剂还是以溶剂型为主。随着人们的安全意识及环保意识逐渐增强，用水作溶剂的聚氨酯胶黏剂的研究会迅速发展。

（三）水性聚氨酯胶黏剂的制备方法

1. 丙酮法

疏水型预聚体与亲水单体扩链反应制得高聚物，同时加入丙酮稀释，再向系统加水、搅拌，形成连续性的水相和被丙酮溶胀的不连续性聚氨酯微粒相，最后再除去丙酮。此方法制得的水性聚氨酯重复性能很好、乳液粒径均匀且分散性良好。但是这种方法需使用大量的丙酮，并且工艺复杂，危险系数较高。

2. 乳化法

乳化法大致可以分为自乳化法和外乳化法。

自乳化法是目前常用的一种制备方法，该方法不用乳化剂，只是将亲水基团接枝到预聚体上制得水性聚氨酯乳液。可以通过调理亲水基团的数量和种类改变胶黏剂的性能，这样就能扩大胶黏剂的适用范围。外乳化法是早期制备水性聚氨酯的方法。本方法是将预聚体或溶有聚氨酯的有机溶剂在乳化剂的作用下进行高剪切力乳化。预聚体和聚氨酯不含有其他亲水成分，这种方法反应时间较长，乳化剂用量很大，特别是在使用高分子乳化剂的时候，其本身的水溶液黏度较高，分散性较差，导致其性能和贮存稳定性都非常的差。

3. 熔融分散法

熔融分散法还可以称为熔体分散法。这种方法是将含离子基团的端脲基低聚物熔融后季铵化和羟甲基化，用水做溶剂，形成稳定的乳液，然后在较低 pH 值条件下发生缩聚反应，最终的目的是形成高相对分子质量的聚氨酯聚合物。该法工艺易控制且简单，不需要使用任何有机溶剂，有利于保护环境。

4. 预聚体混合法

在预聚体上接枝亲水成分，得到合适的相对分子质量的预聚体，这些预聚体在水中乳化的同时使用扩链剂进行链增长，制备稳定的水性聚氨酯乳液。用此法制得的产品性能可以和丙酮法制得的相媲美。由于这种方法不使用任何有机溶剂，从而降低了制造成本，简化了工艺流程。

5. 可水分散的异氰酸酯法

可水分散的高官能度异氰酸酯，在水中易分散。只要水从水性聚氨酯胶分散液中分离出来，该异氰酸酯和聚氨酯分子中活泼的氢就能快速且充分反应，大幅度地提高了水性聚氨酯胶黏剂的耐水性、耐温性和粘接性等。

6. 固体自动分散法

将分子量为3000～10000并带有—NCO基团的高相对分子质量的离子键型聚氨酯在熔融条件下快速冷却，然后加工粉碎分散在水中，所形成的分散体系是油水相清晰的热力学稳定体系。

(四) 水性聚氨酯胶黏剂的改性

1. 改性方法

由于水性聚氨酯具有耐高温性能和耐水性都很差、初黏力低、干燥时间长且固化速度较慢等缺点，科研人员对水性聚氨酯的改性做出了较大的努力，使水性聚氨酯胶黏剂的性能有了很大的改善。常见的改性方法有共混改性、共聚改性、交联改性和助剂改性等。

(1) 共混改性　为降低成本，同时改善水性聚氨酯胶黏剂的一些性能，可将水性聚氨酯胶黏剂与其他水性树脂进行共混改性。但是需注意离子型水性胶黏剂离子的性质和酸碱度，避免在共混时产生凝胶现象。水性聚氨酯可以和其他水性乳液共混，进而组成新的高性能水性胶黏剂。

(2) 共聚改性　水性聚氨酯的共聚改性主要是聚氨酯与环氧树脂、聚硅氧烷、丙烯酸酯、醋酸乙烯和丁苯橡胶等进行共聚改性。例如：环氧树脂，具有很好的粘接性、热稳定性和耐化学性，并且模量高、强度高，是多羟基化合物。它可直接参与水性聚氨酯的合成反应，形成网状结构，也可以提高水性聚氨酯胶黏剂的硬度和拉伸强度等力学性能，同时改善聚氨酯的耐热性、耐水性和耐溶剂性等性能。

(3) 交联改性　交联改性是指以化学键的形式将线型聚氨酯大分子相互接在一起，组成具有网状结构的聚氨酯树脂。根据交联方法的不同可以将其分为内交联法和外交联法。通过对原料的选择，能制得部分支化和交联的聚氨酯乳液，有的水性聚氨酯内有反应官能团，热加工后能形成交联的胶膜，这种方法称为内交联。外交联法又称双组分体系，即在使用之前加交联剂组分到水性聚氨酯主剂里，在成膜过程或成膜后加热，发生化学反应，形成交联。为了更好地改善对水性聚氨酯胶黏剂的使用性能，可以采用同时加内交联剂与外交联剂的方法，通过双重作用来对聚氨酯胶黏剂进行交联。

(4) 助剂改性　水性聚氨酯本身的优异性能很重要，同时助剂的选择和使用也很重要。助剂是胶黏剂工业中不可缺少的主要原料，也是胶黏剂的主要组分，它不仅能提高产品的自身性能、工艺性能和使用性能，并赋予产品特殊功能，还可以使产品扩大使用范围、延长寿命、增加贮存的稳定性、降低毒害、保护环境和减少成本，从而带来显著的经济效益。

2. 单体或树脂改性技术

针对水性聚氨酯胶黏剂存在的干燥速度慢、对非极性基材润湿性差、初黏性低以及耐水性不好等问题，进行了大量的改进研究并取得了较大进展。研究表明，将固体质量分数提高到50%以上，在40～60℃的干燥温度下水性聚氨酯的干燥速度与溶剂型聚氨酯胶黏剂相似。水性聚氨酯与其他乳液（如醋酸乙烯酯-乙烯共聚乳液、丙烯酸酯乳液等）共混或与其他单体共聚形成互穿网络或接枝结构，既可提高初黏性和粘接性能，还可降低成本。

水性聚氨酯胶黏剂的改性主要有：丙烯酸改性、环氧树脂改性、聚硅氧烷改性、纳米材料复合改性等。

（1）丙烯酸改性　水性聚氨酯胶黏剂具有耐低温、柔韧性好等优点，但其耐高温、耐水性差。丙烯酸（PA）乳液具有较好的耐水性、耐候性，但存在硬度大、不耐溶剂等缺点，用丙烯酸酯对水性聚氨酯（WPU）改性，可做到优势互补。

丙烯酸酯改性聚氨酯（PUA）胶黏剂的方法主要有以下几种。①共混：聚氨酯分散体和聚丙烯酸酯分散体共混，外加交联剂，可形成聚氨酯-丙烯酸酯共混复合分散体；②核-壳聚合：先合成聚氨酯分散体，以此为种子再进行丙烯酸酯分散聚合，可形成具有核-壳结构的PUA复合分散体；③互穿网络（IPN）接枝共聚：两种分散体以分子线度互相渗透，然后进行反应，可形成高分子互穿网络的PUA复合分散体；④复合乳液共聚：合成带C═C双键的不饱和氨基甲酸酯单体，然后将该大单体和丙烯酸酯单体进行分散体共聚，可得到PUA共聚分散体。

将丙烯酸类单体、扩链剂和催化剂加入事先制备的水性聚氨酯预聚物中，进行自由基聚合反应，可得到核壳无交联型的丙烯酸-聚氨酯杂合水分散体。其涂膜耐磨损性、耐水性和抗污性均有提高。通过对丙烯酸乙酯（EA）改性聚氨酯乳液合成工艺、EA用量和所制乳液及其涂膜性能关系的研究，确定了合适的工艺条件和EA添加量。结果表明，EA改性聚氨酯乳液的最佳工艺是采用$K_2S_2O_8$为引发剂，且其用量为乳液总质量的0.7%，乳液温度控制在80～85℃。同时，EA的合适添加量为30%～40%。EA改性的聚氨酯胶黏剂具有较高的硬度、拉伸强度和耐水性，综合性能优越，能取代溶剂型聚氨酯，有利于环保。

丙烯酸酯改性水性聚氨酯有“第三代水性聚氨酯”之称，这种改性技术综合了水性聚氨酯和丙烯酸酯树脂的优点，广泛用于皮革胶黏剂、涂饰、涂料、织物涂层、印染等工业领域。

（2）环氧树脂改性　环氧树脂具有优异的粘接性能，并具有高模量、高强度、低收缩率和耐化学品性等优点，但它韧性差、抗冲击强度低、固化后质脆。环氧树脂含有仲羟基和环氧基，可以和异氰酸酯反应，经环氧树脂改性的水性聚氨酯胶黏剂，其力学性能、粘接强度、耐水、耐溶剂等性能都会得到提高。

采用环氧树脂E-51和内交联剂三羟甲基丙烷（TMP）共同改性的水性聚氨酯胶黏剂，在环氧树脂质量分数为4.0%～8.0%时，胶膜具有硬度高、耐水性好等特点，综合性能较好。

用环氧树脂E-44对水性聚氨酯进行改性，当二羟甲基丙酸（DMPA）质量分数为5%～7%、环氧树脂质量分数为5%～8%时，采用相反转分散法可得到性能良好且稳定的环氧树脂改性水性聚氨酯分散液。

（3）聚硅氧烷改性　有机硅分子既含有机基团、又含有无机硅原子，具有比较低的表面能，常用它作为有机物和无机物之间的偶联剂。它在胶膜中向表面富集，能赋予胶膜优良的耐水性、耐候性、耐酸碱性、耐高低温性和良好的力学性能。但要使有机硅连接到聚氨酯上，有机硅分子链上必须含有能与—NCO基反应的活性基团，如羟基、氨基、乙烯基、环氧基等。

有人采用自乳化法合成了有机硅改性水性聚氨酯乳液，通过对性能的研究表明：当有机硅质量分数为10%时，有机硅改性水性聚氨酯的综合性能最好；同时，降低DMPA含量可以提高涂膜的耐水性，改善其综合性能。用有机硅甲基三甲氧基硅烷（MTMS）和γ-(2，3-环氧丙氧基）丙基三甲氧基硅烷（GPTMS）改性水性聚氨酯涂料，可增强水性聚氨酯涂料的弹性和机械应力，其降解温度增加到约206℃，热稳定性得到较大的增加，可适用于航天、海洋、汽车等领域。

（4）纳米材料复合改性　水性聚氨酯的纳米材料复合改性主要采用机械共混法。纳米材料具有表面效应、小尺寸效应、光学效应、量子尺寸效应、宏观量子尺寸效应等特殊性质，可以使材料获得新的功能。聚合物/无机粒子复合材料是当前材料科学领域研究的热点之一。由于其具有独特的结构，聚合物/无机粒子复合材料具有许多有别于普通复合材料的特点。而聚合物/蒙脱土纳米复合材料的性能更是其他复合材料所不及的。相信随着研究的不断深入和对插层及复合机理了解的不断深化，可设计并合成出性能优异的聚合物/蒙脱土纳米复合材料，并最终应用到工业化中去。而聚氨酯的应用领域必将随之拓展。

（5）其他方法改性水性聚氨酯胶黏剂　其他改性方法有交联改性和利用脂肪族聚酯、天然高分子材料（如木质素、淀粉、树皮、酪蛋白、蓖麻油等植物油）来改性或合成可生物降解的聚氨酯。

（五）水性聚氨酯胶黏剂的品种与性能

表3-1列出了国外部分水性聚氨酯产品的牌号、结构特征、生产厂商和主要用途。表3-2所示为Bayer公司生产的Dispercoll U系列聚氨酯水性分散体的性能。表3-3是国外专利报道的水性聚氨酯胶黏剂。

表3-1　国外部分水性聚氨酯产品

牌号	特征	用途	厂商
Rvcothane Latex 152	阴离子聚酯型	织物、无纺布、硬或软层压等	A
Impranil 43056,43037 Inpranii DLN 4496	聚酯型 SO_3^- 或 COO^-	织物胶	B
Dispercoll U系列如U53,U54;KA-8481	脂肪族聚酯型 SO_3^-	增塑PVC等	B
Baydur	SO_3^-	PUF-金属、陶瓷	B
Baydern Vorgrud PK	阳离子型	PVC胶	B
Helastics WC 6997,6998	阴离子型	层压胶、玻璃-塑料胶	C
ソルシ	羟基型	各种基材粘接	D
KR系列如KR-7800	乙烯基乳液	木材、纸、织物等	E
Hydran HW系列如HWL-311	阴离子型	PVC-帆布等的粘接	F

注：A为Ruco聚合物公司；B为Bayer AG；C为Wilmington化学公司；D为日本滋贺工厂；E为日本光洋公司；F为大日本油墨化工（株）。

表 3-2 Dispercoll U 系列聚氨酯水性分散体的性能

牌号	U53	U54	KA-8481
固含量/%	40	50	40
黏度/mPa·s	<600	<700	<50
pH 值	7	7	7
结晶	快	快	快
活化温度/℃	约 50	约 50	约 75

表 3-3 国外部分水性聚氨酯胶黏剂

类型	特性	用途
乙烯基 PU 乳液	耐水，初黏性强	木材加工、纸、纤维、金属箔等的粘接
阴离子聚醚型		无纺布、织物层压、植绒
封闭型、含 PGE 阴离子型聚醚型 PU	热反应性，耐水	人造革、取向 PP、PE、铝片材的层压
聚烯烃基阳离子与阴离子型	耐热水，对聚烯烃黏性好	PVC-棉布等的贴合
聚酯-聚烯烃基阳离子或非离子型	柔软、粘接性优、湿强高	胶黏剂
自乳化多异氰酸酯	耐水、粘接强度高	胶合板、刨花板
聚醚阳离子型、聚醚阴离子型	无毒无臭	PP 等塑料膜的粘接，可用于食品包装
聚醚 PU-脲阴离子型	耐水、强度高	压敏胶等
阴离子脂肪族聚酯型 PU	低活性温度	皮革、橡胶、增塑 PVC 等
乳液聚合共混型	膜耐水、光泽好	纤维、无纺布等
乳化异氰酸酯-丙烯酸酯-PU 乳液共混型	粘接强度高	乙烯基聚合物膜等的粘接

二、水性聚氨酯胶黏剂实用配方

1. 水性聚氨酯高固含量胶黏剂（质量份）

聚己二酸 1,4-丁二醇酯(PBA)	100	丙酮	适量
二元氟醇	0.65	三乙胺	10
异佛尔酮二异氰酸酯(IPDI)	200	乙二胺	5
催化剂(二月桂酸二丁基锡,DBTDL)	0.3	去离子水	适量
二羟甲基丙酸(DMPA)	15	其他助剂	适量
三羟甲基丙烷(TMP)	3.2		

说明：该胶为乳白色胶液，固含量 51%，黏度（25℃）620mPa·s，表面张力 39mN/m。可用于制鞋与塑料铝箔粘接。

2. 水性聚氨酯胶黏剂 1（质量份）

蓖麻油	100	三乙基胺水溶液	适量
甲苯二异氰酸酯	25～35	丁酮	适量
酒石酸	4～6	其他助剂	适量
一缩二乙二醇	10		

说明：该胶为乳白色胶体，固含量 25%，黏度（涂-4 杯）47s。主要用于 PVC 硬板、

木板、铝板和钢板的粘接。

3. 水性聚氨酯胶黏剂 2（质量份）

聚 1,4-丁二醇己二酸酯	50	二丁基胺	5～8
异佛尔酮二异氰酸酯	100	50%非离子型表面活性剂	30
二羟甲基丙烯	40	去离子水	适量
异佛尔酮二胺	80	其他助剂	适量

说明：主要用于人造革的粘接与制备。

4. 水性聚氨酯软包装用胶黏剂（质量份）

聚氨酯乳液	60	异噻唑啉酮防霉剂	0.1～1.0
丙烯酸酯混合物	40	聚硅氧烷消泡剂	0.3
氨水(23%)	2.0	其他助剂	适量
杂化乳液	100		

说明：该胶属软包装专用胶，也可用于粘接木制品。

5. 水性聚氨酯复合薄膜用胶黏剂（质量份）

聚酯二元醇	100	γ-氨基丙基三乙氧基硅烷	0.5
甲苯二异氰酸酯	30	丙酮	适量
二羟甲基丙酸	2.0	去离子水	适量
二月桂酸二丁基锡	0.5	其他助剂	适量
三乙胺	1.5		

说明：固含量 38%，黏度（涂-4 杯）25s，pH 值为 6.8，主要用于塑料薄膜的复合，也可用于塑料、橡胶、木材和纸张的粘接。

6. 水性聚氨酯建筑密封胶黏剂（质量份）

A 组分		石油馏分油	42
聚醚多元醇	80	滑石粉	10～20
甲苯二异氰酸酯	20	水	适量
B 组分		其他助剂	适量
促凝剂	30		

说明：该胶粘接性能好、耐高低温、适应性强，可用于建筑、飞机跑道、公路、桥梁、涵洞、隧道、贮水池、堤坝、水塔、码头的修建和灌缝补强，嵌填。

7. PVA 改性聚氨酯木材工业用水性胶黏剂（质量份）

（1）改性乳液配方

聚氨酯	80	去离子水	适量
PVA	20	其他助剂	适量
乳化剂	1.0		

（2）胶黏剂配方

聚氨酯	80	乳化剂	1.0
PVA	20	去离子水	适量
乙丙乳液	40	其他助剂	适量

说明：该胶粘接力强，施工方便，成本低廉，是木制品工业良好的胶黏剂。主要用于层压板的生产。

8. 环氧改性聚氨酯水性胶黏剂（质量份）

聚碳酸酯二醇	50	二羟甲基丙酸	15
甲苯二异氰酸酯	100	三乙醇胺	15
环氧树脂	10	去离子水	适量
醋酸改性剂	2.0	其他助剂	适量
三羟甲基丙烷	10～15		

说明：固含量 38.5%，旋转黏度 0.85Pa·s，胶膜拉伸强度 15MPa，180°剥离强度 700N/m。主要用于木材加工。

9. 水性聚氨酯密封胶黏剂（质量份）

聚醚多元醇	70	下垂剂	0.1～1.0
甲苯二异氰酸酯	30	消泡剂	2～3
填料	30	水	适量
稳定剂	1～3	其他助剂	适量

说明：固含量 60%，贮存期（25℃）100d，固化时间（20℃）15d，拉伸剪切强度 1.96MPa，伸长率 500%，硬度 50。

10. 聚醚/聚酯型水性聚氨酯胶黏剂（质量份）

聚酯/聚醚(35/65)	100	消泡剂	0.2
异氰酸酯	30	固化剂	5.0
填料	10	水	适量
稳定剂	1～5	其他助剂	适量

说明：该胶力学性能好，耐水性优良，剥离强度高。

11. 丙烯酸酯改性聚氨酯水性胶黏剂（质量份）

聚氨酯	100	丁酮	适量
甲基丙烯酸甲酯	20	去离子水	适量
二羟甲基丙酸	2～4	其他助剂	适量
酒石酸	1～2		

说明：主要用于粘接木制品、纸制品和纤维制品。

12. 水性聚氨酯交联胶黏剂（质量份）

聚醚多元醇	75	酒石酸	0.1～0.5
甲苯 2,4-二异氰酸酯	25	去离子水	适量
2,2-二羟甲基丙酸	2～8	其他助剂	适量
交联剂	1～2		

说明：该胶粘接性能好，剥离强度高，可用于建筑、制鞋用胶。

13. 水性聚氨酯改性胶黏剂（质量份）

聚氨酯预聚体	100	蓖麻油	2～3
丙烯酸酯树脂	25	三羟甲基丙烷	1～2
松香增黏树脂	10～30	水	适量
二羟甲基丙酸	3～5	其他助剂	适量
填料	5～8		

说明：该胶工艺简便，方便施胶，固化工艺简单，胶层粘接性能好，适用性广泛。

14. 环氧树脂改性聚氨酯水性胶黏剂 1（质量份）

聚氨酯预聚体	100	扩链剂	0.1～1.0
环氧树脂	4～8	催化剂	0.05～0.5
丙烯酸羟丙酯	10～15	蒸馏水	适量
二羟甲基丙酸	1～3	其他助剂	适量

说明：随着环氧树脂用量增大，胶膜硬度、耐水性、耐溶剂性及力学性能随之增大。

15. 环氧树脂改性聚氨酯水性胶黏剂 2（质量份）

聚氨酯预聚体	100	催化剂	0.01～0.1
环氧树脂(E-51)	4～8	扩链剂	0.1～1.0
二羟甲基丙酸	2～3	丙酮	适量
三羧甲基丙烷	1～2	其他助剂	适量

说明：随着环氧树脂用量的增大，胶膜拉伸强度、剪切强度得到提高，但增大一定程度后反而变小，最佳用量为 4～8 份。

16. 聚乙烯醇缩丁醛改性聚氨酯水性胶黏剂（质量份）

组分	配方 1	配方 2	配方 3	配方 4	配方 5
聚氨酯乳液	100	100	100	100	100
聚乙烯醇缩丁醛	—	12	15	20	30
二羟甲基丙酸	2～3	2～3	2～3	2～3	2～3
三羟甲基丙烷	1.0	1.0	1.0	1.0	1.0
其他助剂	适量	适量	适量	适量	适量

说明：该胶为淡黄色透明胶液，固含量 54%～77%，黏度（25℃）0.6～1.6Pa·s，pH 值为 4～9。常温下稳定性优良，表干时间 14～25min，剪切强度 5～8MPa。

17. 聚甲基丙烯酸甲酯/环氧树脂改性聚氨酯水性胶黏剂（质量份）

聚氨酯乳液	100	蓖麻油	1～2
MMA	30	三乙胺水溶液	1～3
环氧树脂	15	引发剂	0.3
二羟甲基丙酸	3.0	丙酮	适量
三羟甲基丙烷	1.0	其他助剂	适量
扩链剂	0.1		

说明：可用于聚氨酯/PVC、聚氨酯/真皮、真皮/橡胶、木材/皮革的粘接。

18. 环氧/松香/聚氨酯水性胶黏剂（质量份）

聚氨酯乳液	100	扩链剂	0.1～1.0
环氧树脂(E-44)	20	三乙胺水溶液	0.2～1.2
松香	15	丙酮	适量
二羟甲基丙酸	2～3	其他助剂	适量
三羟甲基丙烷	1～2		

说明：主要用于聚烯烃塑料、热塑性聚酯塑料和铝箔的粘接。

19. 环氧大豆油改性聚氨酯水性胶黏剂（质量份）

聚氨酯乳液	100	三乙胺水溶液	1～3
环氧大豆油	4～6	丙酮	适量
二羟甲基丙酸	2～3	其他助剂	适量
三羟甲基丙烷	1～2		

说明：主要用于软包装薄膜复合的粘接。

20. 磺酸盐改性聚氨酯水性胶黏剂（质量份）

聚氨酯预聚体	100	三乙胺水溶液	1～3
N-(2-氨乙基)-2-氨基乙磺酸钠	5～8	丙酮	适量
二羟甲基丙酸	2～3	其他助剂	适量
三羟甲基丙烷	1～2		

说明：固含量50%，黏度1000mPa·s，贮存稳定性：180d无沉淀，胶层剥离强度为13.52N/mm。

21. 有机硅改性聚氨酯水性胶黏剂（质量份）

聚氨酯乳液	100	乳化剂	1～2
纳米倍半硅氧烷	3～5	丙酮	适量
二羟甲基丙酸	2～3	蒸馏水	适量
1,4-丁二醇	1～2	其他助剂	适量
二月桂酸二丁基锡	0.5		

说明：可用作木材、织物和纸制品胶黏剂。

22. 水性聚氨酯木材加工用胶黏剂（质量份）

聚氨酯乳液	100	丙酮	适量
PVA	10	蒸馏水	适量
二羟甲基丙酸	2～3	其他助剂	适量
三乙胺水溶液	1～3		

说明：主要用于人造纤维板材和木制品的粘接。

23. 水性聚氨酯标签用胶黏剂（质量份）

聚氨酯乳液	100	扩链剂	0.1～0.3
多异氰酸酯固化剂	1.0	1,4-丁二醇	1～3
无机填料	10～15	三乙胺水溶剂	适量
二月桂酸二丁基锡	0.3	其他助剂	适量

说明：主要用于制备RFID天线基材，也可用作标签胶。该胶透明、澄清、泛蓝光，放置3个月不会出现分层或凝聚现象。

24. 淀粉改性异氰酸酯水性胶黏剂（质量份）

聚异氰酸酯	10～20	苯甲酸钠	2～4
改性淀粉	55	羧基纤维素	2～3
PVA	15～30	NaOH	1～2
乙二酸	8～12	其他助剂	适量

说明：该胶为乳白色胶液，不挥发物 30%～45%，黏度：1200mPa·s，适用期 60～70min。

25. 水性异氰酸酯单板层材用胶黏剂（质量份）

（1）胶黏剂主剂配方

PVA	100	填料	5～10
乳化剂(OP-10)	3.0	流动剂	0.5～1.0
催化剂	0.1～0.3	干燥剂	0.1～0.5
复合交联剂	0.2～0.5	引发剂	0.5～1.0
胶乳	2～4	其他助剂	适量

（2）交联剂配方

多官能团异氰酸酯(MDI)　9.5　DBP　5

（3）配比：主剂∶交联剂配比＝100∶(3～5)

说明：固含量 45%，黏度 0.4～0.8Pa·s，pH 值 5～8，贮存期 2d。主要用于木制单板层材。

三、水性聚氨酯胶黏剂配方与制备实例

（一）水性聚氨酯覆膜胶

1. 原材料与配方（质量份）

聚酯多元醇(Ⅰ-200 或Ⅱ-200)	100	无水乙醇	1～2
甲苯二异氰酸酯(TDI 80/20)	80	二月桂酸二丁基锡	0.5
二羟甲基丙酸(DMPA)	1～3	丙醇	适量
三乙胺	1～3	其他助剂	适量
去离子水	适量		

2. 制备工艺

先将一定量的聚酯二元醇装入带有温度计和搅拌器的 500mL 圆底四口烧瓶中，在 120℃，0.01MPa 真空度下减压脱水 3h；降温到 80℃左右加入 TDI，将温度控制在 84～90℃，反应 4h，降温至 50℃再加入 DMPA，升温至 84～90℃，在此期间当黏度增大时需加入一定量的丙酮。反应 5h 后将温度降到 50℃左右加入三乙胺使其成盐，在高速搅拌剪切下加入去离子水进行分散、过滤。包装、封存以备测定。

3. 性能

产品的相关性能见表 3-4～表 3-7。

表 3-4　OH/NCO 值对水性聚氨酯覆膜胶乳液粒径的影响

OH/NCO	1.05	1.08	1.10
平均粒径/μm	0.35	0.05	0.04

由表 3-4 可知，随着 OH/NCO 值的增加聚氨酯的分子量会逐渐降低，平均粒径下降。

表 3-5 OH/NCO 值对水性聚氨酯覆膜胶乳液黏度的影响

OH/NCO	1.05	1.08	1.10
黏度/s	18	18.5	37

由表 3-5 可知，随着 OH/NCO 值的增加，聚氨酯乳液的黏度也增大。

表 3-6 OH/NCO 值对水性聚氨酯覆膜胶乳液力学性能的影响

OH/NCO	断裂伸长率/%	拉伸强度/MPa
1.10	640.6	16.39
1.08	528.3	19.82
1.05	383.9	21.06

由表 3-6 可以看出，随着 OH/NCO 的减小，即 NCO 的相对量增加，水性聚氨酯膜的断裂伸长率减小，拉伸强度增大。

表 3-7 不同聚酯多元醇对水性聚氨酯力学性能的影响

聚酯多元醇种类	断裂伸长率/%	拉伸强度/MPa
聚酯多元醇Ⅰ	383.9	21.06
聚酯多元醇Ⅱ	400.4	17.10

(二) 环氧大豆油改性聚氨酯水性胶黏剂

1. 原材料与配方（质量份）

聚氧化丙烯二醇(N220)	100	三乙胺(TEA)	0.5～1.5
甲苯二异氰酸酯(TDI-80)	70～80	环氧大豆油(ESO)	4～6
1,4-丁二醇(BDO)	1～3	乳化剂	3.0
二羟甲基丙酸(DMPA)	2～5	水	适量
丙酮	适量	其他助剂	适量

2. 制备方法

(1) 聚氨酯乳液的合成　将一定量 N220、TDI 加入四口烧瓶中（带有搅拌器、温度计、回流冷凝管装置），在 75～85℃反应至 NCO 含量达到预定值；加入小分子扩链剂 BDO，扩链约 1.5h；降温至 70℃左右，加入 DMPA、ESO，继续反应 4h，反应过程中视体系黏度的大小加入适量丙酮；然后冷却至 40℃，在高速搅拌下加入三乙胺水溶液中和、乳化，即得环氧大豆油改性聚氨酯乳液。

(2) 塑料薄膜的复合　向环氧大豆油改性聚氨酯乳液中加入适量助剂，混合均匀，得到复合薄膜用胶黏剂。CPP、OPP、PE、PET 等预先经电晕处理。复合薄膜的组合为：CPP/OPP、CPP/PET、CPP/PET 镀铝膜、PE/OPP、PE/PET、PE/PET 镀铝膜。将配制好的胶黏剂倒在裁好的薄膜上，用涂胶棒将胶液推开均匀涂布在薄膜上，将涂胶的薄膜在 50℃烘烤 1min，将涂胶的薄膜置于平板上，用另一张薄膜与之复合，经辊压复合。于 60℃烘烤 30min，冷却后分别测定其 T 型剥离强度。

3. 性能与效果

以聚氧化丙烯二醇、甲苯二异氰酸酯等为原料，以环氧大豆油为改性剂制备出环氧大豆油改性聚氨酯乳液，以该乳液配制出复合软包装膜用水性聚氨酯胶黏剂。用傅里叶变换红外光谱和粒度分析仪对乳液进行了表征，考察了聚氨酯乳液的稳定性及其胶膜的耐水性，研究了水性聚氨酯胶黏剂对几种复合薄膜的粘接性能。红外分析表明，环氧大豆油中的环氧基发生反应，形成了环氧大豆油改性水性聚氨酯. 当环氧大豆油用量为4%～6%（质量分数，后同）时，聚氨酯乳液的稳定性较好，黏度较小，胶膜的吸水率不高，以该乳液配制的胶黏剂可满足复合软包装膜对粘接的要求。

(三) 硅丙改性聚氨酯乳液胶黏剂

1. 原材料与配方（质量份）

聚酯二元醇	100	二月桂酸二丁基锡	0.5
异佛尔酮二异氰酸酯(IPDI)	70～80	辛酸亚锡(T-9)	0.1～0.5
硅丙乳液(TD686)	10～20	二正丁胺	0.1～0.2
二羟甲基丙酸(DMPA)	1～3	丙酮	适量
一缩二乙二醇(DEG)	1～2	去离子水	适量
三乙胺(TEA)	2～3	其他助剂	适量

2. 制备方法

（1）水性聚氨酯及硅丙/水性聚氨酯乳液的合成　在干燥氮气（N_2）保护下，将真空脱水后的聚酯二元醇［m(PBA)∶m(BY3001)∶m(BY3305)＝4∶2∶1］与异佛尔酮二异氰酸酯（IPDI）按计量加入装有回流冷凝管、温度计、搅拌桨的250mL四口烧瓶中，混合均匀后升温至（90±2)℃反应2h，降温至50℃以下，加入适量DMPA、DEG及适量Ac调节黏度，然后加入催化剂T-9和T-12各数滴，(70±2)℃反应，采用二正丁胺滴定法确定残留的—NCO含量，当其达到理论值即为反应终点，降温至40℃出料。按计量将预聚体用三乙胺（TEA）中和。

用去离子水乳化得到水性聚氨酯（PUD）；将硅丙乳液和水性聚氨酯直接共混制备硅丙/水性聚氨酯乳液（DPUSA）；用去离子水稀释硅丙乳液乳化聚氨酯离聚物得到乳化共混的硅丙/水性聚氨酯乳液（EPUSA）。

（2）胶膜的制备　将制备好的乳液倒入聚四氟乙烯板上，室温下自然干燥，当胶膜基本干燥完全时，取出胶膜，转移到真空干燥箱中，在40℃的条件下真空干燥至胶膜质量不再改变，备用。

3. 性能与效果

（1）采用直接共混法和乳化共混法分别制备了硅丙共混改性的水性聚氨酯DPUSA和EPUSA，检测后发现DPUSA要比EPUSA稳定，粒径较小。

（2）PUD、DPUSA和EPUSA胶膜的力学性能、热学性能以及粘接性能的测试表明，硅丙的加入影响了聚氨酯的结晶性，提高了聚氨酯的耐热性能，而力学性能、粘接性能有所下降；DPUSA的力学性能、粘接性能优于EPUSA，而耐热性比EPUSA差。

（3）在硅丙加入量为15%时，DPUSA的综合性能最优，10%时，EPUSA的综合性能最优。

（四）水性聚氨酯胶黏剂

1. 原材料与配方（质量份）

聚己二酸-1,4-丁二醇酯二醇(PBA 2000)	75	三乙胺(TEA)	1～2
异佛尔酮二异氰酸酯(IPDI)	20	二月桂酸二丁基锡(DBTDL)	0.5
1,4-丁二醇(BDO)	1.5	乳化剂	3～4
二羟甲基丙酸(DMPA)	1～3	去离子水	适量
丙酮	适量	其他助剂	适量

2. 制备方法

（1）水性聚氨酯的制备　将PBA 2000装入配有温度计、搅拌器的500mL三口烧瓶中，在120℃、0.8kPa真空脱水4h。降温至60℃，加入计量的异氰酸酯和DBTDL，升温至75～85℃反应约2h，加入计量的硬段组分，继续反应2～3h，用二正丁胺滴定法判断反应终点。降温至40℃加入三乙胺中和30min，加入去离子水乳化，减压蒸馏脱除丙酮制得固含量40%的水性聚氨酯乳液。

（2）胶膜的制备　将乳液均匀涂覆于120mm×120mm的四氟乙烯模具中，水平放置，室温成膜4d，再放入电热鼓风干燥箱中30℃烘24h，于干燥器中自然冷却2d备用。

3. 性能与效果

聚氨酯胶黏剂的初黏力和终黏力与聚氨酯的结晶速率和结晶度密切相关。以异佛尔酮二异氰酸酯（IPDD）、六亚甲基二异氰酸酯（HDD）、聚己二酸丁二醇酯二醇（PBA）等为主要原料合成了结晶型水性聚氨酯胶黏剂，通过DSC、应力-应变、透光率、吸水率分析，研究了硬段结构对结晶型水性聚氨酯结晶性和微相分离的影响。研究表明，在相同硬段含量下，硬段结构的规整性对水性聚氨酯的结晶度和结晶速度及微相分离有重要影响。室温干燥成膜时，硬段含脂肪环或对称侧基的结晶型水性聚氨酯显示较高的结晶度和微相分离特性；而在高温干燥后的冷却结晶过程中，硬段结构规整的聚氨酯软段结晶速度更快，结晶度和微相分离程度更高；随着结晶度和微相分离程度的提高，水性聚氨酯膜呈现出明显的屈服点，力学性能提高，吸水率和透光率降低。

（五）液化木薯淀粉/聚氨酯木材用胶黏剂

1. 原材料与配方（质量份）

（1）胶黏剂配方

甘油	100	轻质碳酸钙	8～10
木薯淀粉液化产物(LCS)	30～36	三乙胺	1～3
多亚甲基二异氰酸酯(PMDI)	10～20	去离子水	适量
醋酸乙酯	5～6	其他助剂	适量
二月桂酸二丁基锡(DBTDL)	0.3		

（2）固化剂

多亚甲基二异氰酸酯（PMDI）∶环氧树脂（EP）＝2∶1。

2. 制备方法

（1）LCS的制备　将木薯淀粉预先烘干，再与甘油混合后加入到三口烧瓶中，加入

1.3%对甲苯磺酸作为催化剂，保持负压0.08MPa，120℃搅拌150min；然后用碘-碘化钾溶液检测至淀粉无残余，冷却后加入无水碳酸氢钠中和，100℃减压脱水1h即可。

(2) 胶黏剂主剂的制备　取一定量的LCS放入三口烧瓶中，再加入少量预先脱水处理过的醋酸乙酯稀释PMDI，混合均匀后50～70℃反应若干时间；控制反应物配比，使羟基过量，产物为端羟基聚氨酯（HTPU）；待—NCO含量为0（终点）时，出料，密封保存即可。

(3) 固化剂的制备　将一定量的PMDI和EP混合均匀即可。

(4) 3层胶合板的制备

① 桉木单板：幅面300mm×300mm×1.2mm，含水率10%～12%，双面施胶量为$(250\pm10)g/m^2$。

② 制胶：在一定量的HTPU中，加入微量用醋酸乙酯稀释的催化剂（DBTDL）、固化剂，用玻璃棒搅拌约1min至恰好混合均匀（主观上判断为黏度下降，外观及流动性一致）即可。

③ 热压工艺：热压温度为50～70℃，热压压力为5MPa，热压时间为5min。

3. 性能

不同LCS的性能参数见表3-8，不同HTPU的性质见图3-1～图3-3。

表3-8　不同LCS的性能参数

样号	w(木薯淀粉)/%	黏度/Pa·s	羟值/(mg/g)	样号	w(木薯淀粉)/%	黏度/Pa·s	羟值/(mg/g)
LCS1	18.6	5.6	408	LCS4	46.6	40.2	343
LCS2	22.4	16.2	390	LCS5	54.0	64.3	303
LCS3	35.4	27.9	352				

注：木薯淀粉掺量是相对于甘油质量而言的。

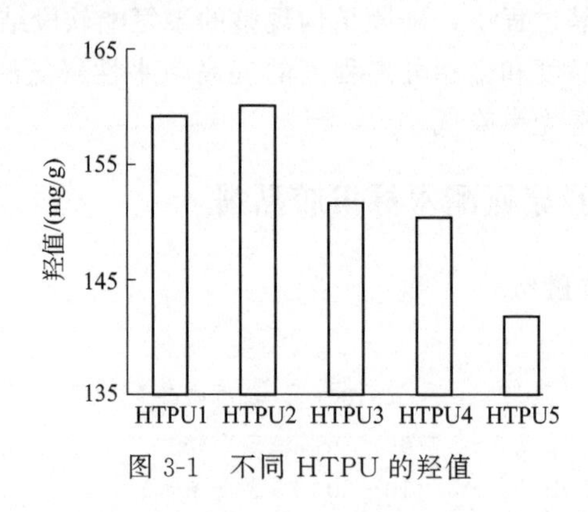

图3-1　不同HTPU的羟值

4. 效果

(1) HTPU由PMDI和LCS合成。随着LCS中木薯淀粉掺量的不断增加，制得的HTPU黏度上升，羟值下降，胶合板的粘接强度提高。合成胶黏剂的较佳作工艺条件是每100份甘油中加入35.4份木薯淀粉合成LCS，然后加入PMDI 14.29份制备HTPU。

(2) 固化剂由EP与PMDI复配制得，其最佳配比为m(PMDI)∶m(EP)=2∶1，固化剂占52.6份。

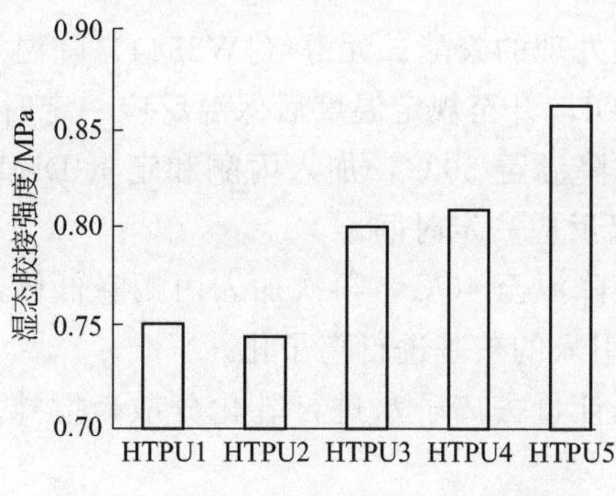

图 3-2　不同 HTPU 的湿态胶接强度

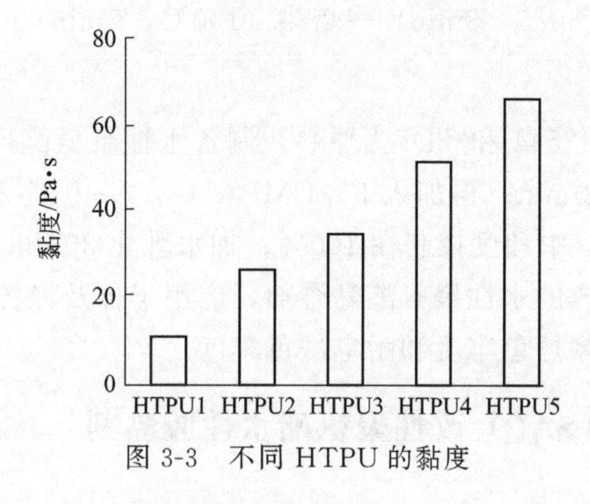

图 3-3　不同 HTPU 的黏度

(3) 轻质碳酸钙能使胶合板的湿态胶接强度提高，但其掺量过多时会使湿态胶接强度降低，其适宜掺量为 9.5 份。

(4) 最合适的催化剂为 DBTDL，其适宜掺量为 0.3 份。

(六) 水性聚氨酯印花胶黏剂

1. 原材料与配方（质量份）

(1) 水性聚氨酯胶黏剂配方

聚酯多元醇(JW2544)	70	三乙胺	1～3
2,4-甲苯二异氰酸酯(TDI)	30	丙酮	适量
2,2-二羟甲基丙酸(DMPA)	5.0	去离子水	适量
N-甲基-2-吡咯烷酮	1～2	其他助剂	适量

(2) 印花胶黏剂配方

水性聚氨酯胶黏剂	10～50	水	适量
乳化糊	4.0	其他助剂	适量
涂料	4.0		

2. 制备方法

(1) 水性聚氨酯黏合剂的合成

① 原料准备　准确称取适量的聚酯二元醇（JW2544）置于三口烧瓶中，在温度为 140～160℃、真空度为 1.032×10^{-3}MPa 的条件下脱水 2h，脱去小分子有机物和水分；使用 *N*-甲基吡咯烷酮、丙酮前用 5A 型分子筛浸泡两周以上，去除杂质。亲水扩链剂 DMPA

使用前置于烘箱干燥4h以上。

② 预聚反应　将经过预处理的聚酯二元醇（JW2544）降温至65℃，装上搅拌装置、温度计后，缓慢滴加计量的TDI，升至规定温度后保温反应一定时间。

③ 扩链反应　将预聚体降温至50℃，加入丙酮和定量DMPA（用*N*-甲基-2-吡咯烷酮溶解），升至规定温度后保温反应一定时间。

④ 中和反应　将反应液降温至40℃，再次加入丙酮降低体系黏度，加入计量的三乙胺恒温反应20min，将扩链剂引入的羧基进行离子化。

⑤ 乳化分散反应　加入计量去离子水进行乳化分散，搅拌30min，得到稳定的聚酯型阴离子水性聚氨酯。

（2）涂料印花工艺　涂料印花（水性聚氨酯黏合剂10%～50%，乳化糊4%，涂料4%，其余为水）→预烘（80℃，3min）→焙烘（150℃，5min）。

3. 性能与效果

（1）以聚酯多元醇JW2544和TDI为原料，制备水性聚氨酯印花黏合剂的优化工艺为：*R*值2.0，于75℃预聚100min；再加入5%DMPA（以*N*-甲基-2-吡咯烷酮溶解），80℃扩链90min；用三乙胺中和，中和度控制在100%；加水乳化30min。

（2）采用优化工艺合成的水性聚氨酯黏合剂，应用于棉及涤棉织物涂料印花，其用量为40%时，可获得良好的耐摩擦色牢度和耐皂洗色牢度。

（七）超强吸水剂（SAP）改性聚氨酯水性胶黏剂

1. 原材料与配方

原料	用量	原料	用量
聚乙二醇(PEG2000)	70	三乙胺(TEA)	1～2
甲苯-2,4-二异氰酸酯(TDI)	30	二月桂酸二丁基锡	0.5
超强吸水剂(SAP)[可溶淀粉(St)/海藻酸钠(SA)/丙烯酸(AA)]	30～60	NaOH	0.1～1.0
		丙酮	适量
过硫酸铵(APS)	1～2	去离子水	适量
2,2-二羟甲基丙酸(DMPA)	1～3	其他助剂	适量

2. 制备方法

（1）制备St/SA/AA超强吸水剂　称取10g St溶于100mL蒸馏水中，倒入三口烧瓶，80℃下水浴加热，糊化0.5h；称取5g SA溶于50mL蒸馏水中搅拌均匀，倒入三口烧瓶中共同糊化，直至溶液澄清；加入0.2g引发剂APS，加入60mL中和后的AA，搅拌均匀反应2h，即得到SAP水溶液。

（2）制备WPU乳液　先将60g PEG 2000减压蒸馏2h，除去其中水分；再移入装有电动搅拌器、回流冷凝管、温度计以及氮气保护的四口烧瓶中，加入占总体积分数50%的丙酮溶剂以及亲水性扩链剂DMPA，80℃下搅拌反应2h。滴加计算量的TDI和催化剂二月桂酸二丁基锡，升温预聚，得到WPU预聚物的丙酮溶液。降低反应温度至60℃，滴加TEA进行中和反应，直至体系呈弱碱性，得到WPU的丙酮溶液。减压蒸馏除去体系中的丙酮溶剂，在高速剪切下迅速加入计算量的蒸馏水，即得到固含量为50%的WPU溶液。

改变*R*值，使其分别为0.95、1.05、1.15、1.25，制备WPU溶液。

（3）制备共混SP溶液　将制备的WPU乳液与SAP水溶液分别按$w_{(WPU)}$为10%、

30%、50%、70%及90%充分搅拌混合。静置除去气泡，得到共混复合溶液。

用配有9号针头的注射器，将制得的复合溶液滴入8%的$CaCl_2$水溶液中，控制滴入高度为8cm，即可观察复合溶液成球情况。

在15cm×15cm×2mm的聚四氟乙烯平板模具中导入制得的不同质量分数的复合溶液，室温下静置10h，在50℃烘干4h得到厚度约为1mm的柔软透明SP复合胶膜。

3. 性能

SP复合乳液的成球及成型情况见表3-9，SP复合胶膜的性能见图3-4和图3-5。

表3-9　不同*R*值SP复合乳液成球及成型情况

*R*值	$w_{(WPU)}$/%	成球情况	平均粒径/mm	成膜情况
0.95	10	圆整的小球,黄色	2.353	表面光滑,乳白色,韧性好
	30	圆整的小球,淡黄色	2.401	表面光滑,乳白色,韧性好
	50	圆整的小球,白色	2.540	表面光滑,乳白色,稍软
	70	圆整的小球,白色	2.569	表面光滑,米色,质软
	90	较小拖尾,白色	2.537	个别气泡,米色,质软
1.05	10	圆整的小球,白色	2.376	表面光滑,乳白色,韧性好
	30	圆整的小球,白色	2.499	表面光滑,乳白色,韧性好
	50	圆整的小球,白色	2.512	表面光滑,米色,稍软
	70	较小拖尾,白色	2.681	个别气泡,米色,质软
	90	较小拖尾,白色	2.711	有气泡,淡黄色,质软
1.15	10	圆整的小球,白色	2.437	表面光滑,淡黄色,质软
	30	圆整的小球,白色	2.416	表面光滑,淡黄色,质软
	50	较小拖尾,白色	2.593	个别气泡,黄色,有黏性
	70	较小拖尾,白色	2.699	有气泡,黄色,较黏
	90	较大拖尾,白色	2.783	有气泡,黄色,较黏
1.25	10	有粘壁现象,有拖尾,白色	2.687	表面光滑,黄色,质软
	30	有粘壁现象,有拖尾,白色	2.845	表面光滑,黄色,有黏性
	50	不规则的颗粒,白色	2.894	个别气泡,黄色,有黏性
	70	不规则的颗粒,白色	2.965	有气泡,黄色,较黏
	90	椭圆形液滴,无法固化成球	—	有气泡,黄色,较黏

(八) 松香基水性聚氨酯施胶剂

1. 原材料与配方（质量分数/%）

甲苯二异氰酸酯/聚乙二醇	25	酒石酸	1～3
马来松香酸酐	100	硅烷偶联剂	3～6
氢氧化钾	0.5	三乙胺	1～3
无水乙醇	1～3	去离子水	适量
二羟甲基丙酸(DMPA)	8～10	其他助剂	适量
丙酮	适量		

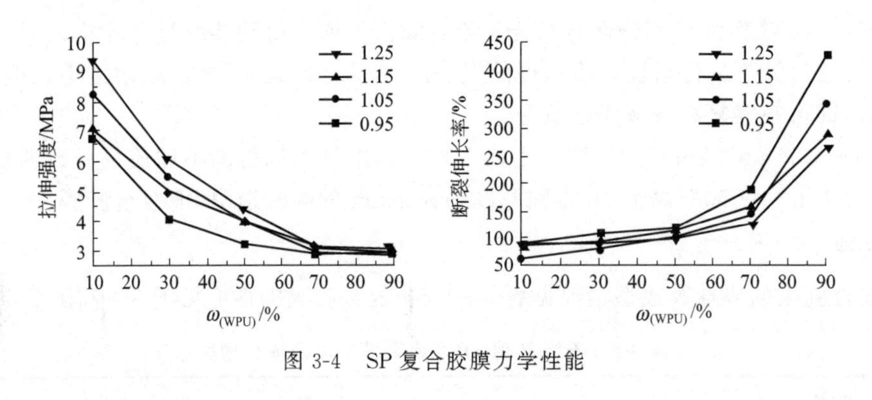

图 3-4　SP 复合胶膜力学性能

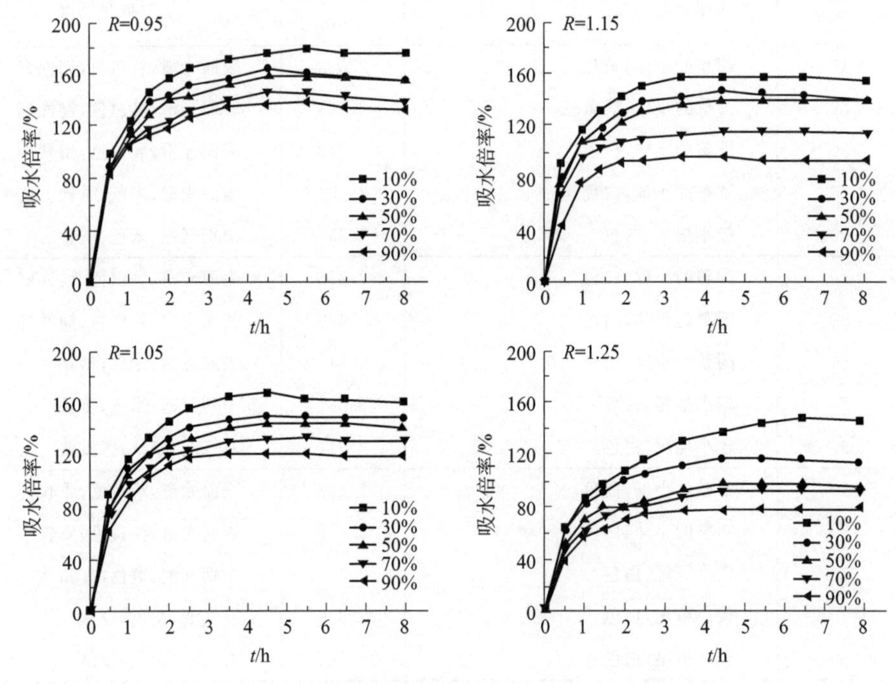

图 3-5　不同 R 值 SP 复合胶膜的吸水倍率比较

2. 制备方法

（1）反应原理　见图 3-6。

（2）马来松香的制备　称取 150g 松香并且粉碎，将其投入到装有搅拌器、温度计、氮气保护的 500mL 四口瓶中，并开启油浴锅，实验过程中有关器材、药品均保持干燥。通氮气并加热到 120℃。待松香完全熔化后，继续加热到 180℃，保持该温度 0.5h 不变；分 4 次缓慢加入 60g 马来酸酐，投料结束后，于 180℃下保温 4h；粗产品出料倒入冰水中冷却，然后进行粉碎；多次用去离子水洗涤粉碎后的粗产品，即得到马来松香酸酐；测酸值并计算转化率。

（3）马来松香聚乙烯醇酯合成　将 40g 马来松香粉碎后加入装有电动搅拌器、冷凝器、温度计、油浴加热的 250mL 四口反应瓶中，并加入 50mL 二甲苯或甲苯，升温至沸，搅拌下向体系中一次性加入聚乙二醇 PEG［n(PEG)∶n(马来松香)＝1∶4］和 1.8g 氧化锌，于 135℃反应 2h；后继续升温至 180℃，继续加入聚乙二醇 PEG（过量 20%以上），持续反应直到酸值低于 10mg KOH/g；利用旋转蒸发仪除去有机溶剂，经真空干燥箱干燥，即为马

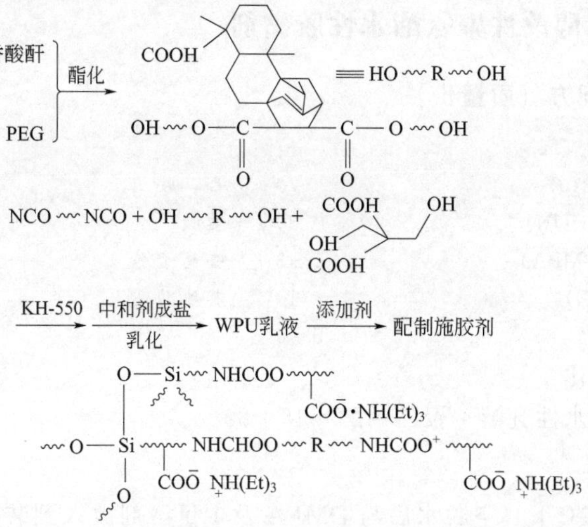

马来松香酸酐
PEG
酯化
COOH
═ HO〰R〰OH
OH〰O—C—　　—C—O〰OH
NCO〰NCO + OH〰R〰OH + COOH　OH　OH　COOH
KH-550 → 中和剂成盐 乳化 → WPU乳液 → 添加剂 → 配制施胶剂
O—Si〰NHCOO〰
$CO\bar{O}\cdot NH(Et)_3$
〰O—Si〰NHCHOO〰R〰NHCOO$^+$〰
$CO\bar{O}$　$\underset{+}{N}H(Et)_3$　　$CO\bar{O}$　$\underset{+}{N}H(Et)_3$
O

图 3-6　反应原理

来松香聚乙烯醇酯；测酸值并计算转化率。

（4）松香浆内施胶剂乳液的制备及施胶工艺　取真空干燥后的马来松香聚乙烯醇酯 0.1mol，用丙酮溶解后加入到 500mL 烧瓶中，加入 6 滴催化剂，TDI 取 0.15mol，通氮气升温到 60℃后反应 2h；接着加入酒石酸（在 NMP 与丙酮混合液中，微波溶解处理 2h），通氮气并保温反应 1h；然后降温至 30℃，加入硅烷偶联剂 KH-550 封端反应 0.5h；而后降温到室温，用三乙胺中和 15min 以上，再加入去离子水快速乳化 30min，硅偶联剂交联水解，完毕后减压蒸馏除挥发性物质得乳液，调配乳液质量分数为 10%～30%。

3. 性能与效果

（1）借助水性聚氨酯乳液，无须像其他松香胶那样，还需额外加入司盘、吐温等其他乳化剂，而是直接自身离子化，形成施胶乳液。

（2）硅烷偶联剂以 Si—C 化学键的方式成功接入 WPU 体系，同时借助其硅氧键水解交联；硅烷偶联剂改性阴离子松香施胶剂能赋予纸张一定的拒水性、光滑耐磨、低泡等特点。KH-550 质量分数为 3%～6%时，合成的 WPU 乳液黏度低，纸张耐水性好。

（3）选用酒石酸作亲水扩链剂，其分子上有双羧基，得到的水性阴离子聚氨酯乳液性能稳定，乳化效果良好。随着 DMPA 质量分数不断增加，乳液粒径减小，乳液黏度升高，当过量加入后，其纸张耐水性反而会降低；当 DMPA 的质量分数为 8%～10%时，乳液的综合性能较好。

（4）选用常用且廉价的三乙胺作为中和剂，得到的乳液具有较优异的综合性能。提高中和度至 90%～100%时，能得到极为稳定的乳液。

（5）施胶剂复配氧化淀粉、适量水和助剂，干燥温度为 97℃时，表现出优异的拒水能力，特别适合在厚纸张、瓦楞纸等表面施胶，其 Cobb 值可以减少为原来的 50%。

（6）实际应用中，无须逐步进行提纯等处理，不用担心会影响到下一步正常反应，直接按松香—马来松香—马来松香聚乙烯醇酯—水性阴离子松香基聚氨酯乳液—施胶的顺序应用于工业化中，把温度调控在 60℃下，减少结构分子上的羧基上的羟基与—NCO 反应。

（九）聚乙烯醇改性聚氨酯水性胶黏剂

1. 原材料与配方（质量份）

（1）乳液配方

聚乙二醇(PEG 210)	70	乙二胺	1.0
甲苯二异氰酸酯(TDI)	30	盐酸	1.5
三羟甲基丙酸(DMPA)	1～3	去离子水	适量
甲乙酮肟(MEKO)	10	其他助剂	适量
三乙胺(TEA)	5～6		

（2）胶黏剂配比

封闭异氰酸酯水性乳液：聚乙烯醇＝15：85。

2. 制备方法

将PEG在120℃下真空脱水后与DMPA及少量溶剂放入到装有回流冷凝管、机械搅拌器、温度计和氮气进出口的四口瓶中，于60℃下搅拌混合均匀，然后滴加TDI单体在80～85℃反应2h，反应过程中用丙酮/丁酮混合溶剂调节体系黏度，同时采用二正丁胺回滴法测定体系中游离—NCO基团的含量，当—NCO含量达到理论值时降温至65℃，预聚反应结束。加入MEKO（预聚体—NCO与MEKO的物质的量比为1：1.02），在65℃反应1h，同时采用二正丁胺回滴法测定体系中—NCO的含量，直到游离—NCO含量不再变化时，封闭反应结束。降温到40～45℃，向体系中加入三乙胺（与DMPA等摩尔）以及乙二胺进行中和扩链，反应30min后，在高速搅拌下加入去离子水乳化，最后真空抽滤去掉体系中的丙酮/丁酮混合液，得到封闭异氰酸酯水性乳液。将制备的封闭型异氰酸酯预聚体分别按不同比例与PVA在高速搅拌下共混，室温反应30min，从而得到单组分封闭BIP/PVA复合胶黏剂，其封闭胶束与PVA的质量比分别为10/90、15/85、20/80、30/70、40/60、50/50。

3. 性能与效果

（1）以TDI、聚乙二醇（PEG）为主要原料，DMPA为亲水扩链剂，TEA为中和剂，MEKO为封闭剂，聚乙烯醇为复合组分制备了单组分BIP/PVA复合胶黏剂。

（2）所制备的封闭TDI胶束为浅黄色透明液体，粒径分布均一，能稳定6个月以上。BIP/PVA复合胶黏剂在加热的条件下发生解封闭固化反应，其解封闭温度为120～125℃。当w(BIP)小于15%时，胶束可稳定贮存3个月以上。

（3）随着BIP用量的增加，BIP/PVA复合胶黏剂的粘接强度增强，耐水性能显著提高，但稳定性逐渐降低。

（十）双组分水性聚氨酯胶黏剂

1. 原材料与配方（质量份）

（1）多元醇组分

聚己二酸-1,4-丁二醇酯二醇(PBA)	80	三乙胺(TEA)	1.0
甲苯二异氰酸酯(TDI)	20	二月桂酸二丁基锡(DBTDL)	0.5
二羟甲基丙酸(DMPA)	6.0	去离子水	适量
1,4-丁二醇(BDO)	4.0	其他助剂	适量
三羟甲基丙烷(TMP)	3.0		

（2）固化剂组分

六亚甲基二异氰酸酯(HDI)三聚体	100	二正丁胺	1～3
聚乙二醇(PEG800)	11	其他助剂	适量

（3）多元醇∶固化剂＝100∶5

2. 制备方法

（1）多元醇组分的合成　在装有冷凝管、搅拌器、加热器的干燥三颈瓶中加入DMPA粉末和经脱水处理的PBA。通冷凝水，开启搅拌，加热至40℃，缓慢滴入TDI，并加入催化剂DBTDL，升温至70～80℃进行反应。待—NCO含量达到理论值时，加入计量的BDO和TMP，反应过程中视体系黏度大小加入丁酮降黏。待—NCO含量达到理论值时，降温至40℃，加入中和剂TEA，搅拌15min后，降至室温，缓慢加入去离子水，乳化30min即得WPU胶黏剂的多元醇组分。每次实验投料均保持n(—NCO)/n(—OH)＝0.90，实验所制备的全部样品固含量始终保持30%（质量分数）左右。

（2）固化剂组分的合成　在装有冷凝管、搅拌器、加热器的干燥三颈瓶中预先加入HDI三聚体，在强力搅拌下缓慢滴加PEG，常温搅拌0.5h后，升温至80℃反应一段时间，用二正丁胺滴定法测定—NCO含量，如达到理论值，终止反应即得到亲水改性的多异氰酸酯固化剂。实验原理见图3-7。

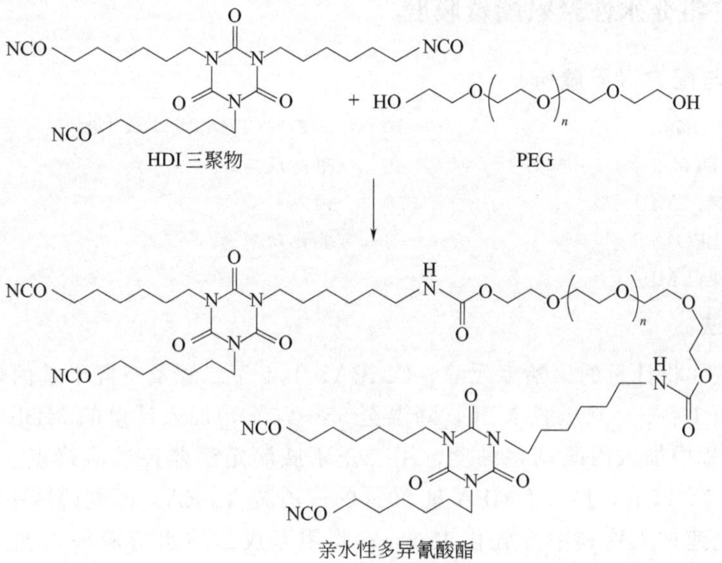

HDI三聚物　＋　PEG

↓

亲水性多异氰酸酯

图3-7　亲水性多异氰酸酯固化剂的制备

（3）多元醇组分与固化剂组分的配制　将上述合成的多元醇组分和固化剂组分按质量比100∶5混合，手动搅拌均匀即得双组分WPU胶黏剂乳液。

3. 性能

本产品与其他WPU商品及溶剂型聚氨酯的性能对比见表3-10。

4. 效果

（1）当DMPA、BDO及TMP的质量分数分别为6%、4%及3%时，可获得性能稳定、粘接强度较好的多元醇组分。

表 3-10　本产品与其他 WPU 商品及溶剂型聚氨酯的性能对比

指标	德力水性 PU 胶 8805(双组分)	宇田化工鞋用水性 PU 胶 YAS-906 (单组分)	本实验产品	昌裕高科双组分溶剂型聚氨酯黏合剂
外观	乳白泛蓝	乳白泛蓝	乳白泛蓝	无色透明
固含量/%	50	40	30	60
黏度/mPa·s	5000	313	3500	5000
pH 值	7～8	7～8	7～8	7～8
贮存稳定性/月	>6	>6	>6	12
胶膜吸水率/%	4.00	4.23	4.12	3.77
表干时间/min	13	18	15	8
初始剥离强度/(N/mm)	2.7	2.6	2.6	3.3
最终剥离强度/(N/mm)	>4.0(基材破坏)	4.0	>4.0(基材破坏)	>4.0(基材破坏)

注：表干时间的测试温度为 50℃。

（2）选择 PEG-800 作为亲水组分对 HDI 三聚体进行改性，合成固化剂组分。最佳反应时间为 5h，PEG-800 的最佳质量分数为 11%。

（十一）单组分水性聚氨酯覆膜胶

1. 原材料与配方（质量份）

聚酯多元醇 PD-56	70	三乙胺(TEA)或二正丁胺	0.5～1.0
MDI-2960/TDI 混合物	30	甲基戊二胺	1～3
三羟甲基丙烷(TMP)	3.0	丙酮	适量
1,4-丁二醇(BPO)	1～4	其他助剂	适量
二羟甲基丙酸(DMPA)	2～5		

2. 制备方法

（1）丙酮法　将计量的聚酯多元醇、DMPA、1,4-丁二醇及三羟甲基丙烷加入四口烧瓶中，缓慢升温至 100℃，减压脱水 2h，降温至 65～75℃，加入计量的 MDI-2460，70℃反应 2～5h，反应过程中加入丙酮调整黏度，用二正丁胺滴定法监控反应终点。待到反应终点，将物料降温至 55℃以下，加入 DMPA 量 90%的三乙胺（TEA）丙酮溶液中和 10min，将计量的去离子水迅速加入物料中，乳化 15min；将甲基戊二胺水溶液加入乳液中，继续乳化 5min，缓慢搅拌 1h。将物料升温至 50℃左右，真空脱除丙酮，得到固含量为 40%、半透明的淡蓝色乳液，200 目滤网过滤。将此乳液在常温下熟化 24h，得到性能稳定的 WPU 乳液。

（2）熔融分散法　将计量的聚酯多元醇、DMPA、1,4-丁二醇及三羟甲基丙烷加入四口烧瓶中，缓慢升温至 100℃，减压脱水 2h，降温至 65～75℃，加入计量的 MDI-2460，在 80℃反应 2～5h，保持物料温度至 75℃以上，加入 DMPA 量 90%的 TEA 中和 10min，然后将温度在 75℃以上的去离子水迅速加入，乳化 15min，缓慢搅拌 1h，得到固含量为 40%、半透明的淡蓝色乳液，200 目滤网过滤，即为性能稳定的 WPU 乳液。

（3）预聚体分散法　将计量的聚酯多元醇、DMPA、1,4-丁二醇及 TMP 加入四口烧瓶中，缓慢升温至 100℃，减压脱水 2h，降温至 55～65℃，加入计量的 MDI-2460 和 TDI，在 80℃反应 2～5h，二正丁胺滴定法监控反应终点。待到反应终点，将物料降温至 55℃以下，加入DMPA量90%的TEA中和10min，将去离子水迅速加入，乳化10min，然后加入甲基戊二胺水溶液，继续乳化5min，缓慢搅拌1h，得到固含量为40%、半透明的淡蓝色乳液，200目滤网过滤。将乳液在常温下熟化24h，得到性能稳定的WPU乳液。

(4) 上机试验　将干式复合机的三段烘道温度分别调整为70℃、85℃、75℃，并增强鼓风；热辊温度50～60℃；使用180目网线辊，将上述WPU覆膜胶倒入干式复合机胶槽，网线辊一旦接触到胶面则必须保证有一定的转速，防止胶液在网线辊上结皮。待上述工作准备妥当，即可开始复合作业，压辊压力0.5～0.7MPa，机速50～100m/min。

3. 性能

水性覆膜胶小试重现性实验结果见表3-11。

表3-11　水性覆膜胶小试重现性实验结果

实验材料	初黏性/(N/15nm)	最终强度/(N/15mm)
透明PE/PE镀铝	2.3	PE膜破坏
PET镀铝/BOPP	2.5	2.6
透明PE/黑白膜	2.5	PE膜破坏

从表3-11可以看出，WPU覆膜胶对透明PE/PE镀铝、PET镀铝/BOPP、透明PE/黑白膜粘接良好，说明上述原料配比、制备工艺及工艺参数均选择适当。

4. 效果

(1) 预聚体分散法制备WPU覆膜胶，比丙酮法更有成本优势，比熔融法更有性能优势，具有较好的性价比，是合成WPU覆膜胶的理想方法。

(2) 用MDI-2460和TDI混合异氰酸酯、聚酯多元醇PD-56，预聚体—NCO含量在2.5%～3.0%时，预聚体分散法合成的WPU覆膜胶，综合性能较好；单组分使用时，因初黏性大于2N/15mm，下机即可分切。

(3) 在软包装方面，WPU用于覆膜胶比PVA水溶液、EVA乳液、改性淀粉和丙烯酸酯乳液使用范围更广、性能更优。

(十二) 不同硬段型水性聚氨酯胶黏剂

1. 原材料与配方（质量份）

	配方1	配方2
聚醚二元醇(N120)	70	70
甲苯二异氰酸酯(TDI)	3.0	—
异佛尔酮二异氰酸酯(IPDI)	—	30
三羟甲基丙酸(DMPA)	8.0	8.0
N-甲基-2-吡咯烷酮(NMP)	1～2	1～2
二月桂酸二丁基锡(DBTDL)	0.5	0.5
三乙胺(TEA)	1～1.5	1～1.5
乙二胺(DEA)	1～2	1～2
二正丁胺(DBA)	1～2	1～2
去离子水	适量	适量
其他助剂	适量	适量

2. 制备方法

将聚醚二元醇在120℃真空0.1MPa的条件下脱水2h后，降至室温。将定量{R[n(—NCO)/n(—OH)]=1.3}聚醚二元醇加入到装有回流冷凝管、温度计的250mL干燥三口烧瓶中，加热到40℃左右加入一定量{R[n(—NCO)/n—(OH)]=1.3}的IPDI/TDI，反应初期N_2保护，在80℃反应2h，至—NCO含量达到第一阶段反应的理论值（用二正丁胺滴定法），降温至70℃加入DMPA（用NMP溶解），反应3～4h，反应过程中视体系黏度大小加入适量丙酮，至—NCO含量达到第二步反应的理论值，冷却至40℃，在高速搅拌下加三乙胺的去离子水乳化15min，继续用乙二胺扩链30min，即得水性聚氨酯胶黏剂产品。

3. 性能

IPDI型水性聚氨酯胶膜的拉伸强度见表3-12。

表3-12　IPDI型水性聚氨酯胶膜拉伸强度

试样号	DMPA含量/%	拉伸强度/MPa
1	5.0	0.66
2	6.0	1.59
3	7.0	2.38
4	8.0	3.37
5	9.0	4.38

4. 效果

(1) 对于TDI型和IPDI型WPU，当DMPA的含量分别为3.0%（质量分数）和8.0%（质量分数）时，得到的水性聚氨酯稳定、透明、耐溶剂性相对较好；此条件下的黏度分别为2000mPa·s和6950mPa·s；两者的热稳定性都较好，起始分解温度分别达到350.8℃和295.0℃；IPDI型WPU机械强度高，拉伸强度为3.37MPa；且随DMPA含量的增加，TDI型WPU黏度增大，IPDI型WPU黏度先增大后减小。

(2) TDI型WPU热稳定性及耐溶剂性相对较好，但在使用过程中容易黄变，胶膜的表面发黏，力学性能难以测试；而IPDI型WPU胶膜则无表面发黏、黄变现象，而且其乳液透明度高、稳定性强，力学性能相对较好；故综合比较各种性能，IPDI型WPU相对较佳。

(十三) 硅溶胶改性水性聚氨酯胶黏剂

1. 原材料与配方（质量份）

聚酯多元醇	70	硅溶胶	5.0
甲苯二异氰酸酯(TDI)	30	三乙胺	0.3
二羟甲基丙酸(DMPA)	3.0	乙二胺	0.3
二月桂酸二丁基锡(DBTDL)	0.5	丙酮	适量
去离子水	适量	其他助剂	适量

2. 制备方法

(1) 原料预处理　丙酮使用前用分子筛浸泡7d以上，备用；聚酯多元醇使用前在

105℃时抽真空脱水若干时间，冷却后置于干燥器中，备用。

(2) WPU的合成 在带有搅拌器和冷凝管的三口烧瓶中加入脱水处理过的聚酯多元醇、适量TDI、催化剂（DBTDL），反应1h；然后加入DMPA（期间可加入适量丙酮控制预聚体的黏度），反应3h；冷却至室温，加入硅溶胶，反应0.5h；加入TEA中和成盐，再加入EDA进行扩链反应，并在高速搅拌下加入去离子水乳化；最后减压蒸馏除去丙酮，得到所需产品。

3. 性能与效果

以硅溶胶作为WPU的改性剂，探讨了硅溶胶掺量对WPU及其胶膜的力学性能、剥离强度、疏水性和耐热性等的影响。

(1) 随着硅溶胶掺量的不断增加，WPU胶膜的硬度增大、吸水率降低（即耐水性提高）且疏水性增强，乳液的平均粒径增大。

(2) 适量的硅溶胶能显著提高复合薄膜的剥离强度；当w(硅溶胶)=5%时，复合薄膜的剥离强度（为5.0N/25mm）相对最大；继续增加硅溶胶的掺量，剥离强度反而降低。

(3) 当w(硅溶胶)=5%时，改性WPU胶膜的断裂伸长率（为1658%）相对最大，热稳定性略有提高。

（十四）磺酸型水性聚氨酯胶黏剂

1. 原材料与配方（质量份）

原材料	质量份	原材料	质量份
聚己内酯二元醇(PCL)	70	乙烯-醋酸乙烯酯(EVA)	10～20
异佛尔酮二异氰酸酯(IPDI)	30	三乙胺(TEA)	1～2
2,4-二氨基苯磺酸钠(SDBS)	2.0	蒸馏水	适量
2,2-二羟甲基丙酸(DMPA)	1.5	其他助剂	适量

2. 制备方法

将PCL加入配有电动搅拌器、温度计和氮气进出口的四口烧瓶中，在120℃左右抽真空脱水30min；降温至70～90℃后，加入IPDI，在氮气保护下搅拌反应至—NCO达到理论值（二正丁胺法判断），再加入DMPA、SDBS进行扩链反应，然后加入TEA中和反应；最后在强烈搅拌条件下加入EVA和计量的蒸馏水（按设定固含量计），得到固含量高于50%（按配方要求设计）的水性聚氨酯乳液。

3. 性能与效果

采用羧酸盐和磺酸盐共同作为亲水扩链剂来制备性能优异的聚氨酯胶黏剂。磺酸根比羧酸根的亲水性更强，在保证亲水性要求的前提下，降低总亲水性基团含量，可提高WPU的耐水性；羧酸型扩链剂则更稳定，两种扩链剂混合使用可以优势互补。此法合成的WPU与乙烯-醋酸乙烯酯（EVA）有良好的相容性，EVA乳液具有成膜性能和黏结性能好、高固含量（可达55%）、低成本等优点，但其力学性能、耐水性能等尚需进一步改进。

现采用预聚体合成法，以二羟甲基丙酸（DMPA）和2,4-二氨基苯磺酸钠（SDBS）为亲水扩链剂，制备了一种水性聚氨酯预聚体，再将高分子乳液乙烯-醋酸乙烯酯（EVA）与去离子水均匀混合对其乳化，制得固含量高达50%的磺酸型水性聚氨酯鞋用胶黏剂。利用红外光谱对SDBS和聚氨酯的结构进行了表征，证实了SDBS作为亲水扩链剂进入聚氨酯链上。研究了SDBS用量对胶黏剂的剥离强度、耐热性及稳定性的影响。当SDBS用量从0增加到2.5%时，皮革初期剥离力由20.98N上升至89.23N，其耐热性和稳定性也有所增强。透射电镜图片显示，与EVA共乳化后的磺酸型水性聚氨酯（SWPU）乳液分散均匀，呈圆球状。

（十五）水溶性聚氨酯热熔胶

1. 原材料与配方（质量份）

聚乙二醇(PEG)	94	抗氧剂(2,6-二叔丁基对甲酚)	1～2
甲苯二异氰酸酯(TDI)	100	其他助剂	适量

2. 制备方法

准确称取PEG等原料置于四口瓶中，加入适量甲苯，油浴加热脱水后降温至60℃；以2～4滴/min的速度滴加一定量的TDI，用氮气保护。当有包轴现象出现时，适当升温，滴加速度改为1滴/min；TDI滴加结束后，控制反应温度为120～125℃，反应2～5h后，产物变稠、发亮并能拉成丝状时，加入少量的抗氧剂；降温，将产物倒在铝板上凝固为淡黄色固体。

3. 性能

胶丝直径与水溶时间见表3-13。

表3-13 胶丝直径与水溶时间

胶丝直径/mm	水溶时间/s
0.045	6
0.060	9
0.101	17
0.123	23
0.172	30

由表3-13可知，产品水溶解性能好。随着热熔胶用量的增大，其溶解时间也在增加。作为保护性涂层溶于水后，胶膜从被涂覆物体表面脱落，无残留胶痕。

4. 效果

在PEG8000、PEG600、PEG200、乙二醇和TDI的摩尔比为1∶1∶0.8∶1∶4，以及滴加TDI的温度为60～70℃、氮气保护反应4h，反应温度为120～125℃的条件下，制得的水溶性聚氨酯热熔胶的软化点为59.5℃、粘接强度为2.588MPa，其胶丝在水中的溶解性能好，可以作为电子产品零配件等工业半成品的表面保护涂层。

第二节 水性环氧胶黏剂

一、简介

（一）基本特点

环氧树脂胶黏剂是一种使用历史较久，用途极其广泛的胶黏剂。由于其强度、多样性和对多种多样的被粘表面具有优异的粘接力，环氧树脂胶黏剂得到了用户的广泛认同。它们已经参与和加快了某些工业部门的技术革命。环氧树脂可用于粘接金属、玻璃、陶瓷、塑料、木材、混凝土及其他一些表面。在美国生产的环氧树脂中，10%以上用作胶黏剂。

环氧树脂胶黏剂具有下列重要特点。

(1) 粘接性　由于含有环氧基、羟基、氨基及其他极性基团，环氧树脂对金属、玻璃和陶瓷等材料具有高粘接力。它们能配制成低黏度的混合物，从而改善润湿、铺展与渗透作用。多样性的官能团也赋予它们在金属和塑料之间有良好的亲和性。如环氧树脂可用于粘接印刷电路中的铜与酚醛层压板。

(2) 内聚性　当树脂适度固化时，在胶合面内的内聚强度足够大，同时在环氧与其他材料间的粘接力又足够好，在应力下的破坏常常发生于被粘物之一，而不是环氧树脂或粘接界面。例如，这种情况发生于玻璃和铝以及较弱混凝土与木材之类的被粘物。

(3) 100%固含量　与酚醛或某些其他树脂胶黏剂不同，环氧树脂固化时并不释放反应水或其他缩合副产物。这就使得粘接只需要接触压力或者完全不需要压力。此外，因为不需要脱除水或挥发性溶剂，环氧树脂可方便地用于金属与玻璃等表面的粘接或装配。

(4) 低收缩率　环氧树脂固化时的收缩率比丙烯酸系和聚酯类等胶黏剂要低得多，因此其胶合面的应变较小，而粘接较强。其收缩率还可通过加入氧化硅、铝及其他无机填料而进一步降低。

(5) 低蠕变性　像其他热固性树脂一样，固化的环氧树脂在长期应力作用下能保持其形状，其保持性比热塑性胶（如聚醋酸乙烯等）好。

(6) 耐潮性与耐溶剂性　与蛋白质、淀粉、糊精、树胶及聚乙烯醇不同，环氧树脂对潮气不敏感。它们也有杰出的耐溶剂性。它们是电机等方面常用的有效热包埋或灌封胶。

(7) 易改性　环氧胶的性质有多种改善途径，例如，选择不同的基础树脂和固化剂、同其他树脂共混或合金化、同填料配合等。

(8) 能在较低温度下固化　在室温或更低温度下于5min内固化的环氧胶，也能通过选择特殊固化剂配制而成。

(9) 耐温范围宽　特别配制的环氧树脂胶，既能用于低温下，也能在高温环境（超过260℃）下连续使用。

环氧树脂的主要缺点如下。

(1) 毒性　有些环氧树脂和稀释剂能引起皮肤炎。有些胺类固化剂有毒。但固化的环氧对健康无害。

(2) 使用和贮存寿命低　大多数双组分环氧胶黏剂必须在混合不久后使用。有些薄膜和胶带胶黏剂必须在低温下贮存以延长寿命，但这会部分牺牲它们的方便易用性与可靠性的优点。

(3) 成本偏高　环氧树脂并不便宜；但因它们的粘接面较薄，其在大多数工业产品装配总成本中所占比例并不算高。

随着时代的发展，对胶黏剂的要求越来越高。诸如，为适应环保要求，胶黏剂应无污染，对操作人员无毒、无刺激性；为适应科学技术的发展，要求尽量完美的高性能；为适应现代工业发展，要求生产效率高，使用简便；为适应市场竞争，要求成本低，价格低等。水基环氧胶黏剂正是为适应上述要求而开发的。

水基环氧胶黏剂可分为水溶液型和水性分散液或乳液型两大类。前者由于不可能制备出高固含量产品，含水量高，水分蒸发困难，能耗大，作为胶黏剂很少使用。而水乳液型可以做到高固含量，低黏度，水分较易挥发，施工方便，所以发展很快，得到越来越广泛的应用。

（二）水性环氧胶黏剂的应用

水性环氧胶黏剂经过几十年的研究开发，配方和制造技术不断改进，品种不断增多，应用领域不断扩大。但是，至今为止以环氧树脂乳液为原料的胶黏剂的应用远不如涂料那么广泛，水基环氧胶黏剂比较成功的应用主要是建筑领域。因此，以下重点叙述其在建筑方面的应用，仅简略地介绍在其他领域的应用。

一般环氧胶黏剂在建筑领域使用很不方便，其原因如下：单组分环氧胶黏剂一般需要加热固化；双组分环氧胶黏剂需要严格计量混配；被粘接面要求清洁干燥等。这在建筑工地是难以做到的。另外，为方便施工，降低黏度，一般使用液态固化剂，有时还需要加入稀释剂甚至溶剂。这些化学物质对操作者有害，又会污染环境，使一般环氧胶黏剂在建筑领域的应用受到很大限制。而单组分水基环氧胶黏剂可以克服上述缺点，很适宜在建筑领域使用，它具有以下优点。

（1）可用水稀释以降低黏度，无毒，无刺激性，不污染环境。

（2）单组分，在施工现场不需要严格称量混配即可使用。

（3）被粘接面不需要干燥处理，对潮湿表面有良好的粘接性。

（4）固化速度快，在20～30℃、6h便可达到足够强度，可加快施工进度。

（5）可对混凝土、金属、瓷砖、花岗石、大理石等多种建筑材料进行粘接。

表3-14列出了CE-1胶黏剂的粘接强度。

表3-14　CE-1胶黏剂的粘接强度

胶黏剂配方	质量比	胶粘材料	固化温度/时间	剪切强度/MPa
CE-1乳液/水泥	1/67	钢—钢	25～30℃/1d	4.85
		钢—钢	25～30℃/7d	5.10
CE-1乳液/石灰	1/1	钢—钢	25～30℃/1d	3.94
		钢—钢	25～30℃/7d	5.07
CE-1乳液/水泥	1/2	黄铜—黄铜	22～30℃/1d	3.04
		黄铜—黄铜	22～36℃/7d	4.40
CE-1乳液/石灰	1/107	黄铜—黄铜	22～36℃/1d	2.70
		黄铜—黄铜	22～36℃/7d	3.85
CE-1乳液/水泥	1/107	混凝土—混凝土	28～32℃/1d	＞2.98①
		混凝土—混凝土	28～32℃/7d	＞2.68①

① 混凝土本身破坏。

这种单组分水基环氧胶黏剂在建筑领域的应用如下。

（1）混凝土的粘接　特别适宜对旧建筑物的修缮、加固。如用于修补卫生间地面裂缝，6h后可不漏水。

（2）水泥预制品的修补　现代建筑工程大量使用水泥预制品，如梁、柱、地板、大直径管道等。在制造过程中，水泥预制品往往会出现缺陷、裂缝等；在搬运过程中也会因碰撞而损伤。这些缺陷和损伤用前必须进行修补。这种水基环氧胶黏剂很适合这种用途。据报道，当用于修补水泥制品厂直径 2m 的钢筋混凝土自来水管道时，修补 6h 后可耐水压 0.6MPa。

(3) 粘贴装饰材料　可以在建筑物的混凝土、水泥砂浆等基材表面粘贴铜、不锈钢、花岗石、大理石等装饰材料。

(4) 作为固定金属锚杆的锚固剂　在隧道和地下工程施工中采用锚喷支护法；在厂房地面安装大型设备，都需要固定金属锚杆。现在多数使用不饱和聚酯锚固剂，系双组分，包装和使用都比较复杂。使用时也难以保证混合均匀，强度会受到不同程度的影响。采用单组分水基环氧胶黏剂可以克服上述缺点，很有推广价值。

(5) 用作工业厂房的防腐耐磨地坪材料　单组分环氧树脂乳液可同一定比例的水泥、沙、石混合，用作地坪材料，具有很好的强韧性、耐磨性及防腐性能。

单组分水基环氧胶黏剂在建筑领域的应用有其突出特点，值得大力开发和推广应用。还应针对该领域的实际应用不断提出新要求，开发系列化新产品。

除在建筑领域的应用之外，见诸报道的用途还有如下几种。

(1) 无纺布制造　用水基环氧乳液作为胶黏剂，或用它对现用无纺布胶乳进行改性，可提高无纺布的粘接强度、力学性能和耐化学腐蚀性。

(2) 复合材料的制造　用水基环氧胶黏剂浸渍玻璃布、无纺布、碳纤维织物等，先使水蒸发，再压成复合材料。可制作印刷线路板并与铜箔粘接，可提高粘接强度，消除溶剂污染。

水基环氧乳液在乳化技术、环氧树脂改性、配方选择等方面研究较多，相比之下在胶黏剂应用市场的开发方面还显不够。如在汽车制造、复合材料、无纺布等领域都显示出较好的市场前景，应加大推广应用的力度。

二、水性环氧胶黏剂实用配方

1. 自乳化环氧树脂（质量份）

双酚A环氧树脂	100	聚氧乙烯醚 1mol } 聚酯		32
丁醇	20	马来酸酐 2mol		
甲苯	60	双酚A 2.6mol		
水	适量	其他助剂		适量

说明：环氧乳液为乳白色，固含量 50%，黏度 40mPa·s，平均粒径 0.7μm，乳液稳定性好，12 个月不发生沉淀，可用来制备胶黏剂与涂料。

2. 水性双组分环氧胶黏剂（质量份）

组分	配方 1	配方 2	配方 3
EPI-Rez W55-5003 环氧	100	—	100
EPI-Rez W60-3515 环氧	—	100	—
固化剂	24.1	21.6	24.1
环氧基硅烷	—	—	1:0
水	适量	适量	适量
其他助剂	适量	适量	适量

说明：固含量 45%，胶层剪切强度：铝/铝为 10.2MPa，冷轧钢板为 15.2MPa，SMS 片状模料为 3.5MPa 等。

3. 加热固化型水性环氧胶黏剂（质量份）

组分	配方1	配方2	配方3
EPI-Rez(CMD) W60-3522环氧	100	—	—
EPI-Rez W60-3522环氧	—	100	—
EPI-Rez W60-3520环氧	—	—	100
双氰双胺	3.5	2.25	2.25
2-甲基咪唑	0.15	0.2	0.2
水	适量	适量	适量
其他助剂	适量	适量	适量

说明：固含量50%，铅笔硬度4H，剪切强度：铝/铝为20～25MPa，SHC/SMC为3.3～4.4MPa，SMC/冷轧钢为2.5～4.2MPa。

4. 可固化型环氧水性胶黏剂（质量份）

组分	配方1	配方2	配方3	配方4	配方5	配方6
环氧树脂(RHTAPOX)	100	100	100	100	100	100
二胺	40.6	43.17	47	47	—	40.6
酸式铵盐	30.6	35	30.5	41	82	30.3
消泡剂	45	5.0	10	5.0	5.0	—
乳化剂	44	100	100	120	70	44
水	104	50	40	100	20	104
其他助剂	适量	适量	适量	适量	适量	适量

说明：主要用于制备水泥砂浆，修复古建筑，制备污水管道或作为地板胶使用。

5. 甲基丙烯酸酯改性环氧水性胶黏剂（质量份）

组分	用量	组分	用量
环氧树脂	100	*N*,*N*-二甲氨基乙醇	1～2
甲基丙烯酸酯	10～20	过氧化苯甲酰	1～3
丙烯酸丁酯	5～10	蒸馏水	适量
苯乙烯	1～5	其他助剂	适量

说明：附着力1级，柔韧性1mm，铅笔硬度4～6H，耐水性＞30d，耐盐水160h，耐酸性120h，耐碱性48h。

6. 水性环氧柔性覆铜板用胶黏剂（质量份）

组分	用量	组分	用量
水性环氧	100	消泡剂	0.1～1.0
丙烯酸共聚物乳液	10～30	水	适量
双氰胺	5～15	其他助剂	适量

说明：主要用于柔性覆铜板的制作。

三、水性环氧胶黏剂配方与制备实例

（一）直接喷射制版用水性紫外光感光环氧胶黏剂

1. 原材料与配方（质量份）

组分	用量	组分	用量
丙烯酸改性环氧预聚物	100	消泡剂	8.0
二缩三丙二醇二丙烯酸酯(TPG-DA)	120	表面活性剂	36
活性单体		稀释剂	100
4-氯二苯甲酮光引发剂	16	去离子水	适量
稳定剂	16	其他助剂	适量
流平剂	4.0		

2. 制备方法

称取各组分物质，在50～70℃恒温加热、搅拌速度为500～700r/min的条件下，将光引发剂缓慢并均匀地加入到活性单体中，待光引发剂完全溶解后，缓慢且均匀地加入水性低聚物，充分混合，最后加入添加剂和稀释剂，搅拌至充分混合，继续搅拌一段时间后收料。其中，光引发剂和水性低聚物的加入时间控制在25～40min。

3. 性能

感光胶主要性能测试见表3-15。

表3-15　感光胶主要性能测试

性能参数	测试结果
外观	微黄透明液体
光固化时间/s	2
pH值	8～9
黏度/mPa·s	58
耐磨性/g	0.007
附着力	0
硬度	2

4. 效果

相对现在用于喷射式直接制版的墨水或树脂及树脂混合物，使用本配方提供的方法制备的水性UV感光胶，固化速度快、固化温度低，特别是其以水或水/乙醇混合物为稀释剂时，黏度调节便捷，且不含挥发性有机化合物，不污染环境，无刺激性和臭味。相对于已有的水性UV材料附着力较强，且耐磨性不强等缺点，使用该水性UV感光胶进行直接喷射制版，所得印版干燥时间短且附着力和耐磨性相对较好，耐印力较高；所用设备易于清洗、能源消耗低，设备体积小，适合于大力推广使用；其工艺方法简单，容易实现，具有较好的应用前景。

（二）改性环氧树脂水性胶黏剂

1. 原材料与配方（质量份）

A组分

环氧树脂(EP)	100	消泡剂	1～2
液体端羧基丁腈橡胶(CTBN)	10	润湿剂	1～2
柔性聚醚胺(D400)	30	其他助剂	适量
二乙基甲苯二胺(DETDA)	25		

B组分

柔性聚醚胺（D460）：二乙基甲苯二胺=1：1

2. 制备方法

（1）EP胶黏剂的制备

① A组分（CTBN改性EP）的制备：按配比将CTBN、EP加入到带有温度计的三口烧瓶中，120℃搅拌反应2h，冷却至室温即可。

② B组分的制备：按配比将D400和DETDA充分搅拌均匀即可。

(2) 胶接件的制备

① 基材表面处理：先用1#砂纸粗磨基材，后用2#砂纸细磨基材，以除去基材表面的锈迹、污渍，使基材表面平整光亮；然后用丙酮和乙醇清洗基材表面，室温晾干即可。

② 胶接件的制备：按比例将A、B组分混合均匀，采用刮涂法将胶黏剂涂覆在被粘基材表面，复合后充分固化即可。

3. 性能

改性前后EP胶黏剂的强度和韧性见表3-16。

表3-16 改性前后EP胶黏剂的强度和韧性

m(CTBN)∶m(D400)	拉伸剪切强度/MPa	拉伸强度/MPa	冲击强度/(kJ/m^2)
0∶0	32.3	18.4	8.3
10∶0	35.5	27.1	11.2
0∶30	39.2	22.6	13.8
10∶30	43.4	34.2	16.4

4. 效果

以CTBN和D400共同增韧EP胶黏剂，并采用正交试验法优化反应条件，制备出韧性和强度俱佳的双组分EP胶黏剂。

(1) CTBN和D400对3种强度均有增强效果。

(2) 通过2次正交试验，得到制备EP胶黏剂的最优方案是w(CTBN)=10%、w(DETDA)=25%、w(D400)=30%，预固化温度60℃、预固化时间2h，固化温度160℃和固化时间4h。

(3) 同时添加10%CTBN和30%D400体系的强度和韧性相对最好，其拉伸剪切强度（为43.3MPa）、拉伸强度（为34.2MPa）和冲击强度（为16.4kJ/m^2）比未加改性剂体系分别提高了34.4%、85.9%和97.6%。

(三) 水性环氧树脂乳液胶黏剂

1. 原材料与配方（质量份）

环氧树脂	CYD-014u	100
主单体	BA,St	53/45(质量比)
功能单体	MAA	23
溶剂	$C_4H_{10}O$,PM	60
引发剂	BPO	4.67～7.33
中和剂	$C_6H_{15}N$	适量
分散剂	去离子水	300

2. 制备方法

向四口烧瓶中按比例加入溶剂丙二醇单甲醚和正丁醇，再加入环氧树脂CYD-014u搅拌升温到110℃使其溶解。向反应瓶中滴加预先按配方混合均匀的含有溶剂、单体、引发剂的混合溶液，约45min滴完。之后于110℃恒温反应3h，降温至60℃，加入适量三乙胺，调节pH值至7，反应10～15min。降温到45℃后向体系中滴加配方量的水，高速搅拌1h，降到室温，出料。

3. 性能

不同烘干温度下胶膜的性能见表3-17。

表3-17　不同烘干温度下胶膜的性能

烘干温度/℃	胶膜外观	附着力	耐冲击性/cm
室温	有细小裂纹	7级	10
60	有极少气泡	5级	20
80	平整、透明、光泽度好	4级	25
100	有少许气泡	6级	25
120	光泽度差且有细小裂纹	6级	10

当烘干温度为60℃时，胶膜出现小裂纹和气泡。因温度较低时，环氧树脂的交联度低，胶膜固化不完全，韧性差，导致胶膜不平整。随着烘干温度的提高，胶膜的固化趋于完全，柔韧性变好。当烘干温度为80℃时，附着力可达到4级，耐冲击性为25cm。而烘干温度为120℃时，胶膜连续，但其他性能较差。综上考虑，选择烘干温度为80℃较合适。

4. 效果

采用甲基丙烯酸（MAA）为功能单体，引入极性基团羧基，然后用三乙胺中和成盐，加水相反转，得到水性环氧树脂乳液。结果表明，反应温度为110℃，采用正丁醇和丙二醇甲醚溶解环氧树脂，并使用三乙胺为中和剂时，得到的乳液性能较好。随引发剂用量的增大，黏度降低。乳液具有良好的稀释、冻融和贮存稳定性。当固化剂用量为15%，烘干温度为80℃时，制得的胶膜综合性能较好。

(四) 多巯基水性环氧低温胶黏剂

1. 原材料与配方（质量份）

水性环氧树脂	50	三乙胺(TEA)促进剂	0.1～1.0
多巯基封端聚氨酯分散体(PUD-SH)	50	其他助剂	适量

2. 制备方法

(1) PUD-SH的制备　在装有机械搅拌器、温度计和回流冷凝管的四口烧瓶中加入21.11g N-210和19.03g IPDI，搅拌均匀；然后加入0.15g DBTDL，缓慢升温至70℃，反应5h；再加入DMPA（3.02g)/NMP（7g）溶液，70℃继续反应5h；随后加入28.31g三羟甲基丙烷三（2-巯基乙酸酯），恒温反应3h后降温至50～55℃；加入1.76g TEA中和，搅拌0.5h；最后在高速搅拌状态下加入139.2g去离子水和少量消泡剂，700r/min搅拌0.5h，出料后得到固含量为32%的PUD-SH。

(2) 水性EP的制备　在装有机械搅拌器、温度计和回流冷凝管的四口烧瓶中加入100g EP、21.67g IPDI、0.2g DBTDL、12g DMPA、20g丙酮和10g NMP，升温至50℃，恒温反应4.5h；然后用9.52g TEA中和，高速搅拌条件下加入163.19g去离子水和少量消泡剂，700r/min搅拌0.5h，得到固含量为46%的水性EP。

(3) 水性EP胶黏剂制备　按照配方［n(环氧基)＝n(巯基)］加入计量的水性EP和PUD-SH，搅拌分散5min；再加入TEA促进剂，30s内搅拌均匀；随后将上述物料均匀涂覆在聚四氟乙烯板上（约100μm厚），并分别于5℃、10℃、32℃时固化若干时间。

3. 性能与效果

(1) PUD-SH粒径（100.3nm）较小，外观呈半透明（泛蓝光）状微乳液；其储存120d后仍不分层，并且在不同温度时对水性EP均具有良好的固化效果。

(2) PUD-SH是水性EP的低温固化剂，并且其反应速率较快。固化促进剂TEA能有效提高涂层的固化度，缩短其固化时间。

(3) 以PUD-SH作为水性EP的固化剂，所得胶层兼具PU和EP两者的优点，其应用前景良好。

(五) 水性环氧胶黏剂

1. 原材料与配方

(1) 乳液配方

原料	用量	原料	用量
环氧树脂(E-44)	100	正丁醇	1～2
甲基丙烯酸(MAA)	10	过氧化苯甲酰	0.5
苯乙烯(St)	10	三乙醇胺	1～2
丙烯酸丁酯(BA)	30	水	适量
乙二醇单丁醚	2～3	其他助剂	适量

(2) 胶黏剂配方

原料	用量	原料	用量
环氧乳液	100	增黏剂	3～4
填料	10～15	中和剂	适量
分散剂	2～5	其他助剂	适量
润湿剂	1～2		

2. 制备方法

(1) 水性环氧树脂合成方法　向250mL三口烧瓶中加入约20g的环氧树脂，加入一定量的正丁醇和乙二醇单丁醚，加热升温至100℃，搅拌使环氧树脂完全溶解。向溶解后的液体中缓慢滴加经过预处理的甲基丙烯酸、丙烯酸丁酯、苯乙烯，以及引发剂BPO的混合溶液。将滴加完毕后的溶液加热至110℃继续搅拌反应约6h。反应完毕后将温度降至60℃，加入15mL 20%三乙醇胺将乳液的pH值调节至中性。继续搅拌30min。加水高速分散制成固含量约30%的乳液。

(2) 胶黏剂制备　称料—配料—混料—反应—卸料—备用。

3. 性能与效果

采用化学改性法以甲基丙烯酸、苯乙烯、丙烯酸丁酯为单体改性环氧树脂。所得改性环氧树脂用胺中和成盐，以水高速分散制成乳液，乳液固含量为33.6%，黏度为320mPa·s。

所制备胶黏剂稀释稳定性优良，粘接强度高，应用范围广。

（六）水性环氧/聚乙烯吡咯烷酮（PVP）固体胶

1. 原材料与配方

PVP	24	甘油	10
水性环氧树脂	6	防腐剂	0.3
硬脂酸钾	6		

2. 制备方法

将一定量的PVP、去离子水置于装有电动搅拌器、回流冷凝管、恒压滴液漏斗及温度计的四口烧瓶中，搅拌并加热升温至85℃左右，待PVP完全溶解后，加入预热好的水性环氧树脂乳液，搅拌均匀，加入适量的甘油、防腐剂等助剂。在80℃左右保温灌装，即得固体胶产品。

3. 性能

水性环氧树脂改性PVP固体胶的性能见表3-18。

表3-18　水性环氧树脂改性PVP固体胶的性能

序号	项目名称	QB/T 2857—2007	实测
1	外观	表面光滑，无明显变形	表面光滑有轻微明显变形
2	涂布性	容易涂布，无明显掉渣	容易涂布，有轻微掉渣
3	粘接性	纸破，黏合处不脱开	1min即纸破
4	不挥发物含量/%	PVP型≥35	40.45
5	耐寒性	恢复至室温，粘接性和涂布性仍达标	恢复至室温，粘接性和涂布性仍达标
6	防霉力	经72h试验无霉变	经110h试验无霉变

从表3-18可以看出，加水性环氧树脂的固体胶综合性能较好，安全环保，指标接近或达到国标规定。

4. 效果

（1）水性环氧树脂的加入能够有效降低PVP型固体胶溶液的黏度。用量在6%左右时，可大幅降低PVP胶液的黏度，提高固体胶的灌装效率和产品的合格率。

（2）按配方PVP24%、水性环氧树脂6%、硬脂酸钾6%、甘油10%、防腐剂0.3%生产环保型PVP型固体胶，产品的性能接近或达到国标要求。

第三节　水性酚醛树脂胶黏剂

一、简介

酚醛树脂是苯酚或取代苯酚同甲醛的反应产物。改变酚和醛的种类、酚/醛摩尔比、催化剂的种类和用量，或者反应时间与温度，其反应生成物均会不同。重要的商品酚包括苯酚C_6H_5OH、甲苯酚$CH_3C_6H_4OH$、二甲苯酚$(CH_3)_2C_6H_3OH$、对叔丁基苯酚等。

所用酚/醛摩尔比与催化剂的种类，决定着酚醛树脂是酚端基还是羟甲基端基

(—CH_2OH)。酚端基型酚醛树脂常称为“线型酚醛树脂”(novolac)或“两步型树脂”；这种树脂不是热反应型的，除非另外加入更多的甲醛，它们一般用六亚甲基四胺(简称“六次”)在加热下交联固化。如果分子链端为羟甲基，则可称为“甲阶酚醛树脂”(resole)或“一步型树脂”；这类树脂是热反应型的，在进一步加热下就会固化成热固性网状结构——除非将苯酚的邻位之一或对位预先封闭(例如采用对叔丁基苯酚)。两步型树脂在酚过量(即较高酚/醛摩尔比)与酸性催化剂存在下制备；一步型树脂在醛过量(即较低酚/醛摩尔比)与碱性催化剂存在下制备。

水性酚醛树脂包括低分子量的水溶性酚醛树脂(主要是甲阶树脂)和水分散型酚醛树脂两类，后者可由包括线型酚醛树脂在内的多种酚醛树脂制成，且稳定得多。

(一) 水溶性甲阶酚醛树脂的制备

一般甲阶酚醛树脂是否有水溶性或混溶性的关键是控制其加热反应的程度。在醛过量与碱性催化剂存在下，最初生成的产物主要是苯酚中两个邻位和一个对位上的氢部分或全部被羟甲基取代。在进一步加热下，可能发生两类缩合脱水反应导致分子量增大：一类为2个羟甲基之间缩合形成醚链节(—CH_2—O—CH_2—)；另一类为一个羟甲基同一个邻位或对位活泼氢原子之间反应产生亚甲基链节。

在加热反应程度不大时，产物含有比例较多的亲水基团(如羟甲基等)，是低黏度的水溶性液体；进一步反应脱水，在分子量增大的同时，亲水基团减少，就逐步变成同水混溶性很小或不混溶的高黏度液体，其后变成可粉碎的固体。

一般甲阶酚醛树脂的制备工艺是把氢氧化钠催化剂加入到苯酚和甲醛中，然后逐步加热到80～100℃。用真空控制反应温度在100℃以下，反应时间一般为1～3h。因为甲阶树脂进一步加热反应会凝胶，故脱水温度用真空控制在105℃以下。通常在150℃热板上测试凝胶时间，以监测反应程度并决定是否结束反应和出料。

低分子量水溶性树脂应在尽可能低的温度下完成生产反应，通常在50℃左右(反应活性较低的对位取代型甲阶树脂可以在高达120℃的温度下完成反应)。这类水溶性树脂固含量范围40%～70%，pH值范围7～7.5。其树脂分子量稍微增大(这在室温下也很难避免)，对水溶性或混溶性都会产生重大影响。因此这类树脂常按订货单制造，并在冷冻下贮存或装运，并且要马上使用。

液体甲阶酚醛树脂有两类：①含树脂的可溶性盐；②用过滤脱除了不溶性盐的树脂。这些盐是在综合碱性催化时形成的。在前一种类型中不必脱除其可溶性盐，因此成本较低。

采用对叔丁基苯酚制备甲阶树脂时，一般在制造期间要经过洗涤脱盐。在最初的碱性反应阶段后，在脱水之前，反应物料用一种芳香溶剂稀释，经中和形成一种水溶性盐。当停止搅拌时，水层(含有大多数盐)沉降到底部，接着进行溶液分离。再加入更多的水进行反复多次的洗涤。其后将树脂在真空下脱除溶剂，在冷却前形成所希望的分子量。

在有些应用中，需要使液体水溶性甲阶树脂保持与水的高混溶性。例如当其用作绝热胶黏剂时，它们要用相当多的水稀释后喷洒到玻璃和石棉纤维上。因此这类树脂也要求在冷冻下贮存和装运。固态甲阶树脂较稳定，只在热天才需冷冻。从对位取代酚类(如丁基苯酚)所制得的甲阶树脂可稳定1年以上。

水溶性酚醛树脂一般可以用黏度、相对密度、固含量和水溶性来表征。典型树脂的性能为：黏度 100mPa·s（25℃），固含量 60%，水溶性最低 2500%；固含量的测定方法是，称取 1～2g 样品，经过 135℃干燥 3h 后再称重，然后比较质量差。其他值得关注的性质还有 pH 值（7～7.5）、折射率（它可作为树脂制造期间固含量的快速检测指标）以及灰分。如果树脂已被中和成不溶性盐后过滤，灰分在 1%以下；如果树脂被中和成可溶性盐，灰分约为 3%。

一步甲阶树脂的相对分子质量范围通常为 150（可用水稀释的液体树脂）～1000 或更高（可粉碎的固体树脂）。

（二）线型酚醛树脂的制备

线型酚醛树脂一般在 pH 为 0.5～1.5 和甲醛/苯酚（F/P）摩尔比为 0.75～0.9 下合成。产品的相对分子质量范围一般为 500～900。其树脂中只含有亚甲基链节和酚端基而不存在羟甲基和醚键，因此它们的水溶性一般较差，其分子量较低者水溶性较好。

这类树脂的一个重要优点是在用六亚甲基四胺固化期间无反应水放出，收缩性小。六亚甲基四胺的用量一般为 6%～15%，当需要最佳热强度时其用量取较高值；当希望有热屈服特征时，则取较低值；在大多数应用中约采用 10%的六亚甲基四胺。

线型酚醛树脂也可以在 pH 值 4～7 范围内，采用锌、镁或碱性铝盐作催化剂制得。在较高 pH 值范围下，反应一般较慢，但是最终产物中含有较高的邻位/邻位链节（又称为高邻位树脂）。这类树脂与六亚甲基四胺的反应活性明显较高，因为如下的对位反应活性比邻位大。

取代型酚醛树脂主要采用的取代酚包括甲苯酚、对壬基苯酚、对苯基苯酚、对叔丁基苯酚、对戊基苯酚、对辛基苯酚等。在邻位或对位取代的酚类只有两官能度，因此其树脂不能交联。工业级甲苯酚主要是间和对甲苯酚的混合物，用它们制得的树脂层压材料具有超级耐潮性。间位取代苯酚是三官能度的，因此会发生交联。对位异构体将产生热塑性更大的产品，其韧性较高。一些取代酚醛类树脂对橡胶和干性油的相容性较高。

一些线型酚醛树脂可以进一步制成水性分散液。以下是一种水基线型酚醛树脂的典型性能规格：

黏度	（25℃）4000～7000mPa·s	固含量	74%～77%
相对密度	1.17～1.19		

（三）水性酚醛树脂分散液

（1）水性酚醛树脂分散液的一般特性　水溶性酚醛树脂的主要缺点之一是其胶膜的耐环境性不够好。在交联固化之前，其薄膜在水中浸泡后会再度溶剂化。从水溶性酚醛树脂所制得的胶衣基本上会被水洗脱。此外，一些用离子基团改性的酚醛树脂常常是低分子量、低反应性的，难以获得高交联密度，因而其薄膜（尤其含离子基团高者）的耐侵蚀性非常有限。另外，一些水溶性酚醛树脂需要再加大甲醛量进行固化，而甲醛的排放正受到越来越严格的限制。最近通过使用水性酚醛树脂分散液可以克服水溶性酚醛树脂的许多缺点。

即使这种酚醛树脂分散液仍然是一步型树脂，但它们比水溶性酚醛树脂稳定得多。在陈化时，它们的外观、黏度和水稀释性保持不变。对于水溶性甲阶酚醛树脂，其与水的混溶性随时间快速降低，但这种问题在酚醛分散液中并不发生。相反，分散液可以用水按任意比例稀释，即使在它们进入到乙阶树脂后同样如此。唯一明显的变化是凝胶时间逐步缩短，这表明该种树脂的分子量在慢慢增大。

但是，在冻结到5℃以下时，较早开发的酚醛树脂分散液保存期为6个月。该分散液的稳定性取决于对沉降和絮凝速率的控制。这些变数在有些酚醛树脂分散液产品（如联碳公司的产品）中已经被调节和被细心控制，这是通过选择合适的界面剂取得的。在应用于纤维前加入硅烷偶联剂，可以使其胶黏剂性能在潮湿条件下达到最佳。

在制造热绝缘体期间产生的烟雾密度和空气污染的测定结果表明，酚醛分散液所引起的挥发性污染物排放量比水溶性树脂小得多，与粉末胶黏剂相当。

这些分散液可以同许多其他热塑性胶乳共混成高分子合金胶，根据其组成，它们兼有热塑性部分和热固性部分两者的优点。用这种技术，最终复合胶的性能可在很宽范围内变化。预期这类材料可用于粘接合成纤维。

(2) 水性酚醛树脂分散液的制备方法　水性酚醛树脂分散液制备的关键在于使分散液稳定的方法。一般采用保护胶体制备，例如用聚乙烯醇作稳定剂制备。但是聚乙烯醇的稳定法只对分子量较高的疏水性线型酚醛树脂（游离羟基或羟烷基数较少）有效。对含有高羟烷基或羟烷基的高极性、高反应活性酚醛树脂，聚乙烯醇稳定法却并不奏效。

这类酚醛树脂分子量较低，亲水性较大，超出了聚乙烯醇能充分稳定的能力。但试图用聚乙烯醇分散它们时，或者起初就不能分散，或者在短期后就发生相分离，聚乙烯醇改性的酚醛树脂分子是极性的，因而至少是部分水溶性的，它们会形成更难以保持分散状态的较大聚集粒子。为了克服这种制备困难，Bourlier等人将亲水性酚醛树脂同疏水性醚化双酚A树脂共混，制得了水性分散液。

有人采用树胶或含纤维素物质的分散液以及磷酸酯类等用作分散剂，但效果均不太理想。采用一种含有至少一个离子基团和一个能与酚醛树脂反应的官能团（主要同羟基或羟烷基反应）的改性剂（其离子基团主要在侧基上，可以是磺酸基、硫酸基等多种含硫基团），对分散液制备十分有利。

(四) 酚醛乳液的应用

一般酚醛树脂胶黏剂有良好的耐热、耐介质等性能，但固化后胶层是脆性的，需加温加压固化。常用其他高分子化合物来改善其性能，以扩大应用。未改性的酚醛树脂胶黏剂主要用于粘接木材、泡沫塑料和其他多孔性材料，也可用于制造胶合板。

一般非水性一步型酚醛树脂胶黏剂由苯酚与甲醛以摩尔比1∶(1～3)，在碱性催化剂存在下进行加成反应，生成含羟甲基苯酚的低聚物，常配成固含量50%～60%的乙醇溶液供使用。贮藏中，胶黏剂的pH值会下降，由12～13降至11～9.5，会造成贮藏不稳定性，可加入二氧化锰来提高贮藏稳定性。固化有酸固化和加热固化两种方法。加热固化型是将胶液涂布于被粘材料，待溶剂挥发后粘接，在130～150℃加热固化0.5～1h即成；用于金属、砂布等的粘接。酸固化型是在胶液100份中加入对甲苯磺酸（或石油磺酸、苯磺酰氯）5～10份，混合均匀后，室温可固化；用于木材的粘接。

一般线型酚醛树脂胶黏剂可采用苯酚/甲醛摩尔比1∶(0.6～1)，在酸性催化剂存在下缩聚生成可溶可熔性酚醛树脂。粘接时加入约10%六亚甲基四胺，在160℃固化交联成不溶不熔的胶层。该胶用于木材、层压材料、制动闸瓦、砂轮、灯泡灯头、硬质纤维板及固体电阻等的粘接，还可以用作丁腈橡胶的交联剂。

水性酚醛树脂的应用举例如下（关于它们用作其他胶黏剂的增黏剂或交联剂，可参见有关章节)。

(1) 砂布等磨料模具胶黏剂 砂布等用的酚醛树脂胶黏剂主要是液体型的一步甲阶酚醛树脂。这些树脂可根据它们的甲醛/苯酚摩尔比分成三类。

① 具有高甲醛/苯酚摩尔比的酚醛树脂，由高水溶性树脂组成，而且是快干性的，因此可在相对低的温度（93～108℃）下固化。其产品的 pH 值为 8 或更高，黏度为 500～18000mPa・s，固含量 50%～75%。这类树脂既可用作磨料模具的胶衣，又可用作面部上浆。可以用水稀释法或同这类树脂中不同黏度的树脂共混而调节黏度。低黏度、低固含量树脂用作面部上浆。如果制造时的最高固化温度限制在 108℃，可以采用这类树脂的共混物。

② 具有低甲醛/苯酚摩尔比的酚醛树脂。这类树脂同水的混溶性很低，因此要求采用比①类更高的固化温度。其产品 pH 值约为 8，固含量 75%～87%。它们的固化比①类慢。它们的黏度范围较宽，为 1000～1000000mPa・s。

③ 具有中等甲醛/苯酚摩尔比的酚醛树脂。这类树脂同水的混溶性也较低，采用比②类还要高的固化温度。其产品 pH 值约为 6～8，固含量 75%～87%。它们的黏度范围也较宽，为 1000～1000000mPa・s。

(2) 铸造型芯砂用水基酚醛胶黏剂 可以采用的典型水基酚醛树脂为 75%固含量的线型酚醛树脂。当采用比其固体片状树脂较低的砂温时（约 80℃），可得到最佳效果。这类树脂较低的初始熔体黏度导致它们对砂粒有极佳的润湿性和树脂分布。因为它们是溶液型树脂，所以在铸造时，必须添加六亚甲基四胺和润滑剂。在初期加热研磨搅和期间，加入一半的润滑剂，再在涂胶砂堆溃散后加入另一半，可以取得最佳效果。

(3) 纤维粘接 它们也可以采用液体甲阶酚醛树脂进行粘接，所用水溶性树脂固含量为 40%～70%，pH 值为 7～7.5。这类树脂要在冷冻下贮存或装运，并且要马上使用。

采用的液体树脂包括含可溶性盐的树脂与脱除了不溶性盐的树脂，由于成本较低，前一种树脂常优先采用。

此外，上述水性酚醛树脂分散液也可用于纤维类材料的粘接。

二、水性酚醛胶黏剂实用配方

1. 水性酚醛胶黏剂（质量份）

苯酚	100	NaOH	80
甲醛	150	蒸馏水	适量
催化剂	0.5	其他助剂	适量

说明：该胶为深棕色黏稠体，黏度 101×10^{-5}～$198.5\times10^{-5}\,m^2/s$，游离酚<3%。

2. 尿素改性酚醛水性胶黏剂（质量份）

苯酚	100	改性液	80～90
甲醛	120	水	适量
尿素	10	其他助剂	适量
NaOH	40～50		

说明：该胶为棕红色黏稠体，固含量为 50%，黏度 0.12～0.22Pa・s，游离酚含量≤1%，pH 值为 8.5～9.0。主要用于塑面装饰板生产。浸胶工艺条件：上胶量 30%～32%，挥发量 7%～9%，操作方便、产品质量好。

3. 尿素改性酚醛木材用水性胶黏剂（质量份）

苯酚	110	改性液	50
甲醛	100	水	适量
尿素	120	其他助剂	适量
NaOH	30		

说明：该胶为红褐色微浑液体，固含量46.7%，黏度50～70s，pH值11.5～12.5，贮存时间7h。主要用于胶合板、纤维板和刨花板的生产，以及木材的粘接。

4. 淀粉改性酚醛水性胶黏剂（质量份）

苯酚	100	改性液	40
甲醛	75	硫酸	5.0
淀粉	85	水	适量
六亚甲基四胺	5～15	其他助剂	适量

说明：该胶为黄色黏稠液体，在水中不溶，溶于乙醇、水混合液中，剪切强度2.15MPa，除用于木材粘接外还可粘接纸制品、纤维织物等。

5. 蜂窝芯炭型用水性酚醛阻燃胶黏剂（质量份）

苯酚	70	改性液	30
甲醛	70	水	适量
三聚氰胺	30	其他助剂	适量
NaOH	5～10		

说明：该胶为红棕色黏性体，固含量34%，黏度（60℃）12.4s。

6. 聚氨酯/丙烯酸酯改性酚醛水性胶黏剂（质量份）

（1）聚氨酯/丙烯酸酯乳液配方

聚氨酯	70	中和剂	5～6
丙烯酸酯	30	环氧树脂	7～10
二羟甲基丙酸	3～5	水	适量
交联剂	1～3	其他助剂	适量

（2）胶黏剂配方

酚醛	100	水	适量
聚氨酯/丙烯酸酯乳液	2.5～10	其他助剂	适量
正丁醇	3.0		

说明：常温剪切强度8.75MPa，250℃剪切强度6.81MPa，此胶应用广泛。

三、水性酚醛胶黏剂配方与制备实例

（一）水性淀粉基酚醛胶黏剂

1. 原材料与配方（质量份）

苯酚	100	无水乙醇	1～2
食用玉米淀粉	120	高锰酸钾	1.0
双氧水	3.0	蒸馏水	适量
硫酸(98%)	1～2	其他助剂	适量

2. 制备方法

将苯酚、蒸馏水加入250mL的三口烧瓶中，加热使苯酚溶化后，再加入98%硫酸，同时调pH值约为1.2，开始搅拌，在搅拌的同时加入玉米淀粉。然后开始升温，搅拌速度适当加快，当淀粉黏度较大时，可停止搅拌，待正常后再搅拌升温至100℃左右，使淀粉溶解一段时间。温度升至145℃，回流一段时间，待淀粉完全水解，然后进行缩聚反应，温度升至180℃，时间大约为1h即可。

3. 性能与效果

(1) 反应中淀粉水解75min，缩聚2h时反应稳定，制备的产品性能较好。

(2) 在投料比为0.833时，淀粉水解充分，与苯酚缩聚完全，反应体系稳定，得到的产品黏度大，无刺激性气味，贮存稳定性好。

(二) 氧化淀粉/酚醛胶黏剂

1. 原材料与配方 (质量份)

组分	H_2O_2/淀粉	次氯酸钠/淀粉	高锰酸钾/淀粉	高锰酸钠/淀粉
玉米淀粉	100	100	100	100
氧化剂	9.0	20	5	100
苯酚	20～40	20～40	20～40	20～40
NaOH	1～3	1～3	1～3	1～3
去离子水	适量	适量	适量	适量
其他助剂	适量	适量	适量	适量

2. 制备方法

(1) 氧化淀粉的合成

① 双氧水氧化淀粉　将30g玉米淀粉溶于含50mL去离子水的三口烧瓶中，分散均匀，在体系中逐渐加入0.1%的硫酸铜溶液4mL，分散均匀后缓慢地加入30%的双氧水溶液9%(相对淀粉用量)，搅拌并逐渐升温至59℃，在该温度下恒温反应1h。

② 次氯酸钠氧化淀粉　将30g玉米淀粉溶于含50mL去离子水的三口烧瓶中，分散均匀，用NaOH调pH值至8～10，然后缓慢加入20%（相对淀粉用量）次氯酸钠溶液（有效氯10%)，搅拌并逐渐升温至50℃，在该温度下恒温反应1h。

③ 高锰酸钾氧化淀粉　将30g玉米淀粉溶于含50mL去离子水的三口烧瓶中，分散均匀，在体系中逐渐加入1mL浓硫酸，分散均匀后逐渐加入5%（相对淀粉用量）高锰酸钾，搅拌并逐渐升温至50℃，在50℃下搅拌并恒温反应1h。

④ 高碘酸钠氧化淀粉　将100%（相对淀粉用量）高碘酸钠溶于50mL去离子水中，45℃静置10min，然后将30g玉米淀粉逐渐加入体系，分散均匀，搅拌并逐渐升温至45℃，在该温度下恒温反应4h。

(2) 氧化淀粉制备酚醛黏合剂　实验制备的氧化淀粉最终目的是制备水性淀粉基酚醛黏合剂。因氧化淀粉中富含醛基，利用氧化淀粉醛基可以代替甲醛和苯酚进行缩合反应，制备无甲醛的酚醛黏合剂，在反应制备的氧化淀粉浆液中加入83%（相对淀粉用量）熔融的苯酚，逐渐升温，在145℃恒温反应50min，在180℃反应1h，得到水性淀粉基酚醛黏合剂。

3. 性能与效果

以淀粉为原料，将淀粉进行氧化改性，制备了含有较多醛基的氧化淀粉，并将氧化淀粉与苯酚缩合，制备了一种水性淀粉基酚醛黏合剂；当采用高碘酸钠作为氧化剂，氧化剂用量为100%，氧化反应温度为45℃，氧化反应时间为4h时，可获得性能最优的氧化淀粉，其双醛含量达90.8%。

(三) 苯酚液化树皮-甲醛胶黏剂

1. 原材料与配方 (g)

苯酚液化树皮	300	水	适量
甲醛溶液	427.5	其他助剂	适量
NaOH	160		

2. 制备方法

(1) 树皮液化　将500g苯酚和20g催化剂加入反应釜，搅拌升温至130℃，开始逐渐分批加入总量200g的树皮颗粒，待树皮添加完后，再加入5g催化剂，并在130℃以上保持90min，然后降温至70～90℃，取样供液化率和分子量分析，其余的立即装瓶待用。

(2) 苯酚液化树皮-甲醛 (PBF) 胶黏剂合成　将300g苯酚液化树皮、427.5g质量分数为37.2%的甲醛溶液和27g质量分数50%的NaOH投入反应釜，加热到65℃并保持80min；升温到90℃再反应30min；加入123g质量分数50%的NaOH和适量水在70～85℃反应到所需黏度；再加入适量水，继续反应直到黏度为1000mPa·s左右。同时，合成一种NaOH/苯酚质量比为0.29∶1、甲醛/苯酚物质的量比为2.1∶1的纯酚醛树脂胶黏剂作参比。

3. 性能与效果

落叶松树皮在酸性催化剂和130～145℃的条件下，通过苯酚液化可以转化为适于制备环保耐水胶黏剂的原料。不同液化催化剂类型，因为酸性不同，对苯酚液化树皮产物以及由液化树皮-甲醛聚合所得树皮胶黏剂的诸多性质有着重要影响。液化催化剂酸性越强，液化树皮的结合酚含量越高、活性功能基越少、分子量越大，液化树皮-甲醛聚合所得树皮胶黏剂的固化速度越快、活性和游离甲醛含量越高。各种复合酸催化剂液化树皮所制备的树皮胶的性能都优于硫酸单独做催化剂液化树皮制备所得树皮胶，其中以硫酸/磷酸=1/1的复合酸催化剂为最佳。

(四) 木质素基酚醛胶黏剂

1. 原材料与配方 (质量份)

苯酚	100	木质素磺酸钙	50
甲醛溶液	180	水	适量
NaOH	10～15	其他助剂	适量
浓盐酸	3.0		

2. 制备方法

(1) 酚醛树脂的制备　向装有冷凝管、热电偶、搅拌器的四口烧瓶中加入50℃熔化的苯酚，开启搅拌，加入氢氧化钠水溶液，在40～45℃加入甲醛溶液，保温20min后，升温至80～96℃反应，反应时间控制在1～3h，用倒泡法测定黏度，当黏度达到预定值时（黏度控制在3.0～4.0s)，加入适量水调整固含量为28%左右，冷却出料。

(2) 胶黏剂的制备　向装有冷凝管、热电偶、搅拌器的四口烧瓶中加入50℃熔化的苯酚，开启搅拌，加入一定量木质素和酸催化剂，加热至设定温度，保温液化反应一段时间后，降温得到黑褐色液化产物。将酚化液迅速降温至50～55℃，加入甲醛溶液制胶。

(3) 胶合板的制备　将固含量为28%的木质素酚化液基酚醛竹胶合板在140℃、20MPa、1.5min/mm的条件下，采用双层实验压机进行压制。

3. 性能与效果

木质素酚化液基酚醛胶的技术指标和胶合板性能见表3-19。

表3-19　木质素酚化液基酚醛胶的技术指标和胶合板性能

颜色	状态	$\chi_{储存}$/d	pH值	$\eta_{固含量}$/%	$\sigma_{黏度}$/s	$w_{游离}$/%		$m_{施胶}$/(g/m^2)	F/(N/mm^2)		浸渍剥离/(mm/层)
						苯酚	甲醛		静曲强度	弹性模量	
红褐	水溶性、液态	＞80	10.42	28.06	3.8	0.069	0.068	266	98.3、91.3、111、101	8780、8670、11050、8960	20、20、10、15

制备得到的木质素酚化液基酚醛胶达到了低毒低游离醛的要求，其技术参数指标为固体含量：28%；黏度：(25℃，涂-4杯）12～20s；pH值：10.00～12.00；游离甲醛含量：0.1%以下；游离苯酚含量：0.12%以下。该木质素基酚醛胶黏剂具有很好的流动性和贮存稳定性，贮存时间＞30d。用LPF在130～140℃、20MPa、1.0～1.5min/mm的条件下压制成型的胶合板，静曲强度、静曲弹性模量和胶合强度均达到优等品指标，这为工业木质素的产业化应用提供了依据和广阔的应用前景。

第四节　水性脲醛胶黏剂

一、简介

由于脲醛树脂胶黏剂具有较高的胶接强度、耐水性好、固化速度快、固化后的胶层颜色浅、黏度易调、原料充足、价格低廉等特点，因此在木材加工中得到广泛应用。目前脲醛树脂胶黏剂占人造板用胶量的90%以上，占木材加工业胶黏剂总消耗量的60%以上，是胶黏剂中用量最大的品种。

（一）脲醛树脂形成机理

(1) 反应机理　脲醛树脂的形成可分两个阶段，即羟甲脲生成阶段（加成反应）和树脂化阶段（缩聚反应)。实际上加成反应和缩聚反应之间没有一个严格的界限。

① 加成反应　甲醛与尿素首先生成一羟甲基脲和二羟甲基脲。

$$H_2N-CO-NH_2 \xrightarrow{+\ HCHO} HOH_2CHN-CO-NH_2 \xrightarrow{+\ HCHO} HOH_2CHN-CO-NHCH_2OH$$

② 缩聚反应　在酸的催化条件下，羟甲基很容易发生下列反应：

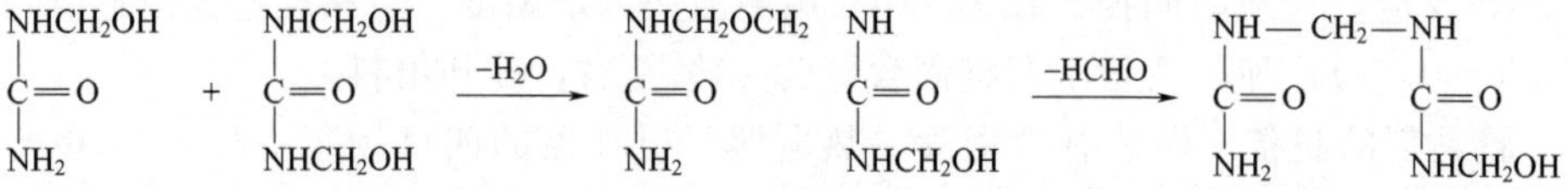

$$\begin{matrix}\text{NHCH}_2\text{OH}\\|\\\text{C}{=}\text{O}\\|\\\text{NH}_2\end{matrix} + \begin{matrix}\text{NHCH}_2\text{OH}\\|\\\text{C}{=}\text{O}\\|\\\text{NHCH}_2\text{OH}\end{matrix} \xrightarrow{-H_2O} \begin{matrix}\text{NHCH}_2\text{OCH}_2\\|\\\text{C}{=}\text{O}\\|\\\text{NH}_2\end{matrix}\begin{matrix}\text{NH}\\|\\\text{C}{=}\text{O}\\|\\\text{NHCH}_2\text{OH}\end{matrix} \xrightarrow{-HCHO} \begin{matrix}\text{NH}-\text{CH}_2-\text{NH}\\|\qquad\qquad|\\\text{C}{=}\text{O}\qquad\text{C}{=}\text{O}\\|\qquad\qquad|\\\text{NH}_2\qquad\text{NHCH}_2\text{OH}\end{matrix}$$

聚合物以羟甲基结尾，可以继续与尿素或其他羟甲脲分子反应，使分子链增长，形成线型树脂聚合物。在树脂胶中，起胶黏剂与木材之间黏附力作用的是二羟甲基脲，起胶层内聚力作用的是亚甲基二脲。

(2) 固化机理　脲醛树脂的固化是在酸性或高温条件下，树脂分子链通过其活性基团(羟甲基及氮原子的活泼氢）继续进行缩聚反应的结果。为加速脲醛树脂的固化，在使用时常加入固化剂，最常用的固化剂是氯化铵，它可与树脂中的游离甲醛反应生成游离酸，或由于受热后分解放出氯化氢而促进固化反应的进行。其反应式如下：

$$4NH_4Cl+6CH_2O \longrightarrow 4HCl+(CH_2)_6N_4+6H_2O$$

为了不使反应速率太快，酸性增加太大，一般可加入氨水和六亚甲基四胺作延缓剂，还可同时加入一些尿素，消耗一部分甲醛。

(二) 工艺过程与控制

尿素与甲醛的反应是十分复杂的。尿素与甲醛都是富于反应性的物质，加之甲醛溶液中还含有其他物质，这些物质也影响化学反应。尿素是阴离子反应体，甲醛是阳离子反应体。现就其在不同酸度条件下的反应介绍如下。

1. 碱性下反应

在碱性下甲醛分子内形成离子 $\overset{+}{C}H_2\overset{-}{O}$，$\overset{+}{C}$ 与尿素的—NH_2 中的 N 原子的非共有电子对相配位。其次，—NH_2 基的 H 脱离，中和 $\overset{-}{O}$，生成一羟甲基脲。

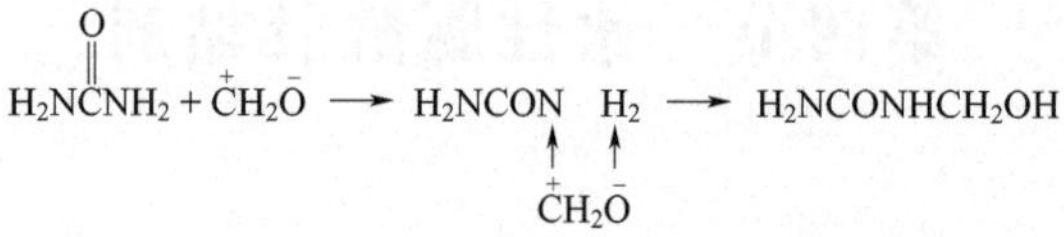

$$H_2N\overset{\overset{O}{\|}}{C}NH_2+\overset{+}{C}H_2\overset{-}{O} \longrightarrow H_2NCON\ H_2\ (\uparrow\uparrow\ \overset{+}{C}H_2\overset{-}{O}) \longrightarrow H_2NCONHCH_2OH$$

同样，另一个—NH_2 基也和甲醛反应，生成二羟甲基脲。但是—NH_2 基和—NH—基的反应性差异很大，如果甲醛过量很多，也可生成三羟甲基脲和四羟甲基脲，它们的存在还只有间接的证明。

反应还可以生成环状衍生物——尤戎（Uron)，即一羟甲基尤戎以及二羟甲基尤戎。

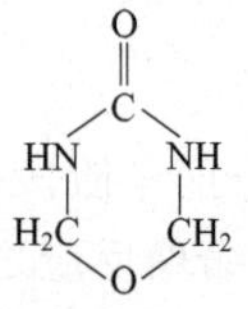

$$\begin{matrix} & O & \\ & \| & \\ & C & \\ HN & & NH \\ | & & | \\ H_2C & & CH_2 \\ & O & \end{matrix}$$

氧杂-3, 5-二氮环己基-4-酮，Uron，尤戎

其次，为了进行脲醛树脂的缩合反应，必须考虑 $\overset{\oplus}{H}$ 应成为羟甲基阳离子生成的原因，因为$[\overset{\oplus}{H}] \rightleftharpoons 10^{-14}/[\overset{\ominus}{O}H]$，所以 H^+ 少，即在碱性条件下，难以发生缩合反应。

2. 酸性下反应

酸性下反应在脲醛树脂制造上是最重要的，左右这个反应的是反应液中氢离子的浓度。甲醛的水合物甲二醇在氢离子存在下生成羟甲基阳离子 $\overset{\oplus}{C}H_2OH$，这个阳离子与尿素中氮的非共有电子对配位。再使 H^+ 脱离，生成一羟甲基脲。

$$O{=}C\begin{matrix}NH_2\\NH_2\end{matrix} + \overset{\oplus}{C}H_2OH \longrightarrow O{=}C\begin{matrix}\overset{\oplus}{N}H_2-CH_2OH\\NH_2\end{matrix} \longrightarrow O{=}C\begin{matrix}NH-CH_2OH\\NH_2\end{matrix} + \overset{\oplus}{H}$$

这是在酸性条件下的加成反应机理，再由这个一羟甲基脲脱水生成亚甲基脲，亚甲基脲与尿素结合生成亚甲基二脲，即进行以下的缩合反应。

$$O{=}C\begin{matrix}NH-CH_2OH\\NH_2\end{matrix} + \overset{\oplus}{H} \longrightarrow O{=}C\begin{matrix}NH-CH_2-\overset{\oplus}{O}H_2\\NH_2\end{matrix} \xrightarrow{-H_2O} O{=}C\begin{matrix}NH-\overset{\oplus}{C}H_2\\NH_2\end{matrix}$$

$$O{=}C\begin{matrix}NH-\overset{\oplus}{C}H_2\\NH_2\end{matrix} + \begin{matrix}H_2N\\H_2N\end{matrix}C{=}O \longrightarrow O{=}C\begin{matrix}NH-CH_2-NH\\NH_2\quad\quad H_2N\end{matrix}C{=}O + \overset{\oplus}{H}$$

以上的加成反应与缩合反应交替进行，生成物进一步缩聚形成以亚甲基为主体、少量以醚键连接的线型或支链型的初期树脂，它是不同缩合度的分子的混合物。

这样，尿素的$-NH_2$ 基发生羟甲基化或者亚甲基化，$-NH_2$ 基变为$-NH-$基，不过$-NH-$基的活性比$-NH_2$ 基的低，由于同样受羟甲基阳离子的攻击，$-NH-$基也和 $\overset{\oplus}{C}H_2OH$ 反应，不仅是直链分子发生分支生成高分子，而且构成网状结构。

上面虽只提到羟甲基反应和亚甲基化反应两种，但羟甲基和羟甲基之间会成生如下的亚甲基醚键。

$$-CH_2OH + -CH_2OH \longrightarrow -CH_2OCH_2- + H_2O$$

然而这种亚甲基醚键比较弱，会因加热脱去甲醛而成为亚甲基。

$$-CH_2-O-CH_2- \xrightarrow{\text{加热}} -CH_2- + CH_2O$$

脲醛树脂在适当的 pH 值和温度下，固化的产物也还存在游离的羟甲基，这个基团是亲水性的，通常认为这是脲醛树脂不具高耐水性的原因，但更主要的原因是脱水缩合的逆反应，即必须考虑发生的水解反应。

根据以上尿素与甲醛的反应机理，一般认为脲醛树脂的形成是通过两个阶段：羟甲基脲生成阶段（加成反应）和树脂化阶段（缩聚反应）。

3. 羟甲基脲生成

尿素与甲醛在中性至弱碱性介质（pH＝7～8）中进行反应时，依摩尔比的不同可生成一、二、三和四羟甲基脲。羟甲基脲生成反应可表达如下。

$$\begin{matrix}NH_2\\|\\C{=}O\\|\\NH_2\end{matrix} + HCHO \rightleftharpoons \begin{matrix}NHCH_2OH\\|\\C\\|\\NH_2\end{matrix} \quad \text{(一羟甲基脲)}$$

$$\begin{matrix}NHCH_2OH\\|\\C{=}O\\|\\NH_2\end{matrix} + HCHO \rightleftharpoons \begin{matrix}NHCH_2OH\\|\\C{=}O\\|\\NHCH_2OH\end{matrix} \quad \text{(二羟甲基脲)}$$

这些反应在水溶液中是可逆的，反应进行到平衡的确立。羟甲基基团的依次引入均降低氨基基团剩余氢原子加成和缩合反应的能力。生成一、二和三羟甲基脲反应速率常数比为9∶3∶1。

尿素为相当于四个官能团的单体，但在反应过程中，由于空间阻碍的原因，这些官能团并不全部进行反应。甲醛分子上的羰基具有双官能团的性能。

$$H_2N-CO-NH_2 \xrightarrow[-H_2O]{+\overset{\ominus}{O}H} H_2N-CO-\overset{\ominus}{N}H \xrightarrow{CH_2O} H_2N-CO-NH-CH_2\overset{\ominus}{O} \xrightarrow{+\overset{\oplus}{H}}$$

$$H_2N-CO-NH-CH_2-OH \rightleftharpoons \text{(H)N}(-C(=O)NH_2)-CH_2-O-H$$

所生成的 N-羟甲基脲因分子内的氢键而稳定，继续反应则生成二羟甲基脲。如果甲醛过量很多，也可以生成三羟甲基脲和四羟甲基脲。

4. 树脂化

在碱性催化反应中，反应停止在羟甲基脲阶段，但是酸的影响很容易使 N-羟甲基脲变成共振稳定的正碳-亚氨离子，如：

$$R_2N-CO-NH-CH_2OH \xrightarrow[-H_2O]{+\overset{\oplus}{H}}$$

$$[R_2N-CO-NH-\overset{\oplus}{C}H_2 \rightleftharpoons R_2N-CO-\overset{\oplus}{N}-CH_3]$$

然后，上式中的后一产物和适当的亲核反应对象发生亲电取代反应。因为尿素是一个酸性的氮氢化合物，其自身在这样的反应中可作为反应对象，从而按下式发生链增长，生成分子量为数百的、不溶于水或有机溶剂的聚亚甲基脲。

$$H_2N-CO-NH-\overset{\oplus}{C}H_2+H_2N-CO-NH_2 \longrightarrow H_2NCONHCH_2NHCONH_2+\overset{\oplus}{H}$$

羟甲基脲分子中由于存在活泼的羟甲基（$-CH_2OH$），可进一步发生缩聚反应，生成具有线型结构的聚合物。在 pH<7 时，羟甲基相互之间和羟甲基与尿素之间的反应是缩聚过程的基本反应，可能发生的反应如下：

（1）一羟甲基脲缩聚生成亚甲基键并析出水

$$H_2N-CO-NH-CH_2OH+H_2N-CO-NH-CH_2OH \longrightarrow$$
$$H_2N-CO-NH-CH_2-NH-CO-NH-CH_2OH+H_2O$$

$$H_2N-CO-NH-CH_2-NH-CO-NH-CH_2OH+H_2N-$$
$$CO-NH-CH_2OH \longrightarrow H_2N-CO-NH-CH_2-NH-$$
$$CO-NH-CH_2-NH-CO-NH-CH_2OH+H_2O$$

（2）一羟甲基脲和尿素缩聚生成亚甲基（$-CH_2-$）键并析出水

$$H_2N-CO-NH-CH_2OH+H_2N-CO-NH_2 \longrightarrow$$
$$H_2N-CO-NH-CH_2-NH-CO-NH_2+H_2O$$

$$H_2N-CO-NH-CH_2-NH-CO-NH_2+H_2N-CO-NH-$$
$$CH_2OH \longrightarrow H_2N-CO-NH-CH_2-NH-CO-NH-$$
$$CH_2-NH-CO-NH_2+H_2O$$

（3）二羟甲基脲缩聚生成二亚甲基醚键（$-CH_2-O-CH_2-$）并析出水和甲醛

$$\mathrm{HOH_2CHN-CO-NH-CH_2OH+HOH_2CHN-CO-NH-CH_2OH\longrightarrow}$$

$$\begin{array}{l}\quad\ \ \mathrm{NH-CH_2-O-CH_2-NH}\\ \mathrm{O{=}C}\qquad\qquad\qquad\qquad\quad \mathrm{C{=}O+2H_2O}\\ \quad\ \ \mathrm{NH-CH_2-O-CH_2-NH}\end{array}$$

$$\begin{array}{l}\quad\ \ \mathrm{NH-CH_2-O-CH_2-NH}\\ \mathrm{O{=}C}\qquad\qquad\qquad\qquad\quad \mathrm{C{=}O}\\ \quad\ \ \mathrm{NH-CH_2-O-CH_2-NH}\end{array}\longrightarrow\begin{array}{l}\quad\ \ \mathrm{NH-CH_2-NH}\\ \mathrm{O{=}C}\qquad\qquad\quad \mathrm{C{=}O+2CH_2O}\\ \quad\ \ \mathrm{NH-CH_2-NH}\end{array}$$

（4）一羟甲基脲和二羟甲基脲缩聚并析出水

$$\mathrm{2H_2N-CO-NH-CH_2OH+2HOH_2CHN-CO-NH-CH_2OH\longrightarrow}$$

$$\begin{array}{l}\quad\ \ \mathrm{NH-CH_2-N-CH_2-N-CH_2-N-CH_2OH}\\ \mathrm{O{=}C}\qquad\qquad\ \ \mathrm{C{=}O}\quad\ \mathrm{C{=}O}\qquad\ \mathrm{C{=}O}\qquad \mathrm{+5H_2O}\\ \quad\ \ \mathrm{NH-CH_2-NH}\qquad\quad \mathrm{NH-CH_2-NH}\end{array}$$

尿素和甲醛缩聚产物的特征是既有羟甲基基团，又有亚甲基基团。树脂中这些基团的相对含量对黏度、贮存稳定性、与水混合性、固化速度和脲醛树脂的其他性质影响很大。

脲醛树脂与酚醛树脂不同，酚醛树脂不用固化剂，加热即能固化；而脲醛树脂要有固化剂，在室温或加热下，而且只有在树脂中含有游离羟甲基的情况下才进行固化。脲醛树脂可转化为不熔不溶状态，这种转化是分子链之间形成横向交联的结果。横向交联不仅仅是分子键之间羟甲基的相互作用，还是羟甲基和亚氨基的氢之间的相互作用。脲醛树脂固化时可能发生下列基本反应：

$$\mathrm{-HN-CH_2OH+H_2N-CO-NH-\xrightarrow{-H_2O}-NH-CH_2-NH-CO-NH-}$$

$$\mathrm{-HN-CH_2OH+-NH-CH_2\xrightarrow{-H_2O}-NH-CH_2-\underset{|}{\overset{|}{N}}-CH_2-}$$

$$\mathrm{-HN-CH_2OH+HOCH_2-NH-\xrightarrow{-H_2O}-NH-CH_2-O-CH_2NH-}$$

$$\mathrm{-HN-CH_2OH+HOCH_2-NH-\xrightarrow{-(H_2O+CH_2O)}-HN-CH_2-NH-}$$

脲醛树脂转变成不熔不溶的化合物时放出水和甲醛，可以用下列反应式表示：

$$\begin{array}{l}\mathrm{\cdots-HN-CO-NH-CH_2-\underset{|}{N}-CO-NH-CH_2-\overset{CH_2OH}{\overset{|}{N}}-\cdots}\\ \qquad\qquad\qquad\qquad\quad\ \mathrm{CH_2OH}\\ \mathrm{\cdots-HN-CH_2-\underset{\underset{CH_2OH}{|}}{N}-CO-NH-CH_2-\underset{\underset{CH_2OH}{|}}{N}-CO-NH\cdots}\\ \mathrm{\cdots-HN-CH_2-\overset{CH_2OH}{\overset{|}{N}}-CO-NH-CH_2-\overset{CH_2OH}{\overset{|}{N}}-CO-NH-CH_2OH}\end{array}\xrightarrow{-(CH_2O+3H_2O)}$$

$$\begin{array}{l}\mathrm{\cdots-HN-CO-NH-CH_2-N-CO-NH-CH_2-\overset{CH_2OH}{\overset{|}{N}}-\cdots}\\ \qquad\qquad\qquad\qquad\quad\ \ |\\ \qquad\qquad\qquad\qquad\quad\mathrm{CH_2}\\ \qquad\qquad\qquad\qquad\quad\ \ |\\ \mathrm{\cdots-HN-CH_2-N-CO-N-CH_2-N-CO-NH-\cdots}\\ \qquad\qquad\quad\ \ |\qquad\qquad\qquad\quad\ \ |\\ \qquad\qquad\quad\ \ |\qquad\qquad\qquad\quad\mathrm{CH_2}\\ \qquad\qquad\quad\ \ |\qquad\qquad\qquad\quad\ \ |\\ \qquad\qquad\quad\mathrm{CH_2}\qquad\qquad\qquad\ \ \mathrm{O}\\ \qquad\qquad\quad\ \ |\qquad\qquad\qquad\quad\ \ |\\ \qquad\qquad\quad\ \ |\qquad\qquad\qquad\quad\mathrm{CH_2}\\ \qquad\qquad\quad\ \ |\qquad\qquad\qquad\quad\ \ |\\ \mathrm{\cdots-HN-CH_2-N-CO-NH-CH_2-N-CO-NH-CH_2OH}\end{array}$$

树脂转变成固化状态需经历三个阶段（甲、乙、丙阶段）。在甲阶段，树脂是可溶于水的黏性液体（或固体）；在乙阶段，树脂是凝胶状疏松体；进一步转变成不熔不溶状的丙阶段。与酚醛树脂不同，脲醛树脂即使在固化状态下在溶剂中也能膨胀，加热时也可软化，这证明脲醛树脂在固化时生成的交联键数量少。

以脲醛树脂为基料的胶黏剂的某些性质取决于脲醛缩聚作用机理和固化树脂空间结构的特点。在原树脂中羟甲基和醚基基团含量的增加，会引起胶黏剂固化过程中甲醛析出量的增加。如果在固化后的树脂中含有相当多的游离羟甲基基团，则胶合强度和耐水性明显地降低。这些和其他一些特点，必须在各种脲醛树脂合成过程和应用过程中加以考虑。

尿素与甲醛之间反应的进程受一系列因素的影响，其中包括不同缩合阶段的 pH 值、尿素与甲醛的摩尔比、反应温度，这些因素直接影响树脂分子量的增长速度。因此在缩聚程度不同时，反应产物的性质有很大区别，特别是可溶性、黏度、固化时间，这些性质很大程度上取决于树脂的分子量。

5. 三维网状结构的脲醛树脂合成

脲醛树脂的合成分为两个阶段。第一阶段为加成反应，即在中性或弱碱性介质（pH＝7～8）中尿素和甲醛进行羟甲基化反应。在这一阶段，由于尿素与甲醛的摩尔比不同，可以生成一羟甲基脲、二羟甲基脲、三羟甲基脲。因尿素具有四个官能度，从理论上讲，加成反应可生成四羟甲基脲。但迄今为止，在实验室还未分离出四羟甲基脲。第二阶段为缩聚阶段，即在酸性介质（pH＝4～6）中，多种羟甲基脲与尿素间发生缩合反应，生成具有亚甲基链节或二亚甲基醚链节交替重复的高分子聚合物。聚合物分子端基均以羟甲基为主，其确切结构还有争议。在树脂固化时，树脂中的活性基团（如羟甲基）、甲醛与亚氨基反应生成三维网状结构的坚硬高聚物，其分子结构十分复杂，目前对其真实构型也还不完全清楚。

6. Uron 环结构的脲醛树脂合成

20 世纪 70 年代末，由于糖醛理论的发展，人们采用反传统合成脲醛树脂的制备方法。即首先在强酸介质（pH＜3.0）下，尿素与甲醛反应生产一定数量的 Uron 环（氧杂-3,5-二氮环己基-4-酮）结构小分子，然后再进一步聚合成具有 Uron 环链节的高分子。一方面，由于 Uron 环的耐水解能力比亚甲基二脲好，所合成的树脂有利于提高其胶接制品的耐水性和降低甲醛释放量；另一方面，在树脂分子中引入 Uron 环链接，可相对降低脲醛树脂的交联密度，增加树脂分子链的长度，即缩聚程度较高。所以树脂的初黏性较好，预压性能提高。但是，随着树脂分子中 Uron 环数量的增加，树脂的固化速率减慢。在树脂合成时，Uron 环含量控制在 10％左右较符合实际生产的要求。

(三) 改性

1. 耐水性改性

脲醛（UF）的耐水性比酚醛（PF）和甲醛（MF）差，其原因是树脂分子中含有亲水性的羟甲基（—CH_2OH）、羰基（—CO—）、氨基（—NH_2—）和亚氨基（—NH—）等基团。固化后的树脂，受水分和热的作用会缓慢地发生水解，从而造成胶接强度下降，故 UF 只能作为室内胶黏剂使用。提高 UF 耐水性的改性方法有以下几种。

（1）制胶过程中加入苯酚、间苯二酚、三聚氰胺、单宁等，使其与尿素、甲醛共缩聚，反应最终便可得到改性 UF。另外也可在 UF 中加入 PF、三聚氰胺甲醛树脂等，既可提高 UF 耐水性，又兼具了 PF、MF 及 UF 的优点，互相弥补了缺点，但成本会有所增高。

(2) 利用各种合成乳胶对 UF 进行改性。改性后的 UF，其耐水、耐沸水及耐久性都超过 PF。近年来，国外又将多异氰酸酯引入氨基树脂-胶乳体系，制成的胶黏剂耐沸水、耐老化等性能优异。该胶适用于高含水率（30%～70%）湿木材的胶合。

(3) 向 UF 中引入 $Al_2(SO_4)_3$、$Al_2(PO_4)_3$ 及白云石矿渣棉等无机盐或填料，也会使 UF 的耐水性明显提高。

2. 耐老化改性

UF 耐老化性差的主要原因是树脂固化后仍然进行缩聚脱水反应，而且仍有游离羟甲基。由于其亲水性强而发生吸水、脱水以及小分子量树脂的水解，使化学结构断链，造成胶层破坏。改性方法有以下几种。

(1) 加入热塑性树脂　在 UF 中加入一定量的聚醋酸乙烯酯乳液、聚乙烯醇缩甲醇等线型热塑性大分子，它在胶层中一般应力较低，有较大的塑性变形，可降低 UF 硬度、减少胶层龟裂，从而提高耐老化性。

(2) 加入改性剂　在 UF 合成过程中，加入改性剂如聚乙烯醇，形成聚乙烯醇缩甲醛，另外常用的改性剂有苯二酸、硫脲等。

(3) 加入适当的填料　在 UF 使用时加入适当填料是改善 UF 老化性最简单的方法。如加入面粉、豆粉、木粉、石膏粉等，可以减少树脂的收缩，减少了 UF 固化后的应力集中现象，避免胶层龟裂。

(4) 加入适量固化剂　固化剂的酸性越强，固化树脂越易老化，故选择酸性较弱的固化剂或在固化剂中加入一些酸性吸收剂如 $ZnCl_2$ 等，会使固化后的胶层酸性减弱，从而减缓胶层的老化。

3. 稳定性改性

贮存期短是脲醛树脂的主要缺点之一，研究发现脲醛树脂的稳定性与合成工艺、缩聚物的分子结构及 pH 值有关。树脂聚合度越大，树脂的水溶性越差，贮存期缩短；缩聚物中所含氨基、亚氨基越多，越容易发生交联，树脂的稳定性也越差；高温（90℃）缩聚比低温（40℃）缩聚所得的树脂贮存期要长；脲醛树脂在贮存过程中，体系的 pH 值会逐渐降低，从而导致早期固化。因此，经常调节使树脂 pH 值保持在 8.0～9.0，可延长脲醛树脂的贮存期。另外，树脂固含量越高，黏度越大，稳定性越差。在一定范围内，尿素与甲醛的摩尔比越高，树脂稳定性越好，这是由于高摩尔比时树脂含羟基多，甚至有醚键化合物，稳定性好。而低摩尔比的脲醛树脂含亚甲基多，未参加反应的氨基、亚氨基多，稳定性差。如果向脲醛树脂中加入 5%的甲醇、变性淀粉及分散剂、硼酸盐、镁盐组成的复合添加剂等可以提高脲醛树脂的贮存稳定性。

另外，尿素和甲醛的质量对脲醛树脂的稳定性也有一定影响。当尿素中缩二脲含量低于 0.8%时，对脲醛树脂反应基本性能没有什么影响，但当高于 1%时，贮存两个月后粘接强度明显下降。工业甲醛溶液中一般含甲醇 6%～12%，甲醇除对甲醛有阻聚作用外，还影响脲醛树脂的缩聚反应速率和贮存稳定性。当甲醇含量低于 6%时，脲醛树脂反应速率慢，贮存稳定性差；而高于 6%时，反应速率则比较平衡，树脂的贮存稳定性较好。

二、水性脲醛胶黏剂实用配方

1. 耐水性脲醛水性胶黏剂（质量份）

组分	配方 1	配方 2	配方 3	配方 4
脲醛胶黏剂	100	100	100	100
淀粉	—	—	10	10
W-2 改性剂	10	10	—	—
固化剂	0.5～1.0	0.5～1.0	0.5～1.0	0.5～1.0
水	适量	适量	适量	适量
其他助剂	适量	适量	适量	适量

说明：粘接强度，配方 1 和 2 为 1～2MPa，配方 3 和 4 为 0.4～1.2MPa；耐水性，配方 1 和 2 为 4～12h，配方 3 和 4 为 0.3～1h。主要用于木制品的粘接与生产。

2. 聚氨酯改性脲醛水性胶黏剂（质量份）

聚(酯)醚二元醇	60～85	中和剂	5～10
甲苯二异氰酸酯	15～40	稀释剂	10～50
二羟甲基丙酸	5～10	冰水	适量
催化剂	0.1～1.0	其他助剂	适量

说明：游离酚含量 0.9g/kg，粘接强度 3.29MPa，在 63℃水中浸泡 3h，其强度为 1.14MPa，综合性能优越，主要用于三合板、胶合板、纤维板等木制品的生产。

3. 三聚氰胺改性脲醛水性胶黏剂（质量份）

酚醛	100	偶联剂	1.0
三聚氰胺	10～30	交联剂	1～2
液态脲	100～120	水	适量
NaOH	2～3	其他助剂	适量

说明：该胶粘接性能好，耐水性、耐热性亦佳，成本低廉，制备工艺简便，广泛用于木制品加工业、纸制品和其他多孔材料制品。

4. 水性脲醛超薄木材用胶黏剂（质量份）

（1）胶黏剂配方

脲醛树脂	100	膨润土	10～20
聚醋酸乙烯酯乳液	50～80	水	适量
动物胶	20～30	其他助剂	适量
面粉	10～30		

（2）潜伏剂配方

六偏磷酸钠	3～5	水	适量
明矾	4～8	其他助剂	适量
氨水	2～4	配比：胶黏剂：固化剂＝10：1	

说明：该胶粘接性能优良，涂覆后不会渗透到木材表面，且工艺简便，成本低廉，为超薄木材制品专用胶黏剂。

5. 羧基丁苯胶乳改性脲醛水性胶黏剂（质量份）

羧基丁苯胶乳改性脲醛树脂	100	面粉	1～2
复合固化剂	1～2	改性液	3～4
尿素	1～2	其他助剂	适量

说明：主要用于胶合板的生产，固含量52%～53%，黏度200～350mPa·s，游离甲醛≤0.12%，pH值为7.3～7.5，适用期≥4h，贮存期≥10天。

6. 聚乙烯醇/三聚氰胺/脲醛水性胶黏剂（质量份）

脲醛	100	引发剂	0.1～1.0
PVA	2.0	填料	5～8
三聚氰胺	3.0	其他助剂	适量

说明：该胶游离甲醛含量为0.026%，黏度24s，剪切强度2.93MPa，耐沸水时间93min，稳定性亦佳。

7. 有机硅改性脲醛水性胶黏剂（质量份）

脲醛胶黏剂	100	氯化铵	1～3
有机硅乳液	5.0	尿素	适量
聚氧乙烯醚	0.1～0.5	其他助剂	适量
过硫酸铵	1～2		

说明：该胶湿剪切强度0.9～1.1MPa，游离甲醛含量0.12%，属于性能良好的木材、纸张和多孔材料粘接用胶。

8. 三聚氰胺改性脲醛胶黏剂（质量份）

甲醛(37%)	800	石蜡乳液(30%)	10
尿素	①300～320	三聚氰胺	8.7～20.4
	②35～50	甲酸(40%)	适量
	③4～50	氢氧化钠(40%)	适量
	④23～34	盐酸(10%)	1.8～2
树脂	100	氯化铵	0.2～1
玉米淀粉	5～10	其他助剂	适量

说明：

① 树脂的质量指标：固含量52%～55%；pH值7.0～7.2；黏度（涂-4杯）19～21s；游离醛含量≤0.35%；固化时间（100℃）50～60s；适用期≥6h；贮存稳定性（70℃）≥6h。

② 胶黏剂的质量指标：固含量55%～58%；黏度（涂-4杯）35～45s；pH值4.5～5.5；固化时间（100℃）50～60s；适用期≥4h。

9. 三聚氰胺/聚乙烯醇改性脲醛胶黏剂（质量份）

甲醛(37%)	300	糠醇	0.5～1.0
尿素	100	氯化铵	1.0～2.0
三聚氰胺	5～10	甲酸	0.1～0.5
聚乙烯醇	5～10	填料	10
丙烯酸酯	1～2	氢氧化钠	适量
聚醋酸乙烯酯	0.5～1.0	其他助剂	适量

说明：外观为乳白色均匀液体。剪切强度为2.0MPa。耐水剪切强度1.42MPa。游离甲

醛含量0.38％。固含量58％±1％。黏度33s。

10. 三聚氰胺改性高强度脲醛胶黏剂（质量份）

原料	用量	原料	用量
甲醛(37％)	200	甲酸	0.1～0.6
尿素(三次投入)	100(①75％,②15％,③10％)	氢氧化钠	适量
三聚氰胺	30～40(3∶1)	其他助剂	适量
氯化铵	1.0～2.0		

说明：产品的外观为白色黏稠状液体，pH＝8.0～8.5，固含量为48.00％～55.00％，游离甲醛含量≤0.3％，产品的黏度为148.0mPa・s，适用期≥20d。

11. 聚乙烯醇改性高强度脲醛胶黏剂（质量份）

原料	用量	原料	用量
甲醛(37％)	720	三聚氰胺	30～40
尿素	300	氯化铵	1.0～2.0
聚乙烯醇	10	氢氧化钠	适量
水	90	其他助剂	适量
磷酸溶液	0.5～1.0		

说明：聚乙烯醇改性的脲醛树脂的剪切强度明显高于普通脲醛树脂，改性的树脂剪切强度为4.0MPa，而普通树脂为2.7～2.8MPa。改性胶在25℃水中浸泡24h的剪切强度为2.5MPa，而普通胶为1.5MPa。可见聚乙烯醇改性脲醛树脂胶黏剂的耐水性有明显的提高。

12. 聚乙烯醇改性脲醛胶黏剂（g）

原料	用量	原料	用量
甲醛(37％)	7100	氢氧化钠(30％)	适量
尿素(分三次投入)	4000(①75,②15,③10)	氯化铵(20％)	适量
聚乙烯醇	75	F/U(醛/脲)摩尔比	1.3

说明：固含量50％～51％；pH值7.5～8.5；黏度（涂-4杯）40～45s；游离醛含量＜0.5％；固化时间45～55s；水混合性＞2倍。

13. 聚乙烯醇改性低甲醛含量的脲醛胶黏剂（质量份）

原料	用量	原料	用量
甲醛	120～150（摩尔比为1.05～1.20）	乙酸(20％)	0.1～0.5
尿素	100（摩尔比为1.05～1.20）	氨水(25％)	1～2
聚乙烯醇	5～10	氢氧化钠	适量
改性淀粉	10～20	其他助剂	适量

说明：脲醛胶黏剂的性能见表3-20。

表3-20 脲醛胶黏剂的性能

性能	实验号		
	1	2	3
外观	白色黏稠液体	白色黏稠液体	白色黏稠液体
固含量/％	56.0	57.0	57.3
黏度/s	40	42	38
pH值	8.0	8.0	8.0
游离甲醛/％	0.36	0.38	0.30
剪切强度/MPa	3.0	2.9	3.2

14. 聚乙烯醇/三聚氰胺改性低毒脲醛胶黏剂（质量份）

甲醛	200	氯化铵	1.0～2.0
尿素	100	甲酸	0.1～0.6
聚乙烯醇(PVA)	10	氢氧化钠	适量
三聚氰胺	10	其他助剂	适量
盐酸	1.0～3.0		

15. 耐水性脲醛树脂胶黏剂

材料	规格	含量/%	配比/kg
甲醛	工业级	36.5	473.0
尿素	农业级	97.0	190.6(4∶3∶4)
聚乙烯醇	1785±50	99.5	12.5
六亚甲基四胺	工业级	98.0	6.3
改性剂A		90.0	3.2
改性剂B	工业级	93.0	20.3
液碱	工业级	30.5	适量
氯化铵	工业级	95.5	适量

说明：白色均匀黏稠状液体，pH值7.8～8.0，固含量50%～53%，黏度（涂-4杯）45～58s，游离甲醛0.3%，贮存期（20℃）60d，适用期（20℃）10h。

16. 改性耐水性脲醛胶黏剂（质量份）

	配方1	配方2	配方3	配方4
脲醛胶黏剂	100	100	100	100
固化剂	0.5	0.5	0.5	0.5
面粉	—	—	10	10
W-2填料	10	10	—	—
水	—	10	—	10

脲醛胶黏剂中，甲醛∶尿素比为1.48∶1。固含量为58%。

说明：灰色粉状固体，固含量95%，中性。

17. 木制品用聚乙烯醇/三聚氰胺改性脲醛胶黏剂

材料	配比/g	材料	配比/g
甲醛水溶液	200	三聚氰胺	1.0
六亚甲基四胺	3.0	氢氧化钠	适量
尿素	106	填料	适量
聚乙烯醇	1.0		

说明：该胶性能见表3-21。

表3-21 改性脲醛树脂的性能指标（测试方法依据ZBG 39001）

指标名称	ZBG 39004标准	实测值
外观	白色或浅黄色，无杂质均匀黏液	乳白色，无杂质均匀液体
pH值	7.0～8.0	7.5～8.0
黏度(20℃)/mPa·s	22.0～56.0	35.0～55.0
固含量/%	48.0～52.0	55.0～59.0
游离甲醛含量/%	≤2.0	0.48
贮存期/月	未作要求	1
适用期/h	未作要求	9.0

主要用作木材、木制品（如纤维板、胶合板等）专用胶黏剂。

18. 木制品用三聚氰胺改性脲醛胶黏剂（质量份）

甲醛	420～600	氢氧化钠	适量
液态脲	200～400	偶联剂	0.5
三聚氰胺	3～30	其他助剂	适量

19. 苯酚改性脲醛胶黏剂（质量份）

甲醛(37%)	276	氢氧化钠(30%)	适量
尿素	100	草酸(20%)	适量
苯酚	30	填料	适量

说明：棕红色半透明黏稠液体；黏度（涂-4 杯）40～80s；固含量（55±2)%；固化时间（140℃）150～200s；游离醛含量≤0.5%；游离酚含量≤0.4%；贮存期（25℃）1～3 月。

20. 木制品用苯酚改性脲醛胶黏剂（质量份）

苯酚	240	氢氧化钠(30%)	13
甲醛(36.5%)	1040	固化剂	8
尿素	332	其他助剂	适量

说明：固含量 49.6%；黏度（涂-4 杯）14s；pH 值 8.2；固化时间（150℃）67s；游离酚含量≤0.4%；贮存期（25℃）2 个月。

21. 三合板用苯酚改性脲醛胶黏剂（质量份）

甲醛	100	氯化铵固化剂	1.0～2.0
尿素	100	氢氧化钠	适量
苯酚	10	其他助剂	适量
草酸	0.5～1.0		

说明：微红色均匀胶液；固体含量 50%～55%；黏度（涂-4 杯）900～1100s；pH 值 7.5～8.5；游离甲醛含量<0.3%；游离酚含量<0.5%；贮存期（25℃）3 个月。

22. 间苯二酚/聚乙烯醇改性脲醛胶黏剂（质量份）

脲醛树脂	100	聚乙烯醇	1～5
氯化铵	1.0～2.0	淀粉	适量
填料	5～10	其他助剂	适量
间苯二酚	5～10		

说明：白色黏稠液体，固含量为 65%±3%，游离甲醛为 0.7%±0.2%，相对密度为 1.260，pH=7～8，黏度为 0.026m^2/s（25℃）。

23. PVA/三聚氰胺/间苯二酚改性脲醛胶黏剂（质量份）

甲醛	130～210	苯酚	0.1～1.0
尿素	100	盐酸	适量
PVA	0.5～1.0	氢氧化钠	适量
三聚氰胺	1.5～2.0	其他助剂	适量
间苯二酚	0.2～1.0		

24. 草本灰/氧化淀粉改性脲醛胶黏剂（质量份）

(1) 树脂配方

甲醛(37%)	77	盐酸	适量
尿素	25	氢氧化钠(10%)	适量
六亚甲基四胺	1.0～2.0	其他助剂	适量

(2) 胶黏剂配方

脲醛树脂	100	氯化铵	1.0～2.0
草木灰	1.0～2.0	其他助剂	适量
氧化淀粉	20		

25. 改性脲醛胶黏剂（质量份）

甲醛(37%水溶液)	10.75	助剂(甲酸 30% NaOH 等)	适量
尿素(工业品)	4.40	固化剂(胺盐类)	适量
改性剂(6%～7%水溶液)	0.30	缓冲剂(六亚甲基四胺)	适量
填料(小麦、谷粉、面粉)	0.16		

说明：乳白色黏稠液体；固含量 53.8%；酸碱度 7.0；黏度（25℃）70s；游离醛 2.0%；剪切强度 0.7MPa。

26. 酯化淀粉改性脲醛胶黏剂（质量份）

甲醛	140	聚乙烯醇	5～10
尿素	100	氯化铵	1.0～2.0
淀粉	10～15	甲酸	0.1～0.6
H_2O_2	3～5	氢氧化钠	适量
三聚氰胺	5～8	其他助剂	适量

27. 对苯磺胺改性脲醛胶黏剂（质量份）

甲醛	200	氯化铵	1.0～2.0
尿素	100	甲酸	0.1～0.6
对甲苯磺酰胺	5～20	氢氧化钠	适量
六亚甲基四胺	0.2～0.5	其他助剂	适量

说明：当改性剂的加入量为 2%～3%时，具有最好的粘接强度。

28. 羧基丁苯胶乳改性脲醛胶黏剂（kg）

羧基丁苯胶乳改性脲醛树脂	100.0	面粉	0～20.0
复合固化剂	0.5～2.0	其他助剂	适量
尿素	0～2.0(①1.5,②0.3,③0.2)		

说明：固含量 52%～55%；黏度（20℃）200～350mPa·s；游离甲醛≤0.12%；pH 值 7.3～7.5；适用期≥4h；贮存期≥10d。

29. 羧基丙烯酸树脂改性脲醛胶黏剂（质量份）

甲醛	70～140	(甲基)丙烯酸	1～6
尿素	40～80	羟基丙烯酸酯	3～9
羟基丙烯酸酯树脂	3～15	乳化剂	3～9
羟基丙烯酸酯树脂由下列组分组成。		引发剂	0.1～0.6
甲基丙烯酸酯	30～60	去离子水	110～200
丙烯酸酯	80～120	其他助剂	适量

说明：本改性脲醛胶黏剂经检测游离甲醛含量仅为 0.7g/kg，而粘接强度达到 2.60MPa，耐水性更达到 1.89MPa（63℃水，3h）。主要用于木材制品，如胶合板、纤维

板、层压板等的生产。

30. 面粉改性脲醛胶黏剂（质量份）

甲醛(37%)	460	氢氧化钠(30%)	适量
尿素	239	水	适量
面粉(或淀粉)	66	其他助剂	适量
甲酸(85%)	适量	F/U摩尔比	1.42

说明：乳白色或微黄色黏稠液体；固含量49%～53%；黏度200～700mPa·s；游离醛≤0.05%；pH值6.8～7.5；固化时间60～80s；贮存期6～10d。

31. 淀粉改性脲醛胶黏剂（质量份）

甲醛(37%)	85.1～92.3	氢氧化钠(30%)	适量
尿素	60(①44.2,②15.8)	氯化铵(20%)	适量
淀粉	适量	其他助剂	适量

说明：固含量50%～56%；黏度（20℃）110～500mPa·s；游离醛0.3%；贮存期30～60d。该胶生产工艺简单，不需脱水，初黏性高，预压性好，游离醛含量低，固化速度快，胶合强度高，适合胶合板的生产。

32. 低毒低成本脲醛胶黏剂（质量份）

脲醛树脂(F/U=1.4)	100(①75,②25,③10)	NH_4Cl固化剂	0.50
面粉填料	适量	其他助剂	适量

说明：不同工艺时脲醛树脂胶黏剂的性能见表3-22。

表3-22 不同制备工艺时脲醛树脂胶黏剂的性能指标

检测项目	标准规定值	胶样实测值		
		A	B	C
外观	白色或浅黄色无杂质均匀液体	浅黄色无杂质均匀液体		
pH值	7.0～8.5	7.5	7.6	7.7
固含量/%	46.0～52.0	52.1	52.5	51.3
游离甲醛含量/%	≤1.0	0.86	0.44	0.65
黏度/mPa·s	60.0～180.0	40	80	228
固化时间/s	≤60	56	58	58
适用期/h	≥4.0	7.0	8.0	8.0
羟甲基含量/%	≥10.0	10.8	11.4	11.8
胶合强度/MPa	≥0.7(杨木)	1.0	1.2	1.3
板材甲醛释放量/(mg/L)	E_1≤1.5、E_2≤5.0	3.2	2.7	2.5

注：1. 用于检测甲醛释放量的试件锯取当天放入干燥器中，24h后检测甲醛释放量。

2. 胶样A为尿素一次加入，胶样B和C为尿素分三次加入，胶样B未加PVA，胶样C加入少量PVA。

33. 氧化淀粉改性脲醛胶黏剂

甲醛与尿素摩尔比	1.35∶1	甲酸	适量
玉米淀粉用量(占脲醛树脂的比例)/%	25	NaOH溶液	适量
H_2O_2溶液	适量	其他助剂	适量
氨水	适量		

说明：乳白色均匀液体；黏度（涂-4 杯）90～120s；pH 值 7.65；固含量 60.3%；游离甲醛含量 0.65%；固化时间 72s；适用期 8.1h。胶合强度和甲醛释放量等指标均符合胶合板 E_1 级产品要求。

34. 淀粉与植物胶改性脲醛胶黏剂（质量份）

甲醛	230	氯化铵	1.0～2.0
尿素	100	甲酸	0.1～0.6
淀粉	5～10	氢氧化钠	适量
植物胶	10～15	其他助剂	适量

说明：淡灰黄色黏稠液体；固含量 53%；黏度（涂-4 杯）55s；游离醛 0.5%；pH 值 7.4；固化时间 56s；胶合强度 4.1MPa。

35. 硅酸盐矿石粉胶改性脲醛胶黏剂（质量份）

脲醛树脂	100	尿素	2.0
硅酸盐矿石粉	25	水	2.0
面粉	15	其他助剂	适量
氯化铵	1.0～2.0		

说明：固化时间（100℃）40～50s；pH 值 4.8～5.2；适用期（25℃）≥3.5h；黏度（涂-4 杯，25℃）135～150s。

36. 核桃壳粉改性脲醛胶黏剂（质量份）

脲醛树脂	100	水	适量
核桃壳粉	5～20	氢氧化钠	适量
氯化铵	0.5～1.0	其他助剂	适量
甲酸	0.1～0.6		

说明：

① 核桃壳粉的质量指标如下。

浅黄色粉末；粒度 100 目；含水率<8%；pH 值 4.6；单宁含量 1.2%～3.0%。

② 所用脲醛树脂的质量指标如下。

均匀乳白色液体；pH 值 6.5；水混合性 3 倍；固含量 48.6%；黏度（涂-4 杯，25℃）16.6s。

37. 复合填充剂改性脲醛胶黏剂（质量份）

脲醛树脂	100	氯化铵	0.5
复合填充剂(膨润土/蛋白质/淀粉)	40	其他助剂	适量
水	5.0		

说明：

① 复合填充剂的性能如下。

蛋白质含量 14%～15%；pH 值 5.0～5.3；堆积密度 0.5～0.6g/cm^3；含水率<13%（全部通过 80 目筛）。

② 脲醛树脂（F/U 摩尔比 1.5）的指标如下。

固含量 48%～50%；黏度 110～140mPa·s；pH 值 7.0～7.6；游离醛 0.6%～1.3%；适用期 120～200min。

38. 木粉改性脲醛胶黏剂（质量份）

脲醛树脂	100	氯化铵	0.5～1.0
木粉	20～30	其他助剂	适量
六亚甲基四胺	0.3～0.5		

说明：固含量47.0%～49.0%；黏度140～200mPa·s；游离醛<1.50%；pH值7.0～7.2；羟甲基含量11.5%～13.0%；固化时间38～45s；适用期6h。

39. 竹编凉席贴布用胶黏剂（质量份）

脲醛树脂	10～90	次氯酸钠	10～20
淀粉	50	氢氧化钠	适量
水	50	其他助剂	适量
盐酸	1～10		

说明：新型混合胶黏剂，贮存期6个月以上，并可降低和消除游离甲醛对空气的污染，改善竹编凉席生产车间工人的劳动条件，防止职业病的发生。

40. 衬布粘贴专用胶黏剂（质量份）

脲醛树脂	15	氯化铵	0.5
聚醋酸乙烯酯乳液	20	其他助剂	适量
水	适量		

说明：本树脂布胶黏剂与现有树脂布胶黏剂相比具有显著的优点，其制作的树脂布经试验和使用，具有不怕水洗和永久的挺括性能，满足了制作高档服装和美化人们生活的需要。

41. 纸张粘贴专业胶黏剂（质量份）

聚乙烯醇	132	甲醛溶液(36%)	400
尿素(98%)	28	碳酸铵	6.6
盐酸(10%)	7.92	水	1000
氢氧化钠	适量		

说明：本产品在用作塑料改性剂以制造具有抗冲击、高弹性轻质泡沫塑料；在造纸工业中作纸张表面施胶剂、打浆添加剂，以提高纸的粘接力及纸张强度；在金属、木材、橡胶、皮革工业中用作胶黏剂等方面，均有其优异的效果。

42. 火柴磷浆专用胶黏剂（质量份）

赤磷	39.9～43.9	CMC	1.0
三硫化锑	39.9～43.9	脲醛树脂	10～18
碳酸钙	1.2	氯化铵	0.8

说明：该磷浆用胶工艺简便，成本偏低，且磷浆不腐臭，不发黏，使用性能良好。

43. 复合地板粘接专用胶黏剂（质量份）

尿素	1000(①750,②150,③100)	三聚氰胺	1.5
甲醛(37%)	1523	乙二醛	12.7
六亚甲基四胺	7.6	甲酸	适量
硼酸	10.7	氢氧化钠	适量

说明：乳白色无杂质均匀液体；固含量55%～60%；游离醛含量≤0.15%；黏度(20℃)100～170mPa·s。

调胶配方（单位：质量份）如下。

脲醛树脂胶	100	固化剂	6
面粉	12～14		

树脂使用方法：首先将脲醛树脂与面粉在装有高速搅拌器的容器中调匀，然后边搅拌边加入固化剂，充分搅拌即可。

44. 钙塑地板粘接专用胶黏剂（质量份）

尿素(99%)	29～30	六亚甲基四胺	2.24～4.38
甲醛(36%,工业)	63～65	水	适量
氯化锌(化学纯)	0.23～0.24	其他助剂	适量

说明：乳白色黏稠液体；游离醛<2%；pH 值 7.3～7.5；黏度（涂-4 杯，25℃）172s；固含量 58%；贮存期>3 个月。

45. 塑料地板粘接专用胶黏剂（质量份）

脲醛树脂	100	氯化铵	1.0～2.0
水泥	10,20,30,40,50,60,70	其他助剂	适量
水	适量		

说明：性能指标见表 3-23。

表 3-23　性能指标

水泥与脲醛树脂的质量比	剪切强度/MPa	剥离强度/(N/cm)
10/100	0.4	—
20/100	0.6	—
30/100	1.4	0.3
40/100	0.3	—
50/100	0.4	—
60/100	0.43	—
70/100	0.54	—

46. 防火胶黏剂（质量份）

甲醛(37%)	162	氯乙基磷酸酯阻燃剂	18
尿素	60	氯化铵	1.0～2.0
三聚氰胺	34	其他助剂	适量
异丙醇	102		

说明：选用三聚氰胺改性的脲醛树脂，同时兼有碳化剂和发泡剂的功能。在膨胀催化剂的作用下，遇火或受热分解放出不可燃性气体，并能形成致密的软质炭层，起到阻燃效果。

三、水性脲醛胶黏剂配方与制备实例

（一）水性脲醛树脂胶黏剂

1. 原材料与配方

（1）脲醛树脂配方（kg）

甲醛	100	甲酸	1～2
聚乙烯醇(PVA)	10～20	NaOH	3～4
尿素	71.5	胶水	5～6
三聚氰胺	13.5	其他助剂	适量

(2) 胶黏剂配方（质量份）

脲醛树脂	100	填料	5.6
面粉	17	润湿剂	1～2
氯化铵	1.2	其他助剂	适量

2. 制备方法

(1) UF的合成　在200L搪瓷反应釜中加入100kg甲醛、1.2kg PVA，升温至规定温度，用30% NaOH溶液调节pH值为8.5～9.0；然后加入37.5kg尿素，升温至88℃，保温30min；随后加入甲酸，调节pH值至5.5～5.6，88～90℃反应30min，取样检测云雾点；待云雾点出现时，用30% NaOH溶液调节pH值至7.5～8.0，加入10kg甲醛和13.5kg三聚氰胺，保温（83～85℃）反应若干时间；待胶水比为1∶3时，降温至75℃，加入34kg尿素，保温反应30min后降温出料。

(2) UF胶黏剂的配制　按照m(UF)∶m(面粉)∶m(氯化铵)＝100∶17∶1.2的比例，将上述物料混合均匀即可。

综上所述，制备UF胶黏剂的最佳工艺条件为n(F)∶n(U)＝1.14∶1、w(三聚氰胺)＝19%、w(PVA)＝1.7%、反应温度88～90℃和反应时间3h左右。

3. 性能

胶合板应用性能实测结果见表3-24。

表3-24　胶合板应用性能实测结果

项目	实测值	指标要求
含水率/%	12	6～14
胶接强度/MPa	0.91～1.48	≥0.70
木材平均破坏率/%	2	
合格件数与有效件数之比/%	100	≥80
甲醛释放量/(mg/L)	1.24	E_1≤1.5

4. 效果

(1) 当n(F)∶n(U)＝1.14∶1、w(三聚氰胺)＝19%和w(PVA)＝1.7%时，制得的UF胶黏剂具有良好的综合性能，并且符合绿色环保要求。

(2) 本工艺合成胶黏剂时不必脱水，无水污染等现象发生。采用该胶黏剂能生产出甲醛释放量符合E_1级要求的人造板材，其市场前景非常广阔。

(二) 氧化淀粉改性脲醛胶黏剂

1. 原材料与配方（质量份）

甲醛溶液	120	NaOH	1～2
尿素	100	盐酸羟胺	1～3
氧化淀粉	10	其他助剂	适量
乙醇	适量		

2. 制备方法

（1）氧化淀粉的制备　称取一定量的可溶性淀粉，加入5%NaOH溶液，搅拌均匀后，活化20min左右；然后加入7% H_2O_2（相对于淀粉质量而言）溶液，充分搅拌均匀，经60℃反应若干时间、烘干、冷却和研细等处理后，得到所需产品。

（2）改性UF的制备　在三口烧瓶中加入一定量的甲醛溶液，45℃时用10%NaOH溶液调节pH值至7.5～8.0，加入第1批尿素（U_1），反应30min；然后加入U_2，90℃保温10min后，用10%甲酸溶液调节pH值至5.0左右，升温至90℃；待UF胶液滴入冷水中出现雾化时，用NaOH溶液调节pH值至7.5～8.0，并迅速降温至60℃；加入U_3，继续反应30min，再加入氧化淀粉，反应若干时间；冷却至40℃以下，调节pH值至8.0左右，出料即可。

（3）3层胶合板的制备

① 柳桉单板：幅面为100mm×25mm×1mm，含水率为9%，双面施胶量为355g/m²，陈放时间为30min。

② 制胶：按照m(UF)∶m(氯化铵)＝100∶1的比例，将上述物料混合均匀即可。

③ 固化工艺：热压温度为110℃，热压压力为（1.0±0.1）MPa，热压时间为1min/mm。

3. 性能

氧化淀粉改性前后UF胶黏剂的实测性能见表3-25。

表3-25　氧化淀粉改性前后UF胶黏剂的实测性能

种类	w(游离甲醛)/%	胶接强度/MPa	耐水性/min	w(固含量)/%	固化时间/s	黏度/s	甲醛释放量/(mg/L)
改性	0.0882	1.48	499	54.27	102	15.05	0.04
未改性	0.3810	0.75	257	44.89	156	33.02	

（三）固体废弃物OAT/改性脲醛胶黏剂

1. 原材料与配方（质量份）

尿素	100	盐酸	1～2
甲醛	50	氨水	1～3
甲酸	10	固体废弃物OAT	6.0
NaOH	30	其他助剂	适量

2. 制备方法

将50mL甲醛溶液加入三口烧瓶中，用30%氢氧化钠调节pH值为8.5～9.0，打开搅拌器，加尿素总量的80%（U_1），升温至90℃，保温30min；加10%甲酸调节pH值为4.8～5.0，恒温反应15～30min至缩聚终点，调pH值为6.8～7.0，降温至70℃加尿素总量的20%（U_2），反应10min，继续降温至45℃以下，调节pH值大于7.0后出料，得到脲醛树脂胶。改性剂可在加成阶段和缩聚结束后的适当阶段加入，获得改性脲醛树脂胶。

3. 性能

改性剂OAT和三聚氰胺对脲醛树脂胶性能的影响见图3-8和图3-9。

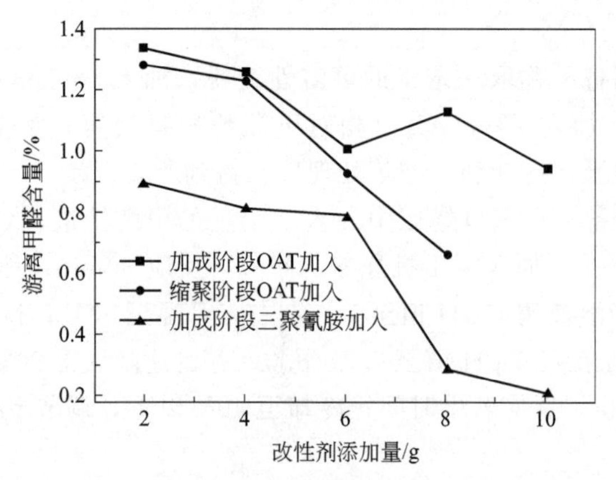

图 3-8　改性剂 OAT 和三聚氰胺对脲醛树脂胶游离甲醛含量的影响对比

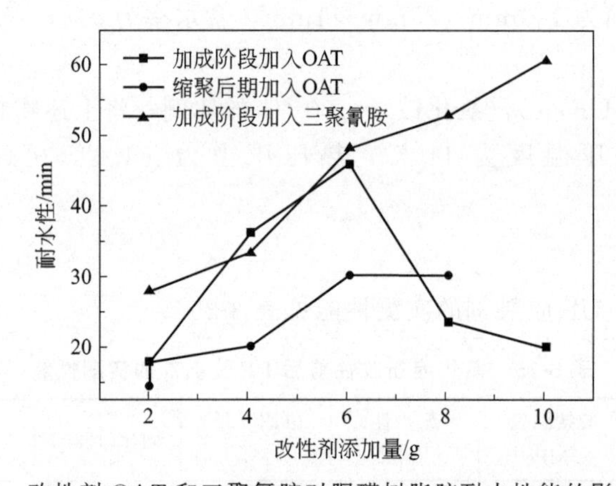

图 3-9　改性剂 OAT 和三聚氰胺对脲醛树脂胶耐水性能的影响对比

4. 效果

(1) 以甲醛溶液 50mL，F/U 摩尔比 1.8 为基准，实验条件下，改性剂 OAT 在加成阶段时加入，加入量为 6g 时，脲醛树脂胶的游离甲醛含量低、耐水性较好。

(2) 用工业固体废弃物 OAT 替代三聚氰胺，用以改性脲醛树脂胶的工艺可行，环境友好。

(四) 水性脲醛木材用胶黏剂

1. 原材料与配方（质量份）

原料	用量	原料	用量
苯酚	70	NaOH	5.0
尿素	30	水	适量
甲醛溶液(37%～40%)	10	其他助剂	适量
面粉	5～15		

2. 制备方法

(1) 合成工艺过程　将低温溶化的一定量的苯酚加入到三颈烧瓶中，加入甲醛，搅拌。在弱碱性条件下，以 95℃的温度反应一段时间后，降温，加入尿素（额定量的 90%）和适量的水，滴加 30%液碱（滴加速度保持体系温度维持在特定范围），以较低温度反应一段时间后加入剩余的尿素和适量的水。升高温度，每5min取样，当体系为红褐色，黏度达到40mPa·s（20℃）时，迅速降温至40℃以下，出料。

（2）胶合板的制作　将厚度为1.2～1.6mm的速生杨木块切割成若干块10cm×10cm的正方形木片，以3块木片为一组，将所合成的PUF树脂按7∶3的比例与面粉混合，搅拌均匀，按每平方米120g的施胶量施胶。再以125℃的温度、0.9～1.0MPa的压力进行热压处理，时间为270～300s，制成三层速生杨胶合板。

3. 性能

PUF树脂性能指标见表3-26，胶合强度测试结果对比见表3-27。

表3-26　PUF树脂性能指标

性能指标项目	一步碱法合成PUF树脂
试样外观	亮红色透亮液体
固含量/%	43.20
密度(25℃)/(g/cm^3)	1.15
pH值	13.7
黏度(23℃)/mPa·s	40
含水率/%	56.5
游离醛/%	≤0.015
游离酚/%	0.0
适用期/h	≥6
贮存期/d	90～100

表3-27　胶合强度测试结果对比表

序号	试件类型	试件材质	胶合强度/MPa			
			市场上PUF树脂	平均胶合强度	本方法合成PUF树脂	平均胶合强度
试件1	三层胶合板	速生杨	1.49	1.50	2.11	2.17
试件2	三层胶合板	速生杨	1.42		2.11	
试件3	三层胶合板	速生杨	1.63		2.37	
试件4	三层胶合板	速生杨	1.58		2.24	
试件5	三层胶合板	速生杨	1.42		1.97	
试件6	三层胶合板	速生杨	1.46		2.19	

（五）有机蒙脱土改性脲醛胶黏剂

1. 原材料与配方（质量份）

甲醛	120	氯化铵	1.0
尿素	100	面粉	5～10
有机蒙脱土(OMMT)	2～3	其他助剂	适量
NaOH	5.0		

2. 制备方法

(1) UF 胶黏剂的制备　按照 n(甲醛)∶n(尿素)=1.2∶1 的比例，采用碱-酸-碱工艺制得 UF 胶黏剂。

(2) 改性 UF 胶黏剂的制备　固定 UF 胶黏剂的合成工艺，分别将 1%、2% 和 3% 的 OMMT（相对于尿素总质量而言）在树脂合成的不同阶段（如加成阶段、缩聚阶段和缩聚后期等）与尿素一同投入到反应体系中，制成不同的改性 UF 胶黏剂。

(3) 3 层胶合板的制备

① 杨木单板：幅面为 40cm×40cm×1.5mm，双面施胶量为 280～300g/m^2。

② 调胶：按照 m(OMMT 或 MMT 改性 UF)∶m(氯化铵)∶m(面粉)=100∶1∶10 的比例，将上述物料混合均匀即可。

③ 热压参数：热压温度为 110℃，热压压力为 1.0MPa，热压时间为 4.5min。

3. 性能与效果

将不同投料比的 OMMT（有机蒙脱土）引入脲醛树脂（UF）合成的 3 个阶段（加成、缩聚和缩聚后期）中，制备出相应的 OMMT 改性 UF 胶黏剂。研究结果表明：该改性 UF 胶黏剂的耐热性高于未改性 UF 胶黏剂，其游离甲醛含量随 OMMT 投料比的增加而降低，粘接强度随之增大。加成阶段投入 OMMT 后，该改性 UF 胶黏剂的降醛效果明显；缩聚阶段投入 OMMT 后，该改性 UF 胶黏剂的补强效果显著。OMMT 较佳的投入阶段为缩聚阶段，较佳的投料比为 2%～3%（相对于尿素总质量而言）。

（六）改性脲醛胶黏剂

1. 原材料与配方（质量份）

原料	份数	原料	份数
37%甲醛(F)	120	氯化铵	1～2
尿素(U)	100	六亚甲基四胺	0.5～1.5
聚乙烯醇(PVA)	1.0	水	适量
三聚氰胺(M)	1.0	其他助剂	适量
NaOH	5.0		

2. 制备方法

(1) UF 的制备　在装有搅拌器、温度计和回流冷凝装置的反应釜中加入 F 溶液，用六亚甲基四胺调节 pH 值至 6.5，水浴升温至 60℃；然后加入 U_1（第 1 批 U，其余类推），恒温反应 30min，用 NaOH 水溶液调节 pH 值至 8.0～8.5；加入 U_2，升温至 85℃，再迅速加入新配制的 PVA 溶液，继续反应 40min；用甲酸溶液调节 pH 值至 5.0～5.5，加入 U_3，不断吸取少许 UF 并滴至盛有冷水的烧杯中，当出现明显雾化现象时，用 NaOH 水溶液调节 pH 值至 8.0～8.5，同时降温至 70℃；加入 U_4，反应 30min，调节 pH 值至 7.0～7.5，冷却至 40℃以下，出料即可。

(2) 胶合板的制备

① 椴木单板：幅面为 100mm×25mm×1mm，含水率为 8%～12%，双面施胶量为 360g/m^2。

② 配胶：按照 m(UF)：m(氯化铵)＝100：1 的比例，将两者混合均匀即可。

③ 固化工艺：热压压力为（1.0±0.1）MPa，热压温度为 110℃，热压时间为 1min/mm。

3. 性能

M/PVA 改性前后 UF 胶黏剂的性能见表 3-28。

表 3-28　M/PVA 改性前后 UF 胶黏剂的性能

样品	w(游离 F)/%	胶接强度/MPa	黏度/s	w(固含量)/%	耐水性/min	固化时间/s	F 释放量/(mg/L)
未改性	0.38	0.67	30.5	49.4	136	168	6.78
M/PVA 改性	0.19	1.30	44.7	51.7	286	105	2.89

由该 UF 胶黏剂压制而成的胶合板，其 F 释放量（为 2.89mg/L）达到了国家标准中 E_2 级的指标要求（≤5mg/L）。

（七）苯酚/聚乙烯醇改性脲醛胶黏剂

1. 原材料与配方（质量份）

37%甲醛(F)	120	NaOH	5.0
尿素(U)	100	氯化铵	1.0
苯酚	20	其他助剂	适量
聚乙烯醇(PVA)	1.0		

2. 制备方法

(1) UF 的制备　在装有温度计、球形冷凝管和搅拌器的四口烧瓶中，按计量加入 F 溶液，水浴升温至 50℃左右，用 NaOH 溶液调节 pH 值至 8.0 左右；加入第一批 U，再加入苯酚，升温至 90℃左右，保温反应 1h；调节 pH 值至 5.0 左右，加入第二批 U；当出现雾化现象时，立刻调节 pH 值至 7.5～8.0，加入第三批 U 和 PVA（预先将 PVA 用水溶解）；保温搅拌 0.5h 左右，降温至 40℃，调节 pH 值至 7.5～8.0，出料即可。

(2) 胶合板的制备

① 柳桉单板：幅面为 100mm×25mm×1mm，含水率为 8%～12%，双面施胶量为 360g/m^2。

② 配胶：按照 m(UF)：m(氯化铵)＝100：1，将两者混合均匀即可。

③ 固化工艺：热压温度为 110℃，热压压力为（1.0±0.1）MPa，热压时间为 1min/mm。

3. 性能

苯酚/PVA 改性前后 UF 胶黏剂的性能见表 3-29。

表 3-29 苯酚/PVA 改性前后 UF 胶黏剂的性能

UF 胶黏剂	w(游离 F)/%	胶接强度/MPa	黏度/s	w(固含量)/%	固化时间/s	F 释放量/(mg/L)
未改性	0.3791	0.51	42.8	49.92	140	3.82
苯酚/PVA 改性	0.2351	0.84	60.2	53.01	113	1.70

将该 UF 胶黏剂压制成胶合板，相应胶合板的 F 释放量为 1.70mg/L，可以满足国家标准中 E_2 级的指标要求（即≤5mg/L），并且低于未改性体系。

第四章 橡胶型水性胶黏剂

第一节 天然橡胶水性胶黏剂

一、简介

天然橡胶来源于橡胶树上流出的胶乳，是一种以异戊二烯为主要成分的天然高分子化合物，是良好的可再生天然资源。天然胶乳具有很好粘接性，又是优良的弹性体，其湿凝胶强度高，成膜性好，制品弹性大，蠕变小，是各类橡胶中最适合做胶黏剂的，因而在胶黏剂领域得到广泛应用。

天然胶乳的主要成分是水和橡胶，是制作水基胶黏剂的理想原料，但由于还包含少量的无机物和有机物等，导致胶黏剂性能不够稳定，耐高、低温性能不佳等，需要对性能加以优化。

以天然胶乳为主要成分，加入适量的增黏剂、稳定剂和防腐剂等助剂，可配制成黏度小、贮存稳定性好、气味小的水性胶黏剂。利用该水性胶黏剂，通过喷涂、刮涂或浸涂等方式涂覆在各种基材表面，可制作成有自黏特性的绷带及其他产品。

二、实用配方

1. 天然胶乳胶黏剂 1（质量份）

天然橡胶胶乳(60%)	166.7	二乙基二硫代氨基甲酸锌(50%分散体)	2.0
氢氧化钾(10%溶液)	4.0	抗氧剂(50%分散体)	2.0
辛酸钾(20%溶液)	2.5	增稠剂溶液	2.0
硫(50%分散体)	2.0		

2. 天然胶乳胶黏剂 2（质量份）

天然胶乳(60%)	167.0	2-巯基苯并噻唑锌分散体(50%)	1.5
Texofor FN36(20%聚氧化乙烯辛基甲酚硫酸盐)	2.0	抗氧剂分散体(50%)	2.0
		氧化锌分散体(50%)	6.0
硫分散体(50%)	4.0	软水或蒸馏水(调节固含量)	根据需要
二乙基二硫代氨基甲酸锌(50%)	3.0		

说明：建议在120℃热空气中固化3～8min。

3. 水基天然橡胶压敏胶黏剂 1（质量份）

天然橡胶乳液	20	丙烯酸类改性天然乳胶	20
苯乙烯-丁二烯乳液	60	增黏树脂	100
其他助剂	适量	乳化剂	8.0
保护胶体	4.0		

说明：机械稳定性0.2%；耐湿黏着力95%；绝缘特性96%；末端剥离0.55mm。主要用于制备压敏胶带。

4. 水基天然橡胶压敏胶黏剂2（质量份）

天然橡胶乳液	20	丙烯酸类改性天然乳胶	20
苯乙烯-丁二烯乳液	60	增黏树脂	100
其他助剂	适量	乳化剂	7.2
保护胶体	4.0		

说明：机械稳定性0.2%；耐湿黏着力95%；绝缘特性96%；末端剥离0.2mm。

5. 水基天然橡胶压敏胶黏剂3（质量份）

天然橡胶乳液	20	丙烯酸类改性天然乳胶	20
苯乙烯-丁二烯乳液	60	增黏剂	100
其他助剂	适量	乳化剂	4.0
保护胶体	8.0		

说明：机械稳定性0.3%；耐湿黏着力97%；绝缘特性97%；末端剥离0.6mm。

6. 水基天然橡胶压敏胶黏剂4（质量份）

天然橡胶乳液	20	丙烯酸类改性天然乳胶	20
苯乙烯-丁二烯乳液	60	增黏剂	100
其他助剂	适量	乳化剂	15
保护胶体	2.0		

说明：机械稳定性0.3%；耐湿黏着力98%；绝缘特性98%；末端剥离0.5mm。

7. 水基天然橡胶压敏胶黏剂5（质量份）

天然橡胶乳液	40	苯乙烯-丁二烯乳液	60
增黏剂	100	乳化剂	4.0
其他助剂	适量	保护胶体	4.0

说明：机械稳定性0.6%；耐湿黏着力95%；绝缘特性92%；末端剥离0.4mm。

8. 水基天然橡胶压敏胶黏剂6（质量份）

天然橡胶乳液	10	丙烯酸类改性天然乳胶	30
苯乙烯-丁二烯乳液	60	增黏剂	100
其他助剂	适量	乳化剂	8.0
保护胶体	4.0		

说明：机械稳定性0.2%；耐湿黏着力93%；绝缘特性93%；末端剥离0.4mm。

9. 水基天然橡胶压敏胶黏剂7（质量份）

天然橡胶乳液	15	丙烯酸类改性天然乳胶	15
苯乙烯-丁二烯乳液	70	增黏剂	100
其他助剂	适量	乳化剂	8.0
保护胶体	4.0		

说明：机械稳定性0.4%；耐湿黏着力93%；绝缘特性95%；末端剥离0.4mm。

10. 水基天然橡胶压敏胶黏剂 8（质量份）

天然橡胶乳液	25	丙烯酸类改性天然乳胶	25
苯乙烯-丁二烯乳液	50	增黏剂	100
其他助剂	适量	乳化剂	8.0
保护胶体	4.0		

说明：机械稳定性 0.5%；耐湿黏着力 93%；绝缘特性 92%；末端剥离 0.5mm。主要用于制备压敏胶带。

11. 布鞋生产用天然乳胶胶黏剂（质量份）

天然橡胶乳液	100	TMTD	0.1
DM	0.2	DBH	0.5
ZnO_2	0.3	硫	0.3
TiO_2	5.8	KOH	0.4
平平加	0.5	其他助剂	适量
水	适量		

说明：乳胶浆是以水分为溶剂的胶黏剂，黏度小，利于涂刷操作，涂刷的胶层干燥后厚度在 0.1mm 左右。

12. 自封式纸袋胶黏剂 1（质量份）

天然橡胶乳液	100	KOH(10%)	0.2
乳化剂	6.0	其他助剂	适量
二乙基二硫代氨基甲酸锌	0.5		

说明：主要用于纸制品粘接。

13. 自封式纸袋胶黏剂 2（质量份）

天然橡胶乳液(60%)	168	KOH(10%)	0.2
乳化剂	6.0	其他助剂	适量
分散剂 50%	1.0		

说明：主要用于纸制品粘接。

14. 天然橡胶胶泥 1（质量份）

天然橡胶胶乳	100	Atomite(微细颗粒碳酸钙颜料)	250
三乙醇胺	30	Snobrite Clay(黏土)	200
油酸	56	Natrosol 250H(羟乙基纤维素,3%水溶液)	253
TPO 2#(石油烃聚合树脂)	174	Naugatex 2105(丁苯橡胶,62%不挥发物)	80
TPO 3#(石油烃聚合树脂)	58		

15. 天然橡胶胶泥 2（质量份）

组分	配方 1 (天然橡胶/树脂)	配方 2 (钛白粉/树脂)
三乙醇胺	30	30
油酸	56	56
天然橡胶胶乳	100	
Piccovar AP-25(芳烃树脂,增塑剂)	117	117
Piccolyte S-25(β-蒎烯树脂)	109	109
金红石型二氧化钛	—	50
Atomite(微细颗粒碳酸钙颜料)	250	250

组分	配方1（天然橡胶/树脂）	配方2（钛白粉/树脂）
Snobrite Clay(黏土)	200	200
Natrosol 250HR(羟乙基纤维素,3%水溶液)	263	250
Pliolite 5356(丁苯橡胶,69%不挥发物)	71	71

16. 皮革胶黏剂1（质量份）

天然胶乳(60%)	100.0	甲基纤维素(5%溶液)	2.0
乙二胺四醋酸钠(20%溶液)	2.5	增黏树脂分散体	10.0～20.0
抗氧剂	1.0		

17. 皮革胶黏剂2（质量份）

天然胶乳(60%)	167.0	抗氧剂(50%分散体)	1.0
乙二胺四醋酸钠(20%溶液)	2.5	其他助剂	适量

18. 皮革胶黏剂3（质量份）

Kraton 1101(SBS热塑性橡胶碎片)	100.0	Antioxidant 330(抗氧剂330)	0.5
Picco L TP-135(萜烯酚醛树脂)	37.5	硫代二丙酸二月桂酸酯	0.5
Piccotex 120(甲苯乙烯和α-甲基苯乙烯共聚烃树脂)	37.5		

19. 抗剥离型天然橡胶胶黏剂（质量份）

天然橡胶	167.0	2-巯基苯并噻唑锌分散体(50%)	1.5
非离子的稳定剂溶液(20%)	1.3	抗氧剂分散体(50%)	2.0
甲醛溶液(40%)	2.2	聚乙烯基甲基醚溶液(10%)	20.0
硫分散体(50%)	4.0	水(根据需要加入)	(例如胶乳中干胶含量为22%)
氧化锌分散体(50%)	6.0		
二乙基二硫代氨基甲酸锌(50%)	3.0		

说明：凝胶温度约32℃；最短搁置寿命（20℃）1周。

20. 快速粘牢胶黏剂（质量份）

成分	配方1	配方2
天然橡胶胶乳(60%)	167.0	—
高补强天然橡胶胶乳(66%)	—	152.0
甲苯	3.0～5.0	—
二乙基二硫代氨基甲酸锌	2.0	2.0

21. 快速变定胶黏剂（质量份）

天然橡胶胶乳(60%)	100.00	木松香	0.46
煤焦油-石脑油	10.00	油酸	0.32
浅色酯胶	2.60	阴离子型表面活性剂	0.50

22. 本色围条边浆配方（质量份）

天然胶乳	100	酪素	0.15～2.5
促进剂DM	0.6	萜烯树脂	1.5
促进剂TMTD	0.5	氢氧化钾	0.1
氧化锌	0.4	防老剂MB	0.5
平平加O	0.2	硫黄	0.5
渗透剂JFC	1.5	软水	适量
扩散剂NF	0.1		

23. 白色围条边浆配方（质量份）

天然胶乳	100	平平加 O	0.5
促进剂 DM	0.8	氢氧化钾	0.2
促进剂 TMTD	0.2	渗透剂	0.4
硫黄	1	钛白粉	10
氧化锌	1	群青	0.25
酪素	0.25	软水	适量
扩散剂 NF	0.05	干量合计	114.65

24. 氯丁胶乳边浆配方（质量份）

LDR-503 型氯丁胶乳①	100	增稠剂	3～5
促进剂 CA②	1～2	平平加 O	0.5～2
促进剂 D	1～2	渗透剂 JFC	0.5～1
氧化锌	5～25	防老剂 RD	1～2
硫黄	0.5～2	干量合计	122.5～161
增黏树脂	10～20		

① 重庆长寿化工有限责任公司生产的水基型氯丁胶乳。

② N,N'-二苯基硫脲。

25. 皮革面料折边用氯丁胶乳胶黏剂配方（质量份）

LDR-503 型氯丁胶乳	100	50%碳酸钙分散体	30
20%平平加 O 水溶液	1	硅酸钠	适量
50%古马隆树脂分散体	50	10%酪素溶液	适量

26. 增黏扳帮浆配方（质量份）

60%天然胶乳	100	10%平平加 O 水溶液	1
聚醋酸乙烯胶乳	12	硅酸钠	3
聚丙烯酰胺	12	合计	136
15%渗透剂 JFC	8		

27. 增稠围条边浆配方（质量份）

天然胶乳	100	平平加 O	0.1
促进剂 TMTD	0.5	硫黄	0.5
氧化锌	0.5	防老剂 RD	1.5
酪素	0.7	软水	适量
渗透剂 JFC	0.5	合计	104.4
羧甲基纤维素	0.1		

说明：本配方适用于孔隙大、易渗透的帮面材料。

28. 鞋帮普通合布浆配方（质量份）

天然胶乳	100	促进剂 DM	0.4
聚乙烯醇	1	促进剂 TMTD	0.2
氧化锌	0.4	硫黄	0.7
防老剂 DBH	1	拉开粉 BX	0.5
平平加 O	0.3	软水	适量
酪素	0.4	合计	105.9
钛白粉	1		

29. 鞋帮加硬合布浆配方（质量份）

A组分[①]	用量	B组分[①]	用量
60%天然胶乳	60	聚丙烯酰胺	56
10%平平加O水溶液	1.86	12.5%聚乙烯醇溶液	8
40%混合分散体[②]	1.674	合计	64
30%防霉剂分散体	0.124		
40%钛白粉分散体	4.65		
软水	0.492		
合计	68.8		

① 将A组分徐徐加入B组分中，搅拌均匀后使用。还可根据帮面挺性要求，调整B组分用量。

② 含硫黄22.22%，含促进剂ZDC17.78%。

30. 中底布刮浆配方（质量份）

组分	用量	组分	用量
天然胶乳	100	平平加O	0.3
聚乙烯醇	1.25	酪素	0.4
氧化锌	2	拉开粉BX	0.6
羧甲基纤维素	0.6	软水	适量
硅酸钠	0.25	干量合计	105.4

31. 配合剂分散体、乳浊液及水溶液配方（质量份）

组分	用量	组分	用量
50%硫黄分散体		25%颜料绿分散体	
硫黄	50	颜料绿	25
10%酪素溶液	20	10%酪素溶液	4.85
10%氢氧化钾溶液	1	10%扩散剂NF	5
10%扩散剂NF	10	拉开粉BX	0.15
软水	19	软水	65
合计	100	合计	100
40%钛白粉分散体		50%矿物油乳浊液[①]	
钛白粉	40	A组分	
10%酪素	4	矿物油	50
10%氢氧化钾溶液	5	油酸	2
10%扩散剂NF	5	合计	52
软水	46	B组分	
合计	100	浓氨水	0.5
30%混合防霉剂分散体		软水	47.5
水杨酰苯胺	15	合计	48
多菌灵	15	10%酪素溶液	
10%扩散剂NF	8	酪素	10
10%平平加O	2	硼砂	1.5
软水	60	28%氨水	3.2
合计	100	软水	85.3
		合计	100

① 先将B组分混合，再将A组分高速搅拌混合后，徐徐加入到快速搅拌的B组分中并继续搅拌数分钟至形成稳定的乳浊液。

32. 轮胎用天然胶乳胶黏剂（质量分数/%）

胶黏剂	A	B	C	D	E
水	50.0	50.0	50.0	70.0	50.0
天然橡胶	25.0	25.0	25.0	18.0	25.0
炭黑	13.0	13.0	13.0	9.0	13.0
ZnO	1.0	1.0	1.0	0.6	—
TiO_2	1.0	2.0	3.0	0.3	1.0
硫黄	0.5	0.5	0.5	0.3	0.5
磺酰胺	0.5	0.5	0.5	0.3	0.5
乳化剂	5.0	5.0	4.8	—	5.0

33. 天然胶乳压敏胶黏剂

(1) 增黏树脂乳液配方（质量份）

氢化松香甘油酯	100	甲苯	20～30
乳化剂	1～8	水	120～140

(2) 软化剂乳液配方（质量份）

羊毛酯	20～30	乳化剂 2	1～2
乳化剂 1	1～2	水	50～80

(3) 防老剂分散体配方（质量份）

防老剂	10～20	氢氧化钾	0.1～0.4
酪素	1～3	软水	15～20

(4) 天然胶乳配方（质量份）

天然胶乳(60%)	100	酪素	0.5～1.5
过氧化氢	1～3	防老剂分散体	2～4

(5) 压敏胶配方（质量份）

降解天然橡胶胶乳	100	软化剂乳液	20～50
增黏树脂乳液	50～120	水	适量

说明：天然胶乳胶黏剂的性能见表 4-1。

表 4-1 天然胶乳胶黏剂性能

天然胶乳压敏胶	技术指标	天然胶乳压敏胶	技术指标
外观	微黄乳液	180°剥离力/(N/2.5cm)	4.5
固含量/%	45.2	持黏力/h	2.25
初黏力(钢球号)	<10		

34. 接枝改性天然胶乳压敏胶黏剂（质量份）

60%天然乳胶	167	$NaHCO_3$	0.5
丙烯酸酯	60	$K_2S_2O_4$	0.6
醋酸乙烯酯	40	去离子水	116
丙烯酸	8	环氧树脂	16
十二烷基硫酸钠	3	松香改性树脂	8
OP-10	1～5	其他助剂	适量
聚乙烯醇	5		

说明：该压敏胶具有较好的剥离强度和较长的持黏性。在较高的温度下预处理有助于提高压敏胶的粘接性能。且此胶聚合容易，成本低，安全，无公害，应加以推广。广泛用于医疗、包装、装饰、掩蔽和电器绝缘等方面。

35. 淀粉黄原酸酯-天然橡胶胶乳胶黏剂（质量份）

淀粉黄原酸酯	3.5	防老剂	少量
天然橡胶胶乳(60%固含量)	30	分散剂	少量
天然树脂	1	氢氧化钾	0.02
填充剂	3.5	水	61.4

说明：产品性能见表4-2。

表4-2　产品性能指标测定结果

测试项目	性能指标	测试项目	性能指标
外观	白色乳液	粘接强度/(kN/m)	2.5
固含量/%	24.8	干燥时间/h	1.5
黏度(25℃)/mPa·s	440		

36. NR/CR/MMA 接枝共聚鞋用胶黏剂（质量份）

天然橡胶胶乳(NR)	100	引发剂 DB-4	1～2
氯丁橡胶(CR)	10	其他助剂	适量
甲基丙烯酸甲酯(MMA)	1		

说明：该胶的剥离强度见表4-3。可用于硫化鞋行业专用胶。

表4-3　干湿态剥离强度的比较

干湿态对比	用量比例为 NR∶CR∶MMA∶引发剂＝100∶10∶1∶2 时	用量比例为 NR∶CR∶MMA∶引发剂＝100∶10∶1∶1.5 时
湿态 180°剥离强度/(kN/m)	2.57	1.43
干态 180°剥离强度/(kN/m)	4.36	4.21

37. 植物纤维粘接专用天然橡胶胶黏剂（质量份）

天然橡胶乳	100	氧化锌	2.0
氢氧化钾	1.0	α-苯基-β-萘胺	1.5
月桂酸盐	0.1	$CaCO_3$	30
亚甲基二萘磺酸钠	1.0	聚丙烯盐增稠剂	2.0
二丁基萘磺酸钠	1.0	水	适量
硫黄	3.0	其他助剂	适量
二乙基二硫代氨基甲酸锌	2.0		

说明：胶黏剂的性能见表4-4。

表4-4　胶黏剂的性能

项目	拉伸强度/MPa	拉断伸长率/%	机械稳定性/s	化学稳定性/s	黏度/s	渗透进纤维的最快时间/s	热空气老化拉伸强度变化率(60℃,120h)/%
天然胶乳	低于10	低于500	低于600	小于20	18～20	大于100	0.534
本胶黏剂	大于18	大于900	高于800	大于22	14～15	低于30	0.862

38. 天然胶乳胶黏剂（质量份）

天然胶乳	500	增黏剂(酚醛或丙烯酸)	5～15
表面活性剂(OP-10)	4～5	甲醛	适量
Tween-20	0.6	其他助剂	适量

说明：改性前后天然胶乳胶黏剂的质量指标见表 4-5。

表 4-5 改性前后天然胶乳胶黏剂的质量指标比较

项目	外观	固化时间/mm	固含量	pH 值	耐温性
改性前	白色乳液	7～7.5	60%	9.0	70℃,3d
改性后	白色乳液	4～5	64.5%	7～8	70℃,7d

三、水性天然胶乳胶黏剂配方与制备实例

（一）聚乙烯醇改性天然胶乳胶黏剂

1. 原材料与配方（质量份）

浓缩天然胶乳	100	氯仿	1～2
聚乙烯醇(PVA)	15～60	十二烷基硫酸钠(SDS)	2～3
酪素	10	硫黄(S)	1.5
亚甲基二萘磺酸钠(NF)	4.0	其他助剂	适量
ZnO	1～2		

2. 制备方法

按照胶黏剂配方，在机械搅拌的作用下，将改性 PVA 按一定比例，缓慢加入一定量的配合胶乳中，再加入一定量的十二烷基硫酸钠（SDS）溶液，混合均匀，置于43℃恒温水浴中硫化，测定氯仿值，待达到二末硫化程度时，冷却，贮存待用。

3. 性能与效果

（1）改性 PVA 加入后，天然胶乳硫化速率显著提高，并随改性 PVA 用量的增加，硫化速率变化不大。

（2）随着改性 PVA 用量的增加，天然胶乳胶黏剂的黏度先升高后降低。纯天然胶乳胶黏剂贮存至 21d 时黏度急剧上升，并在 40d 时出现凝胶。

（3）经 PVA 改性后，天然胶乳胶黏剂的剥离强度均显著提高，并随改性 PVA 用量的增加，先增加后降低，最后趋于稳定；其总固含量随着改性 PVA 用量的增加而降低。

（二）轮胎用水性天然胶乳胶黏剂

1. 原材料与配方（质量份）

胶黏剂与对比胶黏剂的配方分别见表 4-6 和表 4-7。

2. 制备方法

称料—配料—混炼—硫化—反应—制料—备用。

表 4-6　胶黏剂的配方（质量分数/%）

胶黏剂	A	B	C
水	50.0	50.0	50.0
天然橡胶	25.0	25.0	25.0
炭黑	13.0	13.0	13.0
ZnO	1.0	1.0	1.0
TiO_2	1.0	2.0	3.0
硫黄	0.5	0.5	0.5
磺酰胺	0.5	0.5	0.5
乳化剂	5.0	5.0	4.8

表 4-7　对比胶黏剂配方（质量分数/%）

胶黏剂	D	E
水	—	50.0
正庚烷	70.0	—
天然橡胶	18.0	25.0
炭黑	9.0	13.0
硬脂酸	0.6	—
ZnO	0.3	1.0
硫黄	0.3	0.5
磺酰胺	0.3	0.5
乳化剂	—	5.0

3. 性能与效果

胶黏剂的性能见表 4-8。

表 4-8　胶黏剂性能测定结果

胶黏剂	A	B	C	D	E
黏度/mPa·s	100	100	100	100	100
M_L/dN·m	3.4	3.4	3.5	1.3	3.9
M_H/dN·m	13.5	14.3	15.0	14.8	10.8
t_{10}/min	0.3	0.3	0.3	0.5	0.3
t_{50}/min	0.80	0.80	0.80	1.10	0.80
t_{90}/min	2.30	2.35	2.35	3.00	2.30
生胶粘接性/(N/mm)	1.50	1.50	1.50	2.00	0.50
硫化胶粘接性①/(N/mm)	18.00	20.00	21.50	20.00	10.00

① 硫化胶按照 ASTM 1382 在 160℃的恒温下硫化 10min 制备。

该水基型胶黏剂具有优良的粘接性能，有的甚至超过了有机溶剂型胶黏剂，同时，其黏度和流变性能没有实质性的变化。

(三) 天然胶乳胶黏剂

1. 原材料与配方 (质量份)

天然胶乳	100	甲醛溶液	0.1～0.2
表面活性剂 OP-10	1～2	去离子水	适量
Tween-20	0.5～1.5	其他助剂	适量
BHT 抗氧剂	0.1～1.0	丙烯酸酯	适量
酚醛	适量		

2. 制备方法

乳液配制：取 Tween-20、BHT 抗氧剂和表面活性剂 OP-10 适量，用去离子水溶解搅拌均匀后加入到天然胶乳中，60℃水浴下快速搅拌并抽真空约 1h；之后缓慢滴加定量的甲醛溶液，即可得到改性天然胶乳胶黏剂。再向其中加入适量酚醛树脂类增黏剂，即可得到性能优良的水性胶黏剂。根据性能要求，可用去离子水稀释至相应的固含量和黏度，也可加入适量聚丙烯酸类增稠剂提高黏度。

3. 性能与效果

改性前后天然胶乳胶黏剂的质量指标见表 4-9。

表 4-9　改性前后天然胶乳胶黏剂的质量指标比较

	外观	固化时间/min	固含量	pH 值	耐温性	黏合力/(N/25.4mm)
改性前	白色乳液	7～7.5	60%	9.0	70℃,3d	0.5～1.5
改性后	白色乳液	4～5	64.5%	7～8	70℃,7d	1.5～3.0

以天然胶乳为主要成分，加入适量的增黏剂、稳定剂和防腐剂等助剂，可配制成黏度小、贮存稳定性好、气味小的水性胶黏剂。利用该水性胶黏剂，通过喷涂、刮涂或浸涂等方式涂覆在各种基材表面，可制作成有自黏特性的绷带产品。

第二节　水性氯丁胶乳胶黏剂

一、简介

氯丁橡胶（neoprene，或 polychloroprene 或 CR）胶黏剂是最大、最重要的一类胶黏剂。大部分氯丁橡胶生产成固体形式的产品，也有不少为胶乳形式（20 世纪 70 年代中期分别有 27 种和 16 种）。它们中的大多数均已用作胶黏剂，但多数为溶剂基胶黏剂，1976 年全世界溶剂基氯丁胶黏剂用量即高达 4 万多吨，其中美国约占 1/3。同期氯丁胶乳约占胶黏剂用氯丁干胶的 15%。但溶剂基胶黏剂具有空气污染、易燃易爆和毒性等危险，故水基氯丁胶乳胶黏剂增长很快。

氯丁胶乳胶黏剂主要用途包括：包装（箔片层压与双层袋）、地毯铺设、建筑胶泥以及工业与民用胶黏剂。

氯丁胶乳胶黏剂与其固体型聚合物（主要用作溶剂基胶黏剂）的主要差别如下。首先，大多数胶乳聚合物是凝胶型的，而大多数固体聚合物是溶胶型的。其次，凝胶聚合物部分交联，因此是不溶性的，而溶胶聚合物可溶于芳香溶剂中。然后，由于交联，凝胶聚合物在炼胶机上不能成片。此外，氯丁胶乳聚合物的配料范围不如固体聚合物宽，尤其是它们不能同叔丁基酚醛树脂配合。

（一）氯丁胶乳产品类型

（1）胶乳 842A　这是一种用作胶黏剂的最重要氯丁胶乳聚合物。它可与酪蛋白结合用于箔片层压与双层袋中。其特征是结晶慢，而固化相当快。

（2）胶乳 571　这是第一批氯丁胶乳，可以同胶乳 842A 互相换用。但是，它有更明显的气味，且颜色稍深。

（3）胶乳 572　具有快结晶速率，产生高内聚强度的粘接键，是特地为胶黏剂应用而开发的。它们的胶体性质兼有两大特点：良好的稳定性和在低压（34.5kPa）下能够快速凝聚。后一特点加上其快速结晶性使它能够快速产生初黏强度。这种性质在制鞋期间的鞋帮装配等方面很有用。但是，如果配方中含有较多的填料或树脂，例如多于 20 份时，在低压下胶膜的破坏与形成的能力会失去。这是由于稀释和颜料或树脂分散体中存在分散剂和稳定剂的缘故。

（4）胶乳 750（或 650，其较高固含量对应体）　室温和较高温度下的内聚强度、黏性、对各种基材的粘接性以及热反应性等方面具有最佳的综合性能。它们可用作接触粘接剂，也可以同其他胶乳和间苯二酚甲醛树脂结合用于粘接弹性体与纤维或布。

（5）胶乳 635　它因含有一种低黏度的溶胶聚合物而受到较多关注。所形成的胶膜具有非常长的黏性时间，因此常常同其他氯丁胶乳共混以延长黏性时间。

（6）胶乳 400　这是一种氯含量最高的氯丁胶乳，并且在所有温度下均具有最高的未固化内聚强度，但粘接时间最短。由其所制得的胶黏剂具有良好的耐热性、耐光性、耐候性和耐臭氧性。其软硬度和热塑性使它可作为其他胶乳的一种高分子增黏剂。

（7）胶乳 101 和 102　它们是氯丁胶乳家族中的较新成员，是氯丁二烯和甲基丙烯酸的共聚物（用聚乙烯醇稳定）。其立体稳定化使它们对机械应力和化学作用不很敏感，这就使得不必添加表面活性剂。这样一种乳化作用的重大变化导致它们有不同的胶体性质，包括较高的表面张力、较高的黏度（300mPa·s）、较大的粒径（从 0.1μm 增大到 0.3μm）、较窄的粒径分布，以及同其他氯丁胶乳有限的相容性。

（二）配方设计

根据各种配合材料的氯丁胶乳胶黏剂中的作用、特性、使用的程度，可分为基本配合材料、一般配合材料和特种配合材料。

（1）基本配合材料　除基料聚合物——氯丁胶乳外，为发挥氯丁胶乳的性能，在制备胶黏剂时，必须添加必要的配合剂，包括金属氧化物、防老剂、稳定剂。

氯丁胶乳多用阴离子胶乳，如国产的 LDR-403、LDR-503。LDR-403 为高凝胶型，结晶迅速，具有初黏力高，胶膜内聚力大，耐温性能优良的特点，特别适于制备胶黏剂。LDR-503 属溶胶型，中等结晶速度，所得胶黏剂初黏力不高，但对被粘物的渗透和湿润性优良。阳离子胶乳有 LDR-501Y，其对表面含阴离子基团的材料如硅酸盐水泥、玻璃等具有强的亲和力。

金属氧化物常用氧化锌，个别情况使用氧化铅，氧化铅用量为 5 份，氧化锌用量为10～

15份。它的重要作用是中和胶乳中产生的盐酸，并起硫化剂作用，使粘接胶膜在室温下产生缓慢交联作用。防老剂可用防老剂D，考虑污染时，可用防老剂264或2246等，用量1～2份。添加稳定剂的目的是保证各种配合材料在胶乳中呈稳定分散状态，在阴离子胶乳中，可使用阴离子、非离子或两性稳定剂，用量1～3份。

(2) 一般配合材料　指除上述基本配合材料外，在多种氯丁胶乳胶黏剂制备时经常涉及的几种配合材料，包括填充剂、增黏剂、促进剂、增稠剂。

常用的填充剂为陶土、碳酸钙。填充剂能提高胶乳胶黏剂固含量，调整流动性，使胶黏剂便于涂刷，提高胶膜定伸应力，改善耐溶剂性，降低胶黏剂价格。

增黏剂是指增加胶黏剂涂膜黏性的各种树脂。应根据用途选定，如要考虑胶黏剂的颜色、柔软性、黏性保持时间、粘接力及成本等因素，可单用也可两种以上树脂配合使用。常用的树脂有萜烯树脂、萜烯酚醛树脂、酚醛树脂、古马隆树脂、间苯二酚甲醛树脂。

促进剂能使粘接胶膜在室温或干燥温度下硫化。在含10～15份氧化锌的氯丁胶乳中，可用如下促进剂：促进剂CA 1～2份、硫黄1～2份；促进剂CA 2份；促进剂D 1份；促进剂TP 2份、促进剂EDTA 2份。

增稠剂的作用是使黏度低的胶乳易操作，防止涂胶后胶乳流淌，可加少量羧甲基纤维素、聚丙烯酸、酪素、聚乙烯醇、聚乙烯醇缩甲醛等作为增稠剂。

(3) 特殊配合材料　特殊配合材料能赋予胶黏剂某些特殊性能，满足个别要求。如要求粘接胶膜在低温下具有柔软性，可配入酯类增塑剂，用量不得超过20份；使用硅系消泡剂、磷酸三丁酯3份与松花油1份的混合物或普通生奶油，能消除机械方法制备胶黏剂时产生的泡沫；配入5份氧化锑或20份氯化石蜡可提高胶黏剂难燃性；以五氯苯酚钠作防霉剂，可减缓因酪素等蛋白质及某些树脂配入而引起的霉菌侵蚀；使用铝酸钠溶液可抑制胶黏剂对金属被粘材料表面引起的生锈；用渗透剂JFC、拉开粉、分散剂等可提高胶黏剂对被粘物的浸润性，使胶乳能迅速渗透到纤维材料内部，增加对纸、布等被粘材料的黏附性能。

(三) 配制

(1) 配制方法　与其固体聚合物不同的是，氯丁胶乳并不能通过加入填料而显著改善性能。通常，填料和油类作为稀释剂，以降低成本和控制流变性、聚合物固含量及模量；但它们也会降低内聚性和粘接性。更为重要的是这些胶乳体系对于金属反应型叔丁基酚醛树脂的存在并没有有利的效应。在氯丁溶剂型胶黏剂中，这些酚醛树脂盐能赋予稳定性、特定粘接性和热态内聚强度；而在氯丁胶乳胶黏剂中，这种金属盐的行为像惰性填料一样。

用于氯丁胶乳胶黏剂改性的大多数树脂，包括改善特定的粘接性、黏性、粘接范围等的树脂，多以降低粘接强度为代价。但是，萜烯酚醛树脂［如Durex 12603（Hooker化学公司）和SP 560（Schenectady）］能够以高达约50份的量加入，而不明显降低剥离强度。用Staybelite Ester 10（Hercules）所得到的剥离强度大于采用较高熔点的Pentalyn A（Hercules）。

把树脂加入到氯丁胶乳中的方法有溶剂乳液法或无溶剂球磨型分散体法。后一种方法具有以下优点。

① 能够产生较低黏度的胶黏剂，因为能够避免溶剂的增稠作用。

② 是较廉价且较易操作的制造方法。

③ 较高的树脂含量。

④ 避免了溶剂的引入。

⑤ 用合成增稠剂控制流变性的操作范围较宽，因为通常存在于其乳液中的溶剂皂和酪蛋白的量的降低或可忽略。

基于球磨型分散树脂的配方在较高温度下的剥离强度比类似的溶剂型乳液物料高。前者的耐热性还可以通过加入一定溶剂而进一步提高。

萜烯酚醛树脂以及松香衍生物的分散体能通过球磨预造粒树脂（24h，在 3.8L 球磨机中以 50%浓度）制得，其配方如下。

组分	质量份(干)	组分	质量份(干)
树脂	100	10% Daxad 11(W. R. Grace)	30
10%酪蛋白铵盐	30	水	40

从加工与薄膜性能的观点来看，氧化锌是氯丁胶乳胶黏剂最有效的金属氧化物。DuPont 建议使用低含铅量的氧化锌。它通常作为一种分散体引入到胶乳胶黏剂中。这种氧化锌具有三大功能：①促进固化；②改善耐老化性、耐热性和耐候性；③作为酸的束体。

（2）重要配合剂　抗氧剂也被建议用在胶乳胶黏剂中，以便确保最大的耐老化性。推荐使用的抗氧剂包括：Santowhite 晶体或粉末（孟山都），抗氧剂 2246（美国氰胺公司），Agerite White（R. T. V anderbilt），Neozone D（杜邦）。建议用量为至少 5 份的氧化锌和 2 份的抗氧剂。

氯丁胶乳胶黏剂可能在冻结时会发生非颗粒性的凝聚，除非它们含有冻熔稳定剂。冻结点可以使用甲醇降低，但是，必须将甲醇用等量的水稀释以免絮凝。通过加入水溶性酪蛋白盐同非离子型表面活性剂以及甲醇的预混合物，可以获得真正的冻融稳定性。其效率取决于这三种组分的用量比，1 份非离子型表面活性剂，2 份二甲胺酪蛋白盐和 20 份甲醇的配比将能防止在−19℃下发生冻结。不管氯丁胶和树脂的类型或用量如何，这种方法都是有效的。

二、水性氯丁胶乳胶黏剂实用配方

1. 通用氯丁胶乳水性胶黏剂（质量份）

LDR-503 型氯丁胶乳	100	氧化锌	5～15
平平加“O”	0.5～2	填充剂	10～150

说明：适用于棉布、纤维、纸张、木材、图书装订等，采用湿工艺粘接。

2. 制鞋皮革用胶黏剂（钳帮胶）（质量份）

LDR-503 型氯丁胶乳	100	陶土	30～100
平平加“O”	0.5～1	增稠剂	适量
氧化锌	5～10	其他助剂	适量

3. 可硫化胶黏剂（质量份）

LDR-503 型氯丁胶乳	100	二苯基硫脲	2
平平加“O”	0.3～1	二苯胍	1
氧化锌	5～15	硫黄	1～2
防老剂	2	其他助剂	适量

4. 聚氯乙烯板-水泥板粘接用胶黏剂（质量份）

LDR-503 型氯丁胶乳	100	高岭土	20～100
稳定剂	0～2	氧化锌	5～15
聚乙烯醇缩甲醛	20～100	其他助剂	适量

5. PVC 板与水泥板粘接用胶黏剂（质量份）

氯丁胶乳 LDR403	100	聚乙烯醇缩甲醛	20～100
平平加“O”	0.5～2	高岭土	20～100
氧化锌	5～15	其他助剂	适量

三、水性氯丁胶黏剂的配方与制备实例

（一）复合材料用水性氯丁胶黏剂

1. 原材料与配方（质量份）

氯丁胶乳	25	稳定剂	0.1～1.0
增黏剂	25	着色剂	0.2～1.2
聚氨酯分散体	40	稀释剂	2～5
增黏树脂分散体	40	润湿剂	1～3
橡胶胶乳分散体	98	水	适量
流动改性剂	1～2	其他助剂	适量

2. 制备方法

称料—配料—混炼—反应—卸料—备用。

3. 性能

由上述材料制备的胶黏剂，是贮存稳定的单组分胶黏剂，其所有组分在使用前混合在一起，不会出现胶凝，也不会在一定温度下随贮存时间的增加，而出现黏度增高的现象。

胶黏剂的初始黏度为 1400～2400cP（$1cP=10^{-3}Pa\cdot s$）。测量时使用 Brookfield 黏度仪在室温下用 3 号芯轴以 20r/min 的速度进行。在室温下贮存 30d 后，胶黏剂的黏度增加应小于 50%。应注意，其稳定性是在室温下测定的，在加速时间和温度下，黏度会有所不同。

水基型胶黏剂的配料可依据最终用途而变化。

（二）水性氯丁胶乳胶黏剂

1. 原材料与配方

配方及试验结果见表 4-10。

表 4-10 配方及试验结果 单位：质量份

配合剂	1	2	3	4	5	6	7
Butofan NS299①		43.5	36	31.5	43.5	38	38
天然胶乳②	45					19	19
Hycar 1552③							
AQR0033④	10	10			15		
L750④			18	24.5			
AQ8409⑤	20	15	9.5	20	25	19	19
AQ8122⑤			4				

续表

配合剂	1	2	3	4	5	6	7
AQ8187⑤							
CP310W⑥	10	10	8.5	9.5	10	9	
Auroren S-6035⑦							9
AQJB755⑧		6.5					
E-730-55⑨	15	15	12	14.5	5	15	15
Tacolyn 3280⑩			12				
EPI-REZ 3510-W-60⑪					1.5		
初始剥离试验	合格	合格	合格	合格	合格	合格	合格
24h 后剥离试验	合格	合格	合格	合格	合格	合格	合格

① Butofan NS299 为 54%固体含量的 SBR 乳液，BASF 公司生产。

② 天然胶乳；固体含量 60.5%，美国 Centrotrade 橡胶公司生产。

③ Hycar 1552 为 53%固体含量的丁腈胶乳，Noveon 公司生产。

④ AQR0033 和 L750（固体含量分别为 46%和 50%）为氯丁乳液，杜邦公司生产。

⑤ AQ8409、AQ8122 和 AQ8187（固体含量分别为 36%、38%和 31%）为聚氨酯分散体，Bostik 公司生产。

⑥ CP310W 为 30%固体含量的氯化聚丙烯乳液，Eastman 公司生产。

⑦ Auroren S-6035 为 30%固体含量的马来酐和丙烯酸改性的聚烯烃乳液，日本纸化学公司生产。

⑧ AQJB755 为 55%固体含量的压敏丙烯酸乳液，Bostik 公司生产。

⑨ E-730-55 为 55%固体含量的松香脂乳液，Arakawa 化学公司生产。

⑩ Tacolyn 3280 为 55%固体含量的氢化松香酯乳液，Eastman 公司生产。

⑪ EPI-REZ 3510-W-60 为 61%固体含量的缩水甘油环氧化物乳液，Resolution 高性能产品公司生产。

2. 制备方法

称料—配料—混炼—反应—卸料—备用。

每种配料总质量 100g。用实验室型搅拌机进行混合。搅拌机由电机驱动的搅拌器和 200mL 搅拌筒构成。在轻度搅拌下，将适量（按比例计算）的每种组分按顺序加入到容器中。

3. 性能与效果

按丰田规范 F7754G（车门装饰物性能）规定进行丰田蠕变试验：试样宽 25mm，呈 90°弯曲形状，在 80℃、100g 负荷和 24h 后进行，蠕变≤10mm 的试样即为合格。

(三) 水性氯丁胶乳改性胶黏剂

1. 原材料与配方

配方见表 4-11。

2. 制备方法

称料—配方—混炼—反应—卸料—备用。

3. 性能与效果

性能与测试结果见表 4-12 和表 4-13。

表 4-11　配方　　　　单位：质量份

配合剂	1	2	3	4	5
Butofan NS299		38			
天然胶乳	45		38		19
Hycar 1552				38	19
AQR0033	19				
L750		19	19	19	19
AQ8409	20	19	19	19	19
AQ8122					
AQ8187					
CP310W	10	9	9	9	9
AQJB755					
E-730-55	15	15	15	15	15

表 4-12　性能与测试结果

项目 \ 配方	1	2	3	4	5
初始剥离试验	合格	合格	合格	合格	合格
24h 后剥离试验	合格	合格	合格	合格	合格
蠕变试验	＜10mm	＜10mm	＜10mm	＜10mm	＜10mm
丰田规范 F7754G	合格	合格	合格	合格	合格

表 4-13　配方 2 的试验结果

配方 2	试验结果
初始剥离试验	合格
蠕变试验	＜10mm
丰田规范 F7754G	合格
POF 背衬 TPO	
蠕变试验	＜10mm
丰田规范 F7754G	合格
POF 背衬 PVC	
90℃×1 周后外观	合格
90℃×1 周后剥离试验	合格
120℃×60h 后外观	合格
120℃×60h 后剥离试验	合格

该胶配方设计合理，工艺简便可行，产品质量良好，可满足应用要求。

(四) 水性氯丁胶乳胶黏剂

1. 原材料与配方

配方见表 4-14。

表 4-14 配方 单位：质量份

配合剂	1	2	3
Butofan NS299	43.5	43.5	43.5
天然胶乳			
Hycar 1552			
AQR0033	10	10	10
L750			
AQ8409	15		
AQ8122		15	
AQ8187			15
CP310W	10	10	10
AQJB755	6.5	6.5	6.5
E-730-55	15	15	15

2. 制备方法

称料—配料—混炼—反应—卸料。

3. 性能与效果

性能测试结果见表 4-15。

表 4-15 性能测试结果

项目 \ 配方	1	2	3
聚氨酯分散体高温性能/℃	>140	115	65
初始剥离试验	合格	合格	合格
24h 后剥离试验	合格	合格	合格
蠕变试验	<10mm	<10mm	<10mm
丰田规范 F7754G	合格	不合格	不合格

该胶配方设计合理，工艺简便可行，产品质量合格，可满足应用要求。

第三节 水性丁苯胶乳胶黏剂

一、丁苯胶乳胶黏剂的类型

丁苯胶乳胶黏剂主要包括乳液聚合物和溶液聚合物两大类。在乳液聚合物中，热法丁苯一般更适合于配制胶黏剂。

热法丁苯胶乳胶黏剂的基本类型：

名称	线型牌号	交联型牌号
脂肪酸	1006,1012	1009
松香酸	1011,1022	4503,4504
苯乙烯含量	1013	无产品

（1）丁苯1006和1012　这两种丁苯都是用脂肪酸乳化的、含有23.5%苯乙烯的共聚物；但1012型比1006型具有较高的门尼黏度和较高的溶液黏度。丁苯1006型适于作为通用胶，而1012型主要用作纤维类材料的粘接剂。丁苯1012型因具有较高的门尼黏度（一般转化率较高），故可能含有一定的支化与交联（凝胶）。

（2）丁苯1011和1022　它们是松香酸乳化的、含有23.5%苯乙烯的共聚物。丁苯1022比1011的门尼黏度高。丁苯1011和1022是压敏胶黏剂的优良基础弹性体。松香酸提供较大的黏性，而高分子量则贡献剪切强度。

（3）丁苯1013　这是一种高苯乙烯含量（43%）的、松香酸乳化的共聚物，具有高初黏强度，尤其适用于同其他类型的丁苯共混，以提高内聚强度。

（4）丁苯1009　这些丁苯是用二乙烯基苯化学交联生产的胶黏剂。它们可用作胶泥和喷刷胶黏剂等。丁苯1009是用脂肪酸乳化的、含有23.5%苯乙烯的共聚物，是理想的胶泥和建筑板胶黏剂。其内聚强度可以通过掺混1013而提高。

（5）丁苯4503和4504　是用松香酸乳化的、含有26%～30%苯乙烯的共聚物，并且像1009一样是交联的。

二、水性丁苯胶乳胶黏剂的实用配方与应用

丁苯胶乳具有高固含量和较低的黏度，同其溶剂型胶黏剂相比它们具有无毒、不易燃及低成本等优点。

1. 轮胎帘线胶黏剂

良好的轮胎帘线胶黏剂能用橡胶状丁苯共聚物制得，这种丁苯可以在含氮杂环改性剂（乙烯基吡啶类）的存在下聚合制得。采用用量低至0.1%的乙烯基吡啶，能使其胶乳胶黏剂的耐热性和耐臭氧性大大增加。

其他轮胎帘线胶黏剂能够采用酚醛树脂同某些橡胶胶乳混合制备，产生如下配方所示的一步粘接体系。

组分	质量份(干)
间苯二酚	10.93
蒸馏水	(足以产生20%的固含量)
37%甲醛	5.23
10%氢氧化钠水溶液	1.35
橡胶胶乳A(41.4%的固含量)	50
橡胶胶乳B(41%的固含量)	6
橡胶胶乳C(70%的固含量)	24
橡胶胶乳D(63%的固含量)	20

A:为乙烯基吡啶-二烯烃-苯乙烯三聚物

B:为含50%苯乙烯的丁苯胶乳

C:为含30%苯乙烯的丁苯胶乳

D:为含40%苯乙烯的酯改性的丁苯胶乳，所用酯为甲基丙烯酸羟乙基酯。

2. 线束地毯胶黏剂

丁苯胶乳单独或同天然橡胶共混后可用作线束地毯胶黏剂。典型配方如下。

组分	质量份(干)	组分	质量份(干)
天然橡胶胶乳	25	黏土	10
丁苯胶乳	75	硫,氧化锌,促进剂	10
白胶(聚乙酸乙烯乳液)	200	分散剂,碱和刺梧酮树胶	按需要加
重晶石	10		

3. 包装胶黏剂

丁苯胶乳在包装胶黏剂中也有应用。它们并不具有特别好的湿黏性，因此必须同增黏树脂配合使用，例如，同酯树胶和松香酸衍生物以及石油树脂配合使用。在这种应用中，丁苯胶乳具有良好的稳定性和耐氧化性。以下为一种折叠纸板箱封边胶黏剂的配方。

组分	质量份(干)	组分	质量份(干)
Ⅲ型丁苯胶乳	40.0	ARRCO EO-808	19.5
Vinsol 乳液	10.0	Lanolubric No. 2	0.4
Nopco EB-7	30.0	Dowicide G	0.1

4. 织物胶黏剂

丁苯胶乳能把两片或多片布、布片与纸张以及布片与皮革粘接在一起。以下是典型配方。

(1) 固化型配方

组分	质量份(干)	组分	质量份(干)
丁苯 2000 胶乳	100	Setsit 5	3
10%酪蛋白酸钾溶液	2	稀释用水	6
C-405 分散液①	4	增稠剂	按需要加

① C-405 分散液含有 2 份氧化锌、1 份硫和 1 份促进剂，它同 Setsit 5 和稀释用水混合后一起加入。

(2) 非固化型配方

组分	质量份(干)	组分	质量份(干)
丁苯 2000 胶乳	250	50%丁基 Zimate 分散液	4
10%酪蛋白酸钾溶液	20	增稠剂	按需要加

5. SA/丁苯/PVAc 三元地毯水性胶黏剂

苯丙乳液(SA)	60 份	聚醋酸乙烯乳液(PVAc)	10 份
丁苯胶乳(SBR)	16 份	助剂	适量

说明：

① 外观：白色均匀乳液，略带蓝光。

② 固含量：35%～37%。

③ pH 值：6～7。

④ 黏度：750～900mPa·s。

⑤ 残留单体：≤0.6。

6. 丁苯胶乳胶黏剂 1（质量份）

组分	配方 1		配方 2		配方 3	
	(干)	(湿)	(干)	(湿)	(干)	(湿)
Good-Rite 2570X5(热活性丁苯胶乳)	40	84.0	40	84.0	—	—
Good-Rite 2570X54(苯乙烯-丁二烯及乙烯吡啶胶乳)	—	—	—	—	40	100.0

组分	配方1		配方2		配方3	
	（干）	（湿）	（干）	（湿）	（干）	（湿）
Vinsol Emulsion（脂族烃不溶性树脂乳液）	25	62.5	25	62.5	25	62.5
Dresinol 42（部分脱羧基的松香分散体）	—	—	25	62.5	25	62.5
Dresinol 205（改性松香及特种树脂酸含水乳液）	25	55.8	—	—	—	—
Hydrasperse（瓷土）	10	15.4	—	—	10	15.4
硬质高岭土	—	—	10	15.4	10	15.4

7. 丁苯胶乳胶黏剂2（质量份）

水	180	二氧化钛	5
丁苯2002 Latex（丁苯胶乳，固体总含量48%）	352	Carbopol 934（羧基聚丙烯酸树脂）	5
白垩	336	氢氧化铵	

说明：在中速混合下将Carbopol 934分散于水中。用氢氧化铵中和到pH值为9.5，并在中速混合搅拌下将该胶乳慢慢加入预先中和的Carbopol 934胶浆里（比如采用Lightnin推进刮板型混料机）。在中速搅拌下很缓慢地加入颜料，并摇动直到产品均匀。

8. 丁苯胶乳胶黏剂3（质量份）

组分	干	湿
Dow Latex XD-30223（42%）（丁苯胶乳）	70.00	166.67
香豆酮-茚树脂乳液（50%）	10.00	20.00
烃树脂乳液（62.5%）	10.00	16.00
邻苯二酸丁苄酯（100%）	10.00	10.00
聚丙烯酸酯增稠剂（11%）	0.45	4.00

9. 地毯背衬用胶黏剂（质量份）

组分	配方1	配方2	配方3	配方4
羟基丁苯橡胶	100.0	100.0	100.0	100.0
填料	400.0	400.0	400.0	400.0
分散剂	1.0	1.0	1.0	1.0
发泡剂	0.3	0.3	0.3	0.3
增稠剂	0.6	1.8	1.8	1.8
Indopol Polybutent H-25（聚丁烯，50%非离子型乳液固含量）	—	10	—	—
Indopol Polybutent H-100（聚丁烯，50%非离子型乳液固含量）	—	—	10	—
Indopol Polybutent H-300（聚丁烯，50%非离子型乳液固含量）	—	—	—	10

说明：慢慢混合丁苯橡胶胶乳、分散剂、发泡剂和非离子型聚丁烯乳液。在搅拌下加入填料，并加入增稠剂使其黏度达到16～20Pa·s。该混合物迅速发泡，约5min。

10. 地板砖用丁苯胶黏剂（质量份）

Naugatex 2105（丁苯橡胶）	172.0	邻苯二甲酸二辛酯	11.0
Nopco 2271（酯胶乳液）	262.0	Dowicide G（五氯酚钠，20%溶液）	2.5
Igepal CO 880（非离子型羟乙基烷基酚，50%溶液）	13.5	Age Rite Spar（苯乙烯化苯酚）	2.0
		6%羧甲基纤维素（型号70，高黏度）	110.0
12%酪蛋白酸铵	71.0	Atomite（微细颗粒碳酸钙颜料）	500.0

说明：胶黏剂可以贮藏在玻璃瓶或有特殊衬里的金属罐内。铁、铜、锰和其他多价金属离子对这种胶黏剂的稳定性有着有害影响。

11. 织物衬乙烯基材料-泡沫丁苯橡胶胶黏剂（质量份）

组分	配方 1	配方 2	配方 3
Hycar 2679X6(丙烯酸胶乳)	100.0	—	—
Hycar 1872X6(丙烯腈-丁二烯胶乳)	—	100.0	—
Geon 450X20(氯乙烯-丙烯酸类胶乳)	—	—	100.0
聚丙烯酸钠	—	1.0	—
Acrysol ASE 60(羧基丙烯酸共聚物)	0.5	—	—
Methocel MC(甲基羟丙基纤维素)	—	—	0.8
氢氧化铵	调节到 pH 6.3	调节到 pH 6.3	调节到 pH 6.3

12. 层压用丁苯胶乳胶黏剂（质量份）

组分	干	湿
Dow Latex 283(羧基丁苯胶乳,40%)	70.00	155.6
共聚物增黏剂乳液(55%)	30.00	54.5
聚丙烯酸酯增稠剂	0.25	2.2
其他助剂	适量	适量

13. 羧基丁苯胶乳胶黏剂 1（质量份）

组分	干	湿
Dow XD-8609.01(羧基二氯乙烯-丁二烯胶乳)	100.0	200.0
氢氧化镁	5.0	5.0
Elvanol 71-30(完全水解聚乙烯醇)	1.5	1.5
其他助剂	适量	适量

14. 羧基丁苯胶乳胶黏剂 2（质量份）

组分	干	湿
Dow Letex 283(45%)(羧基丁苯胶乳)	70.0	155.6
脂肪族石油增黏剂乳胶(45%)	30.0	66.2
聚丙烯酸酯类增稠剂	0.5	4.5
其他助剂	适量	适量

15. 羧基丁苯胶乳胶黏剂 3（质量份）

（1）组分 A：羧基丁苯胶乳

组分	用量	
羧基丁苯胶乳(49%固含量,丁二烯/苯乙烯比例为 46/54)	100.00	
碳酸钙	136.0	
Acrysol GS(聚丙烯酸钠)	1.3	
焦磷酸四钠(5%溶液)	5.2	
抗氧剂	(如下所示)	
Irganox 1076(抗氧剂 1076)	100.00	油相——A 部分
油酸(美国专利)	10.00	油相——A 部分
氢氧化钠(纯度 98.8%)	1.44	水相——B 部分
蒸馏水	50.00	水相——B 部分

（2）组分 B：工业上通用丁苯橡胶

溶剂基压敏胶黏剂

（3）组分 C：工业上通用的羧基丁苯胶乳

说明：将 Irganox 1076 及为其质量 10%的油酸在 60～65℃熔融。在剧烈搅拌下将此熔融混合物慢慢加入含化学计量氢氧化钠的热蒸馏水（60～65℃）中（B部分）。混合可以采用任何一种快速混合机。连续搅拌1～2min，而后用一凉水锅（20～25℃）迅速将混合物冷却，同时连续搅拌10～15min。

一旦将Irganox 1076分散体调配好后，应防止冷冻和暴露在空气中。这样可使1076分散体在几个月内不沉积、不结块、保持稳定状态。如果在24h内不使用，应将该分散体贮藏在琥珀色或不透光的容器内，与空气隔绝（可采取在液面上的空间充氮气）。

16. 水性覆膜胶（质量份）

羧基丁苯胶乳	30	表面活性剂	2
共混乳液	30	邻苯二甲酸二丁酯	5
对叔丁基酚醛树脂	10	120#溶剂汽油	15
松香	8	水	适量

说明：该胶是一种能达到覆膜工艺要求的含有机溶剂成分少的水基型胶黏剂。

17. 新型水溶性涂料胶黏剂（质量份）

丁苯胶乳	3～12	尿素	0.3～1.5
褐藻酸钠(干料)	0.3～2	甲醛	0.1～0.5
三聚磷酸钠	0.3～3	消泡剂	0.2～2
油酸钠	0.3～1.5	水	10～50

说明：产品不易燃，无毒，无异味，与环境友好，各项指标达到国家标准。主要用于水松纸涂层黏合。

18. 丁苯乳液胶黏剂（质量份）

丁苯胶乳(固含量48%)	100	丙三醇/环氧丙烷加成物	3.5
羧甲基纤维素	0.3	芳香族异氰酸酯	1.5
氢氧化铝	40		

说明：主要用于制造胶合板，黏合力达3.78MPa。

19. 丁苯乳液墙纸胶（质量份）

丁苯胶乳	4～17	羧甲基纤维素钠	1.25～2.2
脲醛树脂	3～14	尿素	0.12～0.72
脂肪酸单乙醇酰胺	0.01～0.1	水	加至100
高岭土	0.1～2		

20. 阻燃丁苯胶黏剂（质量份）

丁苯胶乳	525	四氯乙烯	250
苯并呋喃茚树脂	125	聚氧乙烯菜籽油醇醚	30
碳酸钙	70		

说明：适用于家具，聚氨酯泡沫的粘接，家具及室内装修。

21. 混凝土修补（质量份）

A组分		B组分	
丁苯胶乳(固含量45%)	40	丁苯胶乳(固含量45%)	25
水泥	100	水泥	100
硅砂	60	砂	230
合成非晶态硅酸铝	8	玻璃纤维	3
水	40	水	25

说明：该胶黏结力强，可用于修补混凝土损伤部分。

使用方法：把A组分涂布在混凝土的损伤部分，涂布量为0.5kg/m^2；再涂B部分，涂布量为10kg/m^2，每天喷水2次，经3d可自然固化。

第四节　丁腈胶乳胶黏剂

一、丁腈橡胶的制法

一般采用丁二烯与丙烯腈进行乳液共聚。甲基丙烯腈、乙基丙烯腈及其他不饱和腈也可使用或部分代替丙烯腈，以改善丁腈胶的性能。为调节性能，还可加入少量其他共聚单体，如丙烯酸乙酯、甲基丙烯酸甲酯、苯乙烯、偏二氯乙烯、丙烯酸、甲基丙烯酸、*N*-乙烯基-2-吡咯烷酮、乙酸乙烯及类似单体。腈的用量直接影响这类共聚物的耐油性。含量低于25％的氰基橡胶很少用作胶黏剂。

聚合工艺条件及配方组分对聚合物与胶黏剂性能也有重大影响。采用间歇聚合法时，共聚物中的丙烯腈含量往往不同于实际单体的投料比，只有某些商品共聚物基本相同。所形成共聚物的溶解性依赖于最终转化率和分子量。转化率超过75％时，会产生一定程度的支化与交联。控制分子量可采用烷基硫醇、双（黄原酸二硫醚）或卤化物等。这些分子量调节剂的选择会对其胶黏剂性能产生较大的影响。对有些胶黏剂和密封剂应用场合，要求制成柔软的接近液体的聚合物，这时分子量调节剂用量相当大，接近于共聚单体的水平。液体丁腈橡胶可用作增黏剂，如Hycar 1312（B. F. Goodrich公司产）。

在用乳液聚合法制备丁腈橡胶时，在共聚物中会残留一些乳化剂、引发剂、改性剂、终止剂及絮凝剂。为降低自黏性和对包装容器的粘连性，需要洒粉除尘。为防止不饱和部分引起老化，在聚合或凝聚期间要加入抗氧剂、抗臭氧剂及其他添加剂，它们也可能影响胶黏剂的性能。

由于共聚单体的组成、聚合条件和添加剂可广泛变化，故制造商提供的产品牌号多种多样。一般来说，原料丁腈胶的门尼黏度越高，所配制的胶黏剂强度也越大。影响门尼黏度的因素较多，如转化率、改性剂与氰基含量等。

二、丁腈胶乳胶黏剂的实用配方

1. 毛棕垫制备用胶黏剂配方

组分	用量	组分	用量
羧基丁腈胶乳(45％固含量)	100份	促进剂ZDC	0.9份
烷基磺酸钠	2份	促进剂ZPD	0.6份
氧化锌	5份	合计	109.5份
胶体硫黄	1份		

2. 无纺布用丁腈胶乳胶黏剂配方

组分	用量	组分	用量
羧基丁腈胶乳(固含量40％)	100份	平平加“O”	1份
氧化锌	9份	软水	适量
蜜胺甲醛缩合物	5份	合计	115.5份
硫酸铵	0.5份		

第五章　水性淀粉胶黏剂

第一节　简　介

一、淀粉

（一）淀粉的作用

淀粉是葡萄糖的高聚体，分为直链淀粉和支链淀粉（如图 5-1 和图 5-2 所示）。淀粉作为胶黏剂使用有着悠久的历史，但是传统淀粉胶黏剂的制作水平和应用性能还远远满足不了使用要求，这主要是由于淀粉胶黏剂的流动性差、耐水性不佳且易变质，贮存稳定性不好，因此发展较为缓慢。

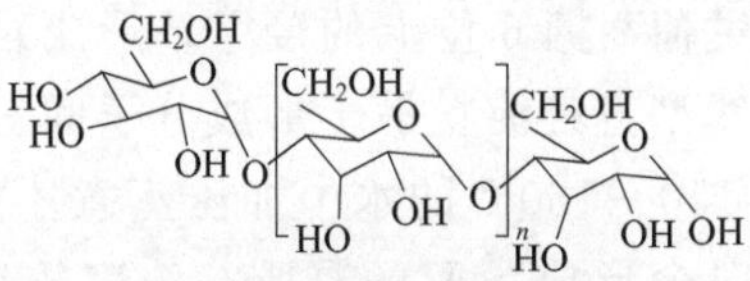

图 5-1　直链淀粉结构

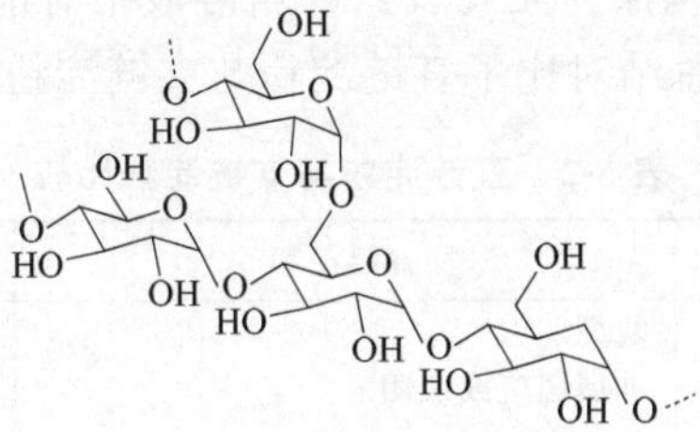

图 5-2　支链淀粉结构

近年来，随着人们对胶黏剂环保要求的不断提高，淀粉胶黏剂因其绿色无污染逐渐成为替代高分子聚合物的材料之一，主要应用于木材加工、瓦楞纸粘接、卷烟胶和标签胶等领域。

由于淀粉分子链上有大量的糖苷键和羟基，能与很多物质发生化学反应，其本身又有粘接性能，可作为胶黏剂基材。该产品来源广泛，价格低廉，天然无毒，用作胶黏剂对环境无污染，不产生“三废”，是可再生的天然高分子材料。在石油资源日益枯竭的今天，以廉价易得的可再生天然高分子资源为主要原料，采用绿色化学新工艺，开发高性能的胶黏剂已经成为一种趋势。因此大力开发绿色环保型淀粉胶黏剂符合可持续发展战略。

(二) 淀粉的品种与性能

1. 普通淀粉

淀粉是由许多葡萄糖结构单元($C_6H_{10}O_5$)互相连接而成的多糖类聚合物。淀粉为粒状，在冷水中膨胀或溶胀，干燥后又收缩为粒状，工业上利用这一性质来分离淀粉。在工业上从多种来源分离淀粉，植物的种子、果实、叶、块茎、球茎中都含有不同量的淀粉。谷物中淀粉含量在75%以上。表5-1列出了商品淀粉的基本参数。

表5-1 商品淀粉的基本参数

淀粉来源	玉米种子	小麦种子	大米种子	木薯根茎	土豆根茎
粒径范围/μm	5～25	3～35	3～8	5～35	15～100
糊化温度/℃	62～72	58～64	68～78	49～70	59～68
直链淀粉含量/%	28	25	19	20	25
直链淀粉聚合度	480			1050	850
支链淀粉聚合度	1450			1300	2000

淀粉粒由直链淀粉和支链淀粉两部分组成，其相对含量与淀粉粒的来源有关，在大多数淀粉品种中直链淀粉的含量在15%～35%。直链淀粉遇碘显深紫色，支链淀粉则呈红色。直链淀粉的聚合度DP(表征分子量或链长)一般大于200个葡萄糖结构单元。而支链淀粉的聚合度较高，通常高于600，平均每20～25个葡萄糖单元有一个α-1,6-苷键(直链淀粉中只有α-1,4-苷键，即支链通过葡萄糖6位上的羟甲基形成)，但单个支链的链长比直链淀粉短。支链淀粉可溶于冷水。线型直链淀粉易于形成分子间氢键而紧密结合，不溶于冷水，需用强碱同甲醛煮解，或者在150～160℃的水中加压蒸煮才能溶解，在冷却或中和时，这种直链淀粉液在浓度大于2%时会形成紧密的凝胶，浓度较小时则会沉淀，这种现象称为“退化”(retrogradation)。

直链淀粉在中性溶液中的构象为无规线团；当溶液中有能与其络合的物质(如碘)时，则分子排列成螺旋形。表5-2总结对比了直链淀粉与支链淀粉的结构与性质。

表5-2 直链淀粉与支链淀粉比较

性质	直链淀粉	支链淀粉
分子结构	线型	支化
在溶液中的构象	伸展螺旋或线团	不规则球形
络合难易	易	难
退化	快	很慢
膜	强	弱
X射线衍射	结晶	无定形
β-淀粉酶可消化性	几乎完全	高达60%
吸碘量与显色	19%～20%,蓝	5%～9%,红
分子量	4×10^4～10^6	2×10^5～10^9

粒状淀粉没有粘接性，除非至少部分形成胶体溶液或分散液。为适当溶胀或溶剂化，必须有充足的水存在，高分子量型的天然淀粉一般以4%～8%的固含量煮解，而低分子量淀粉的固含量可高达50%。由于粒状淀粉悬浮液易沉降，必须保持合适的搅拌。当淀粉骤然在水中加热到一定温度范围时，淀粉粒子开始发生溶胀和破裂——常称为“糊化”(gelatinization)，进而达到所需的分散度。在糊化过程中，首先是淀粉粒子的无定形部分被分散，

接着是更紧密堆积的结晶部分发生溶胀。糊化温度范围视淀粉种类的不同而不同。大多数淀粉在60～70℃糊化，在大约95℃可完全分散。但高直链淀粉例外，它们需要在150～160℃下加压蒸煮才能完全分散。不同淀粉水溶液的清亮度与黏度或流变性也不同（表5-3）。

表5-3 天然淀粉的煮解特性①

淀粉	热煮物黏性/内聚性	热煮黏度	长时煮解黏度	冷却时凝胶量	清亮度(冷体)
玉米	黏性很差	中	稳定	很高	不透明
小麦	黏性很差	颇低	稳定	很高	不透明
木薯	黏性-内聚性	高	稀化	很低	相当清亮
西谷	黏性-内聚性	偏高	稀化	中	有些清亮
土豆	黏性,高内聚	很高	稀化	很低	很清亮

① 在中性pH值下，1份淀粉加15份水煮解。

淀粉并不形成真溶液，除非经非常高的转化和极度稀释。通常得到的分散体由淀粉分子的各种聚集体、颗粒碎片及溶解分子所组成。碎片的大小主要取决于所输入的能量。为溶胀和分散淀粉颗粒，必须输入机械能、热能或化学能。简单煮解通常产生果冻状或糊状结构，偶尔称作水溶胶。但经冷却并除去一些水时，水溶胶可变成水凝胶；当干燥时，则形成干凝胶。通过化学改性，所需的能量可降低，直到淀粉能在冷水中分散。淀粉产品能以分散体形式得到粘接所必需的不同程度的铺展性与成膜性。相对静电荷、极性、pH值、胶黏剂与被粘表面的接触角均影响粘接。在淀粉基胶黏剂中，这些可通过改性或加入添加剂调节。理想的胶黏剂与被粘基材间的接触角应为零。这将允许胶黏剂以最小空隙的薄膜均匀地润湿表面和铺展。为了有利于分子取向，使其反应性基团指向基材表面，就需要选取合适的黏度、分子大小及结构。

通常，淀粉型胶黏剂能润湿如纤维素之类的极性表面，可渗透到裂缝和空腔中，并形成强粘接接头。此接头是机械互锁和次级键合（范德华氢键）共同作用的结果。淀粉产品及其胶黏剂配方的选择要基于性能、机加工条件和经济性来考虑。

淀粉加水加热糊化后，虽然具有粘接性，可以用作胶黏剂，但即使浓度或固含量很低，黏度也会很高，这对加工和使用均不利，故它们直接作为胶黏剂用途有限。广泛使用的淀粉基胶黏剂一般是通过淀粉的降解转化或化学改性制得的。

2. 转化淀粉与改性淀粉

为了得到较低黏度与较高固含量的淀粉基胶黏剂，需要通过降解转化或化学改性改变淀粉分子和粒子结构，从而显著改变它们的性质。

涉及部分分子解聚或重排的过程通常称为“淀粉转化”。淀粉转化方法包括水解、氧化及热处理法。且产生三大类产品：酸转化淀粉（如弱沸淀粉，thin-boiling starches）、氧化淀粉和糊精（高温湿法转化、就地转化及酶转化法，只适用于液体胶的制造或现场使用的情形）。转化的主要目的是降低产物的黏度，以便产物兼有较高浓度和良好流动性。转化也引起淀粉粒子的弱化和/或溶化。结果，这些转化淀粉更易于分散并有较低黏度。转化淀粉（如糊精）常可用于制造水再湿胶。

（1）酸转化淀粉——弱沸淀粉　将粒状淀粉的水分散液同少量盐酸或硫酸等无机酸在其糊化温度以下加热，所制得的酸转化淀粉称为弱沸淀粉。通常，随着淀粉转化完全，产品在干燥前要经中和与洗涤。淀粉的转化程度用水流度WF表示（WF数字表示在规定时间内通过标准漏斗流出100mL水所放出的淀粉分散体的毫升数，水流度与黏度成反比）；商品弱沸淀粉的水流度范围为20～90WF。在冷却时，从玉米淀粉和其他谷物淀粉所制弱沸淀粉的煮解物易于凝结成结实凝胶或固化体。蜡色弱沸淀粉最稳定，而根茎类淀粉一般呈中等稳定性。

弱沸淀粉在冷水中的溶解度一般是2%～20%，也有某些牌号高达40%。其溶液轻微带色，黏度高，固含量一般为5%～36%，静置时通常趋于凝胶。弱沸淀粉的pH值随中和程度的不同而广泛变化，从酸性到中性或微碱性。

弱沸淀粉用于制备性能规格与稳定性要求较宽的低成本胶黏剂。

(2) 氧化淀粉　商品氧化淀粉通常由粒状淀粉同次氯酸钠反应（常称为“氯化”）制得。氧化淀粉的制法与弱沸淀粉类似，只是用次氯酸钠代替无机酸。这些处理在淀粉分子中引入羰基和羧基，并使糖苷链断裂。这些产品按20～90WF供应。玉米等谷物类淀粉具有良好的煮解或分散稳定性和冷流动性能，因为它们有来自上述反应的羧基。这种特性使它们适于作上浆和胶黏剂用。氧化淀粉在胶黏剂中的用途一般限于用作糊精的增稠剂。

(3) 糊精　对许多胶黏剂来说，上述处理仍尚未使淀粉的黏度降低到足够低。因此，用热转化法使淀粉更深度转化所制得的糊精就更多用于胶黏剂的制造。视热转化时具体酸度、温度与转化条件的不同，已有三类糊精——白糊精、黄糊精和英式糊精胶被生产出来。英式糊精胶是在高温下焙烤制得的，有时用少量酸来加速该生产过程，但这样所制得的产品又称为半英式糊精胶。白糊精是在较低的温度下用酸制得的；而黄糊精或金丝糊精则很少用酸，但却在比白糊精更高的温度下制得。糊精的pH值是酸性的。这些产品的颜色、溶解度、聚合度及黏度各不相同，见表5-4。

表5-4　典型糊精的制备条件与性能对比

种类	酸度	水分	温度	聚合度	颜色	水溶胀	稳定性
白	高	高	低	20	白	部分	有限
黄	低	低	较高	20～50	黄	高	良
英式	很低	很低	高	很宽	黄～棕	可完全	良

制备糊精的热转化机理较复杂，涉及一系列过程，主要为水解断裂、分子重排和重新聚合。这些糊精的黏度-浓度关系和黏度-温度关系已用奥氏（Ostwall）黏度计研究。结果表明，英式糊精胶在25%固含量时即接近糊状，白糊精为40%，而黄糊精在60%固含量时仍可以是流体。

淀粉在糊精化期间的水解与再聚过程可示意如下：

$$\text{淀粉}\xrightarrow[\text{热+水+酸}]{\text{酸性水解}}\text{水解断片}\xrightarrow[\text{热+酸}]{\text{聚合}}\text{糊精}$$

白糊精与黄糊精的性质有些类似。一般，白糊精呈白色，在冷水中的溶解度较低（范围为2%～90%）。其溶液可能从非常黏稠到稀水状，固含量范围为25%～55%。冷水溶性偏低的白糊精煮解物在贮存时趋于凝胶。冷水溶性达80%～90%的白糊精属于黄糊精或金丝糊精范畴。

黄糊精在冷水中的溶解度为80%～100%，颜色范围从浅黄色到深黄色。固含量40%～65%的黄糊精溶液不仅能制得，而且黏度低，稳定性好。高固含量赋予黄糊精快干燥与快起黏的特性，有利于高速作业。

英式糊精胶除兼有白糊精与黄糊精的许多性质外，还具有它们自身不寻常的某些性质。

其在冷水中的溶解度为10%～100%，颜色从浅棕黄色到深棕黄色。黏度总是高于同样溶解度的白糊精或黄糊精。高可溶性英式糊精胶通常在冷水中就有些溶胀性，有时不经煮解就能使用。

淀粉、弱沸淀粉及氧化淀粉在包装时均含有大约12%的水分。英式糊精胶含水约1%，白糊精约含5%，而黄糊精或金丝糊精则含1%～2%的水分。

(4) 淀粉衍生物　以上转化淀粉的制备主要涉及淀粉的降解性化学改性。而所谓淀粉衍生物则涉及淀粉的非降解性化学改性，即将少量取代基通过酯和醚链节引入到淀粉中。典型取代基包括羧烷基、氨烷基、羟烷基、氰乙基、乙酰基。它们的主要作用是使颗粒弱化，并通过阻止淀粉分子亲和与退化作用而使其分散体稳定。取代基的含量用平均每个脱水葡萄糖单元的取代基团数即取代度（DS）表征。淀粉的DS最大约为3，因为在脱水葡萄糖单元中有三个自由羟基。一般，这些产品的DS小于0.2，且最好小于0.05，即每20个脱水葡萄糖单元含一个取代基。这些反应通常在水性介质中进行，产物经过滤、洗涤和干燥回收。其商品分为可煮溶性（热水可溶型）与可在冷水中溶解的预糊化型。有时为了用作胶黏剂，可以把转化与衍生改性结合起来。

多官能活性试剂能通过交联加强改性淀粉颗粒，影响淀粉的溶胀性、分散性和黏度，并使其分散体的耐剪切性有所提高。但是，这些处理往往会降低黏稠性和粘接强度。

二、常用配合剂及其作用

淀粉及糊精胶黏剂的配合剂主要包括增塑剂、液化剂/溶胶化剂、填料、保鲜剂、硼砂。

广泛使用的增塑剂有甘油、二醇类、大豆油、葡萄糖、糖、糖浆或果汁等，多用来控制胶合线的脆性或调节干燥速度。

氯化钙、尿素、硝酸钠、硫脲、二氰基二酰胺、乙酰胺、胍盐、硫代氰酸盐等被用作降低黏度的液化剂，或作为控制开放时间与干燥速度的助剂。它们通常按淀粉的5%～20%添加。有些添加剂，如氯化钙、尿素和硫代硫酸盐，也可起淀粉的溶胶化剂的作用，便于淀粉分散。

矿物填料如黏土、碳酸钙、二氧化钛等可用于控制与多孔性基材相关联的渗透性，可按5%～50%或更多添加。它们也用来控制淀粉类胶黏剂的固化。

固含量非常高的水性胶，以及含高浓度硼砂、硝酸钠或高pH值的水性胶通常并不促进微生物的活动。例如，固含量为65%信封胶往往不需添加杀菌防霉剂。但是，一旦侵染，淀粉类胶黏剂将很快分解。用次氯酸钠等杀菌化合物定时清洗设备，可避免耐菌株的繁殖。其他胶黏剂配方应更多考虑杀菌防霉问题，可采用0.2%～1.0%的甲醛（浓度35%），约0.2%的硫酸铜、硫酸锌、苯甲酸盐、氟化物及酚类。当选择这些化合物作杀菌防霉剂时，要仔细评价它们的毒害作用。

硼砂（四硼酸钠）是用于改性淀粉胶黏剂最重要的物质。向淀粉或糊精分散体中加入硼砂，黏度明显增大，并使分散体具有更大的内聚力和稳定性。而且，对可溶性非常大的糊精（其本身只能在很高固含量时，如50%或更高，才能形成有用的稠度），当加入硼砂时，就可制成在20%固含量时就有充分的黏度与黏性的胶黏剂。硼酸酯化胶黏剂起黏快，允许更大的操作速度。这些效应可能是由于硼砂分子同糊精的羟基相互作用或同游离水分子缔合作用的结果。硼砂的这些效应在低用量（按固体计小于20%）时就很显著；当逐渐加入苛性碱直到所有四硼酸钠被转化成偏硼酸钠时，其效应可进一步提高。但超过该点再加入碱，会引起黏度降低。硼砂也用于黏土-淀粉硅酸盐胶黏剂中。

三、配方设计

为了制备优质淀粉胶黏剂，应控制好下列几个环节。

（1）淀粉质量控制　一般应选择精制淀粉。其外观可以是白色或微黄色粉末状：水分含量应≤14%；蛋白质含量应≤0.5%；灰分含量应≤0.1%；酸度（每100g干淀粉应消耗0.1mol/L NaOH的毫升数）≤20%；细度要求98%的淀粉能过100目筛；斑点不多于2个/cm^2；气味正常。

淀粉粒度太大对黏度有影响。粒度越细，黏性越高；粒度太粗会产生分层现象。当细度低于98目时就不易分解氧化。当脂肪含量过高时易与NaOH起皂化反应产生过多的泡沫，对成胶不利。由于淀粉是胶黏剂的主要组分，选择务必精心。

（2）淀粉与水的比例控制　由于淀粉所用的种类和产地不同，所得淀粉质量也不一样。因此，不能用相同的配比。一般而言，淀粉∶水=1∶(4.5～6)。总固体物含量为19.8%左右。水比（水/淀粉）太大，固含量太低，会影响黏度和干燥速度，有脱胶、跑边之虑；水比太小，固含量过大，会影响胶黏剂的流动性和胶层薄膜的抗水能力。

（3）糊化剂比例控制　不管制备哪种淀粉胶黏剂，添加NaOH能使淀粉、果胶蛋白质和糖分转化为胶质，增加胶黏剂的黏度和硬度，并使其具有一定的流动性。但碱量过多时易产生橡皮状，使黏度下降，pH值升高，碱性增强，且易产生泡沫，易脱胶，对纸品的腐蚀性增大，防潮性降低；碱量过少，淀粉不能充分糊化，胶液浑浊，黏性差，流动性降低且不易贮存。烧碱一般为淀粉用量的8%～10%。碱的用量是控制浓度的关键。

（4）氧化剂比例控制　若制备氧化型淀粉胶黏剂，应在配方中加入氧化剂。常用的氧化剂有次氯酸钠、高锰酸钾、过氧化氢、过氧化钠等。用量控制在淀粉用量的10%～15%。

（5）络合剂比例的控制　淀粉胶黏剂配制时常以硼砂为络合剂。硼砂一般为淀粉用量的10%左右。用量过多，络合过激，上胶水机后易拉丝，纸品吸不上胶水，甚至会失去流动性和黏性；用量过少，络合不够，黏合力差，会使胶水过稀，而易于渗透到被粘接物中。一般在水比高时可适当多加，水比低时，适当减少。

硼砂固含量为96%，使用含量为10%。用时，现用现配，不得提前预配，否则易沉淀、结块、硬化。配制时应用80℃以上的热水溶解。加入硼砂液应缓慢进行，边加边搅，浓度适中时，即可停加。

（6）催干剂比例控制　常用轻钙、氯化钙、熟石膏、白黏土、膨润土等为催干剂。

轻钙即轻质碳酸钙，又名沉淀白垩、石灰石。它能吸收胶水中多余的水分，起催干和增白作用。在此工艺中其含量甚微，一般在出厂时临时添加。若在胶水中加入适量熟石膏或普通水泥，亦可提高纸箱的干燥速度和硬度。

（7）消泡剂比例控制　操作和使用过程中产生气泡，主要是反应用料配比不当或反应时间过短，可加入适量消泡剂或回锅重新反应后再用。常用的消泡剂有硅油、磷酸三丁酯、辛酸等。

（8）其他助剂的比例控制　胶黏剂反应过程中，为了终止氧化反应，保持胶黏剂流动性，可加还原剂，如亚硫酸钠、亚硫酸氢钠、硫酸锰等。

若制备透明胶，可加少量松香粉，每千克成品可加入约2g。

四、淀粉胶黏剂的生产方法

1. 传统生产方法

(1) 碱糊法 它是将水与淀粉、稀碱混合，升温到40℃，连续搅拌制成产品的方法。该方法工艺简单，所用原材料少，但是因淀粉的功能基没有变化，粘接力不理想，故很少采用。

(2) 糊精法 此方法是通过将淀粉直接焙烧（190～230℃），或在少量盐酸、硝酸存在下于110～140℃焙烧，或经过微生物发酵而制成产品的。它制成的胶黏剂流动性能好，pH值接近中性，腐蚀性小，但它不能使淀粉的功能基发生变化，粘接力和防腐防霉能力差，不能贮存，工艺较复杂，终点难以控制，相对分子质量波动大，质量不稳定，所以，目前应用也比较少。

(3) 主体-载体法 它是将少量氧化淀粉加氢氧化钠糊化，糊化后的稀糊物为载体，再将未糊化的淀粉或氧化淀粉作为主体混合在一起，靠上胶后的突然高温将生淀粉或氧化淀粉爆裂而糊化。该方法生产的瓦楞纸质量好，但仅适用于高速连续机的生产。

(4) 氧化淀粉法 它是利用氧化剂将淀粉氧化，使原来淀粉的葡萄糖单元6位碳上的羟甲基变为醛基和羧基。这种功能基的变化既增加了淀粉与纸纤维的粘接力，又提高了胶黏剂的防腐防霉能力，同时氧化又可使淀粉的长分子链变成短分子链，使制得的胶黏剂流动性提高，便于在机上涂布。根据氧化时采用的工艺方法的不同，该方法又可分为热制法和冷制法两种。

① 热制法 氧化剂通常是过氧化氢、次氯酸钠，反应在60℃左右进行，反应时间为2h。该法生产的胶黏剂粘接力和防霉能力都较好，但是该胶黏剂是在60℃热制的，必须热制热用，不能贮存运输，要随制随用，这无疑给生产带来了麻烦。

② 冷制法 即在常温制造常温使用，制造温度与使用温度一致，黏度稳定。该法是冷法生制的，再加上醛基的存在，不易发霉、腐烂，可长期贮存运输。虽然冷制法生产胶黏剂的优点很多，但是，在低温下实现氧化反应是一个不利因素，所以，要使氧化反应顺利进行必须选择合适的催化剂。生产实践证明，采用冷法生产氧化淀粉最适宜的催化剂是硫酸镍。

2. 新生产方法

(1) 改进主体-载体法 采用通常的主体-载体方法生产的淀粉胶黏剂粘接纸板后再浸在水中，大约20min瓦楞纸与地面纸就会分离，纸板便破坏。这种纸板很不适合制特殊要求的纸箱，如包装蔬菜、水果食品类所使用的纸箱，因为这些纸箱经常与水接触，并放在冰库贮存或冷藏车内运输。要提高纸箱的使用寿命，必须提高胶黏剂的耐水性。

改进的主体-载体法是在淀粉胶黏剂中加入一定量的脲醛，即生产出的是脲醛-淀粉胶黏剂。在加入脲醛之前必须先用盐酸中和，使pH值达到9.1～9.2，然后加入1%～2%的脲醛。采用这种方法生产的淀粉胶黏剂黏度明显增大，对于提高纸板的抗水性有一定的效果，如利用日本生产的瓦楞纸做成的纸板浸水后2h以上仍不分离，合乎生产的要求。

(2) 高锰酸钾法 通常的氧化淀粉是以过氧化氢、次氯酸钠为氧化剂与淀粉作用而制得胶黏剂，但是其具有氧化程度不易控制、成品的质量不稳定的缺点，而使用高锰酸钾、过氧化氢为氧化剂时，可通过高锰酸钾的自身显色来控制反应程度，而且制得的产品质量优于前者。

酸性高锰酸钾使淀粉中的部分还原醇基被氧化为羧基、醛基及酮基，这种氧化降解深度可以通过氧化剂的加入来控制，从而可制得一定深度的氧化淀粉，再加入氢氧化钠使之与淀粉中未氧化的醇基结合，发生溶胀糊化而产生胶黏性，最后加入络合剂硼砂，使成品具有交联增黏作用，利于加速粘接，锰离子与氢氧化钠作用可生成一种胶体固化膜，可提高胶黏剂的抗水性。

(3) 固体胶黏剂生产法　这种胶黏剂以淀粉（氧化淀粉 16%～21%）、氢氧化钠（1.3%）和硼砂（0.4%）为主要原料混合而成。其中氧化淀粉的制取可采用以次氯酸钠、过氧化氢为氧化剂的方法。

在具体制备时，可根据不同的用途，按配方称好各种组分。分取不同的水量（一般用量在 76%～81%），分别将氢氧化钠、硼砂配成一定浓度的溶液，并将氧化淀粉调成浆液，徐徐加入氢氧化钠溶液，搅拌 2min 后静置，待浆液完全糊化后，加入硼砂溶液，并用剩余的水稀释至合适的稠度，搅拌均匀，略加静置即成所需的胶黏剂。这种胶黏剂的最大优点是运输费用非常低，且易于包装贮存，较液体胶黏剂有许多的先进性。

(4) α-淀粉酶的应用　通常的淀粉胶黏剂固体含量较低，在使用时会使纸板干燥时间延长，从而导致生产效率降低，生产条件控制不好。为了增大淀粉胶黏剂的固体含量，最简单的方法就是用 α-淀粉酶将淀粉长链分子水解为短链分子，使淀粉的黏度控制在一定的范围以适应纸箱行业的需要。研究结果表明，用从枯草杆菌中所获得的 α-淀粉酶水解淀粉的最佳温度为 90℃，反应的 pH 值为 6.0～6.2，反应结束后，用 EDTA 在 100℃ 以上结束反应最为有效，它可以将残余酶的活力降至最低，从而抑制胶黏剂在贮存过程中黏度降低。

(5) 高分散性淀粉胶黏剂生产法　这种淀粉胶黏剂是采用酶解-复合变性方法制得的一种新型淀粉胶黏剂，可用于纸箱、木材、金属包装物的外表面彩色水性涂料的配制，是阿拉伯胶及桃胶的理想替代品。

其生产的大致工艺是：先将淀粉以水调成 25%左右的粉浆，调整粉浆的 pH 值为 6.0～6.5，加入液化淀粉酶，加热后在 90～92℃保温液化 15～60min，所得液化液冷却后进行变性处理，然后经过脱色、过滤、去杂、浓缩，再添加分散剂、润滑剂、消泡剂、杀菌剂等，调和均匀即得浅棕褐色不透明的黏稠液体。

涂布对比试验证明，这种淀粉胶黏剂对于各种颜料来讲，效果均较好，可以作为阿拉伯胶和桃胶的替代品。另外液体淀粉胶黏剂可以经过干燥、粉碎而成为固体细粉，便于保存和运输，并且有利于克服液体产品黏度逐渐增大的弊病，具有广阔的应用前景。

3. 制备过程中的注意事项

(1) 严格控制氧化和糊化时间　在淀粉胶黏剂生产过程中，氧化时间和糊化时间的确定是成功制备的关键。淀粉经氧化后溶解性能提高，渗透性、成膜能力得以改善，粘接能力有所提高。氧化作用赋予淀粉新的官能团（羰基和羧基），减少了淀粉分子中羟基的数量，使淀粉分子中缔合受阻，也就是减少了分子之间的氢键结合能力。而且，大分子的糖苷键断裂，大分子的降解提高了淀粉的溶解性能。若氧化时间不够，会使淀粉分子侧基氧化接羧不足，同时，淀粉分子中糖苷键仅少量断裂，支链结构的大分子氧化降解甚少。这种氧化淀粉与天然淀粉相似，用相同的水比制得的胶黏剂黏度大，凝胶速度也快。反之，氧化时间太长，会使淀粉环形结构开链，胶黏剂黏度过低，甚至失去应有的粘接能力。糊化时间的长短对胶黏剂的黏度、粘接性能都有直接影响。

(2) 制备方法不同时的相应控制措施　淀粉胶黏剂还有热制、冷制之分。热制是把水加热到50～60℃，加入淀粉，然后用氧化剂氧化，糊化剂糊化。使用时需要用保温设备，这样干燥快，基本上可满足工艺上的要求。由于制备过程中需加热，成本较高，且使用时要保温，设备投资较大，因而目前只有少数厂家使用。冷制则不需加热，常温下制备，常温下使用，制备工艺简单，使用方便。目前该法使用的最多，缺点就是干燥慢。其中，氧化还有一步氧化和分步氧化法之分。一步氧化是把淀粉一次加入，加入氧化剂进行氧化，它制备工艺简单，容易掌握。分步氧化是先加入2/3的淀粉，加入氧化剂进行氧化，待达到氧化时间后，再加入1/3的淀粉进行氧化。还有的分三次、四次氧化。这样制得的胶黏剂分子链的长短以及羰基、羧基和羟基数量比例合适，干燥较快，粘接效果较好，但制备较复杂，不易掌握。以前，氧化剂多用双氧水，它的含量稳定，生产易控制，但成本较高。现在普遍使用的是次氯酸钠氧化剂，它价格便宜（500元/吨），但次氯酸钠的有效氯含量不稳定，多是化工厂的副产品。不同厂家的次氯酸钠的有效氯含量差别较大；不同季节、不同批号含量也会有差别。氧化剂的用量虽然不易控制，但经过生产实践也是可以掌握的。因为次氯酸钠的价格便宜，目前国内主要使用该氧化剂。用高锰酸钾氧化时，从它本身的颜色变化可以判断氧化程度，生产上容易控制，但它的价格较高。国外还有使用重铬酸盐、过碘酸盐、过硫酸盐、次溴酸盐等作氧化剂的。

（3）水分含量及干燥时间的合理控制　由于淀粉胶黏剂本身含水量高达60%～70%，它的致命弱点是自然干燥速度太慢。胶黏剂中的水分会向纸内部渗透，使初黏性降低，使纸箱生产周期延长。用淀粉胶黏剂生产的纸箱初期含水量较高。由于水分在瓦楞纸中存在水分梯度即纸坯中水分多的地方向水分少的地方移动，如不能及时干燥，纸坯就会变软，引起跑边、塌楞、分割时连刀等。对于不同纸质，淀粉胶黏剂的干燥速度也不一样。如玉米淀粉胶黏剂应用于木浆纸（高档瓦楞纸）时效果就很好，已在国内普遍使用。因为木浆纸本身含水量低、纤维致密，纸表面又经过了施胶处理，水分渗透率极低，所以它的干燥速度较快，基本上能满足工艺上的要求。而把玉米淀粉胶黏剂应用于草浆纸（低档瓦楞纸），干燥速度就非常慢。这是因为草浆纸纤维粗糙，纤维之间空隙大，本身含水量较高，表面又处理得不好，水分渗透率较高，即它极易吸水，所以它的干燥速度非常慢。在我国，草浆纸使用得较多，因而解决低档纸上玉米淀粉胶黏剂的干燥速度问题是普遍使用玉米淀粉胶黏剂的关键问题。在国外多采用建立干燥生产线、采用微波或远红外线干燥纸箱来解决这一问题。在我国仅有几家大厂使用了这样的烘干设备，一般小厂和乡镇企业则无法建立这样的干燥生产线，这阻碍了淀粉胶黏剂的推广。

第二节　糊化淀粉胶黏剂

一、简介

糊化淀粉胶黏剂是用非改性淀粉、糊精、NaOH、水加热糊化而制备的一种淀粉胶黏剂。常把这一制备工艺称为碱糊法和精糊法。

在由非改性淀粉制备胶黏剂时，除加碱以外，往往还加入增稠剂——硼砂，以提高其初黏力，并可降低其固含量。此外，还应加入甲醛或苯酚衍生物作为防霉剂。

在糊化淀粉胶黏剂的制备中，开始其黏度很低，随着温度升高，其黏度会增大。黏度太高时，对制备加工不利，使用也不方便。为此，可加入适当的酸、碱、盐类物质等添加剂使其分子解聚，以达到稀释的目的。另外，采用水解、甲基醚化和酰化等方法改性淀粉，可制取各种淀粉衍生物，也能在高浓度下获取较低黏度的淀粉胶黏剂。

二、实用配方

1. 日用糨糊配方

小麦淀粉	100g	油酸	1.0g
NaOH(30%)	25mL	盐酸	适量
甲醛(38%)	10mL	水	300g

说明：粘接性能适中，主要用于纸张的粘接。

2. 参茨糊化胶黏剂

参茨淀粉	320g	碳酸氢钠	0.6g
NaOH(30%)	46.7g	水	500g
双氧水(3%)	10mL	其他助剂	适量

说明：制备工艺简便，粘接性良好，适用性能强，主要用于纸制品粘接。

3. 玉米淀粉胶黏剂（质量份）

玉米淀粉	100	甲醛溶液	3.0
NaOH	5.0	水	500
硼砂	50	其他助剂	适量

说明：制备工艺简便、投资小，粘接性能适中，主要用于纸制品粘接。

4. 木薯淀粉胶黏剂（质量份）

木薯淀粉	100	NaOH	3.0
甲醛水溶液	5.0	水	600
硼砂	3.0	其他助剂	适量

5. 豆类淀粉胶黏剂（质量份）

豆类淀粉	100	NaOH	5.0
甲醛水溶液	4.0	水	800
硼砂	3.0	其他助剂	适量

6. 地瓜淀粉胶黏剂（质量份）

地瓜淀粉	100	NaOH	3.0
甲醛水溶液	5.0	水	800
硼砂	1.0	其他助剂	适量

7. 目茨多糖淀粉胶黏剂（质量份）

淀粉	100	NaOH	3.0
甲醛水溶液	5.0	水	700
硼砂	4.0	其他助剂	适量

说明：原材料来源丰富、工艺简单、价格低廉，有一定的黏附力；但胶黏剂的流动性不好，黏合效果差，故使用面不广，大多数情况下均采用改性淀粉胶黏剂。糊化淀粉胶黏剂可用于纸品、标签和服装制作粘贴用胶黏剂。

8. 单面涂胶机用胶黏剂（质量份）

胶黏剂配方		载体配方	
淀粉	123	淀粉	27
硼砂	3.8	60℃水	320
30℃水	350	NaOH	4.4
其他助剂	适量	水	10

说明：胶的固含量为23.3%时粘接性能良好，主要用于瓦楞纸板生产。

9. 双面涂胶机用胶黏剂（质量份）

胶黏剂配方		载体配方	
淀粉	133	淀粉	30
硼砂	4.0	60℃水	320
30℃水	350	NaOH	4.9
其他助剂	适量	自来水	10

说明：胶的固含量为25.3%时胶黏性能良好，主要用于瓦楞纸板箱的生产。

10. 纸制品用糊化淀粉胶黏剂1

小麦淀粉	100g	盐酸(20%溶液)	适量
氢氧化钠溶液(30%)	25mL	自来水	300g
甲醛	10mL	其他助剂	适量
油酸钠	1g		

11. 纸制品用糊化淀粉胶黏剂2

山芋淀粉	100g	苯甲酸钠	0.2g
氢氧化钠溶液(40%)	4mL	自来水	500g
盐酸(37%)	3mL	其他助剂	适量

12. 盐酸水解淀粉糊化胶黏剂

玉米淀粉	320g	增塑剂	3～15g
糊化剂	30～60g	防腐剂	3～10g
盐酸	10～30mL	其他助剂	适量

说明：外观：浅棕色黏稠体；黏度：90～1000s（24℃）；pH值：6；固含量；61%；相对密度：1.990（24℃）。

13. 瓦楞纸板用改进载体糊化淀粉胶黏剂（kg）

淀粉	100	硼砂	1～2
水	600	H添加剂	适量
NaOH	2.8	其他助剂	适量
复合添加剂	12		

14. 无载体糊化淀粉胶黏剂（kg）

淀粉	100	复合剂	13～15
水	90～100	其他助剂	适量
NaOH	2.8～3.2		

15. 脱脂大豆胶黏剂（质量份）

脱脂大豆粉	100	硅胶钠	25
滑石粉	15	水	400
NaOH	15	其他助剂	适量

说明：工艺简便，投资少，粘接性能良好，适用性较强，主要用于木材与纸张的粘接。

16. 大豆蛋白胶黏剂（质量份）

大豆蛋白	100	过氧化钠(35%)	15
消石灰	15	水	300～500
硅酸钠	25	其他助剂	适量

说明：工艺简便，投资少，性能可靠，主要用于木材与纸张的粘接。

17. 糊精淀粉胶黏剂（质量份）

糊精	50	甲醛溶液	25
葡萄糖	5.0	亚硫酸钠	0.5
硼砂	1.0	水	50
NaOH	1.0	其他助剂	适量

说明：在50℃混合均匀即可以使用，工艺简便，性能良好。主要用于木材与纸张的粘接。

18. 白糊精淀粉胶黏剂（质量份）

白糊精	40～60	水	40～50
苯酚	30	其他助剂	适量
甘油	4.0		

说明：主要用于纸制品的粘接或生产。

19. 糯米胶黏剂（质量份）

糯米	100	香料	2.0
硝酸	3.0	水	200
硼砂	1.0	其他助剂	适量

说明：先浸泡糯米4h，磨成粉浆加硝酸混合均匀，加热并加入其他组分，待呈半透明黏稠体即可用于粘接木材、纸张和布等。

20. 淀粉/阿拉伯树胶胶黏剂（质量份）

淀粉	100	水	适量
阿拉伯树胶	100	其他助剂	适量
糖	300		

说明：在阿拉伯树胶中加水、加糖与淀粉，加热煮沸10min，溶解后搅拌，用水稀释，得合适黏度便可以使用。主要用于纸张的粘接。

21. 袋缝封口糨糊（质量份）

淀粉	72.8	NaOH	0.4
硼砂	2.9	防腐剂	0.2
水	72.8	其他助剂	适量

说明：固含量24%～25%；pH值9～10；黏度2.0Pa·s。主要用于纸袋封口，也可用

于其他纸制品的粘接。

22. 糖袋底用糨糊（质量份）

糊精	36.5	1300 玉米糊浆	6.62
水	53	甲醛	0.35
硼砂	3.55	其他助剂	适量

说明：在 88～98℃蒸煮 15min，冷却至 65℃加入甲醛，混合均匀后存放 3～5d 便可使用。

23. 前封或纸袋胶黏剂（质量份）

含蜡玉米糊精	63.5	玉米糖浆	1.1
水	32.9	醋酸乙烯酯	3.0
磷酸三丁酯	0.1	其他助剂	适量
聚乙二醇 400	0.2		

说明：固含量 64%～67%；黏度 5～10Pa·s。主要用于纸制品的粘接。

24. 背涂胶纸袋胶黏剂（质量份）

Stadex90 白糊精	32.8	磷酸氢钠	2.9
Stadex9 白糊精	14.2	亚硫酸氢钠	0.2
水	30	防腐剂	0.2
尿素	20	消泡剂	0.2

说明：黏度（25℃）20Pa·s，主要用于纸制品的粘接。

25. 纸袋胶黏剂（质量份）

11 号木薯淀粉糊精	48.9	葡萄糖	48.9
磷酸氢钠	1.5	消泡剂	0.2
亚硫酸氢钠	0.2	水	适量
防腐剂	0.3	其他助剂	适量

26. 学生用糨糊（质量份）

9 号糊精	62.6	黄蜂油	0.1
60 号糊精	18.0	玉米糖浆	5.0
苯甲酸	0.3	水	62.6
水杨酸甲酯	0.1	其他助剂	适量

说明：固含量 38%～39%；pH 值 4；稀薄流体；老化 3～4d 糨糊硬化，制备简单，性能适中，主要用于纸张的粘接。

27. 办公糨糊（质量份）

60 号糊精	40	水杨酸甲酯	0.1
苯甲酸	1.0	水	60
黄蜂油	0.1	其他助剂	适量

说明：固含量 38%～39%；pH 值 4；工艺简便，性能适用，主要用于办公时粘接纸制品。

28. 瓦楞纸用胶黏剂 1（质量份）

大豆蛋白质	50	硅酸钠	55
珍珠淀粉	10	水	240

说明：工艺简便，投资小（只需反应）、见效快，性能良好。

29. 瓦楞纸用胶黏剂 2（质量份）

大豆蛋白质	50	水	250
硅酸钠	51	亚硫酸钠	0.125
高岭土	100	其他助剂	适量

说明：工艺简便，投资少、见效快，性能良好，主要用于瓦楞板制作。

30. 表帧平整用胶黏剂（质量份）

玉米淀粉	42.4	五氯酚钠	0.1
硝酸钠	15.0	水	32.5
1,2-亚甲基醚二醇	5.0	其他助剂	适量

说明：室温混合，80℃左右制成，工艺简便、适用性强。

31. 纸-玻璃不耐水标签胶黏剂（质量份）

糊精	30.2	硅酸钠	1.0
玉米糖浆	45.3	水	15.0
乙二醇	8.4	其他助剂	适量

说明：固含量73%～75%；黏度6～10Pa·s。

32. 缠绕管用淀粉胶黏剂 1（质量份）

糊精	46	消泡剂	0.3
NaOH(50%)	0.9	水	50
硼酸	4.2	其他助剂	适量
防腐剂	0.1		

说明：固含量52%～56%；pH值9；黏度1.5Pa·s（65℃），30Pa·s（25℃）。

33. 缠绕管用淀粉胶黏剂 2（质量份）

Stadex 128 糊精	46	防腐剂	0.1
Stadex 140 糊精	46	消泡剂	0.1
硅酸钠(38%)	26	水	50
NaOH	1.0	其他助剂	适量

说明：固含量40%～41%；pH值11～12；黏度0.7Pa·s（25℃）。

34. 耐水性层压胶黏剂（质量份）

玉米淀粉	41.2	脲醛	6.2
水	51.77	防腐剂	0.1
盐	0.42	消泡剂	0.1
脂肪酸酯	0.21	其他助剂	适量

说明：在90℃下加热20min，冷却至40℃时加明矾溶液调节pH值，冷却稀释便可以使用。固含量42%～45%；pH值5.5～6.0。

35. 水溶性层压淀粉胶黏剂（质量份）

淀粉	31.7	防腐剂	0.1
硼砂	4.1	水	80～90
消泡剂	0.1	其他助剂	适量

说明：在90℃下加热15min，冷却稀释便可以使用。其固含量为33%～35%。

36. 低卷曲型层压淀粉胶黏剂（质量份）

淀粉	40	防腐剂	0.1
水	44.8	硝酸钠	6.0
黏土	5.0	硼砂	40
消泡剂	0.1	其他助剂	适量

说明：混合均匀后在90℃下加热15min，冷却稀释便可应用。

37. 平整层压胶黏剂（质量份）

水	36.20	Koldex 60(60号糊精)	17.15
消泡剂	0.05	Stayco M(工业级玉米淀粉)	9.80
防腐剂	0.05	硼砂(10mol)	2.45
硝酸钠	7.35	脲	12～25
甘醇	14.70		

说明：固含量（折射仪）52%～53%；pH值7～8；黏度（25℃）2.5～3.0Pa·s。

38. 耐水性管缠绕层压胶黏剂（质量份）

水	70.0	黏土	17.9
淀粉	3.9	防腐剂	0.1
聚乙烯醇(完全水解级)	8.1		

说明：在100℃下熬炼20min，冷却到30℃以下即可使用。

39. 散热器用淀粉密封胶（质量份）

淀粉	100	石棉	30
水	200	硼砂	4.0
羟甲基纤维素	20	无水氯酸钠	2.0
糊精	20	其他助剂	适量

说明：混合均匀并在90～100℃反应20min，冷却至室温后再调节黏度即可使用。

40. 衬垫物用淀粉胶黏剂1（质量份）

淀粉	30	水	40
玉米糖浆	5～6	消泡剂	0.1
防腐剂	0.1	其他助剂	适量

说明：混合均匀并在90～100℃反应20min，冷却至40℃后再调节黏度即可使用。固含量40%；pH值9；黏度1.0Pa·s。

41. 衬垫物用淀粉胶黏剂2（质量份）

糊精	90	水	150
膨润土	12	防腐剂	1.0
硼砂	1.0	其他助剂	适量

说明：在室温下混合均匀便可以使用，混合时间1h。固含量为15%～20%；pH值9；黏度2.5Pa·s。

42. 糊化玉米淀粉胶黏剂

精制玉米淀粉	270kg	硼砂	6.8kg
水	1052kg	甲醛水溶液	0.946kg
碳酸钠	6.8kg	其他助剂	适量

说明：该胶黏剂原材料来源丰富、工艺简便、价格低廉、粘接性能尚好，但大批量产品粘接时由于流动性差，不能应用。该胶黏剂仅适用于手工作业、粘接纸制品等。

43. 糊化土豆淀粉胶黏剂

土豆淀粉	150g	氯化镁	5g
淀粉磷酸酯(1%)	15mL	水	850g

说明：该胶原材料来源丰富，工艺简便，价格低廉，粘接性能尚好，但大批量产品粘接时由于流动性差，不能应用。该胶黏剂仅适用于手工作业，粘接纸制品等。

44. 纸箱生产用新型糊化淀粉胶黏剂（质量份）

玉米淀粉	100	磷酸三丁酯	1～5
片状 NaOH	5～20	溶剂 E	适量
硼砂	1～5	助剂 M	适量
十二烷基苯磺酸钠	1.0	其他助剂	适量

说明：该胶黏剂的性能见表 5-5。

表 5-5 新型糊化淀粉胶黏剂的性能指标

性能指标	新型糊化淀粉胶黏剂性能指标(实测值)	普通淀粉胶黏剂性能要求
黏度(25℃,涂-4 杯)/s	43	4～50
施胶量/(g/m^2)	80～100	80～100
粘接速度		
破坏纤维	45s	3～5min
初黏	1.5min	5～8min
全黏	10min	15～20min
剥离强度/(N/m)	7.9	≥5.88
边压强度/(N/m)	7220	≥7000
耐破强度/kPa	1598	≥1570

注：边压强度、耐破强度以双瓦楞纸板进行测试。

45. 芭蕉芋淀粉糊化胶黏剂（质量份）

芭蕉芋淀粉	100	硼砂	2.5～3.0
NaOH(96%)	30	其他助剂	适量

说明：芭蕉芋淀粉胶黏剂的糊化温度及其与玉米淀粉的糊化温度的比较见表 5-6 和表 5-7。瓦楞纸箱的质量指标见表 5-8。

表 5-6 芭蕉芋淀粉胶黏剂的糊化温度

样品号	1	2	3
糊化温度/℃	54	54	55

表 5-7 糊化温度的比较

胶黏剂	芭蕉芋淀粉	玉米淀粉
糊化温度/℃	54～55	59～60

表 5-8 瓦楞纸箱的质量指标

指标名称	实测值
边压强度/(kN/m)	11.1
耐破强度/MPa	3.085
戳穿强度/J	17.26
剥离强度/(N/cm)	598
水分/%	11.54

(1) 用本法制得的芭蕉芋淀粉胶黏剂用于瓦楞纸箱成型机生产线，取得了满意的效果，可替代玉米淀粉用于实际生产。

(2) 芭蕉芋淀粉比玉米淀粉廉价，且由于芭蕉芋淀粉胶黏剂糊化温度较低，用于生产时能节约能源，提高生产效率，降低成本。

46. 糊化土豆淀粉胶黏剂

土豆淀粉	150 份	氯化镁	5 份
淀粉磷酸酯(1%)	15mL	水	850 份

说明：该胶原材料来源丰富，工艺简便，价格低廉，粘接性能尚好，但大批量产品粘接时由于流动性差，不能应用。该胶黏剂仅适用于手工作业，粘接纸制品等。

47. 纸箱生产用新型糊化淀粉胶黏剂 (质量份)

玉米淀粉	100	磷酸三丁酯	1～5
片状 NaOH	5～20	溶剂 E	适量
硼砂	1～5	助剂 M	适量
十二烷基苯磺酸钠	1.0		

说明：该胶黏剂的性能指标见表 5-9。

表 5-9 新型糊化淀粉胶黏剂的性能指标

性能指标	新型糊化淀粉胶黏剂性能指标(实测值)	普通淀粉胶黏剂性能要求
黏度(25℃,涂-4 杯)/s	43	4～50
施胶量/(g/m²)	80～100	80～100
粘接速度		
破坏纤维	45s	3～5min
初黏	1.5min	5～8min
全黏	10min	15～20min
剥离强度/(N/m)	7.9	≥5.88
边压强度/(N/m)	7220	≥7000
耐破强度/kPa	1598	≥1570

注：边压强度、耐破强度以双瓦楞纸板进行测试

三、糊化淀粉胶黏剂配方与制备实例

(一) 纯棉纱用糊化淀粉浆液

1. 原材料与配方 (质量份)

原材料	配方 1	配方 2	配方 3
原淀粉	80	75	67
变性淀粉 (PR-SU)	20	25	33
KF 助剂	5.0	5.0	5.0
去离子水	适量	适量	适量

2. 制备方法

首先按照配方称量好各成分，逐次放入容器中（每次调200mL的部分糊化浆液），然后加入计算好的去离子冷水，接着在磁力恒温水浴锅中，开启DF-101S型集热式磁力搅拌器搅拌，并以120r/min的速度搅拌升温至55℃，保温搅拌10min；打开高压锅升压使蒸汽稳定输出，用玻璃导管将蒸汽通入浆液中，均匀搅拌，当温度升至65℃（升温时间与浆液量有关）时关闭蒸汽，撤离导管，继续匀速搅拌5min，即可得部分糊化淀粉浆液。

3. 性能

该浆液的性能见表5-10。

表5-10 浆液黏度及其热稳定性

项目	黏度/mPa·s	热稳定性/%	pH值
全糊化	10.8	93.25	7.09
配方1	6.2	92.17	7.20
配方2	4.1	91.53	7.24
配方3	3.6	89.26	7.14

由以上数据可知，在含固率相同的条件下，部分糊化淀粉浆液在室温下的黏度均比全糊化淀粉浆液的黏度低。部分糊化淀粉浆液符合新型浆纱“高浓低黏”的要求，较低的黏度使得部分糊化淀粉浆液具有良好的流动性，可以更好地浸透纱线。3个配方的热稳定性都达到了85%以上，其中，配方1最好（92.17%），说明在室温条件下部分糊化淀粉浆液具有良好的热稳定性。浆液的酸碱度对黏度、黏附力以及上浆经纱都有较大的影响，棉纱的浆液一般为中性或者微碱性，部分糊化淀粉浆液的pH值分别是7.20、7.24、7.14，符合棉纱上浆要求。配方1的黏度比较适中，配方2和配方3的黏度过小，且配方1的热稳定性最高，所以下面选择配方1进行浆纱试验。

试验结果如表5-11所示。

表5-11 试验结果

项目	原纱	全糊化	部分糊化
3mm毛羽/(根/m)	35.31	2.44	11.36
毛羽降低率/%		93.08	67.83
断裂强力/cN	201.9	245.5	228.0
增强率/%		21.59	12.93
伸长率/%	6.2	5.2	5.8
减伸率/%		16.13	6.45
耐磨/次	15.25	26.50	21.13
增磨率/%		72.13	38.56
上浆率/%		9.18	6.64

由表5-11中的数据可知，与全糊化淀粉浆液浆出的棉纱相比，经过部分糊化淀粉浆液的室温上浆后的棉纱3mm毛羽降低率稍低，纱线增强率较低，减伸率较好，增磨率较小。由于全糊化淀粉浆液的黏度高于部分糊化淀粉浆液，浆出棉纱表面被覆会稍多，而部分糊化淀粉浆液黏度较低，流动性好，表面黏附较少，使得全糊化淀粉浆液浆出棉纱的上浆率高于部分糊化淀粉浆液浆出棉纱的上浆率。以上数据说明，较低黏度、流动性良好的部分糊化淀粉浆液在室温条件下对棉纱浸透和被覆良好，使得棉纱的各项指标有所提升。其原因在于部

分糊化淀粉浆液在浆纱过程中进入纱线内，而部分未糊化的颗粒吸附在纱线表面，在高温烘燥时，淀粉颗粒破裂糊化而被覆在纱线表面，这样内外结合使得浆纱强力、耐磨、毛羽等性能得到改善。需要说明的是，由于设备条件有限，本次试验采用热风烘干，热风温度偏低且缺少烘筒烘干水分蒸发所需热量，影响了浆膜的形成，其上浆效果未达到最佳，但部分糊化淀粉浆纱技术依然显示了其优势。

(二) 棉纤维专用部分糊化淀粉浆液

1. 原材料与配方 (质量份)

玉米原淀粉	80	去离子水	适量
变性淀粉	20	其他助剂	适量
助剂(KF)	3.5		

2. 制备方法

首先按照配方称量好各成分，逐次放入容器中（每次调 200mL 的浆液），加入去离子冷水，接着在磁力恒温水浴锅中开启搅拌并以恒定速度搅拌升温至 55℃，保温搅拌 10～15min，打开高压锅升压，使蒸汽稳定输出，用玻璃导管将蒸汽通入浆液中，保持均匀搅拌，当浆液温度升至所需温度（本次试验分别升温至 64℃、65℃、66℃）时立即撤离导管，关闭蒸汽，继续搅拌 5min，即可得部分糊化淀粉浆液。

3. 性能

制浆温度对浆液黏度的影响见表 5-12。

表 5-12　不同制浆温度对部分糊化浆液黏度的影响

调浆温度/℃	黏度/mPa·s				
	65℃	55℃	45℃	35℃	25℃
64	4.50	5.10	6.00	7.50	9.00
65	7.08	8.14	9.12	11.03	12.90
66	17.35	28.95	40.87	63.50	100 以上

注：黏度误差±0.50mPa·s；全糊化淀粉浆液黏度 26.5～28.7mPa·s。

浆纱效果主要是由毛羽降低率、增强率、减伸率和增磨率来衡量。浆纱基本性能对比见表 5-13。

表 5-13　浆纱基本性能

项目	原纱	全糊化	部分糊化
毛羽/(根/m)	28.10	2.14	17.69
毛羽降低率/%		92.38	37.05
断裂强力/cN	255.2	310.6	276.2
增强率/%		21.71	8.23
断裂伸长率/%	5.34	4.71	4.43
减伸率/%		11.80	17.04
耐磨数/次	192	263	222
增磨率/%		36.77	15.38
上浆率/%		10.69	8.29

由表5-13中的数据可以看出，经过部分糊化浆液室温上浆后，棉纱3mm毛羽降低率为37.05％，增强率为8.23％，减伸率为17.04％，增磨率为15.38％。各项指标虽然均差于全糊化淀粉上浆效果，但上浆率部分糊化低于全糊化。这是因为全糊化淀粉浆液黏度高于部分糊化淀粉浆液，表面被覆较多，而部分糊化淀粉浆液黏度较低，流动性好，表面黏附较少。需要说明的是，由于设备条件有限，本次试验采用热风烘干，而且缺少烘筒烘干水分蒸发提供的热量，影响浆膜的形成，所以部分糊化淀粉上浆的效果未达到最佳。但从以上数据来看，部分糊化浆纱技术依然显示了巨大的优势，有着重要的实践意义。

第三节　氧化淀粉胶黏剂

一、简介

氧化淀粉胶黏剂是以玉米、土豆、木薯等淀粉为原料经轻度氧化降解反应制得的。此类胶黏剂具有粘接力强、贮存性能好的特点。

氧化淀粉胶黏剂是针对糊化淀粉胶黏剂强度低（尤其是初黏力太小）、贮存期短、干燥速度慢等缺点，经过反复试验而研制成功的一种性能良好的胶黏剂。我国从20世纪70年代末就开始进行氧化淀粉胶黏剂用于瓦楞纸板的研究与应用，目前氧化淀粉胶黏剂已成为国内应用最广泛的淀粉胶黏剂之一。

（一）淀粉的氧化原理

众所周知，淀粉是不溶于水的多糖类物质。淀粉受热糊化，黏度大，流动性差，不能施胶。通过对淀粉进行有限度的分解或氧化，改变其分子结构和性能，便可以任意控制淀粉的溶解度和黏度。凡通过氧化剂的作用而制得的低黏度淀粉一般称为氧化淀粉。现以过氧化氢作氧化剂为例，阐述其原理。过氧化氢俗称双氧水，在一定条件下，它可以作为氧化剂；在另一种条件下，还可作为还原剂，但 H_2O_2 最常用作氧化剂。在碱性介质中，H_2O_2 分解远比在酸性介质中快，其电极反应为：

$$HO_2^- + H_2O + 2e^- \longrightarrow 3OH^-$$

标准电极电势：$E^{\ominus}_{HO_2^-/OH^-} = +0.87V$。

现用简式 $R—CH_2OH$ 来表示淀粉分子。在甲醇基［$—CH_2OH$］中，由于羟基的影响，α-氢较活泼，容易被氧化和脱氧。

在碱性介质中，双氧水作氧化剂时极易释放出活性氧［O］。该活性氧［O］先把淀粉中的甲醇基氧化成醛基，醛基进一步被氧化成羧基。在碱性介质中，羧基与 Na^+ 结合，增加了胶质的亲水性和溶解性，也增强了流动性，同时又使淀粉胶黏剂具有抗凝冻性能，且易于贮存。

通过 H_2O_2 的氧化作用，淀粉中部分还原性链端氧化成羧基，导致淀粉“脱皮”。每1个还原性链端氧化便脱掉数以十计的葡萄糖单位，同时又出现新的还原性链端，直至氧化结束。在“脱皮”反应进行到一定程度后，淀粉开始发生糖苷链断裂。该反应与氧化深度成正比，是一个氧化降解过程。只要适当控制氧化深度便能制得适合于生产胶黏剂的氧化淀粉。氧化淀粉本身不溶于水，没有粘接作用。只有加碱糊化后，方能成为胶黏剂。液碱加入氧化淀粉乳后，与淀粉中未被氧化的醇基结合破坏了部分氢键，使大分子间作用力减弱，从而使淀粉溶胀糊化。淀粉一般与水同煮后再加入 NaOH，pH 值提高，有助于在淀粉上产生负电荷，从而提高胶液的分散性和黏度。

影响 H_2O_2 分解速度的最重要因素是杂质，有很多金属离子，如过渡元素中的 Fe^{2+}、Mn^{2+}、Ni^{2+}、Cu^{2+}、Cr^{3+}、Co^{2+} 等都能加速 H_2O_2 的分解，故常用它们的盐类作为催化剂。当氧化反应完毕后，要终止氧化，可加入还原剂如 $Na_2S_2O_3$、Na_2SO_3、$NaHSO_3$、$MnSO_4$ 等使氧化反应终止。

(二) 氧化剂的选择与功能

氧化淀粉胶黏剂一般由淀粉（玉米、土豆、木薯等）、氧化剂（双氧水、次氯酸钠、高锰酸钾等）、糊化剂（氢氧化钠）、还原剂（硫代硫酸钠）、催化剂（Cu、Co、Ni 等过渡金属的盐）等组成。选用不同的氧化剂可得到性能不同的氧化淀粉胶黏剂。以 NaClO 为氧化剂的淀粉胶黏剂，氧化反应主要发生在 C_6、C_2、C_3。因 NaClO 易渗透到淀粉颗粒深处，所以氧化反应不但发生在非结晶区上，而且还渗透到分子内，并有少量葡萄糖单元在 C_2、C_3 处开环形成羧基，这种作用方式使 NaClO 氧化的淀粉胶黏剂的透明度、渗透性和抗凝聚性都较高，但粘接能力较低。采用 H_2O_2 为氧化剂的淀粉胶黏剂在受热情况下，发生反应 $H_2O_2 \longrightarrow H_2O + [O]$，$H_2O \longrightarrow H^+ + OH^-$，释放出新生态［O］或氧化能力强的离子，将淀粉葡萄糖单元 C_6 的羟甲基和 C_2、C_3 还原性链端部分氧化成醛基和羧基。这种氧化淀粉胶黏剂具有很好的水溶性、流动性，易于单机涂布，但初黏性和贮存稳定性不够理想。以 $KMnO_4$ 为氧化剂的淀粉胶黏剂的氧化反应主要发生在淀粉非结晶区 C_6 羟甲基上，因此其氧化程度、羧基含量高，解聚少，分子间粘接力强，但渗透性、流动性差，且胶液为棕褐色。

(三) 制备方法

(1) 热制法　热制法是指氧化淀粉的糊化过程均在加热条件下进行，氧化淀粉和水按一定比例在一个带有搅拌器并装有夹层水浴或蒸汽浴的反应器内进行。其操作如下：①向反应器内加入 100kg 水；②将氧化淀粉 25kg（干物量）加入反应器内搅拌 30min；③边搅拌边通入蒸汽，直至糊化，糊化后保持蒸煮 30min；④冷却至室温；⑤加入 5%硼砂溶液 2.5L，搅拌 30min；⑥测黏度：布鲁克菲尔德（Brookfield）黏度≥1.8Pa·s（30℃）。

注意事项：

① 在整个配制过程中必须充分搅拌，否则易出现凝固结块，使黏度降低和输送管道堵塞；

② 盛胶黏剂的装置应有保温装置，否则胶黏剂会凝固；

③ 胶黏剂易于凝聚结块，因此贮存时间不能过长，当天工作完毕时，必须将胶黏剂抽回密封容器中，并在 50℃左右保温，及时清洗输送装置，否则会影响次日生产；

④ 如果在制作和使用期间出现泡沫，可使用消泡剂进行消泡。

(2) 冷制法　冷制法是在不加热的情况下完成氧化淀粉糊化过程，在常温下即可制得。此法好处是制备时间短，胶黏剂黏度稳定，粘接力大，当用盐酸中和部分氢氧根离子时，胶黏剂显中性，防止了胶黏剂对设备的腐蚀。其操作如下：①向反应器中加入 50kg 水；②向反应器中加入 25kg（干物量）氧化淀粉，搅拌 20min；③边搅拌边向反应器中加入 30%氢氧化钠溶液 6L，搅拌 30min；④继续向反应器中加入 50kg 水，搅拌 20min；⑤向反应器中加入5%硼砂溶液4L，搅拌30min；⑥向反应器中加入37%的盐酸溶液3.6L，搅拌20min；⑦测黏度：布鲁克菲尔德黏度（Brookfield）≥3.38Pa·s。

注意事项：

① 整个配制过程需要保持充分的搅拌时间；

② 每日注意清洗设备；

③ 如有大量泡沫可加消泡剂；

④ 30%氢氧化钠和37%盐酸均属强碱、强酸，使用时需特别注意，以防损坏皮肤，刺激眼睛和支气管。

二、实用配方

（一）次氯酸钠（NaClO）氧化淀粉胶黏剂

1. 次氯酸钠氧化淀粉胶（质量份）

氧化淀粉	50	硼砂	3
氢氧化钠	8	水	360
环氧氯丙烷-脲醛树脂	2.5	次氯酸钠	10

说明：主要用于纸制品和木材的粘接。

2. 次氯酸钠氧化玉米淀粉胶黏剂（质量份）

玉米淀粉	12.58	硫代硫酸钠	0.3
NaClO溶液	8.9	磷酸三丁酯	0.2
NaOH溶液	10	催干剂(自制)	适量
硼砂	0.4	水	67.7
催化剂	适量		

说明：淡黄色黏稠液体；黏度（涂-4杯，25℃）25～35s；pH值8～10；初黏6～10min后黏合材料破坏；干燥时间2～3h；剥离强度≥588N/m；贮存期4月。

3. 次氯酸钠氧化快干型玉米淀粉胶黏剂（质量份）

淀粉	100	NaOH	10
NaClO	35	硼砂	1.5
水	500	硫代硫酸钠	适量
硫酸镍	0.1	催干剂A、B	各2份

说明：该胶黏剂干燥速率和水玻璃相当，不需烘干设备，且可弥补水玻璃易泛碱、返潮等不足。因此可替代水玻璃在中小型纸箱厂应用。

4. 次氯酸钠氧化快干型冷制淀粉胶黏剂（质量份）

玉米淀粉	20.9	硼砂	0.1
NaClO	5.9	水	70.9
NaOH	2.1	其他助剂	适量
$Na_2S_2O_3$	0.3		

说明：黄色黏稠液体，剥离强度9.5N/25mm；黏度0.3Pa·s；贮存期>60d；50%起毛率100%。

5. 次氯酸钠氧化淀粉瓦楞纸箱用快干胶黏剂（质量份）

原料	用量	原料	用量
淀粉	40	膨润土	5～7
次氯酸钠	6～10	焦硫酸钠	0.1～0.2
硫酸亚铁	0.1	催干剂	0.2
氢氧化钠	5～8	水	200～280
硼砂	0.6	消泡剂	适量
亚硫酸钠	0.5	其他助剂	适量

说明：淡黄色，无异味；碱含量<2%；黏度40～50s；贮存期40d（室温下）；固含量16%；自然干燥时间24min。

按纸板法采用本淀粉胶1min黏合撕裂纸纤维，3min全黏。本淀粉胶储存于塑料桶中半年以上，颜色浅、性能稳定，不产生凝胶和分层现象。

6. 抗氧化铝箔衬纸用淀粉胶黏剂（质量份）

原料	用量	原料	用量
淀粉	150	水	600
NaClO	120	甲醛水溶液	3.0
硼砂	7.5	其他助剂	适量

说明：乳白色、无毒、无异味；黏度720mPa·s；固含量23.7%；pH值7.5左右；无腐蚀无氧化。

7. 次氯酸钠氧化淀粉内墙腻子胶黏剂（质量份）

原料	用量	原料	用量
淀粉胶黏剂	100	钙质膨润土	1.5
重质 $CaCO_3$	750～850	纤维素醚	7.5
轻质 $CaCO_3$	150～250	滑石粉	适量

8. 纸箱专用次氯酸钠淀粉胶黏剂（质量份）

原料	用量	原料	用量
淀粉	15	硼砂	0.1～0.2
次氯酸钠	2～3	消泡剂	适量
硫酸亚铁	0.03(配成水溶液)	终止剂	适量
($FeSO_4 \cdot 7H_2O$)		水	70～80
NaOH	1.5～3.0(配成10%溶液)	其他助剂	适量

说明：①生产中泡沫较多，可加入少量消泡剂（如磷酸三丁酯）。②有时为促进大分子量的聚合物生成，也可加入少量尿素（其量为淀粉含量的0.1%～0.2%），使胶黏剂形成稳定的胶体状态，但不可多加，以免影响纸板的挺括度。③为更好地控制反应的进行，也可加入少量反应终止剂（$Na_2S_2O_3$）。

9. 次氯酸钠氧化木薯淀粉胶黏剂（质量份）

原料	用量	原料	用量
木薯淀粉	100	硼砂	2
次氯酸钠(有效Cl含量≥10%)	16	硫代硫酸钠	2
氢氧化钠	12	水	适量

说明：工艺简便，投资少，性能良好。主要用于纸制品的粘接。

10. 瓦楞纸箱用玉米淀粉胶黏剂（质量份）

原料	用量	原料	用量
玉米淀粉	10～14	大苏打(硫代硫酸钠)	0.2
NaOH	4～8	填料	0～15
次氯酸钠(氧化剂)	1～6	助剂	0～2
催化剂	0.001	水	70～82
硼砂	0.2		

说明：工艺简便、质量可靠、性能优良。可以用于木材和其他纸制品的粘接。

11. 次氯酸钠氧化玉米淀粉胶黏剂（质量份）

玉米淀粉	100	硫代硫酸钠	1～3
NaClO 溶液	8～10	磷酸三丁酯	1～2
NaOH 溶液	10	催干剂	0.5～1.5
硼砂	1～2	水	适量
催化剂	0.5～1.0	其他助剂	适量

说明：淡黄色黏稠胶液，黏度（涂-4 杯，25℃）25～35s，pH 值为 8～10，贮存期 4 个月，初黏时间 6～10min，干燥时间 2～3h。主要用于瓦楞纸板箱的生产。

（二）H_2O_2 氧化淀粉胶黏剂

1. H_2O_2 碱体系氧化淀粉胶黏剂（质量份）

玉米淀粉	100	NaOH	10
水	600	硼砂	2
H_2O_2（30%，分析纯）	4	膨润土	5
聚丙烯酰胺	0.66	其他助剂	适量

2. H_2O_2 氧化冷制淀粉胶黏剂

玉米淀粉	100g	硼砂	100mL
水	300g	$Na_2S_2O_3$	适量
H_2O_2	15mL	催干剂	适量
NaOH	125mL	羧甲基纤维素钠	适量

说明：采用 H_2O_2、催干剂、碱体系的氧化法适用在寒冷的冬天冷制氧化淀粉胶。该胶黏剂具有以下特点：①原料丰富，工艺简单，产品成本低；②冷制，特别是在 10℃左右时制法的优点尤为突出；③贮存期较长，黏合力强；④催干剂能有效地调节干燥速率。

3. 高速商标用 H_2O_2 氧化淀粉胶黏剂（质量份）

淀粉	304	固碱	8
双氧水	32	盐酸	12.8
尿素	20	交联剂 B	16
交联剂 A	16	水	400

说明：白色或浅褐色透明黏稠胶液，具有一定流动性。固含量≥45%；初干时间 10s；pH 值 7～8；黏度 16～20Pa·s；保质期≥6 月；冻凝温度≤－15℃。

4. H_2O_2 氧化地瓜淀粉/小麦面粉胶黏剂（质量份）

地瓜淀粉	50	增黏剂	5.0
小麦面粉	300	防腐剂	1～3
NaOH	30	水	适量
H_2O_2	5～10	其他助剂	适量
增塑剂	10		

说明：淡或深棕色黏稠液，呈半透明状，黏度为6.5Pa·s。主要用于粘贴啤酒标签。

5. 双氧水氧化木薯淀粉胶黏剂（质量份）

木薯淀粉	100	催干剂	1～3
氧化剂(H_2O_2)	2～5	防腐剂(水杨酸)	0.1～0.4
催化剂	0.5～1.0	消泡剂	0.1～0.4
糊化剂(NaOH)	5～8	水	适量
络合剂(十水硼酸钠)	2～4	其他助剂	适量

说明：该胶制造工艺简便、成本低，生产中无污染，胶黏剂无毒、无异味，无污染、碱性小。胶体呈咖啡色，流动性好，粘接力较强。主要用于瓦楞纸和平板纸的制造和粘接。

6. 卷烟用 H_2O_2 氧化淀粉胶黏剂（质量份）

玉米淀粉	100	H_2O_2(30%)	20
预糊化剂	30	硼砂(10%)	10
水	240	NaOH(40%)	20
CMC	10	H_2SO_4(50%)	28
尿素	20	干燥剂	少量

7. H_2O_2/$KMnO_4$ 氧化淀粉胶黏剂（质量份）

玉米淀粉	100	$FeSO_4$	1
H_2O_2	3～4	消泡剂	适量
$KMnO_4$	数滴	亚硫酸钠	适量
NaOH	9～11	水	200～250
硼砂	1～3		

说明：①氧化淀粉是一种应用广泛的胶黏剂，稳定产品性能是提高其使用性能的重要措施；②氧化反应中，氧化剂的用量影响胶黏剂的性能，其用量必须严格控制，H_2O_2 最佳使用量为3.5%；③反应温度为45～50℃，pH值为9～10，在此条件下，氧化反应中生成的羧基比例较大；④以NaOH为糊化剂，最佳用量为10%。

8. H_2O_2 氧化玉米淀粉胶黏剂1（质量份）

玉米淀粉	150	硼砂	2～10
H_2O_2	6～10	膨润土	10～15
催化剂	适量	自来水	810
NaOH	10～20	其他助剂	适量

说明：外观为黄色黏性液体；游离碱1.17%；黏度28s；相对密度（25℃）1.07；固含量18%。

9. H_2O_2 氧化玉米淀粉胶黏剂2（质量份）

玉米淀粉	100	磷酸三丁酯	适量
水	360	轻钙	适量
硫酸亚铁	0.3	松香	适量
过氧化氢	6	硫酸锰	适量
NaOH	10		

说明：该胶黏剂可广泛应用于纸箱、纸盒、纸袋的内外包装的粘接，是瓦楞纸箱用的主要胶黏剂之一。

10. H_2O_2 氧化玉米淀粉胶黏剂 3（质量份）

玉米淀粉	100	氢氧化钠	0.8～1.4
过氧化氢	0.2～0.4	硼砂	0.6～1.4
尿素	1.2～1.8	水	800～1100
羧甲基纤维素钠	0.2～0.6		

说明：主要用于木材与纸制品的粘接。

11. 快速冷制玉米淀粉胶黏剂（质量份）

自来水	250	次氯酸钠	8～10
玉米淀粉	50	氧化剂	自制
硫酸亚铁	0.5	催干剂	0.5
硼砂	0.5	氢氧化钠	适量
辛醇	0.2		

12. H_2O_2 氧化木薯淀粉胶黏剂（质量份）

木薯淀粉	100	催干剂	1.5
氧干剂（H_2O_2）	1.5	防腐剂（水杨酸）	0.1
催化剂（自制）	0.5	消泡剂（$CH_3COOC_4H_9$）	0.1
糊化剂（NaOH）	5.0	水	500
络合剂（十水硼酸钠）	2.5		

说明：该木薯淀粉胶黏剂制造工艺、设备简单，成本低；生产中无污染；制得的胶黏剂无毒、无异味、碱性小；胶液透明，呈咖啡色，流动性好，黏合力强。以木薯淀粉为原料制备的胶黏剂适合于瓦楞纸和平板纸的粘接。

13. H_2O_2 氧化地瓜淀粉胶黏剂（质量份）

地瓜淀粉	34	30%H_2O_2	5
小麦淀粉	300	水	625
氢氧化钠	30	增黏剂、增塑剂	适量

说明：工艺简便、性能良好，主要用于纸板箱的生产。

14. H_2O_2 氧化土豆淀粉胶黏剂（质量份）

土豆淀粉	100	丙烯腈（丙烯腈与淀粉葡萄糖结构单元的摩尔比为 1）	适量
30%过氧化氢	4～6		
氢氧化钠	2～3	水	适量

说明：主要用于木材与纸制品的粘接。

（三）高锰酸钾（$KMnO_4$）氧化淀粉胶黏剂

1. $KMnO_4$ 氧化玉米淀粉胶黏剂 1（质量份）

玉米淀粉	100	硼砂	0.5～1.0
高锰酸钾	0.8～1.6	水	600～650
NaOH	10	其他助剂	适量

说明：土黄色透明黏稠液；黏度 30～35s；流动性 4～6cm；初黏性 10min；干燥时间 120～150min；贮存期 3 个月。

高锰酸钾用量为 0.8～1.6 份、氢氧化钠用量为 10 份、硼砂用量为 0.5～1.0 份、水粉质量比为（6∶1）～(6.5∶1）时，制备的玉米淀粉胶黏剂黏度适中，黏性、流动性及稳定性较好。

2. $KMnO_4$ 氧化玉米淀粉胶黏剂 2

玉米淀粉	10kg	硫化钠	10～15g
高锰酸钾	180g	硼砂	200g
浓硫酸	200～250mL	尿素	400g
NaOH	1000g	甲醛	500mL

3. $KMnO_4$ 氧化芭蕉芋淀粉胶黏剂（质量份）

芭蕉芋淀粉	100	催干剂	2.0～6.0
NaOH 糊化剂	30～50	消泡剂	适量
硼砂	1～5	其他助剂	适量
$KMnO_4$ 氧化剂	10～30		

说明：白色黏稠状液体；黏度 500～800mPa·s；固含量大于 15%；成膜为无色透明连续皮膜；pH 值小于 12；相对密度 1.05；密封贮存大于 30d。

4. 高锰酸钾氧化小麦/玉米淀粉胶黏剂（质量份）

小麦淀粉	50	高锰酸钾	1.2
玉米淀粉	50	硼砂	1.2
氢氧化钠	6	水	适量

说明：主要用于木制品与纸制品的粘接。

5. $KMnO_4$ 氧化木薯淀粉胶黏剂（质量份）

木薯淀粉	100	TMA	0.08
高锰酸钾	1.7	硫酸	1.5
氢氧化钠	10	磷酸三丁酯	0.4
硼砂	4	活性轻质碳酸钙	1.5
三氯化铁	0.9	水(含配制各种溶剂用水)	550

说明：该胶黏剂粘接性强、流动性好、耐寒性和耐热性好，经−5℃和 40℃处理后，再在 25℃、60%相对湿度（RH）环境下放置 24h 性能不变；无毒、无异味、无残留氧化剂，非挥发物含量≥18%，残碱量≤1.5%，使用这种胶黏剂可制成一级瓦楞纸箱。

三、氧化淀粉胶黏剂配方与制备实例

（一）交联氧化淀粉胶黏剂

1. 原材料与配方（质量份）

可溶性淀粉	100	硼砂	1～2
高锰酸钾	1～2	蒸馏水	适量
戊二醛	3～4	其他助剂	适量
2,4-甲苯二异氰酸酯(TDI)	1～2		

2. 制备方法

将一定量的可溶性淀粉用一定量的蒸馏水溶解，并调节 pH 值到 2，然后在 55℃下加入定量高锰酸钾氧化反应 40min，降温到 50℃，加入一定量的戊二醛反应 2h 后，即可得初步交联氧化淀粉。85℃烘箱中保温 48h，无水条件下加入一定量 TDI，150℃下烘箱中保温 10h，得交联氧化淀粉胶黏剂。

3. 性能与效果

采用高锰酸钾氧化及二步交联法制备交联氧化淀粉胶黏剂，且当淀粉浓度为 10%，高锰酸钾、戊二醛、TDI 用量适当时，制得的交联氧化淀粉黏结剂的耐水性、粘接强度最好。通过氧化淀粉羧基含量分析可知，随氧化剂用量的增加，羧基含量随之升高，胶黏剂流动性增强，但是用量过大则会导致氧化淀粉部分降解，黏合力降低。通过沉降体积分析可知，交联氧化淀粉的抗凝沉性大于原淀粉，较普通氧化淀粉亦有明显提高。

（二）氧化改性淀粉胶黏剂

1. 原材料与配方（质量份）

可溶性淀粉	100	硼砂	10
NaOH	5.0	去离子水	适量
高碘酸钠（$NaIO_4$）	10	其他助剂	适量

2. 制备方法

（1）淀粉胶黏剂的制备　用 200mL 烧杯加入可溶性淀粉；在烧杯中加入去离子水，并用玻璃棒搅拌至浑浊；在烧杯中加入含量（质量分数，下同）为 20%的 NaOH 搅拌 1min，制成淀粉胶黏剂。

（2）淀粉胶黏剂的氧化　取制备的淀粉胶黏剂分别编号为 1、2、3、4、5、6；在 6 个烧杯中对应加入 1mL 含量分别为 0.5%、1%、5%、10%、15%、20%的 $NaIO_4$ 溶液，制成氧化改性的淀粉胶黏剂（以下简称胶黏剂）。然后，再在 6 个烧杯中各加入 4mL、60℃下溶解的含量 20%的硼砂溶液，并搅拌 1min，使胶黏剂增稠。

3. 性能与效果

（1）综合考虑糊化程度和产品外观，在淀粉的改性中使用含量为 20%的 NaOH 溶液较好。

（2）胶黏剂加入含量为 1%的 $NaIO_4$ 溶液时，干燥时间最短，为 70min。当 $NaIO_4$ 含量为 5%时，胶黏剂的相对黏度为 34.34，此时胶黏剂的耐水性最好，在室温的水中自然开胶的时间为 968s；当 $NaIO_4$ 的含量达到 10%时，初黏力最佳，拉毛面积达到 90.5%。

（3）用 4mL 含量为 20%的硼砂溶液时，胶黏剂的流动性最好，下滴至 7～8cm 处断线。

第四节　酯化淀粉胶黏剂

一、简介

（一）定义与酯化剂

酯化淀粉胶黏剂属于非降解性淀粉胶黏剂。它通过淀粉分子的羟基与其他物质发生酯化反应而赋予淀粉新的官能团，从而使淀粉胶黏剂的性能得到改善。应该说明的是不同的酯化淀粉所制得的胶黏剂性能不同。目前最常用的酯化剂有如下几种。

(1) 脲醛树脂　因为氧化后的淀粉含有醛基和羧基分子结构，这种变性的淀粉能与脲醛树脂发生作用。由于脲醛树脂中含有大量的二羟甲基脲，它存在着活性羟甲基，在加热或酸性介质中，二羟甲基脲发生分子间脱水缩聚，形成线型结构的脲醛树脂。它的优点在于将其涂在纸本上，会形成一层结实的薄膜，抑制了淀粉向纸内渗透，可以提高淀粉的初黏性和防潮性以及干燥速率等。

(2) 磷酸　磷酸能与淀粉分子中的羟基发生酯化反应，生成的磷酸单酯淀粉能影响到葡萄糖苷链的水解，同时磷酸还能对淀粉起到一定的酸解作用。不同酯化和酸化降解程度的磷酸淀粉胶黏剂用途不同。比如用于涂料工业的胶黏剂具有粘接力强、成膜特性和分散性良好等优点；而在纺织浆料中应用的胶黏剂则具有固含量低、黏度低、流动性好、稳定性好等优点。此外，磷酸氢钠和亚磷酸氢钠或磷酸、磷酸氢钠和亚磷酸氢钠的混合物也可用于此类酯化反应。

(二) 酯化改性原理

淀粉氧化后含有醛基和羧基分子结构，而脲醛树脂中含有大量的二羟甲基脲，活泼的羟甲基在一定条件下，会发生分子间的脱水缩聚，形成的线型结构的初期脲醛树脂与氧化淀粉中的羧基作用，形成三向聚合的固化脲醛树脂。将经过改性的胶黏剂涂于纸箱表面便形成了一层密实的薄膜，胶液不向纸内渗透，从而提高了纸箱的防潮耐水性。

(三) 酯化淀粉胶黏剂的工艺流程

酯化淀粉胶黏剂的工艺流程如图 5-3 所示。

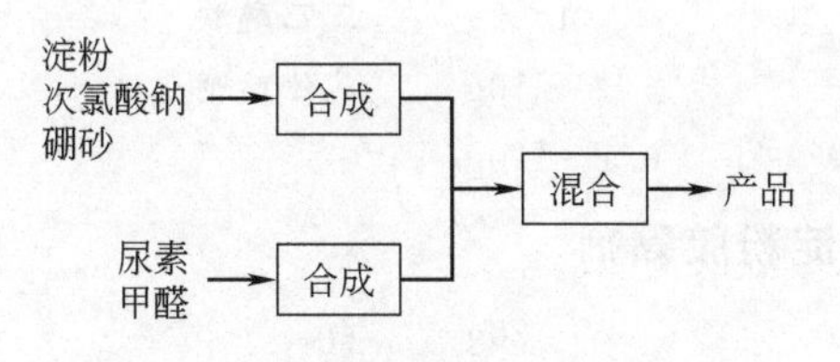

图 5-3　酯化淀粉胶黏剂的工艺流程

(四) 制备方法

(1) 淀粉胶黏剂的制造　在装有搅拌器、温度计和回流冷凝管的 2000mL 的四口反应烧瓶中，加入一定量的淀粉和氢氧化钠溶液，开启搅拌，水浴慢慢升温，待物料均匀并达到一定反应温度时加入次氯酸钠。随着反应的进行，物料黏度会逐渐增加。为加速传热、传质，减少瓶壁滞流层的厚度，在反应中、后期应提高搅拌转速。另外，根据反应情况，可在物料中滴加少许消泡剂。待反应完毕，加入硼砂，充分搅拌均匀后出料，待用。

(2) 脲醛胶黏剂的制造　在与上述相同的装置中，加入尿素和甲醛，然后升温并开启搅拌。反应中严格控制物料的 pH 值在 6.5～7.0，可用六亚甲基四胺进行调节。在一定温度下，反应一定时间后即可出料。为降低产品中游离甲醛的含量，从而降低最终产品由于游离甲醛造成的刺激性气味，投料初期可加入少量的三聚氰胺（约为尿素用量的 3%）或少量的腐殖酸。

(3) 耐水酯化淀粉胶黏剂的制造　将上述两种胶按一定比例充分搅拌、混合，待完全均一后即可包装。

二、实用配方

（一）脲醛酯化改性淀粉胶黏剂

1. 脲醛树脂酯化改性淀粉胶黏剂

（1）淀粉胶（质量份）

淀粉	100	醋酸乙烯酯	3
NaOH	0.7	三乙醇胺	适量
H_2O_2	5	水	300
碳酸钠	2		

（2）改性胶（质量分数/%）

淀粉胶	80～90	磷酸二氢铵	1～5
脲醛树脂	10～15		

说明：改性氧化淀粉-脲醛树脂复合胶黏剂具有耐水性好、干燥时间短的特点，其中脲醛树脂添加量控制在10%～15%，使用时胶液pH值为5～6。该胶粘接性能良好，工艺简单，成本低，可用于木制品生产、纸制品粘接等。

2. 脲醛改性高稳定性氧化淀粉胶黏剂

玉米淀粉	100g	甲醛溶液	30mL
$KMnO_4$	1.0g	尿素	10～15g
ZnO	2.0g	硫酸镁	0.5g
硼砂	1～2g	三乙醇胺	适量
膨润土	10g	其他助剂	适量
Na_2HPO_4	0.1～1.0g		

3. 脲醛酯化改性木薯淀粉胶黏剂

木薯淀粉(≥100目)	20g	白土	6.0g
30%双氧水	1.8g	磷酸三丁酯	8滴
氢氧化钠	2.0g	甲醛	3滴
硼砂	0.1g	脲醛树脂	1.5～2.0
亚硫酸氢钠	0.5g	水	100mL

说明：该胶黏剂黏度为30～40Pa·s，适于上机操作。糊化和氧化深度适宜，加之经脲醛处理，干燥速率加快，且耐贮存性、防潮、耐水性大幅度提高。主要用作瓦楞纸板箱用胶黏剂。

4. 脲醛酯化玉米淀粉胶黏剂（质量份）

玉米淀粉	100	磷酸三丁酯	0.1～0.5
次氯酸钠	30	增黏剂	1～2
催化剂	0.1～0.3	改性脲醛	3.0
NaOH	10	水	适量
硼砂	1～2	其他助剂	适量

说明：该胶为红棕色黏稠液体，固含量＞16%，黏度（涂4-杯，25℃）30～80s，粘接强度＞60N/10cm，流动性良好。主要用于瓦楞纸板箱的生产。

(二) 磷酸酯化改性淀粉胶黏剂

1. 磷酸酯化改性玉米淀粉胶黏剂 (质量份)

玉米淀粉	18	膨润土	1.0～1.5
$KMnO_4$	0.36	NaH_2PO_4	7～8
浓 H_2SO_4	2	Na_2HPO_4	7～8
ZnO	0.02～0.1	苯甲酸钠	少量
硼砂	0.3～0.7	水	70～80

说明：淡黄色黏稠液体；黏度（涂-4 杯）20～40s；固含量 18%；密度（25℃）1.10g/cm³；贮存期 2 个月；干燥时间 1～2h。主要用作纸板箱生产用胶黏剂，也可用于其他纸制品的粘接。

2. 磷酸酯化玉米淀粉胶黏剂 (质量份)

玉米淀粉	100	NaH_2PO_4	7～8
$KMnO_4$	4.0	苯甲酸钠	0.1～1.0
浓 H_2SO_4	4.0	膨润土	3～5
ZnO	0.1～0.4	水	适量
硼砂	1～2	其他助剂	适量

说明：该胶为淡黄色黏稠液体，黏度（涂-4 杯）20～40s，固含量 18%，贮存期 2 个月，稳定性良好，干燥时间 1～2h，主要用于瓦楞纸板的生产，亦可作为纸制品粘接用胶。

3. 二元酸酯化改性淀粉胶黏剂

玉米淀粉	100g	NaOH(25%)	适量
水	300g	水性聚合物	适量
二元酸酯化剂	0.2～0.3mL	其他助剂	适量

说明：固含量 30%～35%；黏度（20℃）200～300mPa·s，游离醛 0；固化速率（100℃）30～50s；pH 值>8.0；储存期>30d。

4. 脲醛酯化玉米淀粉胶黏剂 (质量份)

玉米淀粉	100	磷酸三丁酯	0.1～0.5
次氯酸钠	30	增黏剂	1
催化剂 LD(自制)	适量	水	500
氢氧化钠	10	改性脲醛胶	30
硼砂	1.5		

说明：该胶的性能见表 5-14。

表 5-14　脲醛酯化玉米淀粉胶黏剂的性能

项目	性能	项目	性能
外观	红棕色黏稠状液体	粘接强度/[N/(楞·10cm)]	>60
黏度(涂-4 杯,25℃)/s	30～80	流动性	适合于涂胶机使用，手涂感觉良好
固含量/%	>16		

用于制造瓦楞纸箱，性能优异，可以代替传统的水玻璃。用于生产出口和内销纸箱的粘接，性能好而稳定，还可用作办公胶水或内墙涂料的胶黏剂。

5. 脲醛酯化木薯淀粉胶黏剂（质量份）

木薯淀粉(≥100 目)	100	白土	6.0
30%双氧水	3.8	磷酸三丁酯	8 滴
氢氧化钠	4.0	甲醛	3 滴
硼砂	0.3	脲醛树脂	3.5～5.0
亚硫酸氢钠	1.5	水	100mL

说明：该胶黏剂黏度为 30～40Pa·s，适于上机操作。糊化和氧化深度适宜，加之经脲醛处理，干燥速度加快，且耐贮存性、防潮、耐水性大幅度提高。主要用作瓦楞纸板箱用胶黏剂。

6. 磷酸酯化玉米淀粉胶黏剂（质量份）

玉米淀粉	100	膨润土	3.0～4.5
$KMnO_4$	4.0	NaH_2PO_4	7～8
浓 H_2SO_4	4.0	Na_2HPO_4	7～8
ZnO	0.12～0.4	苯甲酸钠	少量
硼砂	1.0～2.0	水	100～200

说明：该胶的性能见表 5-15。

表 5-15　磷酸酯化玉米淀粉胶黏剂的性能

项目	性能	项目	性能
外观	淡黄色黏稠液体	稳定性①(12h 内)	0.95～1.0
黏度(涂-4 杯)/s	20～40	贮存期/月	2
固含量/%	约 18	干燥时间/h	1～2
密度(25℃)/(g/cm³)	约 1.10		

① 稳定性：放置 12h 后的黏度与初始黏度的比值。

主要用作纸板箱生产用胶黏剂，也可用于其他纸制品的粘接。

三、酯化淀粉胶黏剂配方与制备实例

（一）酯化淀粉胶黏剂

1. 原材料与配方（质量份）

淀粉	70	盐酸	1～2
磷酸或磷酸氢二钠	60	水	适量
NaOH	2.0	其他助剂	适量

2. 制备方法

称取一定量的淀粉倒入三口烧瓶中，加入一定量的水，搅拌 10min 使淀粉充分分散，再加入一定量的磷酸（磷酸氢二钠），将 pH 值调节至一定值，在一定的温度下，反应到规定的时间。最后冷却到 50℃左右，调节 pH 值至中性，出料，即得到酯化淀粉胶黏剂。

3. 性能与效果

以磷酸为酯化剂，与小麦淀粉反应制备酯化淀粉胶黏剂的最佳反应条件为：淀粉质量分数适当，磷酸质量分数适当，pH 值为 5，反应时间为 4h，反应温度为 70℃。在此条件下制备的酯化淀粉胶黏剂黏度为32.29s，粘接强度为90.3%，耐水性在40h以上。而将酯化剂换成磷酸氢二钠时，其取代度降低，黏度下降，但粘接强度却有所增强。

（二）酯化淀粉薄膜

1. 原材料与配方（质量份）

酯化淀粉	100	丙酮	适量
邻苯二甲酸二乙酯(DEP)	5～30	其他助剂	适量

2. 制备方法

将一定量的酯化淀粉与溶剂按一定比例混合溶解，在体系中加入酯化淀粉干重0%、5%、10%、20%、30%（都为质量分数）的DEP，继续搅拌4～5h，使酯化淀粉与塑化剂在溶剂中充分混合。搅拌结束后将混合溶液倒于模具（12cm×18cm）中，在50℃下干燥得不同增塑剂含量的酯化淀粉薄膜。

3. 性能与效果

DEP加入酯化淀粉薄膜后，DEP与淀粉分子间的相互作用减弱了淀粉分子间的非共价键作用，形成排列更为规整而分散的微晶结构，促进淀粉分子形成有序微区，使酯化淀粉薄膜断面结构均一致密。通过调节酯化淀粉薄膜中增塑剂DEP的含量，可控制增塑剂分子与淀粉分子间的相互作用、淀粉分子链段在薄膜中微区的有序排列程度及其规整程度，可为设计抑制增塑剂迁移扩散的酯化淀粉薄膜材料奠定基础。

第五节　改性淀粉胶黏剂

一、简介

（一）接枝法与接枝剂

本法是通过一定的方式在淀粉的大分子上产生初级自由基，然后引发接枝单体进行接枝共聚，使某些烯烃单体以一定的聚合度接枝到淀粉的分子上，从而在淀粉链上形成高聚物分子链，改变淀粉胶黏剂的性能。常用接枝共聚试剂介绍如下。

（1）聚乙烯醇　聚乙烯醇分子结构中含有大量的仲羟基和少量的乙酰氧基。利用聚乙烯醇与淀粉分子“接枝”制得的胶黏剂有更好的黏结性、流动性和抗凝冻性等优点。目前聚乙烯醇使用较为普遍。

（2）聚丙烯腈和聚丙烯酸　这类试剂能与淀粉形成接枝共聚淀粉。改性后的淀粉吸收性强，并能够在常温下保持吸收的水分，所以常用来作脱水剂和水分吸收剂。据资料表明，可以吸收自身质量1000～1500倍的离子水。

（3）环氧氯丙烷　在碱性介质中作交联剂，能使淀粉生成接枝聚合物，也称羟基淀粉。它能提高胶黏剂的黏度，所得胶黏剂流动性好，成膜性好，透明度高，贮存稳定。

（二）制备工艺原理

淀粉原料易得，价格便宜，但由于分子键间的氢键缔合，在一定温度范围内易于凝胶，如淀粉加水加热糊化时，即使浓度很低时黏度也很高，这对加工和使用是不利的。淀粉氧化处理后成为含有羟基和羰基的分子结构，使淀粉葡萄糖基环间苷键部分断裂而降解，致使聚合度降低，分子量减小，水溶性和亲和力增加，从而可制出较高固含量的胶黏剂。采用酶解淀粉、酸解淀粉或糊精与丙烯酰胺、聚乙烯醇、丙烯酸、丙烯腈和环氧氯丙烷等聚合物进行接枝聚合虽然也可行，但实际上其降解程度不如采用氧化淀粉时易于控制（基于氧化淀粉中羰基及羧基的含量）。

（三）工艺过程

以木薯淀粉为原料，用过硫酸盐氧化引发法使淀粉与丙烯酸接枝共聚可制得一种水溶性优良的高分子共聚物。

将4g（干基）木薯淀粉及适量蒸馏水加入到带有搅拌及回流装置的烧瓶中，升温到92℃，搅拌糊化30min后降温到55℃，加入适量乙醇回流15min。再加入引发剂引发，30min后加入丙烯酸单体，在55℃下搅拌回流反应2h。之后加驱净剂继续反应1h后出料，用甲醇沉淀、过滤，滤物在50℃红外灯下干燥至恒重。最后用甲苯抽提18h以除去均聚物，再在50℃红外灯下干燥至恒重，即得纯接枝共聚物。

（四）反应规律

（1）随温度升高，单体转化率（C）、接枝百分率（G）和接枝效率（E）也相应提高。在55℃左右达到最高值，分别为96%、72%、70%。再升高温度，G和E呈下降趋势。

（2）C、G和E初始是随反应时间的延长而增加，但反应3h，G和E均达到最高值，分别为72%和69%，而后，G、E随反应时间的延长而降低。

（3）引发剂的最佳浓度在3mmol/L左右为宜。

（4）单体浓度在2.5～5.0mol/L时，G、C，E均呈上升趋势，接枝共聚和单体均聚反应都有所加快，但后者增加更快。这说明淀粉自由基链增长速度小于均聚物链增长速度。如果增加单体浓度，势必加速均聚物的产生。

（5）流变性测定表明，淀粉与聚丙烯酸接枝共聚物的水溶液呈假塑性流体，表观黏度随剪切速率的升高而急剧下降。

（6）红外图谱分析表明，原木薯淀粉在570cm^{-1}、760cm^{-1}和850cm^{-1}处出现淀粉特征峰，而酸解后所得接枝侧链的图谱在1727cm^{-1}处出现聚丙烯酸羰基$\left(\gt C=O\right)$的特征峰，其他三处均无明显的吸收峰。这说明酸解后的是淀粉-聚丙烯酸的接枝共聚物。

（7）从电子扫描镜图片看出，原木薯淀粉表面光滑，无裂缝，呈球形颗粒结构。接枝后生成的聚丙烯酸支链分子紧密包在淀粉颗粒表面上。随着接枝链量的增加，淀粉颗粒表面破坏愈加严重。可见丙烯酸均聚物的支链分子已渗透到淀粉颗粒的内部。

二、实用配方

（一）聚乙烯醇改性淀粉胶黏剂

1. 聚乙烯醇改性玉米淀粉胶黏剂1（质量份）

玉米淀粉(100目)	100	NaOH(固体)	10～15
高锰酸钾	3～5	聚乙烯醇(1799)	1
硫酸(85%)	1～2	水	300～500
硼砂	2～3	其他助剂	适量

说明：产品白色透明。在25℃的条件下，其黏度为80～100mPa·s。T型剥离强度为750N/m。将玉米淀粉胶黏剂在普通平板玻璃板流延成一定形状，干燥后透明，膜边缘用水浸润，膜可以自然脱落。将玉米淀粉胶黏剂在纸箱厂机械化涂胶，自然干燥，测定其干燥速度，初固时间为7min，全固时间约为30min。将玉米淀粉胶黏剂静置一星期，没有发现分层现象。放置近1年，没有发现明显的腐败变质现象。

2. 聚乙烯醇改性玉米淀粉胶黏剂2（质量份）

玉米淀粉	100	聚乙烯醇	1
水	300	苯甲酸钠	0.5
NaOH	10～12	尿素	0.3～0.4
次氯酸钠	20	其他助剂	适量
硼砂	2～3		

说明：淡黄色黏稠液体，黏度（涂-4杯）30～40s；pH值8～10；固含量20%；密度1.10g/cm³；贮存期4个月；干燥时间2h；剥离强度≥588N/m。

3. 聚乙烯醇改性瓦楞纸箱淀粉胶黏剂（kg）

（1）主体配方

玉米淀粉	8	聚乙烯醇	5
水	350	硼砂	1

（2）载体配方

玉米淀粉	15	NaOH	10
水	150		

4. FW-1型聚乙烯醇改性瓦楞纸箱淀粉胶黏剂（质量份）

胶体1配方

玉米淀粉	10	稀释剂(尿素)	0.01
水	88	防腐剂(甲醛)	0.05
NaOH	10	消泡剂(磷酸三丁酯)	0.01
$KMnO_4$	0.8	增塑剂(丙三醇)	0.01
硼砂	1.5		

胶体2配方

聚乙烯醇	2	H_2O_2	0.1
水	98		

说明：黏度78mPa·s，粘接强度84.28kPa；施胶量27.72g/m²；干燥时间4.5h；不分层。综合性能远优于水玻璃。

5. PVA改性木薯淀粉纸箱胶黏剂（质量份）

木薯淀粉	100	催化剂	0.1～0.5
NaOH	5.0	聚乙烯醇(10%)	1.0～20
水	200	尿素	10
氧化剂	4.0	CMC	5.0

说明：密度0.94g/cm³；黏度6800Pa·s；干燥时间2h；初黏时间7min；pH值10。改性淀粉胶克服了氧化淀粉胶干燥时间长、耐水性差和粘接力低的缺点，具备了粘接力强、干燥时间短的优点，可以在纸箱产品中推广使用。

6. 聚乙烯醇接枝改性纸箱淀粉胶黏剂（质量份）

玉米淀粉	160	硼砂	16
水	900	聚乙烯醇	3.5
NaOH	45	其他助剂	适量
H_2O_2	15		

说明：外观为浅黄、透明；黏度30s；相对密度1.02；固含量16%；存放期60d。PVA接枝型纸箱胶黏剂生产的关键是将直链淀粉中未被氧化的羟基用PVA进行接枝改性。

7. 聚乙烯醇改性玉米淀粉标签胶黏剂1（质量份）

玉米淀粉	100	聚乙烯醇稳定剂	1.2～2.4
水	300	磷酸三丁酯	4～5
H_2O_2(50%)	8～16	其他助剂	适量
NaOH	7		

8. 聚乙烯醇改性玉米淀粉标签胶黏剂2（质量份）

改性淀粉	50～60	硫酸镁	0.1～0.5
聚乙烯醇	30～40	尿素	5～6
六偏磷酸钠	1～2		

说明：白色黏稠液体；固含量25%；黏度（20℃）6.0～8.0Pa·s；贮存期为半年；pH值7～8。PVA改性玉米淀粉胶黏剂具有粘接力强、干燥时间短的特点，可用于纸品黏合和玻璃瓶的标签粘贴。

9. 聚乙烯醇/醋酸乙烯改性淀粉纸管胶黏剂（质量份）

玉米淀粉	10	邻苯二甲酸二丁酯	1
醋酸乙烯	35	增稠剂	1
聚乙烯醇(1799)	9	乳化剂	1
聚丙烯酰胺	1	乙二醇	2.2
过硫酸钾	0.4	水	130

说明：白色均一乳状液，无异味；pH值7.0～7.5；黏度16000mPa·s；固含量26%；抗冻性（5℃，30d）：有流动性，不凝胶并能使用，贮存期6个月；将卷好的纸管于冷水中浸泡24h不开胶：卷管纸/卷管纸黏合后30s撕开，纸纤维全破坏。

10. 聚乙烯醇缩甲醛改性氧化淀粉胶黏剂（g）

（1）淀粉胶配方

玉米淀粉	100	硫代硫酸钠	适量
NaOH	1.5	其他助剂	适量
H_2O_2	8～12		

（2）改性胶配方

氧化淀粉胶	50～60	硫酸镁	0.1～0.5
聚乙烯醇缩甲醛	30～40	尿素	5～6
六偏磷酸钠	1～2		

说明：白色黏稠液体，固含量25%；黏度（20℃）60～80Pa·s；贮存期为半年；pH值7～8。PVF改性玉米淀粉胶黏剂具有粘接力强、干燥时间短的特点，可用于纸品黏合和

玻璃瓶的标签粘贴。

11. 聚乙烯醇改性淀粉木制品胶黏剂（质量份）

玉米淀粉	30～40	过硫酸钾	0.1～0.2
聚乙烯醇	70～60	硼砂	10～15
水	90～120	其他助剂	适量
NaClO	2.0～2.5		

说明：产品为淡黄色半透明胶液；黏度 3.1Pa·s，固含量 15.3%；粘接强度 4.86MPa。改性聚乙烯醇/淀粉胶黏剂是一种不含甲醛的环保型胶黏剂，可替代脲醛、酚醛树脂胶作为木材胶黏剂使用。

12. 聚乙烯醇改性淀粉建筑胶黏剂（质量份）

聚乙烯醇	100	过硫酸钾	1～2
玉米淀粉	3～4	亚硫酸钠	5～10
NaClO	3～15	水	15～20
硼砂	0.2		

说明：外观为乳白色、半透明；pH 值 6～7；黏度（23℃）（420±2）mPa·s；不挥发物含量 13%；粘接强度 6.2MPa；遇水后涂层无溶胀、脱落现象。

13. 纸袋封口胶黏剂（质量份）

淀粉	90	脲甲醛	10
PVA	60	NaOH	5～10
水	800～900	明矾	1.3
脂肪酸盐	1.0	其他助剂	适量

说明：工艺简单、投资少、见效快、粘接性能良好，主要用于纸制品粘接。

14. 粘纸袋底用胶黏剂（质量份）

淀粉	110	脲甲醛	10
聚乙烯醇	40	防腐剂	1.0
脂肪酸盐	1.3	其他助剂	适量

15. 火柴用胶黏剂（质量份）

玉米淀粉	100	糊精	4.0
湿润剂	10	尿素	4.0
聚乙烯醇	5.0	其他助剂	适量

16. 包装水泥用的复合纸袋胶黏剂

水	280kg	NaClO 溶液	14kg
淀粉	35kg	硫代硫酸钠	0.07kg
$NiSO_4$	0.07kg	六亚甲基四胺	1.4kg
NaOH	6.3kg	聚乙烯醇缩甲醛	适量

说明：产品为米黄色黏性流体；黏度 0.4Pa·s；贮存期 7 个月，pH 值 8；初黏时间 4～8min；干燥时间 1.5～3h；撕裂强度 15.4N/cm。

可用于纸制品、商标粘贴。目前主要应用于包装行业无钉纸箱、纸盒生产中。

17. 聚乙烯醇（PVA）接枝玉米淀粉胶黏剂（质量份）

玉米淀粉	100	NaOH	0.5～0.9
$KMnO_4$	2.4	$(NH_2)_2CO$	1～3
$(NH_4)_2S_2O_8$	1.2	复合增黏剂	20或30
HCl	适量	防腐剂	适量
H_3BO_3	0.15～0.2	水	500～600

说明：该胶固含量20%～30%，黏度（25℃）40～80Pa·s，pH值6.5～7.5，贮存期60天，该胶干燥速度快，粘接强度高，贴标率高，主要用于啤酒、白酒、饮料等玻璃瓶中高速贴标机贴标。

（二）丙烯酸改性淀粉胶黏剂

1. 丙烯酸（AA）/丙烯酰胺（AAm）改性玉米淀粉胶黏剂（质量份）

PVA	100	引发剂	6～8
玉米淀粉	25	其他助剂	适量
丙烯酸/丙烯酰胺	6～8		

说明：AA-AAm改性玉米淀粉胶黏剂有较好的粘接强度、干燥速度、稳定性及流动性，涂胶均匀，上胶容易，使用方便，粘接强度超过了国标规定的0.06MPa的质量标准，可以满足生产实际的需要。

2. 丙烯酸/醋酸乙烯酯改性淀粉铝箔纸胶黏剂（质量份）

醋酸乙烯酯	30～40	复合乳化剂	适量
丙烯酸	1	缓冲剂	适量
聚乙烯醇	60～70	淀粉	3～15
过硫酸铵	1～2	消泡剂	0.1～0.2
邻苯二甲酸二丁酯	0.1～0.2	水	10～15

说明：产品为乳白色乳液；固含量30%±2%；黏度（25℃）0.5～2.0Pa·s；pH值4～5。

3. 丙烯酸/异氰酸酯改性木材用玉米淀粉胶黏剂（g）

丙烯酸	10	过硫酸铵	0.5
异氰酸酯	6～10	水	400
玉米淀粉	20～30		

说明：产品为乳白色液体；pH值7～8；黏度800～1000mPa·s。

4. 丙烯酸/二苯基甲烷二异氰酸酯（MDI）改性淀粉胶黏剂（质量份）

丙烯酸水溶液(30%)	100	MDI	15
工业淀粉	40	其他助剂	适量
苯乙烯-丁二烯橡胶	50		

说明：主要用于压制三层胶合板，单板树种为椴木、水曲柳、桦木、杨木，单板幅面为400mm×400mm，厚度1.0mm。压制的胶合板放置24h后，椴木、水曲柳、桦木、杨木胶合强度分别为0.81MPa、1.13MPa、1.25MPa、0.76MPa。

（三）丙烯酰胺改性淀粉胶黏剂

1. 丙烯酰胺/异氰酸酯改性胶合板用淀粉胶黏剂（质量份）

组分	用量	组分	用量
玉米淀粉	25	水	100
丙烯酰胺	0.6～0.8	其他助剂	适量
引发剂(过硫酸铵)	0.6～0.8		

说明：改性淀粉胶黏剂应用于胶合板生产，其使用性能和产品的Ⅱ类耐水胶合强度都与低毒脲醛树脂胶相当，但无有害气体释放。改性淀粉胶黏剂用于胶合板生产时，最佳的热压工艺为热压温度120℃，单位压力1.0MPa，热压时间2.5min（约0.7min/mm）。

2. 丙烯酰胺改性淀粉胶黏剂

组分	用量	组分	用量
淀粉	100g	氢氧化钠	适量
水	200mL	硼砂	4.2g
浓盐酸	5mL	硼酸	4g
聚丙烯酰胺	0.86g	其他添加剂	适量

说明：外观淡黄、半透明；黏度（涂-4杯，25℃）80s；pH值6.5；固含量60%；粘接强度0.0618MPa；贮存期3个月。该胶黏剂具有黏度大、耐水性强、粘接力强、快干、无毒、无污染、制造工艺简单等优点。

3. 丙烯酰胺接枝改性氧化淀粉胶黏剂（质量份）

组分	用量	组分	用量
氧化淀粉	100	增塑剂	10～20
丙烯酰胺	30～50	催化剂	0.1～0.2
引发剂	1～2	其他助剂	适量

说明：主要用于粘贴壁纸、邮票标签、信封封口，也可用于胶合板的制造。

（四）其他改性淀粉胶黏剂

1. 醋酸乙烯酯/丙烯酸异辛酯改性淀粉胶黏剂（质量份）

组分	用量	组分	用量
玉米淀粉	10	甲醛(36%～37%水溶液)	5～10
醋酸乙烯酯	7～9	乳化剂	0.5
丙烯酸异辛酯	2～4	引发剂	0.15～0.2
聚乙烯醇(17～88)	2～4	增塑剂	0.5
醋酸(36%水溶液)	适量	去离子水	60

说明：产品为乳白色，均匀无颗粒；固含量25%±2%；黏度（51+1）Pa·s；T型剥离强度46.5N/2.5cm；胶膜干燥时间10min；贮存期8～12个月。可用于木材、织物、纸张等多孔材料的粘接。

2. 醋酸乙烯/聚丙烯酰胺改性玉米淀粉纸管胶黏剂（质量份）

组分	用量	组分	用量
玉米淀粉	10	过硫酸钾	0.4
PVA	9	增稠剂	1
醋酸乙烯	5	乳化剂	1
聚丙烯酰胺	1	乙二醇	2.23
邻苯二甲酸二丁酯	1	水	130

说明：产品为白色均一乳状液，无异味；pH 值 7.0～7.5；黏度（30℃）≥16000mPa·s；固含量 26%；5℃放置 30d 有流动性，不凝胶并能使用；贮存期>6 个月；将卷好的纸管于冷水中浸泡 24h 不开胶；卷管纸/卷管纸黏合后 30s 撕开，纸纤维全破坏。不仅适用于生产压敏胶带的纸管，还可用作各种纸管、纸杯、纸罐的胶黏剂。

3. 醋酸乙烯酯/丙烯酸异辛酯改性淀粉胶黏剂（质量份）

玉米淀粉	100	乳化剂	1.0
醋酸乙烯酯	10～20	引发剂	1～2
丙烯酸异辛酯	5～10	增塑剂	1.5
聚乙烯醇	3～8	去离子水	适量
乙酸水溶液	适量	其他助剂	适量
甲醛水溶液	5～10		

说明：该胶为乳白色胶液，固含量 25%；黏度（25℃）51Pa·s；贮存期 8～12 月；初黏力 0.46N；T 型剥离强度 46.5N/25mm；胶膜干燥时间<10min。

4. 醋酸乙烯酯/丙烯酰胺改性玉米淀粉纸管胶黏剂（质量份）

玉米淀粉	100	增稠剂	11
PVA	20	乳化剂	3～5
醋酸乙烯酯	15	乙二醇	4～5
丙烯酰胺	10	水	适量
邻苯二甲酸二丁酯	11	其他助剂	适量
过硫酸钾	4～5		

说明：该胶为白色胶液，无毒无味，固含量 26%；黏度（30℃）16000mPa·s；贮存期>6 个月；粘接性能良好，主要用于纸管的生产。

5. α-淀粉酶改性玉米淀粉胶黏剂（质量份）

玉米淀粉	100	硼砂	1～2
NaOH	10	$CaCl_2$	0.5
H_2O_2	6.0	尿素	5.0
氯乙酸	5.0	催干剂	5.0
消泡剂	0.1～0.2	水	适量
α-淀粉酶	50～60	其他助剂	适量
稳定剂	0.1～0.3		

说明：主要用于纸制品的粘接。

6. α-淀粉酶改性玉米淀粉高速卷烟机卷接胶黏剂

玉米淀粉	100g	α-淀粉酶	0.500g
NaOH(40%)	10mL	硼砂	0.2～0.3g
H_2O_2(30%)	3mL	$CaCl_2$	0.5g
氯乙酸(饱和)	3mL	尿素	5g
水	95mL	催干剂	5g
消泡剂	少量	稳定剂	少量

说明：外观为米色，无异味；黏度 500～700mPa·s；固含量 50%～53%；pH 值6.5～7.5；初黏度 19～28s。主要用于高速卷烟或其他纸制品生产。

7. 酚醛改性淀粉胶黏剂（质量份）

淀粉	100	催化剂	0.1～0.2
苯酚或间苯二酚	30～50	NaOH	1～2
氧化剂	10～15	有机酸	0.5～1.5
PVA	5～10	水	适量
促进剂	1～5	其他助剂	适量

说明：该胶无污染，工艺性能好，生产和使用环境友好，成本低，胶层粘接性能优良。主要用于木材和木制品的加工。

8. 聚氨酯改性淀粉胶黏剂（质量份）

淀粉	100	有机酸	1～2
聚氨酯水溶液	30～40	催化剂	0.1～0.2
PVA	10～20	NaOH	1～2
尿素	5～15	硼砂	1～3
酸性氧化剂	1～5	水	适量
抗水剂	1～5	其他助剂	适量

说明：该胶无毒、无污染、安全且成本低廉，工艺简便、稳定性亦佳，主要用于织物、皮革、木制品的粘接。

9. α-淀粉酶改性淀粉高速涂布胶黏剂（质量份）

淀粉	100	水	250
辛酸亚锡	0.45	乌洛托品	适量
α-淀粉酶	0.3	流平剂	适量
硼砂	适量	消泡剂	适量
NaOH	适量	颜填料	适量

说明：产品为无色透明液体；固含量68%～72%；pH值7.2～7.6；黏度370～390mPa·s；初黏力大于20s。淀粉胶具有固含量高，流动性好，初黏力强，易流平，不透纸，可防腐等综合性能，同时价格低廉，基本满足了反光材料生产的高速涂布需要。

10. 干酪素/淀粉高速贴标胶黏剂（质量份）

干酪素	16	硼砂	2
尿素	4	氨水	适量
聚丙烯酰胺	8	水	50
大米淀粉	20		

说明：产品为微黄色透明黏稠液，具有流动性；不挥发物含量（48±2）%；pH值8.2；黏度（25℃）30000～50000mPa·s；冷藏稳定；贮藏稳定性≥6个月。

三、改性淀粉胶黏剂配方与制备实例

（一）丙烯酰胺（AM）改性大米淀粉胶黏剂

1. 原材料与配方（质量分数/%）

大米淀粉	25	NaOH	1～2
H_2O_2	7.0	过硫酸铵(APS)	0.5
丙烯酰胺	6～8	十二烷基硫酸钠	2～3
三羟甲基苯酚(TMP)	5.0	聚乙烯醇	3～4
甲苯二异氰酸酯(TDI)	10	其他助剂	适量

2. 制备方法

（1）大米淀粉的氧化和糊化　在 500mL 三口烧瓶中加入淀粉、190mL 水，搅拌均匀后，加入双氧水溶液，于 60℃搅拌反应 2h；然后加入氢氧化钠溶液使之糊化，搅拌反应 2h 至糊化完全时即可。

（2）主剂的制备　将 4g PVA 和 200mL H_2O 加入到反应瓶中，于 95℃搅拌使 PVA 完全溶解；然后降温至 85℃，加入十二烷基硫酸钠 0.01g，滴加 AM 和 APS，加入（1）的氧化淀粉，升温至 85℃反应 0.5h；加入 TMP 反应 15min，降温至 50℃以下出料。

（3）封端 TDI 缩聚物的制备　将 20g TDI 缩聚物分散在 20～30g VAE（醋酸乙烯-乙烯共聚乳液）乳液中，w(TDI 缩聚物)＝20%（相对于总胶量而言），然后加入亚硫酸氯钠溶液（质量分数低于 30%）反应 1h，控制 n(亚硫酸氢钠）：n(游离—NCO 基）＜3；反应过程中预聚体乳化，即制得亚硫酸氢钠封闭的 TDI 缩聚物。

（4）改性淀粉胶黏剂的制备　将主剂与封端 TDI 缩聚物充分混合，搅拌 2h 后出料保存。

3. 性能与效果

本产品的性能见表 5-16。

表 5-16　改性淀粉胶黏剂的实测性能

性能	胶合强度/MPa	贮存稳定性/d	耐水性（脱胶时间）/h	黏度/mPa·s
改性淀粉胶黏剂	0.71	69	2.5	630
普通脲醛树脂胶黏剂	0.88	75	3.2	766

（二）交联改性淀粉胶黏剂

1. 原材料与配方（质量份）

可溶淀粉	100	NaOH	1～2
丁二酸酐	5.0	盐酸	1～3
戊二醛	10	无水硫酸钠	2～4
甲苯二异氰酸酯(TDI)	10	其他助剂	适量

2. 制备方法

（1）酯化淀粉胶黏剂　在可溶性淀粉中加入水，25℃时边搅拌边滴入 3% NaOH 溶液，调节 pH 值至 8.0；然后滴加丁二酸酐，继续滴加 NaOH 溶液，保持溶液 pH 值为 8.0～8.4，反应至溶液 pH 值不再下降时为止；结束反应，用 0.5mol/L HCl 调节 pH 值至 4.5 即可。

（2）酯化淀粉/TDI 胶黏剂　将干燥的酯化淀粉加入到碱性硫酸钠溶液中（含 NaOH 和无水硫酸钠），搅拌 30min；然后滴加 10% TDI（相对于淀粉质量而言），150℃反应 1h，得到乳液型酯化淀粉/TDI 胶黏剂。

（3）交联淀粉胶黏剂　将原淀粉溶于水中，95℃糊化 30min；冷却，加入 10%戊二醛溶液（相对于淀粉质量而言），50℃搅拌反应 2h，得到乳液型交联淀粉胶黏剂。

（4）酯化交联淀粉胶黏剂　将酯化淀粉加入到碱性硫酸钠溶液中，滴加 10%戊二醛溶液，50℃反应 2h；反应完毕后，用硫酸调节 pH 值至 6 即可。

(5) 酯化交联淀粉/TDI胶黏剂 将干燥的酯化淀粉加入到碱性硫酸钠溶液中，滴加10%戊二醛溶液，50℃反应2h；反应完毕后，用硫酸调节pH值至6，边搅拌边滴加10% TDI，150℃反应1h即可。

(6) 交联淀粉/TDI胶黏剂 将干燥的戊二醛交联淀粉加入到水中，搅拌均匀；同时滴加10%TDI，150℃反应1h即可。

3. 性能与效果

戊二醛交联改性淀粉胶黏剂的综合性能优于丁二酸酐酯化改性淀粉胶黏剂，TDI的引入有效提高了改性淀粉胶黏剂的耐水性能。因此，戊二醛交联淀粉/TDI胶黏剂配方可作为改性淀粉胶黏剂的最优配方。

(三) 二步交联法改性淀粉胶黏剂

1. 原材料与配方（质量份）

氧化玉米淀粉	100	过硫酸铵	1～2
甲苯二异氰酸酯(TDI)	20	NaOH	1～2
N,*N*-二甲基甲酰胺(DMF)	0.8	氨水	适量
二月桂酸二丁基锡(DBTDL)	0.1	其他助剂	适量
环氧氯丙烷	1.0		

2. 制备方法

将氧化淀粉在80℃下干燥4h后放入250mL三口烧瓶，开启搅拌，加入溶有20%（质量分数，后同）TDI与0.1%催化剂DBTDL的DMF溶液。室温反应30min后加热至80℃，保温反应3h。温度降至65℃后，加入过硫酸铵水溶液，65℃下氧化反应30min。降温至45℃，再往烧瓶中缓慢滴加环氧氯丙烷，同时用适量2%氢氧化钠水溶液保持体系pH值为7.5～8.5，反应2h。反应结束降至室温后，用30%氨水调节淀粉胶黏剂的pH值为9～10。

3. 性能与效果

(1) 采用TDI与环氧氯丙烷对氧化玉米淀粉进行双重交联改性，可以提高淀粉胶黏剂的耐水性。在两次交联改性中间，用1.0%APS在65℃下部分氧化降解淀粉30min，可使最终产品的黏度保持在1000mPa·s以下。

(2) TDI交联改性的较好反应条件为：TDI用量适当（20%DMF溶液），催化剂DBTDL适量，室温反应30min后，在80℃保温反应3h。

(3) 正交试验表明，环氧氯丙烷交联改性的较好工艺条件为：环氧氯丙烷用量合适，反应温度45℃，反应时间为3h，控制pH值为9。

(4) 双重交联改性后，淀粉胶黏剂的耐水性可从0.4h提高到20h（25℃）以上，黏度为940mPa·s，可以满足耐水性和流动性的要求。

(四) 乙烯-硝酸乙烯酯改性淀粉热熔胶

1. 原材料与配方（质量份）

热熔胶的配方见表5-17。

表 5-17 热熔胶的配方

配方	0#	1#	2#	3#	4#	5#
热塑性淀粉 TPS/g	0	10	20	30	40	50
EVA250/g	50	40	30	20	10	0
聚合松香/g	32	32	32	32	32	32
聚乙烯蜡/g	10	10	10	10	10	10
轻质碳酸钙/g	7	7	7	7	7	7
抗氧剂/g	1	1	1	1	1	1
其他助剂	适量	适量	适量	适量	适量	适量

2. 制备方法

(1) TPS的制备　将淀粉、水投入高速搅拌混合机中搅拌，并依次加入改性剂和复合增塑剂对玉米原淀粉进行改性，以改善其加工性能［复合增塑剂中 m(甘油)：m(甲酰胺)：m(尿素)＝2：1：1，m(淀粉)：m(复合增塑剂)＝4：1］；然后在3000r/min的条件下高速搅拌10min，静置24～48h后，于100～140℃在挤出机中挤出成型，再经冷却、切粒等工序制得TPS颗粒。

(2) 热熔胶的制备　按照热熔胶配方，将EVA250、TPS颗粒、聚合松香、聚乙烯蜡、填料和抗氧剂等按比例混合搅拌均匀；然后置于挤出机中，于100～160℃挤出成型，再经冷却、切粒等工序制得TPS/EVA新型低成本热熔胶。

3. 性能与效果

采用复合增塑剂（由甘油、甲酰胺和尿素组成）对天然淀粉进行改性，并在高温高剪切作用下制得热塑性淀粉（TPS）；然后以乙烯/醋酸乙烯共聚物（EVA）为主要原料，并辅以聚合松香、聚乙烯蜡、抗氧剂和填料等制备出新型低成本TPS/EVA热熔胶。通过多种分析手段对产品的晶体结构、软化点、剪切强度、熔体流动速率及各组分间相容性等进行了研究，并对产品的性能、成本和工艺进行了分析。结果表明：当 w(EVA)＝30％（相对于热熔胶而言）、w(TPS)＝20％（相对于热熔胶而言）时，TPS/EVA热熔胶的成本低于传统热熔胶，并且均匀度较好、粘接强度超过2.0MPa，可广泛用于纸盒、包装材料、一次性制品加工和无纺产品成型等领域。

(五) 聚乙烯醇改性玉米淀粉胶黏剂

1. 原材料与配方（质量份）

原料	用量	原料	用量
玉米淀粉	30	高锰酸钾	0.04
聚乙烯醇	100	苯甲酸钠	1～2
盐酸	1.0	氯化钙	1～2
硼酸	0.064	乙醇	1～2
NaOH	2.4	其他助剂	适量
水	适量		

2. 制备方法

向三口烧瓶中加入水，水浴加热至50℃，边搅拌边加入原淀粉，固体高锰酸钾，并加入适量的盐酸，保持反应液的pH值为2～3，保温1h。而后升温到75℃，加入聚乙烯醇、硼酸，继续升温到90℃，在此温度下保温1h后，加入一定量的NaOH中和盐酸，再加入适量的苯甲酸钠和尿素，保温 0.5h，再降温到 80℃，加入适量氯化钙。最后降温到 75℃，加入适量乙醇、消泡剂，反应 0.5h 即可出料。

3. 性能与效果

(1) 以玉米淀粉、PVA 为原料，高锰酸钾为氧化剂，氢氧化钠为糊化剂，硼酸为交联剂，对玉米淀粉黏合剂进行改性，合成了无甲醛、无毒环保的新型黏合剂，原料易得，工艺简便，能满足国内啤酒生产线 20000～40000 瓶/h 的贴标速度要求，具有很好的工业化应用前景。

(2) 实验所得改性玉米淀粉黏合剂的最佳工艺参数为水、淀粉、高锰酸钾、聚乙烯醇、硼酸、火碱、氯化钙、尿素、乙醇、消泡剂适量，在此工艺条件下胶黏剂呈半透明黏稠状液体，黏度 70Pa·s，综合性能良好，适合在啤酒工业中的贴标机生产线上应用。

(六) 三聚氰胺甲醛树脂 (MF) 改性淀粉胶黏剂

1. 原材料与配方 (质量份)

玉米淀粉	100	氯化铵消泡剂	1.0
过硫酸铵	2.0	水	适量
三聚氰胺甲醛	2～4	其他助剂	适量
NaOH	2.0		

2. 制备方法

采用简单的一锅法合成工艺，通过氧化和交联二步反应过程，制得氧化交联改性淀粉胶黏剂。在 500mL 配有搅拌器和温度计的三口烧瓶中加入玉米淀粉和水，开启搅拌，加入过硫酸铵，升温至 65℃，保温反应 0.5h，得到分子量较小的氧化淀粉。在氧化淀粉液中，加入 30%甲醛水溶液和三聚氰胺（甲醛与三聚氰胺物质的量比为 6∶1），实时测定体系 pH 值，用 2%（质量分数）氢氧化钠水溶液保持反应物 pH 值为 8.0～9.0，继续保温反应 2h。氧化交联反应结束后，将改性淀粉升温至 90℃糊化 0.5h，降至室温，得到固含量约 25%，外观呈半透明浅黄色的淀粉胶黏剂。

3. 性能与效果

(1) MF 改性淀粉胶黏剂、过硫酸铵氧化与酸解淀粉，可降低胶黏剂黏度，提高稳定性；三聚氰胺甲醛树脂交联淀粉，可形成交联网状结构，提高耐水性。

(2) MF 改性的淀粉胶黏剂，可作为瓦楞纸黏合剂使用，符合瓦楞纸黏合剂使用的国家标准。

(3) MF 改性淀粉，提高了淀粉的结晶度，使淀粉塑化，增加了淀粉的黏结强度。

(七) 互穿网络改性淀粉胶黏剂

1. 原材料与配方 (质量份)

淀粉	100	聚氨酯预聚体	5.0
聚乙烯醇(PVA)	150	高岭土填料	5.0
醋酸乙烯酯(VAc)	25	有机锡	1～2
过硫酸钾		H_2O_2	3.0
十二烷基苯磺酸钠	2.5～3.0	水	适量
1,4-丁二醇	2.0	其他助剂	适量

2. 制备方法

(1) 主剂的合成　将淀粉、PVA、水同时加入带有氮气保护装置的四口烧瓶中，搅拌并升温至40～45℃持续反应20min，再升温至80～85℃，20min后降温至65℃，加入部分引发剂过硫酸钾、OP-10及部分VAc进行聚合，余下的过硫酸钾及VAc在3h内滴加完毕，于65℃反应1h后加入1,4-丁二醇及十二烷基苯磺酸钠，搅拌反应0.5h后降至室温即得主剂。产物外观为乳白色均匀液体，pH值为6.0～7.5。

(2) IPN胶黏剂的合成　称取100.0g主剂于四口烧瓶中，搅拌并升温至45℃，加入适量的有机锡和1,4-丁二醇，保温反应30min后加入适量的PU预聚体，持续搅拌1h后继续升温至65℃反应30min，然后加入适量的无机填料，降至室温即得IPN胶黏剂。

3. 性能

反应温度对IPN乳液的影响见表5-18，产品的性能见表5-19。

表5-18　反应温度对IPN乳液的影响

聚合温度/℃	乳液黏度/Pa·s	有无沉淀物	反应现象
60～70	4000	很少,均匀	较平稳
70～80	4800	很少,均匀	较平稳
80～90	6400	较多,不均匀	不平稳,有泡沫
90～100	4200	很多,不均匀	不平稳,有泡沫

表5-19　产品的质量指标及性能测试数据

项目	性能指标	实测值
固含量/%	50±2	51
pH值	6～8	7
黏度(30℃)/Pa·s	4500～20000	4800
游离(—NCO)含量/%	≤0.92	0.8
贮存期/月	>6	10
耐水性/d	>15	18
耐低温性/h	48	52
剪切强度/MPa	0.80～1.34	1.20

4. 效果

(1) 采用淀粉改性的PVAc乳液与PU预聚体交联制成了具有IPN结构的胶黏剂。

(2) 确定了制备该胶黏剂的适宜工艺条件为：85℃时将氧化淀粉和水进行预糊化30～45min后，降温至70℃；一次性加入十二烷基苯磺酸钠、OP-10乳化剂、PVA、PVAc进行接枝共聚；反应过程中分三次加入过硫酸钾引发剂，反应4h后降温至65℃，一次性加入PU预聚体、有机锡、1,4-丁二醇和高岭土，聚合反应4h后降至室温得到目标产物。

(3) 经初步应用评价表明，该产品具有粘接强度高、耐水性佳、耐低温性好、制备工艺简单、成本低和无甲醛等优点，是一种新型的绿色环保型胶黏剂。

(八) 酶解木薯淀粉胶黏剂

1. 原材料与配方 (质量份)

原料	用量	原料	用量
木薯淀粉	100	α-淀粉酶	0.1～0.75
丁苯胶乳	9.2	NaOH	0.6
淀粉胶乳	2.3	碳酸锆铵	12
PVA	0.3	甘油	15
增稠剂	2～5	其他助剂	适量
水	适量		

2. 制备方法

(1) 酶解淀粉胶乳的制备　将木薯淀粉、甘油加入三口烧瓶，加水调成一定浓度的淀粉乳，加入α-淀粉酶，在60℃水浴锅中搅拌30min，缓慢升温至90℃并保温30min，自然降温，得到酶解淀粉。50℃下加入12%碳酸锆铵，反应30min，得到交联酶解淀粉胶乳。

(2) 涂料的配制和涂布　向高速分散机料筒中加入60级浆钙，加入NaOH调节颜料pH值，低速（500r/min）搅拌下加入丁苯胶乳和自制淀粉胶乳，并加入PVA，高速（1200r/min）分散均匀，低速（300r/min）搅拌下加入抗水剂，并加入水使涂料达到一定浓度，慢慢加入一定量的增稠剂使之达到一定的黏度，搅拌均匀后出料。测试涂料性能，并选用2#涂布辊对纸张进行定量涂布，涂布量（13±1）g/m^2，并在105℃烘箱干燥2min。

3. 性能与效果

以木薯淀粉为原料，甘油为塑化剂，经α-淀粉酶水解，碳酸锆铵交联后，得到酶解淀粉胶黏剂，并将其应用于纸张涂布。结果表明，淀粉乳浓度为50%，甘油用量与酶用量适当，得到的酶解淀粉胶乳具有较好的黏结性能，取代20%丁苯胶乳时，涂布纸光泽度、平滑度和白度均优于100%丁苯胶乳涂布纸，同时可保持涂层的表面强度。

（九）提高耐水性的木材粘接用淀粉胶黏剂

1. 原材料与配方（质量分数%）

玉米淀粉	13	聚异氰酸酯固化剂	5.0
聚乙烯醇	4.0	水	适量
羧基丁苯胶乳	3.0	其他助剂	适量

2. 制备方法

淀粉胶黏剂的工艺流程：在装有搅拌器和温度计的三口烧瓶中将聚乙烯醇和水升温至80℃使之完全溶解，降温至50℃加入淀粉，然后升温至反应温度，使淀粉部分糊化，反应结束后降温至25℃，加入胶乳、固化剂异氰酸酯即制成淀粉胶黏剂。

3. 性能与效果

该淀粉胶黏剂的工艺参数：淀粉质量分数13%，聚乙烯醇质量分数4%，异氰酸酯质量分数5%，胶乳质量分数3%；反应温度58℃。

（十）改性蜡质玉米淀粉木材用胶黏剂

1. 原材料与配方（质量份）

蜡质玉米淀粉	100	乙醇	1～3
醋酸乙烯酯	10	NaOH	2～3
盐酸	1～2	水	适量
过硫酸铵引发剂	0.1～0.5	其他助剂	适量
对苯二酚阻聚剂	0.1～0.2		

2. 制备方法

(1) 蜡质玉米淀粉未糊化接枝醋酸乙烯酯共聚物的制备　在装有搅拌器、回流冷凝器的四颈烧瓶中，将一定量的蜡质玉米淀粉与0.5mol/L的盐酸配制成淀粉乳，在60℃下酸解一段时间后，升温至70℃，调pH值为4，加入引发剂过硫酸铵，预引发后开始滴加醋酸乙烯酯，进行接枝共聚反应。反应结束后，加入2mL质量分数为1%的对苯二酚溶液（阻聚剂）；反应物冷却至室温后加入30mL体积分数为95%的乙醇作为沉淀剂，用NaOH溶液调节反应液的pH值为7左右；再用冰水混合物冷却反应液至5℃左右，产物经4500r/min的转速离心20min后得到接枝共聚物粗产品，干燥后即可得到成品。

（2）蜡质玉米淀粉糊化后接枝醋酸乙烯酯共聚物的制备　将蜡质玉米淀粉乳按上述方法酸解处理，然后升温糊化30min，进行接枝共聚反应及后续处理，经过离心干燥处理得到糊化接枝淀粉。

3. 性能与效果

蜡质玉米淀粉最适合于淀粉基木材胶黏剂，成品胶不但具有很好的流动性，较高的湿强度，而且有利于进行后续的接枝共聚反应。通过比较3种降黏方式，实验表明氧化作用不但能够有效地降低淀粉的黏度，而且能够有效地提高胶黏剂的粘接性能。因此，最终的预处理方式采用过硫酸铵在高温下氧化淀粉，保证了淀粉的充分糊化，同时对淀粉起到了很好的氧化作用。

（十一）木材用交联与接枝改性淀粉胶黏剂

1. 原材料与配方（质量份）

氧化淀粉	100	过硫酸铵引发剂	0.1～1.0
环氧氯丙烷	2～5	NaOH	1～2
聚乙烯醇	3～5	水	适量
丙烯酸乙酯(EA)	10	其他助剂	适量
十二烷基苯磺酸钠	2～3		

2. 制备方法

（1）环氧氯丙烷交联改性　在配有搅拌棒和温度计的500mL三口烧瓶中，加入30.0g氧化淀粉和80.0g水。开启搅拌，用10%氢氧化钠水溶液调pH值至9～10，升温至50℃，滴加交联剂环氧氯丙烷，保温反应2h。再加入20.0g氧化淀粉继续反应2h，制得交联改性淀粉乳液。

（2）丙烯酸乙酯接枝聚合改性　在上述交联改性淀粉乳液中加入3%（质量分数）保护胶体聚乙烯醇，1%表面活性剂十二烷基苯磺酸钠。搅拌均匀后，加入丙烯酸乙酯单体，升温至70℃保温30min。加入一定量引发剂过硫酸铵，氮气气氛下保温反应3h。升温至90℃，糊化30min，降温，制得半透明微黄色的交联-接枝双重改性淀粉基木材胶黏剂。

3. 性能

本产品的性能见表5-20。

表5-20　性能与测试结果

指标	氧化淀粉（实验值）	交联-接枝改性（实验值）	国标规定值
黏度(20℃)/mPa·s	750	950	250～1000
pH值	7.0	8.0	7.0～9.5
游离甲醛体积分数/%	0	0	≤1.0
胶合强度/MPa	0.2	7.5	≥1.0
耐水时间[(60±3)℃开胶]/h	2	48	≥24
贮存期/d	15	200	≥120

4. 效果

(1) 采用环氧氯丙烷和丙烯酸乙酯对氧化淀粉进行交联-接枝复合改性，能同时提高淀粉胶的胶合强度和耐水性能。改性后的胶合强度达到7.5MPa，耐水时间达到48h。

(2) 将氧化淀粉按质量比3∶2的比例进行2步加料，可以有效避免反应不均匀、交联度过高和凝胶现象，提高胶黏剂的性能，尤其是能将胶黏剂的贮存时间从50d延长到200d。

(3) 正交试验表明，丙烯酸乙酯接枝改性较好的工艺条件为：反应温度70℃，反应时间3h，丙烯酸乙酯质量分数为10.0%，引发剂质量分数为0.2%。配方中尚有进一步优化的空间，优选出适宜的单体用量，以降低淀粉胶的成本。

(十二) 木材用改性淀粉胶黏剂

1. 原材料与配方 (质量份)

玉米淀粉	100	盐酸	5.0
三聚氰胺	12～38	氯化铵	1～2
尿素	12～25	水	适量
甲醛溶液(37%)	80～130	其他助剂	适量
NaOH	5.0		

2. 制备方法

(1) 改性机制　首先将玉米淀粉在酸性环境中进行水解，得到具有大量反应活性点的高分子链段，然后与甲醛进行缩醛反应，同时与尿素、三聚氰胺及其羟甲基化合物进行加成缩聚反应，具体反应过程如下（其中，StOH代表玉米淀粉分子中的活泼氢；$MNHCH_2OH$代表羟甲基三聚氰胺；UCH_2OH代表羟甲基脲）。

① 玉米淀粉分子中的活泼羟基与甲醛发生半缩醛、缩醛反应：

$$CH_2O + StOH \xrightarrow{HCl} StOCH_2OH$$

$$CH_2O + 2StOH \xrightarrow{HCl} StOCH_2OSt$$

② 玉米淀粉与尿素、三聚氰胺及其羟甲基化合物进行的缩聚反应可以按以下几种类型进行：

$$StOH + MNHCH_2OH \longrightarrow MN(CH_2OH)OSt + H_2O$$

$$2StOH + MN(CH_2OH)_2 \longrightarrow MN(CH_2OSt)_2 + 2H_2O$$

$$StOH + UCH_2OH \longrightarrow UCH_2OSt + H_2O$$

$$2StOH + U(CH_2OH)_2 \longrightarrow U(CH_2OSt)_2 + 2H_2O$$

(2) 制备工艺　首先将5g盐酸（25%）加入200g、90℃的水中做催化剂，加100g玉米淀粉，搅拌水解20min；加入一定量的甲醛，反应10min后用20%的氢氧化钠溶液调pH值为9.7，然后加入一定量的三聚氰胺和第1批尿素，反应50min后加入第2批尿素，调pH值为6.7；继续反应30min，调pH值为9.7，出料，制得木材用改性淀粉胶黏剂。

3. 性能

黏度：33s（涂-4杯）；固含量：42.6%；水混合性：0.9倍；固化时间：4min；游离甲醛含量：0.12%；适用期：12h；贮存期：>30天。

4. 效果

(1) 三聚氰胺用量对氨基树脂改性淀粉胶黏剂的胶合性能及游离甲醛含量影响较大，采用适量的三聚氰胺对淀粉胶黏剂进行改性可以在保证良好胶合强度的同时，有效降低游离甲醛的含量。

（2）第1批尿素对胶合性能和游离甲醛含量的影响规律性不强，第2批尿素用量对改性淀粉胶黏剂的胶合性能及游离甲醛含量影响较大。虽然随着尿素用量的增加可以降低游离甲醛的含量，但同时也降低了胶合强度，尤其是湿状胶合强度下降明显。

（3）随着甲醛用量的增加，干状胶合强度和湿状胶合强度都呈先增大的趋势，当甲醛用量增大到一定值时，干状胶合强度和湿状胶合强度变化不大。

（4）改性淀粉胶黏剂的FTIR光谱图解析及表征为：玉米淀粉分子结构中的环骨架出现在波数$1366cm^{-1}$处；波数$3359cm^{-1}$处的强吸收峰属于OH的伸缩振动峰；波数$1670cm^{-1}$和$1560cm^{-1}$处的吸收峰分别为酰胺Ⅰ、酰胺Ⅱ峰；三聚氰胺环骨架面外的弯曲振动的特征吸收峰为$813cm^{-1}$。

（十三）木材用改性木薯淀粉胶黏剂

1. 原材料与配方（g）

木薯淀粉	160	30%NaOH	2～4
三聚氰胺	100	交联剂	2.4
甲醛(37%)	196	水	320
盐酸	8.0	其他助剂	适量

2. 制备方法

将盐酸和水加入四口烧瓶中，再加入木薯淀粉，缓慢升温至90℃，保温20min后测其黏度，直至黏度达到20～25s（30℃）；降温至40℃，加入甲醛，用30%的氢氧化钠溶液调节pH值为9.0～9.5；加入交联剂，待溶解后加入三聚氰胺，在45～50min内升温至90℃，温度升到70～75℃时，调pH值不低于8.5；在（90±2)℃保温15min，开始测黏度，当达到20～25s（30℃）时下料，并调节pH值为9.0。

3. 性能与效果

（1）木薯淀粉制备的木材胶黏剂为灰白色液体，水溶性好，固含量为34.7%～38.3%，黏度为14.0～21.0s（涂-4杯，30℃），pH值为8.6～9.0。

（2）通过均匀设计优化法计算出胶黏剂量佳合成条件为：三聚氰胺与甲醛的摩尔比为2.2，盐酸/水质量分数为2.5%。以此配方制备的胶黏剂的胶合强度较高，且性能稳定。

（3）胶合板最佳胶合工艺为：热压温度为155℃、热压时间为370s、填料为22%。

（4）对所合成的淀粉基胶黏剂压制的胶合板进行胶合强度检测，结果都达到了国家标准Ⅱ类胶合板的要求。在试验方案中，木薯淀粉和固化剂对胶合强度的影响不显著，因其价格相对低廉，可适当增加投入量。

（5）淀粉基木材胶黏剂所压制的人造板的游离甲醛释放量都达到E_2级，有的已经达到E_1级环保要求；影响淀粉基木材胶黏剂的游离甲醛释放量的主要因素是F/M摩尔比，胶黏剂的游离甲醛释放量随着F/M摩尔比的降低而下降，在保证胶合强度的同时，应适当降低摩尔比，使甲醛释放量尽可能地降低。

（6）淀粉基木材胶黏剂的应用研究目前只涉及胶合板，还未应用于刨花板和中密度纤维板生产中，今后可进一步探索研究，制备出适宜于刨花板和中纤板使用的低黏度高性能的淀粉基木材胶黏剂。同时在今后的研究中可适当调整配方和合成工艺及热压工艺，使游离甲醛释放量达到 E_0 级，并可考虑按Ⅰ类胶合板的要求进行检测，使配方满足室外型胶合板的要求。

（十四）木材用玉米淀粉胶黏剂

1. 原材料与配方（质量份）

玉米淀粉	100	亚硫酸钠	0.5
次氯酸钠	3.0	NaOH	1～3
聚乙烯醇(PVA)	5.0	硼砂	2～5
蒙脱土(MMT)	2.0	蒸馏水	适量
过硫酸铵(APS)	1～2	其他助剂	适量

2. 制备方法

（1）淀粉胶黏剂的制备　在烧杯中按比例配制淀粉乳，并加入氧化剂（次氯酸钠）溶液，搅拌均匀后待用。

在装有搅拌器、温度计的四口烧瓶中，加入2%MMT和一定浓度的PVA溶液，并加入适量的APS，50℃反应30min后，加入配好的淀粉乳；然后用20%NaOH调节pH值至9～10，氧化50min，再加入1%亚硫酸钠还原多余的氧化剂；随后用2%硼砂溶液（相对于淀粉干基质量而言）络合30min，调节pH值至6～7，升温至75℃以上；最后降温至40℃，出料即可。

（2）胶接件的制备

① 桦木基材：幅面为25mm×25mm×10mm，含水率为12%，双面施胶量为240kg/m^2，胶接面积为25mm×25mm。

② 胶接工艺：按照HG/T 2727—2010标准胶接木块，均匀施胶后晾置若干时间，然后室温挤压24h即可。

3. 性能与效果

（1）以玉米淀粉为原料、次氯酸钠为玉米淀粉的氧化剂和APS为PVA的氧化剂，将氧化玉米淀粉与氧化PVA进行接枝改性，制备出木材用淀粉胶黏剂。

（2）以PVA浓度、MMT和固含量等作为试验因素，以淀粉胶黏剂的干、湿态胶接强度作为考核指标，采用单因素试验法优选出制备淀粉胶黏剂的最佳工艺条件。

（3）当PVA=5%、纳米MMT=2%和固含量=28.57%时，相应淀粉胶黏剂的综合性能相对最好。

（十五）木材用聚乙烯醇改性玉米淀粉胶黏剂

1. 原材料与配方（质量份）

玉米淀粉	100	NaOH	2～3
聚乙烯醇(PVA)	10	异氰酸酯	10
四硼酸钠	2～3	水	适量
次氯酸钠	3～4	其他助剂	适量
过硫酸铵	1～2		

2. 制备方法

（1）淀粉胶黏剂的制备方法　在烧杯中按比例配制淀粉，并加入氧化剂次氯酸钠溶液，搅拌均匀，待用。在装有搅拌器、温度计的三口瓶中加入实验要求的PVA，并加入过硫酸铵进行氧化，温度为50℃。反应一段时间后，加入配好的淀粉糊，在50℃下用20%的氢氧化钠调pH=9～10，氧化一定时间，加入亚硫酸钠还原多余的氧化剂。加入2%的四硼酸钠溶液络合一定时间，调pH=7～8，升温到75℃以上，反应器中溶液逐渐变稠，降温出料。与PAPI或亚硫酸氢钠封闭的PAPI按不同比例混合。

（2）胶合板的制备

① 单板准备：单板幅面300mm×300mm，含水率4.5%左右，表面砂光。

② 调胶：按实验方案于烧杯中加入适当比例的改性剂并搅拌。

③ 涂布：将调制好的胶均匀涂抹在单板表面，施胶量300g/m²。

④ 预压：预压机下预压2min。

⑤ 热压：热压压力为3MPa，热压时间为1mm/min。

3. 性能与效果

采用次氯酸钠对玉米淀粉进行氧化制备了淀粉胶黏剂，再用功能内交联剂（异氰酸酯）共混改性制备了淀粉基复合胶黏剂。考察了复合胶黏剂体系的pH、PVA质量分数与用量、淀粉用量、异氰酸酯加入比例对淀粉基复合胶黏剂胶接性能的影响。胶接实验结果表明：利用变性的氧化淀粉，PVA质量分数为10%，PVA加入比例为60%，淀粉与水比为3∶8时，获得最佳的胶结强度和耐水性能。采用XPS分析胶层化学结构，结果表明：异氰酸酯与淀粉胶黏剂、木材中的羟基反应形成化学键结合是提高胶接强度和耐水性的关键所在。所制得的改性淀粉胶黏剂性能更加优异，符合Ⅱ类胶合板的使用要求。

（十六）木材用PVA改性淀粉胶黏剂

1. 原材料与配方（质量份）

原料	用量	原料	用量
玉米淀粉	100	NaOH	2～3
聚乙烯醇(PVA)	15	异氰酸酯	10
酒石酸	5.0	蒸馏水	适量
十二烷基磺酸钠	3.0	其他助剂	适量

2. 制备方法

（1）淀粉胶黏剂的合成　将淀粉用水配成一定浓度的淀粉乳，用5%的氢氧化钠溶液调pH值至11左右，加入到装有搅拌器和浓度计的四口烧瓶中，同时加入6g酒石酸，室温下在震荡水浴中慢速搅拌（不产生漩涡）10min后，升温至40℃，保温20min，加入一定浓度的聚乙烯醇（PVA），反应2～3min后，称取少量十二烷基磺酸钠（用量为干淀粉量的1%～2%）加入到烧瓶中，升温到60℃，在此温度下反应一定时间后，降温出料。

（2）胶合板的制备

① 单板准备：单板幅面300mm×300mm，含水率4.5%左右，表面砂光。

② 调胶：按实验方案于烧杯中加入适当比例的改性剂并搅拌。

③ 涂布：将调制好的胶均匀涂抹在单板表面，施胶量300g/m²。

预压：预压机下预压 2min。

热压：热压压力为 3MPa，热压时间为 1mm/min。

3. 性能与效果

通过用酒石酸对玉米淀粉进行酯化处理制备了酯化淀粉胶黏剂，然后用异氰酸酯对淀粉胶黏剂进行改性。讨论了反应温度和 PVA 用量对淀粉胶黏剂合成过程的影响，以及固含量和异氰酸酯对淀粉胶黏剂胶接强度和耐水性的影响。结果表明，反应温度为 50～55℃，10%的 PVA 用量为淀粉量的 15%时，胶液性能最佳；固含量为 50%，加入少量异氰酸酯后，淀粉胶黏剂的胶接强度和耐水性有显著提高，达到杨木类胶合板指标。采用差示扫描量热法（DSC）和热量分析仪（TGA）对异氰酸酯改性淀粉胶黏剂进行了表征，结果表明，异氰酸酯可以加快淀粉胶黏剂的固化速率，提高其热稳定性。

（十七）聚乙烯醇改性木薯淀粉基木材胶黏剂

1. 原材料与配方（质量份）

原料	用量	原料	用量
氧化木薯淀粉	100	磷酸三丁酯消泡剂	0.5
聚乙烯醇(PVA)	10	硫代硫酸钠	0.1～1.0
十二烷基硫酸钠(SDS)	3.0	蒸馏水	适量
过硫酸铵(APS)	0.3	其他助剂	适量
醋酸乙烯酯(VAc)	1～3		

2. 制备方法

（1）氧化木薯淀粉的制备　将 50g 木薯淀粉缓慢加入到装有 100mL 蒸馏水的烧杯中，搅拌 10min；将上述物料加入到装有聚四氟乙烯电动搅拌器、球形回流冷凝管和恒压漏斗的四口烧瓶中，边搅拌边水浴升温至 50℃，加入 0.1g 催化剂（硫酸亚铁），并缓慢滴加氧化剂（双氧水），氧化若干时间后，加入适量的还原剂（硫代硫酸钠），搅拌若干时间；产物经抽滤、洗涤和干燥等处理后，制得氧化木薯淀粉。

（2）PVA 溶液的制备　将 2g PVA、10mL 蒸馏水加入到烧杯中，密闭水煮至 PVA 完全溶解时，即得 PVA 溶液。

（3）木薯淀粉的接枝共聚　将氧化木薯淀粉缓慢加入到装有 140mL 蒸馏水的烧杯中，搅拌均匀后，倒入装有聚四氟乙烯电动搅拌器、球形回流冷凝管和恒压漏斗的四口烧瓶中，边搅拌边加入保护胶体（PVA 溶液），升温至 60℃；然后分别加入 SDS 和消泡剂（磷酸三丁酯），搅拌乳化 30min；加入一定量的引发剂（APS）和 VAc，继续反应 30min；升温至 70℃，滴加剩余的 VAc，3h 内滴毕后，升温至 80℃，保温 30min；继续加入硫代硫酸钠，升温至 90℃，保温 30min 后，降温出料。

3. 性能与效果

首先用双氧水氧化木薯淀粉，然后用醋酸乙烯酯（VAc）对氧化淀粉进行接枝共聚改性，制备出木薯淀粉基木材胶黏剂。采用单因素试验法考察了木薯淀粉的氧化时间、双氧水掺量、过硫酸铵（APS）掺量以及 VAc/木薯淀粉质量比对木薯淀粉基木材胶黏剂剪切强度和黏度的影响。研究结果表明：当氧化时间为 1.0h、V(双氧水)＝3mL、m(APS)＝0.3g 和 m（VAc）：m(木薯淀粉)＝1.00：1 时，相应的木薯淀粉基木材胶黏剂的粘接性能相对最好，其干态、湿态剪切强度分别为 3.25MPa、1.26MPa。

（十八）热固性双醛淀粉胶黏剂

1. 原材料与配方（质量份）

原料	用量	原料	用量
双醛淀粉	100	四硼酸钠	2.0
聚乙烯醇(PVA)	5.0	中和剂	适量
异氰酸酯	20	蒸馏水	适量
NaOH	1～2	其他助剂	适量
过硫酸铵	0.5～1.0		

2. 制备方法

（1）双醛淀粉胶黏剂的制备　称取双醛淀粉 90g，加入一定量的蒸馏水，搅拌均匀，转移至装有温度计和机械搅拌桨的 500mL 四口烧瓶中。打开搅拌装置，水浴加热，升温至 60～65℃，调节溶液 pH 值为 8～9，反应 30min。将预先处理好的 PVA（使用前经蒸馏水浸泡 12h）和一定量的过硫酸铵溶液加入上述淀粉溶液中，充分搅拌。调节混合液的 pH 值到设定值，反应 1h 左右。升温至 80～85℃，加入一定量的 2%四硼酸钠溶液，反应 30min，降温出料。

（2）胶合板的制备

① 单板准备：杨木单板，幅面 300mm×300mm，厚度在 1.7～1.9mm，含水率约为 8%，表面砂光。

② 调胶：按试验方案于烧杯中加入一定比例的异氰酸酯改性剂搅拌均匀。

③ 涂布：将调制好的胶液均匀涂刷在单板表面，双面施胶量（280±10)g/m²。

④ 预压：预压压力 2MPa，预压机下预用 2min。

⑤ 热压：热压压力为 3MPa，热压时间为 1min/mm，热压温度为 110℃、115℃和 120℃。

3. 性能与效果

双醛淀粉是一种重要的化工原料，其分子中含有醛基和羟基官能团，具有优越的反应特性，容易发生交联、接枝、酯化等反应，广泛应用于造纸、木材以及塑料制品等行业。以双醛淀粉为主要原料，研究反应体系 pH 值、聚乙烯醇（PVA）加入量等制备双醛淀粉胶黏剂的反应条件，以期提高其胶接强度和耐水性，扩大淀粉胶黏剂的应用范围。

双醛淀粉与聚乙烯醇可在酸性条件下发生反应得到双醛淀粉-聚乙烯醇胶黏剂。在淀粉胶黏剂制备过程中，采用甲酸且在反应后阶段调节 pH 值的条件下，糊化温度提前，有利于热压胶合板成型。当 PVA 加入量为 5%，异氰酸酯改性剂加入比例为 20%，热压温度为 110℃时，压制的胶合板性能满足Ⅱ类胶合板使用要求。

（十九）聚乙烯醇缩乙醛改性木薯淀粉胶黏剂

1. 原材料与配方（质量份）

原料	用量	原料	用量
氧化木薯淀粉	50	磷酸三丁酯	1.0
聚乙烯醇缩乙醛	50	硫代硫酸钠	1～3
十二烷基硫酸钠(SDS)	2.5	蒸馏水	适量
过硫酸铵(APS)	0.5	其他助剂	适量
醋酸乙烯酯(VAc)	5～10		

2. 制备方法

(1) 氧化木薯淀粉的制备　将 50g 木薯淀粉缓慢加入到装有 100mL 蒸馏水的烧杯中，搅拌 10min；然后将上述物料加入到安装有聚四氟乙烯电动搅拌器、球形回流冷凝管和恒压漏斗的四口烧瓶中，50℃时加入 0.1g 硫酸亚铁，缓慢滴加过氧化氢，氧化若干时间；再加入适量的硫代硫酸钠，产物经砂芯漏斗抽滤、洗涤和干燥后，得到所需成品。

(2) 聚乙烯醇缩乙醛树脂的制备　将 15g PVA 和 135mL 蒸馏水加入到带有球形冷凝管、聚四氟乙烯电动搅拌器和恒压漏斗的 250mL 三口烧杯中，水泡 30min 后开启电动搅拌器，95℃保温 30min 至 PVA 完全溶解；降温至 70℃，用 HCl 调节 pH 值至 3～4，开始滴加 6mL 乙二醛，30min 内滴完；然后保温 1h，用 NaOH 调节 pH 至中性，降温出料即可。

(3) 木薯淀粉的接枝共聚　将氧化木薯淀粉缓慢加入到装有 50mL 蒸馏水的烧杯中，搅拌均匀后倒入安装有聚四氟乙烯电动搅拌器、球形回流冷凝管和恒压漏斗的四口烧瓶中；开启电动搅拌器，加入聚乙烯醇缩乙醛树脂溶液，升温至 60℃，分别加入 SDS 和磷酸三丁酯，搅拌乳化 30min；加入一定量的引发剂 APS、VAc，反应 30min；升温至 70℃，开始滴加 VAc (3h 内滴完)，升温至 80℃，保温 30min；再加入硫代硫酸钠，升温至 90℃，保温 30min，降温出料即可。

3. 性能与效果

(1) 将 PVA 和乙二醛缩合制得聚乙烯醇缩乙醛树脂胶黏剂，并以此作为木薯淀粉基木材胶黏剂的改性剂。木薯淀粉接枝 VAc 前加入聚乙烯醇缩乙醛树脂的改性效果相对最好，当 m(聚乙烯醇缩乙醛树脂)∶m(淀粉干基)＝1.0∶1 时，干态、湿态胶接强度相对最大 (分别为 6.67MPa、3.35MPa)。

(2) 改性后木薯淀粉基木材胶黏剂颗粒较小、胶液涂层平整，证明添加聚乙烯醇缩乙醛树脂有利于改善胶黏剂的性能。

(二十) 木材用常温固化热解油淀粉胶黏剂

1. 原材料与配方 (质量份)

化合物名称	质量分数/%	化合物名称	质量分数/%
4-甲基愈创木酚	2.72	2-甲酚	0.16
4-丙烯基-2-甲氧基苯酚	2.14	羟丙酮	15.90
4-乙基愈创木酚	2.13	4-羟基-3 甲氧基苯丙酮	3.56
2-甲氧基苯酚	1.88	3-甲基-1,2-环戊二酮	0.59
2,6-二甲基苯酚	1.49	3,4-二羟基-3-环丁烯-1,2-二酮	0.44
4-甲基邻苯二酚	1.43	羟乙醛	14.52
4-烯丙基-2,6-二甲氧基苯酚	1.25	丙醛	3.22
邻苯二酚	0.87	醋酸	13.04
对甲苯酚	0.62	乙酰氧基乙酸	3.52
丁香酚	0.58	*d*-甘露糖	5.22
苯酚	0.53	1,6-酐-*B*-*D*-吡喃(型)葡萄糖	5.10
3,4-二甲基苯酚	0.52		

2. 制备方法

用盐酸和过硫酸铵对原淀粉进行酸解氧化，再与醋酸乙烯酯和丙烯酸丁酯进行接枝共聚，得到复合变性淀粉乳液。取一定量落叶松热解油，以质量分数为10%的氢氧化钠溶液调节pH值，再将其加入反应容器（先缓慢加入热解油总量的1/10，根据黏度变化控制加入速度，剩余的热解油在体系黏度稳定后可快速加入），30min内加完，反应一定时间得CSBOS胶黏剂。工艺流程如图5-4所示。

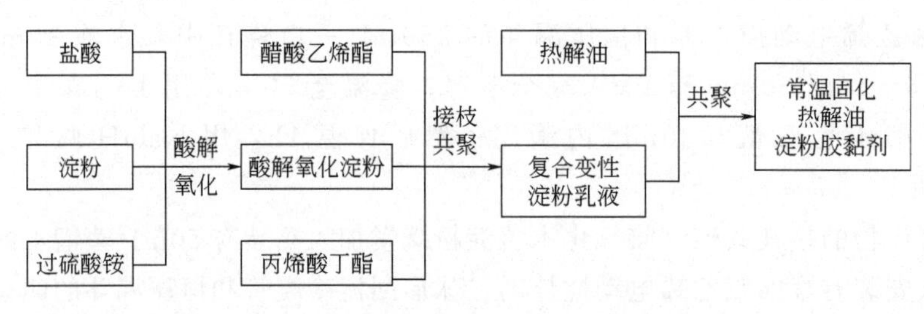

图5-4 CSBOS胶黏剂合成工艺流程

3. 性能

本产品与SA性能的对比见表5-21。

表5-21 CSBOS与SA性能对比

项目	黏度/mPa·s	固含量/%	贮存期/d	压缩剪切干强度/MPa	压缩剪切湿强度/MPa
CSBOS	4690	37.71	60	7.96	2.47
SA	12000	41.02	15	6.46	1.33

4. 效果

（1）利用热解油对淀粉胶黏剂进行改性，制备出一种成本低，绿色环保，可用于木器家具制作、单板贴面、木制门窗贴面以及家装等领域的木材用常温固化热解油淀粉胶黏剂。

（2）CSBOS的制备工艺条件：反应pH值为4.5，热解油质量分数为25%，反应时间为35min。该工艺制备的胶黏剂中各物质分布均匀，具有良好的贮藏稳定性和贮存期。

（3）SEM和AFM分析表明，热解油的加入促进了物质在淀粉基胶黏剂中的反应，使胶黏剂体系分子质量分布较为均一，有利于胶黏剂具有均衡稳定的胶接强度，同时，能够增加胶黏剂贮藏稳定性，延长贮存期。

（二十一）魔芋基共混胶黏剂

1. 原材料与配方（质量份）

魔芋葡苷聚糖(KGM)	100	冰醋酸	1～3
壳聚糖(CS)	10～20	纯水	适量
NaOH	1～2	其他助剂	适量

2. 制备方法

（1）胶黏剂的制备

① KGM胶黏剂的制备：25～30℃时用一定量的纯水或1% NaOH溶液溶解若干KGM，搅拌5～10min，使之充分溶胀，并配制成不同浓度的KGM胶黏剂，脱泡静置后，

备用。

② KGM-CS共混胶黏剂的制备：25～30℃时用纯水配制1%冰醋酸溶液，然后加入一定量的KGM，搅拌均匀；待上述物料完全溶解时，加入一定量的CS，搅拌、溶解均匀后，配制成KGM-CS共混胶黏剂，脱泡静置后，备用。

（2）3层胶合板的制备

① 杨木单板：幅面35cm×35cm×1.5mm，含水率6%～9%；上板、下板内侧单面涂抹胶黏剂，中间芯板双面涂抹胶黏剂，3层单板纹理交错叠放、压平陈放。

② 热压条件：热压温度为130℃，热压时间为15min，热压压力为4MPa。

3. 性能

以魔芋葡苷聚糖（KGM）为基体、壳聚糖（CS）为改性剂，制备了KGM-CS共混胶黏剂。采用单因素试验法和正交试验法优选出制备该胶黏剂的最佳工艺条件。研究结果表明：当w(KGM)＝w(CS)＝2.5%（相对于KGM-CS共混胶黏剂质量而言）、热压温度为130℃、热压时间为15min和热压压力为4MPa时，KGM-CS共混胶黏剂的综合性能相对最好，由其压制而成的胶合板的干态、湿态胶接强度分别为3.04MPa、1.80MPa。

第六章　水性植物胶黏剂

第一节　豆　　胶

一、简介

（一）原料的准备及质量要求

1. 豆粉

豆粉一般都是油脂厂的副产品。通常所用的原料为大豆，也有的混合部分黑豆，经过选豆（除去泥沙杂质）、去皮、榨油（一般出油率为7%～8%）、粉碎、再碎、过筛等工序即得到豆粉。

一般要求豆粉达到下列质量指标。

蛋白质含量：应在40%以上。细度：最好是100目（孔/cm^2），这样调制的胶液胶合强度较稳定，但目前一般木材厂所用豆粉都没有达到100目。生产实践表明，胶用豆粉只要有90%以上通过70目筛孔，即对胶合质量影响不大。含水率：不大于7%。色泽：黄色。

实践表明：在同样温度（10℃）下，如果保存场所的湿度不同，对豆蛋白的变性影响也不一样。如在相对湿度为77%的场所保存150天，对豆粉中的可溶蛋白质含量及成胶后的胶着力没什么影响；而在饱和湿度的条件下保存60天，则可溶蛋白质的量减少，胶着力也明显下降。故豆粉宜保存在干燥通风处，以防受潮发霉变质。

2. 豆蛋白的提制

目前，用于提制豆蛋白的原料多为粉丝、豆腐等豆制品下脚料，而这些下脚料都含有较多水分，易被菌虫腐蚀，故可直接将这些下脚料干燥后备用，也可提取出豆蛋白干燥后备用。干蛋白质原料提取蛋白质的过程如下，它不仅适用于提取豆蛋白，也适用于提取其他蛋白质。

① 原料的粉碎　将含一定蛋白质的原料粉碎至细度为100目。

② 蛋白质的浸出　用0.2%～0.3%的氢氧化钠溶液浸提（碱液与原料之比为8∶1～16∶1），时间为30～60min。

③ 浸出液的澄清　将溶有蛋白质的浸出液静置澄清2～3h，然后过滤，将浸出液和残渣分离。

④ 蛋白质的沉淀　向滤出液中加入5%硫酸或盐酸溶液，同时加热至40～60℃，加酸至滤出液的pH值为该蛋白质的等电点（豆蛋白为4.6），使蛋白质沉淀。

⑤ 蛋白质的过滤　将蛋白质滤液倒入布袋压滤。夏季可加滤液0.5%～1%的酚或甲酚，也可以加氟化钠作防腐剂，蛋白质滤液滤去液体后，留下的就是湿蛋白，其含水量约

为 80%。

湿蛋白应存放于冷藏库备用。为保存方便，可将湿蛋白在 50℃干燥制成干蛋白粉备用。

（二）豆胶的调制

1. 配方

豆胶的主要原料（豆粉或豆蛋白）的质量，直接影响到配方中其他添加剂的用量和胶的质量。如豆粉的细度越高，蛋白质越易溶解，则制得胶的胶合强度越高。原料的吸水膨胀性能直接影响到用水量，蛋白质含量高或膨胀性好的原料，则用水量可多些。通常豆粉胶的用水量为豆粉量的 3 倍左右；而豆蛋白胶的用水量则可为干蛋白的 7 倍左右。

目前，在生产上所采用的配方，大多是根据经验确定的。下面举几个国内所使用的配方实例供参考（表 6-1）。

表 6-1 豆胶的配方 单位：质量份

原料	配方		
	Ⅰ	Ⅱ	Ⅲ
豆粉	100	100	
豆蛋白(干粉)			100
水	300	300	700
石灰乳(石灰：水＝1：4)	20	15	60
氢氧化钠(30%)	20	15	20
硅酸钠(40 波美度)	40	20	48

2. 调制工艺和设备

豆胶的调制在调胶机中进行，调胶机如图 6-1 所示，调胶筒可采用双层壁（夹套），夹套中可通水，内有蒸汽加热管，在气温很低时，夹套内的水可加热，以加快成胶速度。在南方也可以不采用双层壁，以简化设备，降低设备成本。调胶时，可以通过齿轮泵，使上下层的胶液比较均匀。这种调胶机除了调制豆胶外，也可用于调制血胶及脲醛树脂胶。

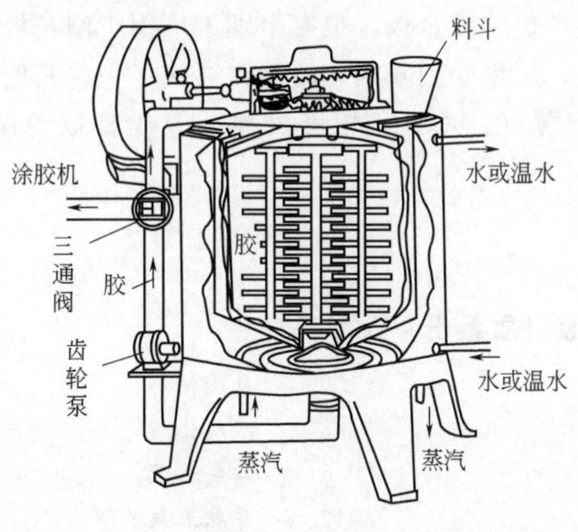

图 6-1 调胶机

豆胶的调制工艺如下：先将水放入调胶机中（冬季用 30℃温水），然后边搅拌边加豆粉（或豆蛋白），加完后搅拌 15min（要求细腻均匀，无块状物），每隔 1min，依次加入石灰乳、氢氧化钠，水玻璃，最后搅拌5～15min即可使用。如需加防腐剂，则在加水玻璃后加入。

(三) 豆胶的性质与应用

豆胶是非耐水性胶，它固化后的胶层不能受潮或浸水，但它制成胶合板的干状剪切强度较好，一般都能达到$10kgf/cm^2$（$1kgf/cm^2=0.1MPa$）以上，有的可高达$15\sim20kgf/cm^2$。豆胶调制及使用方便，无毒，无臭，劳动条件好。胶的活性期长，成本低廉，但耐腐蚀性差，而且豆粉是粮食原料，使用受到一定限制。

豆胶可用热压胶合，也可用冷压胶合（但压后需加热干燥）。胶合时对单板含水率有一定要求，一般热压要求含水率不大于10%，冷压不大于15%。豆胶在涂胶后需陈化一段时间，一般约15～20min，这样，胶着力较高。

豆胶由于用碱作成胶剂，所以常含有一些游离碱，会和木材中的某些成分（主要是单宁或木素）反应，产生有色物质，如渗到胶合板表面，从而引起板面污染。为防止污染，在不影响胶合强度的情况下，可减少碱和水的用量。此外，还可采取降低涂胶量，延长陈化时间，降低胶压压力及缩短加压时间等措施。如果已经产生碱污染，则可用5%～6%的草酸溶液擦去，或用8%浓度的亚硫酸钠溶液擦后，再用草酸擦去。

为增加豆胶的胶合强度，加干酪素（乳酪素）是最简单有效的方法。加20%干酪素对增加胶液的流展性，改善操作性能，提高胶合强度都有一定的效果。此外，加血粉也能提高豆胶的耐水性和胶合强度。

目前，国外在木材工业上亦使用一定量的豆胶，并在提高豆胶耐水性方面做了些研究。如美国曾在试验中证明在豆蛋白胶中，加入3%的十二烷基苯醚磺酸钠（$C_{12}H_{25}$—⟨苯环⟩—O—⟨苯环⟩—SO_3Na, X，式中X为氯原子或溴原子），能明显提高胶的耐水性。此外，还研究了添加各种助剂的效果，其中硫脲、磺酸钾、铜（或铬、锌）的盐类、低分子环氧树脂、脲醛树脂、二羟甲基脲、六亚甲基四胺等，都取得了较好的效果。

在国内主要用豆胶生产包装胶合板，也有个别工厂用于刨花板的制造。

由于豆粉是粮食原料，用量受到限制，故现在寻找了一些其他代用原料。我国福建地区利用野生植物种子，如田菁籽、木豆、相思树种子等代替豆粉制胶或作填充剂，效果也较好。

二、实用配方

1. 室内胶合板用豆胶（质量份）

原料	用量	原料	用量
豆粉	100	硅酸钠	25
松油	2.5	二硫化磷	1～2
消泡剂	0.5	四氯化碳	0.5
熟石灰	12	片状五氯苯酚	4～6
NaOH	15	其他助剂	适量
水	适量		

说明：主要用于胶合板的生产。也可用于纸制品的粘接。

2. 干豆粉胶黏剂（质量份）

干豆粉	100	松油＋消泡剂	2.0
膨润土	30	熟石灰	7.0
Vinsol 树脂	15	NaOH	10
土豆淀粉	5.0	硅酸钠	15
粉状二羟甲基脲	1.0	二硫化碳	1～2
硼砂	1.0	四氯化碳	0.5
水	适量	其他助剂	适量

说明：此胶的工作寿命约为6～10h，具体看贮存温度。干豆粉胶可以含有除豆粉与消泡剂之外的其他组分，如黏土、坚果粉、木粉等填料，它们可降低成本并改善工作性能。这类胶适用于软木板层压、纸张层压、矿物聚集粒子粘接以及其他不需要很高粘接强度的场合。

3. 具有中等粘接强度的豆胶（质量份）

豆粉	100	干燥剂	1～2
松香＋消泡剂	3.0	水	适量
熟石灰	30	其他助剂	适量
丁苯胶乳	10～15		

说明：豆蛋白胶还可用作纸张上浆剂和涂层胶黏剂、乳化剂等。它们的成本和性能与酪蛋白胶相似。酪蛋白胶、某些丁苯和丁腈胶乳乳液、酚醛胶黏剂等可同豆胶混合使用，借以改善耐水性、黏性、柔韧性或固化性等。

4. 去皮豆粕蛋白质胶黏剂（质量份）

豆粕粉	100	BII 防腐剂	0.24
复合蛋白改性剂	138	MIT 水溶液	1.25
水	175	邻苯二酚	0.15

说明：工艺简便，操作方便，不使用甲酸等有害物质，所制得的胶黏剂粘接强度高，使用寿命长，属环保型产品。可用于木材与纸张及其制品的制备。

5. 大豆分离蛋白胶黏剂（质量份）

原材料	配方1	配方2	配方3
大豆分离蛋白	9.1	8.9	8.5
尿素	16.4	15.9	15.2
水	72.7	70.8	67.8
多聚磷酸钠	1.8	4.4	8.5

说明：本胶黏剂由于采用了控制性化学修饰的方法，选用一定浓度的尿素作用于大豆分离蛋白，使蛋白质结构发生改变，然后在大豆分离蛋白中引入磷酸根基团；其粘接强度和耐水性能大幅度提高，无甲醛挥发，对环境不会造成污染，具有良好的粘接特性。主要用在胶合板生产和家具制造上，属于木材胶黏剂技术领域。

6. 改性大豆蛋白乳液胶黏剂（质量份）

大豆蛋白粉	100	三聚氰胺/聚酰胺环氧氯丙烷树脂	2.0
亚硫酸钠改性剂	1～5	异氰酸酯	5.0
OP-10	2～3	KH-550 偶联剂	1.0
醋酸乙烯/甲基丙烯酸甲酯水溶液/引发剂	3～5	其他助剂	适量

说明：乳液改性后的性能见表6-2。

表6-2　乳液改性后的性能

改性剂	外观	黏度/mPa·s	不挥发物含量/%	水溶物含量/%	干态剪切强度/MPa	湿态剪切强度/MPa
大豆蛋白乳液	淡黄色均匀乳液	14000	43.0	59	5.80	—
硝酸铬	淡黄色均匀乳液	14200	43.2	58	6.24	—
硝酸铝	淡黄色均匀乳液	14600	43.3	59	11.52	8.48
硫酸铜	淡绿色均匀乳液	14200	43.3	52	8.81	2.01
硫酸锌	淡黄色均匀乳液	14200	43.2	48	10.42	4.38
三聚氰胺树脂	淡黄色均匀乳液	14000	43.1	58	7.37	3.10
PAE	淡黄色均匀乳液	14000	42.0	58	7.77	—
PAPI	黄色均匀乳液	13800	42.9	39	7.46	6.01
列克纳	黄色均匀乳液	13800	42.5	54	8.86	—
KH-550	淡黄色均匀乳液	14000	43.0	56	6.85	—

注：—为无湿态强度。

三、豆胶配方与制备实例

（一）羧甲基化香豆胶

1. 原材料与配方（质量份）

香豆胶水溶液	100	醇类溶剂	适量
氯乙酸钠($ClCH_2COONa$)	12.5	水	适量
NaOH	10	其他助剂	适量

2. 制备方法

称料—配料—混料—反应—卸料—备用。

碱处理时间45min，反应温度50℃，反应时间4h。

3. 性能

本产品与原胶粉的性能比较见表6-3。

表6-3　原胶粉与改性胶粉的性能比较

项目	溶解状况	3h后溶解状况	16h后溶解状况	溶胀状况	0.7%水溶液表观黏度/mPa·s	水不溶物质量分数/%	加入交联剂后成冻状况
原胶粉	很慢	几乎不溶	微溶	不明显	11	35.8	无法挑挂
改性胶粉	较快	溶胀良好	少许不溶物	明显	80	7.9	可挑挂

4. 效果

香豆胶分子链引入羧甲基基团制备羧甲基香豆胶，可以提高其水溶性，其水不溶物质量分数由原来的35.8%降至7.9%，水溶液的表观黏度也得到显著提高。通过实验，找到了影响香豆胶羧甲基化的主要因素。通过羧甲基化实验得出香豆胶片羧甲基化改性的最佳条件是：醇类溶剂体积分数50%、NaOH浓度0.15mol/L、$ClCH_2COONa$浓度0.20mol/L、碱处理时间45min，羧甲基化反应温度50℃、反应时间4h。

（二）大豆分离蛋白胶黏剂

1. 原材料与配方（质量份）

大豆分离蛋白(SPI)	5.0	聚乙烯醇(PVA)	3.32
无水亚硫酸钠	1～2	消泡剂	3.33
十二烷基磺酸钠	0.67	白砂糖	6.64
防腐剂	0.07	水	75.99
甘油	4.98	其他助剂	适量

2. 制备方法

将一定量的浓度为10%的大豆分离蛋白在85℃下水浴加热，加热搅拌到30min时，加入一定量的聚乙烯醇溶液、白砂糖、蛋白消泡剂、甘油、防腐剂、十二烷基磺酸钠，20min后停止加热搅拌，放入室温下冷却，整个加热过程搅拌速度为200r/min。

3. 性能

本产品与市售胶水的性能比较见表6-4。

表6-4 大豆分离蛋白基环保胶水与市售胶水性能的比较

样品	黏合强度/kPa	固形物含量/%	黏度/mPa·s	甲醛含量/%
大豆分离蛋白基环保胶水	870±30	23.30±0.26	5125±155	0
市售胶水	910±20	9.71±0.33	2350±80	0.036±0.002

4. 效果

（1）将响应面分析法（RSM）应用于热聚合大豆分离蛋白黏度工艺条件的优化，结果表明，模型拟合程度高，实验误差小。优化得到的最佳反应条件为：热聚合大豆分离蛋白浓度10%，热聚合时间50min，热聚合温度85℃，黏度可达7155mPa·s。

（2）采用单因素和正交实验设计对大豆分离蛋白基环保胶水配方进行了优化研究。结果表明：影响大豆分离蛋白基环保胶水黏合强度的主次顺序是PVA＞10%SPI＞白砂糖＞甘油；最佳配方为大豆分离蛋白5%，聚乙烯醇3.32%，糖6.64%，甘油4.98%，十二烷基磺酸钠0.67%，消泡剂3.33%，防腐剂0.07%，水75.99%；以最优条件实验，所得黏合强度为870kPa。

（3）对大豆分离蛋白基环保胶水和市售胶水进行总固形物含量、黏合强度、黏度、甲醛含量进行了分析测定，结果表明：大豆分离蛋白基环保胶水的总固形物含量、黏度大于市售胶水，而黏合强度略低于市售胶水，大豆分离蛋白基环保胶水无甲醛。

（三）PVAc乳胶/改性大豆分离蛋白共混胶黏剂

1. 原材料与配方（质量份）

大豆分离蛋白(SPI)	100	消泡剂	1.0
六亚甲基四胺	1.0	润湿剂	0.5
尿素	5.0	水	适量
PVAc乳胶	10	其他助剂	适量

2. 制备方法

(1) 共混胶黏剂的制备　将定量的SPI加入盛有一定量水的三口烧瓶中，完全溶解均匀后将温度调至30℃，加入一定量尿素，搅拌1h，再加入计量好的白乳胶，共混一定时间后加入交联剂，恒温反应一定时间后停止搅拌，出料。

(2) 胶合板的制备　杨木单板（长度方向平行于木材顺纹方向）：幅面400mm×400mm×1.8mm，双面施胶，施胶后陈放4min，然后相互垂直方向叠合铺设三层胶合板，并立即按照一定的热压条件，在多层热压机上压制三层胶合板。压板后放置24h，将其锯成100mm×25mm规格的试件，进行剪切粘接强度测试。

3. 性能与效果

(1) 采用正交试验获得了尿素改性SPI/PVAc乳胶共混胶黏剂的优化配方条件及其性能，即尿素改性SPI与PVAc乳胶质量比10∶1、共混时间1h、交联剂质量分数1.0%、交联时间1.5h、黏度2090mPa·s、固含量42.8%；在热压温度140℃、热压时间1min/mm、热压压力1.2MPa、涂胶量300g/m^{2}条件下压制三层胶合板，按照Ⅰ类胶合板测试方法测定的干态和湿态剪切粘接强度分别为1.97MPa和1.02MPa。

(2) 利用优化配方制备的SPI/PVAc共混改性胶黏剂，采用正交试验获得了优化热压条件及其性能，即热压温度120℃、热压压力12MPa、热压时间2min/mm、涂胶量250g/m^2、干态剪切粘接强度2.01MPa，按照Ⅰ类胶合板测试方法测得胶黏剂的湿态剪切粘接强度为1.04MPa。

(3) 尿素改性SPI/PVAc共混胶黏剂热压压制胶合板时固化放热的高峰峰顶温度在120～160℃，但最佳热压温度在130～140℃。

(4) 采用PVAc与尿素初步改性的SPI共混制备SPI/PVAc共混胶黏剂的过程中，不但形成了一种物理交联的结构，而且在交联剂六亚甲基四胺存在下与SPI分子形成了新的化学交联，在1100cm^{-1}左右出现新峰，提高了SPI胶黏剂的耐水性能，其详细改性机理有待进一步研究。

(四) 微纳纤丝改性豆胶

1. 原材料与配方（质量份）

豆胶	100	染色剂	适量
微纳纤丝溶剂	2～5	其他助剂	适量
三聚氰胺树脂	1～5		

2. 制备方法

(1) 杨木单板染色、表面涂布工艺　采用冷压工艺，对单板进行预压，压力6.8MPa，时间5min，压缩率达20%。将预压后的杨木单板置于质量分数为0.5%的染液中，75℃下浸渍4h后，将单板取出，室温下晾干。

在三聚氰胺甲醛（MF）树脂中，杨木微纳纤丝的添加量分别是1%、3%和5%。将MF按照150g/m^2（单面）的涂布量涂饰在染色单板表面，然后放入50℃烘箱中0.5h，使其残留挥发分控制在5%～10%。热压温度150℃，时间5min，压力6.8MPa，控制单板的压缩率在45%左右，同时使MF树脂充分固化。

(2) 杨木胶合板热压工艺　在豆胶中分别加入质量分数为1%、2%、3%和5%的微纳纤丝溶液后，以480g/m^2（双面）的涂胶量涂胶。将染色杨木单板作为表板，未处理的杨木单板为芯板和背板。

由于豆胶含水率较高，组坯后需陈化0.5h，待板坯含水率达10%～15%后进行预压。预压温度120℃、时间0.5h、压力0.01MPa；热压温度160℃、时间80s/mm、压力1.6MPa，压制3层胶合板。

3. 性能

染色胶合板的表面耐磨性测定结果见表6-5。微纳纤丝改性豆胶杨木胶合板的胶合强度见表6-6。

表6-5　染色胶合板的表面耐磨性测定结果

微纳纤丝添加量/%	平均磨损率/%	标准差	重复次数
0	0.1200	0.1474	4
1	0.0728	0.0218	4
3	0.1068	0.0220	4
5	0.0863	0.0165	4

表6-6　微纳纤丝改性豆胶杨木胶合板的胶合强度

豆胶中微纳纤丝添加量/%	胶合强度/MPa	标准差
0	0.55	0.06
1	0.31	0.14
2	0.35	0.11
3	0.86	0.27
5	0.22	0.07

4. 效果

（1）将微纳纤丝与MF树脂混合，涂布在染色杨木单板表面，可明显改善其表面色牢度，考虑生产成本，以添加3%微纳纤丝为宜。

（2）加入微纳纤丝可提高染色杨木胶合板的表面耐磨性能，添加1%时，胶合板的表面耐磨性最好。

（3）采用微纳纤丝添加量为3%的豆胶制造的胶合板，胶合强度达到了国标Ⅱ类胶合板的要求。

（4）微纳纤丝明显改善了豆胶胶合板的胶合强度，且不存在甲醛释放问题。但微纳纤丝对于豆胶固有的发霉特性是否有影响，还有待进一步研究。

（五）防腐型大豆胶黏剂

1. 原材料与配方（质量份）

脱脂豆粉	100	硫酸铜/氟化钙(1∶1)复合防腐剂	0.1～0.9
NaOH	5.0	金属离子混合液	适量
氯化铁	1.0	水	适量
浓盐酸	2～4	其他助剂	适量
泥土	20		

2. 制备方法

(1) 微生物混合液的制备　在野外一固定地点取一定量泥土，加入已有 100mL 水的烧杯中充分搅拌，静置 30min 后取上清液，待用。

(2) 大豆胶黏剂的制备　在圆底烧瓶中加入水和脱脂豆粉，搅拌均匀后再依次加入配好的金属离子混合液、氢氧化钠溶液，在一定的温度下反应一段时间，制成豆胶。

(3) 防腐试验方案　选用 5 种防腐剂：硫酸铜、亚硝酸钠、山梨酸钾、氟化钙、四硼酸钠。采用单因素试验法，分别取不同用量的防腐剂改性豆胶。防腐剂的用量取 0.1%、0.3%、0.5%、0.7%、0.9%（为豆胶质量分数）。称取豆胶置于直径为 4cm 的培养皿中，按比例加入防腐剂，搅拌均匀。用涂布棒在添加有防腐剂的改性豆胶表面分别均匀涂布 1mL 微生物混合液，同时用未添加防腐剂的豆胶做对比试验。并将它们置于温度 37℃、相对湿度 78%的恒温恒湿培养箱中培养。

3. 性能与效果

大豆胶黏剂的防腐性能差，需要改性。对不同用量的硫酸铜、亚硝酸钠、山梨酸钾、氟化钙，四硼酸钠对大豆胶黏剂防腐性能的影响进行了研究。结果表明，不同品种和用量的防腐剂对豆胶防腐性能的影响不同，硫酸铜对细菌有较好的抑制效果，但对真菌的抑制作用不理想；亚硝酸钠对细菌和真菌均有抑制效果，但需较大用量，成本较高；山梨酸钾和氟化钙抑制真菌效果好，但抑制细菌效果差，且山梨酸钾的成本高于氟化钙；四硼酸钠抗细菌和真菌性能最好，其防腐性能稳定，成本最低，每吨仅增加 3.5 元，是最为理想的豆胶防腐剂；将硫酸铜与氟化钙以 1∶1 的质量比配制成复合防腐剂，防腐效果与四硼酸钠相当，但成本较高。

(六) 猪屎豆胶与黄原胶复配胶黏剂

1. 原材料与配方（质量份）

猪屎豆胶	60	中和剂	适量
黄原胶	40	其他助剂	适量
水	适量		

2. 制备方法

(1) 猪屎豆胶的制备　将猪屎豆种子去杂，用温水泡胀、研磨、手工剥离胚乳、真空干燥、粉碎、过 80 目筛，得猪屎豆胶。

(2) 猪屎豆种子胶与黄原胶复配胶的制备　配制 0.3%猪屎豆种子胶与黄原胶的复配胶溶液，使其复配比分别为 0∶10、1∶9、2∶8、3∶7、4∶6、5∶5、6∶4、7∶3、8∶2、9∶1、10∶0（质量比），在 60℃加热搅拌 30min，使多糖完全溶解，然后冷却至室温，用 NDJ-1 旋转黏度计在 60r/min 下测定其黏度。

3. 性能与效果

(1) 猪屎豆种子胶与黄原胶有强烈的协效性。猪屎豆种子胶与黄原胶复配胶的最佳复配比为 6∶4（质量比）。当两种胶以 6∶4 混合时，浓度为 0.3%的复配胶的黏度是黄原胶单溶液的 3 倍，是猪屎豆种子胶单溶液的 102 倍，当复配胶溶液浓度达到 0.4%时形成凝胶。

(2) 该复配胶溶液的黏度随着浓度的升高而升高，复配胶溶液为“非牛顿流体”，溶液具有“假塑性”；浓度达到0.4%时开始形成凝胶，当浓度达到0.7%时，黏度为5367mPa·s。该复配胶溶液的最佳加热温度为80℃，最佳加热时间为1h，该复配胶可应用于需高温加热的食品中，但加热时间不宜过长。

(3) 该复配胶溶液在弱酸-偏碱性溶液中较稳定（pH值为5～9），只有在强酸性溶液中溶液的黏度才会出现大幅下降。因此，该复配胶可以广泛地应用于酸或碱性食品中。

(4) 冻融处理、超声波处理和微波处理均使复配胶溶液的黏度有所降低，但下降幅度较小，因此，该复配胶可应用于冷冻冷藏食品及需要超声波和微波处理的食品中。

(5) 猪屎豆种子胶与黄原胶复配胶具有良好的耐盐稳定性，可以广泛应用于高盐食品中。

(6) 使用该复配胶时，可适当添加苯甲酸钠作为防腐剂。

第二节 水性纤维素类胶黏剂

一、简介

纤维素是自然界中分布最广的化合物，它在植物中所起的作用与动物的骨骼相似。木材、亚麻、棉花分别含纤维素40%～60%、80%、90%以上，是工业上纤维素的主要来源。纤维素的化学组成与淀粉一样，也是由许多葡萄糖结构单元（$C_6H_{10}O_5$）（平均3000个，随来源而异）互相连接起来的，但其中的氧桥是1,4-苷键型而不是β型。纤维素在酸性溶液中可完全水解，生成D-(+)-葡萄糖。X射线研究证明纤维素分子的长链平行排列，形成纤维素束，这显然是由于相邻纤维素分子中的许多羟基互相作用生成氢键而使这许多长链分子紧密地结合在一起。几个纤维束绞在一起形成绳索状的结构，这种绳索状的结构再排列起来形成肉眼所见的纤维。在木材中，这种绳索状的结构嵌在木质素中，就像钢筋混凝土中的钢筋一样。

每个纤维素的重复结构单元含有三个羟基：一个伯羟基和两个仲羟基。所有纤维素基胶黏剂都是通过这三个羟基中的一个或多个的反应所形成的衍生物。对于良好胶黏剂，一般不需要这三个羟基完全反应。残留一定数量的羟基一般可提高溶解性和胶黏剂的质量。纤维素的有机与无机酸酯类和醚类均可用作胶黏剂。其中常见的硝酸纤维素、乙酸纤维素、乙酸丁酸纤维素以及丙酸纤维素通常是有机溶剂基胶黏剂。而可制成水溶性的纤维素衍生物主要是纤维素醚类，如甲基纤维素、乙基纤维素、羧甲基纤维素（钠）、羟乙基纤维素、乙基羟乙基纤维素、羟丙基甲基纤维素。

纤维素醚类的制备：甲基纤维素等醚类一般是先用氢氧化钠水溶液同纤维素作用制成纤维素钠，再同烷基卤化物（如氯甲烷）反应而制成。羟乙基纤维素等醚类可用氧化乙烯等同纤维素钠反应制得。国外的主要制造商有Dow、Hercules、Union Carbide等。

二、水性纤维素类胶黏剂的制备与应用

(1) 皮革防皱裱糊胶　当简单地将皮革悬挂在烘箱中加热时，皮革会因收缩而使皮面面积有可观的损失。为了产生更平滑的表皮，通常在干燥前，先在皮革的背面涂上一种胶黏剂，并将它们裱糊或粘贴在大玻璃板等板材上。为避免滴落，所用胶黏剂在升温下应具有高强度。甲基纤维素是在加热下凝胶的唯一理想的皮革裱糊胶。这种裱糊胶在皮革和各种粘贴

板（陶瓷、玻璃、不锈钢、铅或纤维板）之间均能形成极好的湿粘接键。甲基纤维素膜具有很好的湿黏性、光亮性、强度和柔韧性；并且，因为甲基纤维素不受油脂侵蚀，其多余母液将保持不变。下面的裱糊胶起始配方是Dow化学公司推荐使用的（质量份）。

甲基纤维素(4000mPa·s)	2.0	酪蛋白(15%的溶液)	0.3
N-乙酰基乙醇胺	0.2	水	97.5

制法：将前三者加到93℃水中，保持搅拌，直到冷却至室温，或静置过夜。为防止酪蛋白受生物侵蚀，可添加约0.02%的良好杀菌剂。

羧甲基纤维素与羟乙基纤维素也可用于皮革裱糊操作的胶黏剂中，它们易于水溶的性质使其能快速脱除。

(2) 壁纸粘贴胶（糊） 甲基纤维素是电影制片厂工作室背景画面壁纸所用的“剥离糊”中的主要成分。它们同甘油与水混合构成一种理想的壁纸胶，需要时将纸与壁面或面板可靠地粘在一起，更换背景画面壁纸时又容易剥离而不损坏壁面。据说这一进展较原先用淀粉或面粉糊每年节省20万美元。

羧甲基纤维素可用作其他方面的壁纸糊，使其具有很好的滑移性、留湿性、耐脏性，且不易变坏。

(3) 胶黏剂添加剂 甲基纤维素在某些胶黏剂中用作控制黏度的添加剂，尤其是在热固性酚醛树脂胶及其他热压胶黏剂中。当加热时，在这类胶中少量甲基纤维素的存在使其凝胶，从而阻止胶液过多地渗透到被粘纸张或纸板中。在某些冷固化胶中，甲基纤维素液可用作控制黏度的手段。其溶液在相当宽的酸度范围均具有良好的稳定性，使其广泛用于胶黏剂的聚酸酸乙烯乳液中。此外，为了改善淀粉胶液，甲基纤维素（如Methocel HG）可在54～67℃下加到淀粉液中，而不引起沉淀。

羟乙基纤维素的主要用途之一，是作为许多聚乙酸乙烯乳液水基胶的增稠剂和保护胶体。

(4) 造纸胶黏剂 为了提高纸张内纤维的粘接力，以产生较好的强度和耐磨损性，可使用羧甲基纤维素（CMC）。一般用上浆机将其水溶液涂施到纸上。CMC除了做纸纤维的胶黏剂外，还可实现其他一些作用。例如，由于有CMC留在纸表面，印刷或打印的字迹更清晰，黑白更分明，这对于涂蜡的高表面光洁纸尤为重要。

羟乙基纤维素（如Cellosize）能同乙二醛一起用作提高卫生纸或餐巾纸的初期湿强度的胶黏剂，最终吸胶量约为纸浆料质量的0.7%。美国专利2285490已发现其初期湿强度可增大到干强度的30%。

甲基纤维素由于有高粘接力，在造纸与纸板工业已广泛用于上浆和涂胶。

(5) 其他用途 各种水溶性纤维素均可用作颜料与填料的胶黏剂、增稠剂或稳定剂等，相关的行业有铅笔或蜡笔、油墨、纺织印花等。在陶瓷工业中，羧甲基纤维素、乙基纤维素、羟乙基纤维素、甲基纤维素可用作胶黏剂、彩色上釉配合剂等。在制药与食品工业和农业中，甲基纤维素、羟乙基纤维素、羧甲基纤维素也是有用的胶黏剂或胶囊剂与植物种子粘接保护剂。在纺织工业中，用乙二醛适当改性的羧甲基纤维素可用作无纺布的胶黏剂，在淀粉上浆剂中少量添加可增大其黏度，改善洗脱性，从而有利于环保。在冶金工业中，羧甲基纤维素作为铸模型芯胶黏剂，具有用量少、干燥温度低、热强度好、分解温度低等优点。

羧甲基纤维素还可同聚乙烯基甲基醚配制防纸张翘曲的再湿胶。另外，甲基纤维素可用作玻璃或塑料透镜或镜片胶，羟乙基纤维素还可用于雪茄卷烟胶黏剂。

三、新型阳离子化羟乙基纤维素胶黏剂

1. 原材料与配方（质量份）

羟乙基纤维素(HEC)	100	高岭土	3～6
二甲基二烯丙基氯化铵(DMDAAC)	1～3	颜料	0.5～1.5
过硫酸钾(KPS)	0.5	消泡剂	0.2
NaOH	1～3	水	适量
增黏剂	3～5	其他助剂	适量

2. 制备方法

(1) 合成方法　将 HEC 加适量水溶解，并滴加少量 20%的 NaOH 溶液，搅拌均匀，调节 pH 值至 8～9，注入装有冷凝管的三口瓶内，加入定量的 KPS 溶液、DMDAAC，通入氮气保护气，控制反应温度为 75℃，反应 4h，得到微黄色黏稠透明液体，即为水溶性阳离子化羟乙基纤维素。

(2) 胶黏剂的制备　称料—配料—混料—反应—卸料—备用。

3. 性能与效果

羟乙基纤维素（HEC）属于非离子表面活性物质，是一种水溶性高分子化合物。由于其具有增稠、悬浮、黏合、浮化、成膜、分散、保水及提供保护胶体的作用，已被广泛应用于石油开采、涂料、建筑、日用化学品、造纸、纺织、医用及食品等领域。

以羟乙基纤维素（HEC）为基体原料，二甲基二烯丙基氯化铵（DMDAAC）为阳离子化单体，NaOH 为改性剂，过硫酸钾（KPS）为引发剂，采用自由基接枝共聚合成了新型阳离子化羟乙基纤维素，并将其用于陶瓷料浆解凝剂研究。探讨了合成条件对产物分散高岭土料浆性能的影响。结果表明，羟乙基纤维素与阳离子接枝单体的摩尔比为 3.3%，引发剂与阳离子接枝单体比为 2%，反应温度为 75℃，反应时间为 4h 时，含水量为 30%的高岭土料浆中添加 0.5%的阳离子化羟乙基纤维素，用涂-4 杯测定陶瓷料浆流动时间平均为 25.4s，高于相同条件下传统解凝剂的流动性。

用其研制的水性胶黏剂制备工艺简便可行，产品质量好，适应性好，可满足应用要求。

四、漆酶活化纤维素乙醇木质素胶黏剂

1. 原材料与配方（质量份）

工业木质素	100	其他助剂	适量
漆酶	20	调胶配方	
醋酸/醋酸钠缓冲液	100	胶黏剂	100
人工介体香草醛	1.0	PVA	5.0
2,2′-联氮双(3-乙基苯并噻唑啉-6-磺酸)二胺盐(ABTS)	2～5	面粉	10
		糠醛	5.0
聚二苯基二甲苯二异氰酸酯(PMDI)	3～6	其他助剂	适量
乳化剂(吐温-80)	2.0		

2. 制备方法

(1) 漆酶活化木质素制备木材胶黏剂的工艺流程　在 500mL 烧杯中加入 20g 工业木质

素，用100mL的醋酸/醋酸钠缓冲溶液调节pH值；然后加入1g人工介体香草醛和0.28mmol/L的ABTS 5mL，再根据要求加入不同量的漆酶；持续鼓入空气且不断搅拌（搅拌速率240～380r/min），40～60℃恒温反应3～5h后，即得木材胶黏剂。

（2）3层胶合板的制备

① 调胶：在上述胶黏剂中，加入一定量的20%PVA、面粉和糠醛，搅拌均匀即可。

② 涂胶：芯板双面涂胶，表板和背板单面涂胶，涂胶量均为0.04～0.05g/cm^2；然后组成3层胶合板板坯，预压1h后热压。

③ 热压工艺：热压温度为150℃，单位压力为1.5MPa，热压时间为7min。

3. 性能与效果

漆酶活化纤维素乙醇木质素制备生物质基木材胶黏剂的最佳工艺条件为：w（漆酶）=20%（相对于工业木质素质量而言）、反应体系pH值为4.0、反应温度45℃和反应时间4.0h；当乳化剂（Tween-80）和PMDI（聚二苯基甲烷二异氰酸酯）在反应阶段、调胶阶段分别加入时，可明显提高胶合板的湿态胶接强度。

第七章　水性动物胶黏剂

第一节　简　　介

一、基本特点

动物胶是一种热塑性胶，熔点很低，一般在18～32℃，该胶质量越好，熔点越高。它受热熔化，冷却即凝固。

动物胶的优点是胶层凝固迅速，胶合过程只需几分钟到十几分钟即可；对木材的附着力好，有较大的胶合强度（水曲柳木块用动物胶胶合的平均剪切强度可达588～980N/cm^2）；调制简单，不需加其他药剂；胶层弹性好，不易使刀具变钝；胶合过程不需大的压力，一般只要有49～68.6N/cm^{2}的压力即可；不会污染木材，对各种作业环境适应性强。

动物胶的缺点是不耐水，遇水胶层就膨胀，失去强度；无耐腐性，当胶中的含水量达到20%以上时，很易为菌类和微生物所寄生，以致变质腐败；有明显的收缩性，当胶层厚时，由于干燥不均匀，则会引起内应力而减低胶层强度，因此胶层不宜太厚；在整个使用过程中，胶液都需要加热，故增加了加热的设备和成本。

二、动物胶的调制

在调制胶液前，先要根据用胶量（一般每次调胶量不超过48h的用胶量）和所需胶液的浓度，来计算干燥胶粒或胶块的用量。由于皮胶的黏度比骨胶大，故制备一般木工用胶时，浓度也不同，通常皮胶的浓度约为30%，骨胶为40%～50%。

干燥胶粒或胶块的用量按下式计算：

$$G=\frac{KN}{100\%-W}$$

式中　G——干胶料的用量，kg或g；

K——所需胶液的浓度，%；

N——需调胶液量，kg或g；

W——干胶料的含水率，%。

调胶时需用水量，则可按下式计算：

$$G'=N-G$$

式中　G'——用水量，kg或g。

然后按计算的用量，将胶块或胶粒和水放入调胶锅中，先让干胶料在水中充分膨胀（以成冻状无硬块为准），然后把调胶锅放在水浴中加热（温度不宜超过80℃），直到胶料全部溶解成均匀的胶液为止。溶解后的胶液倒入具有加热水套的贮胶罐中，使胶液在工作时间内保持相同的温度和黏度。由于胶液在长时间的受热下，即使温度不高也会引起明胶质的水解，因此一次调胶量不宜过多。

三、动物胶的性质

粒状或粉状的商品动物胶是干、硬、无味的，材料颜色从浅琥珀色到棕褐色。当保持干燥时，它们可无限期贮存而不损失强度或活性。动物胶的相对密度约为1.27，干胶湿含量为10%～14%，正常灰分含量为2.25%～4.00%，主要是硫酸钙（皮胶）或磷酸钙（骨胶）等。大多数皮胶水溶液呈中性，pH值为6.5～7.4，较宽pH值范围的品种也可能制得。骨胶一般呈微酸性，其pH值为5.8～6.3。商品动物胶的等电点pH值通常介于4.5和5.6之间。

动物胶仅溶于水中（加到冷水中明显溶胀，在适当搅拌下加热到43～60℃即溶解成均一溶液），不溶于油、蜡、无水乙醇及一般有机溶剂，但在适当条件下可在水-油或油-水体系中乳化。动物胶溶液在许多胶黏剂应用中特别重要的性质之一，是在冷却时它们从液态变成冻胶状态，而再加热时又返回成液态。

动物胶的沉淀剂包括无水乙醇、单宁酸、苦味酸和磷钨酸以及硫酸锌的饱和溶液。硫酸铝、硫酸铁和硫酸铬会引起凝聚，有时会使胶液沉淀以及熔点升高。向胶液中加入甲醛和甲醛供体将产生有效的胶膜鞣革。向胶液中加入重铬酸钾，然后光照，将有效地使其蛋白质不溶化。当用合适的鞣革剂处理后，动物胶可制成耐水性的。

动物胶液具有宽广的黏度范围，可达70～100000mPa·s或更高，具体随干胶浓度和品种而异。其干燥胶膜呈连续非晶体，具有很大的强度和回弹性。据报道其拉伸强度可达到444.8MPa，剪切强度常超过20.68MPa。这表明其强度远大于常见工业要求。

动物胶溶液同常用改性增塑剂相容性好，这些增塑剂包括甘油、豆油、甘醇、糖浆类、磺化油以及油脂和蜡的乳液。在控制条件下，它们可添加其他胶黏剂，如淀粉、糊精和α-蛋白质。由于动物胶是两性的胶体蛋白质，故它们带有可观的胶体电荷，用简单化学添加剂适当改性，得到高效胶体絮凝剂和保护胶体，可用在工业废水处理和造纸工业中。

有些较新型的液体动物胶产品可以直接在室温下应用，即冷用。它们既具有热动物胶固有的强度、稳定性和回弹性等优点，还具有使用方便，可控制起黏时间与固化速度（随具体配方调节）等特点。它们是从热动物胶溶液添加凝胶抑制剂制得的。在水的存在下，凝胶抑制剂能够阻止或消除动物胶液的冻胶化属性，当在被粘物上失水和逐渐干燥时，凝胶抑制剂的物理作用丧失，未改性动物胶的原有性质又发挥作用。这类胶液的干固含量为35%～65%，室温下较佳黏度范围为3000～5000mPa·s。许多液体胶含有黏土或碳酸钙以改进成膜性质。需要时可添加润湿与分散剂、增塑剂和其他改性剂。

四、动物胶的应用

（1）家具与木材加工　家具与木材加工业一直广泛使用动物胶。常用的制品包括椅子、桌子、橱柜等家具、模型、玩具、体育用品和乐器。固含量50%～60%的较新型液体动物胶包括快固化型与慢固化型，它们在橱柜硬板的框架板粘接、活动住屋装配、难层压物以及其他不宜采用更廉价的热动物胶液的中小胶黏剂需求场合中使用。

（2）胶黏带　动物胶是胶黏带中所使用的一类基本胶黏剂。这些胶带既可用于常见轻型零售包装袋，也可用于重型胶带，如可用于装运货物的实心纤维与瓦楞纸箱的密封或封装

(这类场合需要快速机械作业与持久的高粘接强度)。骨胶用量很大，皮胶也常单独或同骨胶复配后使用。所用胶黏剂一般配制成约50%的固含量，且可以按干胶质量的10%～20%掺混糊精，以及少量的润湿剂、增塑剂、凝胶抑制剂(必要时)。胶黏剂(60～63℃)通常用涂料辊涂在背衬纸材上，固体的沉积量一般为纸基质量的25%。湿胶带可以在张力下用蒸汽加热辊干燥，也可用可调空气的直接加热器干燥。

(3) 其他应用　包括砂纸与砂布磨具的制造，纺织品与纸张的上浆和涂层，书籍与杂志的装订等。

第二节　骨　胶

一、简介

骨胶是人类最早使用的天然胶黏剂之一，至今已有数千年的历史，其主要特点是对极性基材具有良好的粘接性、胶液易配制、环保无毒且价格低廉，曾广泛应用于木材、包装等领域；然而，由于骨胶常温呈凝胶态，使用时需加热，并且其耐水性较差，故该类胶黏剂逐渐被合成胶黏剂所取代(如白乳胶、三醛胶等)。近年来，合成胶黏剂对环境和人体的危害已引起人们的广泛关注，故制备无毒无害的环保型骨胶胶黏剂具有重要的现实意义，并且改性骨胶也成为该研究领域的热点之一。

目前，有关骨胶改性的研究报道相对较多，但基本上是以表氯醇作为接枝共聚改性剂，而表氯醇对人体的皮肤、黏膜、眼、鼻和喉等具有刺激作用，并且人体吸入高浓度表氯醇蒸气后会导致化学性肺炎。因此，采用碱解、分散及乙醇改性法等对骨胶进行改性，以确保改性骨胶既环保无毒，又具有良好的耐水性能。

二、实用配方

1. 高强度骨胶(质量份)

骨胶	100.0	明矾	2.0
皮胶	100.0	醋酸(20%)	800.0
酒精	25.0		

说明：将胶溶于稀醋酸中加热直至全溶，再加明矾、酒精搅匀。适合非金属材料的粘接。

2. 适用骨胶(质量份)

磷酸	1.0	骨胶	3.0
水	2.0	碳酸铵	少量

说明：用水稀释磷酸加入到碳酸铵中，再将骨胶溶入，最后加等量水。加热直至糖浆状。适合非金属材料的粘接。

3. 骨胶/明矾胶(质量份)

重铬酸钾	40.0	明矾	5.0
骨胶	55.0		

说明：骨胶用水溶解，在搅拌下加其他成分，搅匀冷却。此胶强度高，耐水性好。

4. 骨胶胶黏剂（质量份）

骨胶	8.0	硝酸	1.0
亚麻仁油	1.0		

说明：骨胶水泡，加热溶解，搅拌加亚麻仁油，再加硝酸搅匀。适合非金属材料的粘接。

5. 优质明胶胶黏剂 1（质量份）

明胶(优质皮胶)	100.0	酒精	12.5
稀醋酸	200.0	明矾	2.5

说明：室温 24h 固化。用于木材的粘接。

6. 优质明胶胶黏剂 2（质量份）

皮胶或骨胶	100.0	水	100～200.0
醋酸	75.0	其他助剂	适量

三、制备方法

骨胶的制备如下。

动物胶是从胶原蛋白水解演化的一类有机胶体，这种蛋白质存在于动物皮、骨和结缔组织中。主要从牛等家畜中提取。骨胶（bone glues）和皮胶（hide glues）是动物胶的两种主要类型，它们的原料主要来自食品加工和制革工业。

(1) 皮胶的制备　首先用水清洗原料皮，接着用石灰乳浸泡处理以脱除非胶蛋白质；然后用盐酸、硫酸或亚硫酸调节至微酸性，再用水洗细心除去过量的酸。将这样处理的原料转到蒸煮罐或釜中，加入热水，按仔细控制的加热与时间规程进行一系列分段蒸煮，分段浸出稀胶液，直到胶料提取完全。然后过滤此胶料母液，蒸发致固含量 16%～45%，在连续干燥器中干燥 2～2.5h。

(2) 骨胶的制备　采用食品加工厂的副产品新鲜骨或“绿色”骨为原料。用溶剂萃取脱脂法所制的骨胶称为萃取骨胶。而现代骨胶的制备过程与皮胶类似：首先用水或烯酸清洗原料骨，然后将骨投加到压力罐中，经过热蒸汽和热水反复提取，将稀骨胶液与原料骨渣分离。然后将稀骨胶母液过滤或离心除去游离脂肪，接着蒸发成高固含量，以便最后干燥。

皮胶和骨胶的干燥产品在包装出售前，通常都要磨碎，8～12 目的为粗磨品，25～35 目的为细磨品。

现代骨胶或皮胶是均匀可靠的产品，在工业应用中均能防止细菌或霉菌的侵蚀。为了控制高速粘接应用中的发泡问题，可添加消泡剂，这类表面活性物质合适的添加时机在其母液的蒸发之后和干燥之前。在此时加入其他一些改性剂也是动物胶制造的一个重要趋势，这些添加剂包括润湿剂、分散剂、增塑剂以及为特定用户特制产品所用的化学反应剂。

大吨位的动物胶常以干粉或粒状形式出售，但冷液体动物胶、柔性不翘曲的复配或改性胶及糊状胶的产量在不断增加。

(3) 动物胶胶液配制　现代干动物胶在使用时也容易配制成胶液，可将干胶直接加到机械搅拌的热水中溶解，热水温度为 65～77℃，溶解后逐渐降温到 60～63℃——这是动物胶有效操作性的最佳温度范围。每批胶液配制时间通常需要 30～60min。另一种胶液配制方法如下：首先在冷水中浸泡直到溶胀（需 30～45min），然后转移到装有搅拌器的夹套熔化罐中，熔化与搅拌成溶液。此法适用于小量多次的间歇生产。为了得到最佳结果，干胶应该总是按质量计量，而不是按体积计量（可能造成较大差错）。所需水量起初也应称重，其后可按成功的批次所作的标记刻度加水。混合罐的材质优先采用镀锌铁与不锈钢，铁罐和铜罐在长期加热后可能引起胶液变色。较小的混合罐可采用夹套水电加热法，而较大的混合罐应用低压蒸汽加热。

四、骨胶配方与制备实例

(一) 液体骨胶胶黏剂

1. 原材料与配方（质量份）

骨胶	100	柠檬酸	1～2
NaOH	3.2	尿素	2.5
乙醇	10	水	适量
十二烷基硫酸钠(SDS)	1.5	其他助剂	适量

2. 制备方法

将水、NaOH、SDS 和尿素加入到 250mL 三口烧瓶中，中速搅拌若干时间；然后加入骨胶，水溶加热至 60℃时，恒温搅拌 100min；再加入乙醇、适量柠檬酸，继续搅拌反应 30min 后，得到黄褐色黏稠状产品。

3. 性能与效果

以氢氧化钠（NaOH）作为降解剂、乙醇作为改性剂，制备环保无毒、常温呈液态的改性骨胶胶黏剂；然后以黏度和凝固点作为考核指标，采用单因素试验法优选出制备改性骨胶胶黏剂的最佳工艺条件。研究结果表明：制备改性骨胶胶黏剂的最佳工艺条件是 m(水)∶m(干骨胶)＝1.2∶1，m(NaOH)＝0.8g，碱解温度为 60℃，碱解时间为 100min，V(乙醇)＝2mL；传统骨胶经碱解、乙醇改性后，相应的改性骨胶胶黏剂具有凝固点（0℃）较低、常温呈液态、黏度（1.6Pa·s）较高、粘接性能（剪切强度为 5.88MPa）良好、适用期（90d）较长和耐水性（接触角为 84.95°）较佳等诸多优点，并且其环保无毒、热稳定性良好。

(二) 混合酸水解法合成改性骨胶胶黏剂

1. 原材料与配方（质量份）

骨胶	100	润湿剂	1～2
柠檬酸	0.3～0.5	水	适量
盐酸	2.5	其他助剂	适量
戊二醛	2.5		

2. 制备方法

(1) 改性骨胶的制备　将骨胶和水加入到 250mL 三口烧瓶中，使其充分溶胀；然后按比例加入一定量的混合酸（5mol/L 盐酸、2mol/L 柠檬酸），在一定温度条件下反应若干时间；最后降温至 30℃，缓慢滴加一定量的 0.5%戊二醛，继续反应 1h，得到黏稠状改性骨胶。

(2) 制备改性骨胶最佳工艺条件的确定　以黏度和凝固点为考核指标，以25mL混合酸中柠檬酸比例、水解温度、水解时间及戊二醛用量等作为改性骨胶性能的影响因素，采用单因素试验法优选出制备改性骨胶的最佳工艺条件。

3. 性能与效果

(1) 采用混合酸（盐酸和柠檬酸）水解、戊二醛共聚交联等方法，制备出一种新型改性骨胶。通过单因素试验法优选出制备改性骨胶的最佳工艺条件。

(2) 当m(骨胶)＝25g、V(水)＝25mL时，改性骨胶最佳工艺条件为25mL混合酸中φ(柠檬酸)＝0.06%、V(0.5%戊二醛)＝1.5mL、酸解温度65℃和酸解时间35min。

(3) 由最佳工艺条件制成的改性骨胶黏合剂，其凝固点为－2℃、黏度为1850mPa·s、剪切强度为1.87MPa、开胶时间为1.5h、适用期为90d且具有良好的热稳定性能。

(4) 利用混合酸对骨胶进行水解，可同时避免盐酸水解后适用期短和柠檬酸水解后凝固点高等现象。戊二醛与骨胶小分子交联反应后形成了稳定的网状结构。同时引入的疏水性柔性链段使骨胶耐水性，强韧性等综合性能得以明显提高。

(三) 硫酸铝改性骨胶胶黏剂

1. 原材料与配方（质量份）

骨胶溶液	100	水	适量
硫酸铝	40～50	其他助剂	适量
尿素	65		

2. 制备方法

(1) 硫酸铝改性骨胶的制备　在250mL三口烧瓶中，将骨胶溶于水，搅拌均匀后，得到骨胶溶液；然后升温（水浴）至50℃，加入硫酸铝，恒温搅拌30min；随后加入尿素，继续搅拌10min后，得到黏稠状淡黄色胶液。

(2) 3层胶合板的制备

① 杨木单板：幅面为35cm×35cm×1.5cm，含水率为8%～9%，总（双面）施胶量为600g/m^2，涂胶后陈放时间为20min，各单板之间纵横交错组坯。

② 热压条件：按正交试验设计执行。

3. 性能与效果

(1) 改性前后骨胶的初始分解温度基本相近，均为240℃左右：当温度高于240℃时，改性后骨胶的热分解速率大于未改性的工业骨胶。改性骨胶在60～160℃有一个很明显的吸热峰，其固化温度为99.29℃，骨胶的固化反应在100～160℃范围内进行时，可使改性骨胶固化得更充分。

(2) 热压温度对改性骨胶的胶接强度影响最大。骨胶压制胶合板的最佳热压工艺条件为：热压温度110℃，热压时间20min，热压压力4MPa，存放时间48h。

(3) 改性骨胶的水接触角显著增大（由61.55°增至102.72°），说明改性骨胶的耐水性显著增强；改性骨胶的胶膜表面更规整、更致密，从而有利于阻止水分子的侵入；另外，改性骨胶的断面转变为耐水性更强的海藻状结构，说明经硫酸铝改性后骨胶的耐水性明显提高。

(四) 蒙脱土改性骨胶胶黏剂

1. 原材料与配方(质量份)

骨胶	100	氯化钙($CaCl_2$)	0.1～1.0
蒙脱土(MMT)	40	盐酸(HCl)	1～2
无水乙醇	1～2	NaOH	2～3
丙酮	2～3	水	适量
氯化钠(NaCl)	0.5～1.5	其他助剂	适量

2. 制备方法

称料—配料—混料—反应—卸料—备用。

3. 性能与效果

(1) 通过改变影响吸附的因素，并以骨胶的理化性能研究为基础，分析吸附量变化的原因，从而优选出 MMT 对骨胶的最佳吸附条件。

(2) MMT 对骨胶的最佳吸附条件是：温度 25℃，时间 1h，超声分散功率 150W，w(骨胶)=3%，骨胶的 pH 值为 5。另外，MMT 对骨胶的吸附量随介质浓度、盐溶液浓度的增加而降低。

(3) 吸附量变化的主要原因是：影响因素的改变导致骨胶表面电荷发生变化；影响因素的改变也会导致骨胶分子链的运动状态不同，致使其分子链间的相互作用力发生变化。

(五) 乙醇改性骨胶胶黏剂

1. 原材料与配方(质量份)

骨胶	100	乙醇	80
NaOH	4.0	水	适量
环氧氯丙烷	1～3	其他助剂	适量

2. 制备方法

将骨胶颗粒和水加入到 250mL 三口烧瓶中，升温至 60℃(恒温水浴)，再加入固体 NaOH，中速搅拌 0.5h 后降温至 40℃；调节 pH 值至 7，边低速搅拌边缓慢滴加环氧氯丙烷，继续反应 2h，得到黄褐色黏稠状液体。

在不改变试验装置的前提下，将乙醇在一定温度下加入上述胶液中，搅拌一定时间即可。

3. 性能与效果

(1) 采用碱解、交联及乙醇改性等方法能够有效改善骨胶胶黏剂的耐水性能。

(2) 制备乙醇改性骨胶胶黏剂的最佳工艺条件：水胶比 1.5∶1.0，w(NaOH)=1.5%，醇胶比 4∶50，改性温度 40℃，改性时间 40min。

(3) 改性骨胶胶膜的水接触角由改性前的 47.5°增至 70.5°，并且其表面呈光滑状且裂纹较少，说明改性骨胶胶黏剂的耐水性能明显提高。

(六) 戊二醛交联改性骨胶胶黏剂

1. 原材料与配方 (质量份)

骨胶(BG)	50	NaOH	2～3
蒙脱土(MMT)	50	自来水	适量
戊二醛	1～2	其他助剂	适量
盐酸	1～3		

2. 制备方法

(1) 骨胶/蒙脱土插层复合物 (BG/MMT) 的制备　取 25mL 5% (质量分数，后同) 的 BG 溶液，在 65℃下缓慢滴加到 25mL 1%的 MMT 溶液里，快速搅拌 50min，干燥后，即得插层复合物。

(2) 交联型骨胶/蒙脱土插层复合物 (CBG/MMT) 的制备　取 100mL 15%的骨胶溶液搅拌 30min，升温至 45℃，加入 1.2g 戊二醛，继续反应 1.5h，即得到戊二醛交联型骨胶，配制 25mL 5%的交联型骨胶溶液，在 65℃下缓慢滴加到 25mL 1%的 MMT 溶液里，快速搅拌 1h，干燥后，即得插层复合物。

3. 性能

骨胶改性前后的力学性能对比见表 7-1。

表 7-1　骨胶改性前后的力学性能对比

材料	拉伸剪切强度/MPa	拉伸强度/MPa	弹性模量/GPa	断裂伸长率/%
骨胶	2.23	58	1.1～1.5	6.9
交联骨胶	2.41	78	0.8～1.2	9.9
骨胶插层复合物	2.37	77	2.4～2.7	4.5
交联骨胶插层复合物	2.48	73	2.3～2.7	4.8

4. 效果

(1) 根据 XRD 谱图分析，插层结构已经形成。材料的拉伸剪切强度随插层温度的升高而降低，剪切力的作用会随时间的延长影响材料的抗拉性能，且酸碱环境都能引起骨胶的水解。插层的最佳工艺为：温度 30℃，时间 1h，pH=7。

(2) 插层改性能够改善骨胶的力学性能。TGA 和 SEM 分析表明，插层后，材料的热稳定性和韧性都明显得到提高。与原始骨胶相比，插层后的骨胶性能更稳定，具有良好的发展前景。

(七) Al 离子改性骨胶胶黏剂

1. 原材料与配方 (质量份)

骨胶	100	水	适量
硫酸铝	10～20	其他助剂	适量
NaOH	1～3		

2. 制备方法

准确称取两份等质量的干骨胶分别溶于水中，置于 250mL 三口烧瓶中，搅拌得到骨胶溶液，将其加热至 60℃ (水浴)，其中 1 份加入硫酸铝，另 1 份不加，恒温搅拌 1h，得到黏稠的乳黄色胶液，即为骨胶溶液和CA溶液，将所得溶液置于聚四氟乙烯板中自然晾干，得到骨胶膜和CA膜。

3. 性能与效果

利用Al^{3+}对骨胶进行改性，制备了Al^{3+}改性骨胶黏合材料（CA），研究了Al^{3+}对骨胶的改性机理，利用FT-IR（傅里叶转换红外）光谱、XRD（X射线衍射）光谱、PL（荧光发射）光谱、XPS（X射线衍射光电子）能谱对改性机理进行验证，通过扫描电子电镜（SEM），表面润湿角检测仪对CA进行耐水性表征。结果表明，Al^{3+}与骨胶分子肽链中的—NH和═O发生配位反应，使骨胶分子各肽链之间通过Al^{3+}交联在一起，形成稳定的五元环网状结构；CA膜表面较骨胶膜表面更加规整、平滑、致密；表面润湿角检测发现CA膜的接触角为92.45°，而骨胶膜的接触角只有42.58°。

（八）耐水性骨胶胶黏剂

1. 原材料与配方（质量份）

骨胶	100	柠檬酸	2～3
硫酸铝	3～4	水	适量
NaOH	4.0	其他助剂	适量

2. 制备方法

将30mL水、1.0g NaOH加入到250mL三口烧瓶中，中速搅拌10min；然后加入25g骨胶，水浴加热至60℃，恒温搅拌100min；加入适量柠檬酸调节pH值为4～5，再加入0.8g硫酸铝，继续搅拌反应30～60min后，得到黄褐色黏稠状产物。

3. 性能与效果

骨胶是一种天然动物蛋白质胶黏剂，在纸张和木材行业应用较广，具有粘接强度高、成本低廉、无毒害、无污染、绿色环保的优点。由于骨胶凝固点高，常温下呈固态，易霉变，水溶液稳定性不好，易分层，贮存期短，耐水性差，粘接强度不稳定，胶膜韧性差等缺点，限制了其应用。

以硫酸铝为改性剂，氢氧化钠为碱解剂，采用碱解、金属离子配位的方法对骨胶进行改性，极大地降低了毒害。通过单因素法优选出制备综合性能良好的改性骨胶的最佳工艺条件为碱解时间100min，pH值为5。

骨胶经过碱解、硫酸铝配位改性后，改性骨胶的综合性能得到改善，凝固点降低（−2℃）的同时黏度（0.6Pa·s）较为理想，耐水性有所提高（接触角由41.28°增至80.57°）。

第三节　鱼　　胶

一、简介

（一）鱼胶的制备

鱼胶通常是从鱼皮衍生的，鳕鱼为最好的原料来源。鱼皮是从冰冻鱼上剥下来的，咸鱼

鱼皮也可使用。将鱼皮充分洗涤（除盐等）后，就可在一定温度下在水中蒸煮一定时间，流出的清汤首先蒸发浓缩成固含量4%～6%的母液，然后制成固含量约45%的鱼胶。由于细菌及所产生的酶会快速地破坏和降解鱼胶，所以应特别注意确保清洁。在蒸发完成后，可向最终鱼胶中添加特征气味剂和杀菌剂。保护好的鱼胶在室温下至少可贮存2年。

(二) 鱼胶的特性

典型鱼胶具有下列性质：

颜色	稍带酱色
气味	所加气味剂的特性为温和气味
黏度(21℃)/mPa·s	4000～7000
固含量/%	43～50
温度范围/℃	－1～260
剪切强度/MPa	22.06(50%木材破坏,ASTM D905)
相对密度	1.175

干燥的鱼胶可完全溶于水，不溶于有机溶剂，但液体鱼胶可容忍一些水溶性溶剂。添加这些溶剂可以更好地润湿某些抛光面或涂料面，并取得良好的粘接。一些溶剂的容限（在100份45%的鱼胶溶液中）如下（质量份）。

溶剂	质量份	溶剂	质量份
乙醇	50	甲基溶纤剂	95
丙酮	25	二甲基甲酰胺	110

鱼胶有可逆凝胶性，当冷却到4.4℃或更低温度时，液体鱼胶会发生凝胶，在室温下又完全变成液体，性质不变。鱼胶的干膜相当脆，如果需要可以用甘油或甘醇等吸湿剂增塑，以产生柔韧胶膜。鱼胶在宽广温度范围产生刚性粘接键，在高热下不软化，因此，它们可用于高温下，而不产生粘接键的滑动困难。

鱼胶的有用特性还有：①对金属、橡胶、玻璃、水泥、木材及纸张均有良好的粘接性；②初黏性高；③能用作再湿胶，类似于接触胶；④用作金属涂层时，有高度耐腐蚀性；⑤干鱼胶硬得足以砂磨而不粘连；⑥可以做到耐水和不溶于水；⑦可以配制成热塑性的热黏胶；⑧由于水溶性好，可用作临时胶黏剂。

(三) 鱼胶的应用

尽管鱼胶的用量不大，但这些应用往往要求独特，主要包括：①橡胶-钢材粘接；②草纸板-钢材粘接；③橡胶或软木-胶合板粘接；④纸材-钢材粘接；⑤颜料-瓷器粘接；⑥直线粘接；⑦光刻胶。

二、鱼鳞胶

(一) 简介

1. 基本状况

我国淡水鱼产量丰富，居世界首位。近年来，淡水鱼加工业随着淡水鱼产量的增长而得到了较快的发展。但是，许多淡水鱼加工过程仅局限于对鱼体肌肉的利用，如生产鱼糜、鱼丸等，而对鱼鳞等下脚料的加工利用较少。每年淡水鱼加工业的废弃物总量就达到200万吨以上，其中鱼鳞约占15%，即30万吨。若将水产品加工业的下脚料鱼鳞中的明胶提取出来，每年可生产10万吨的明胶产品。同时也可有效减少环境污染，提高企业经济效益。

2. 特点及组成

鱼鳞是表皮的变形物，鱼体上的鳞片大体有3种，第1种是板鳃鱼所特有的楯鳞，鲨鱼就属于这种情况；第2种叫硬鳞，斜方形，边缘互相连接；第3种是鱼类中最常见，最普通的骨鳞，在硬骨鱼中最多。鱼鳞有上下2层，上层由骨质组成，坚固脆薄；下层由纤维结缔组织相互交叉错综编织而成，显得柔软以便鱼体活动。制取鱼鳞胶基本上是用骨鳞做原料的。鱼鳞的成分和骨类似，但无机盐类要少得多，除胶原和鱼类特有的鱼鳞硬蛋白外，还有少量脂肪、色素和黏液质等。鱼鳞的胶状物质主要沉积在下层骨质纤维板之间。由于鱼鳞的组织较疏松，所以其胶原蛋白易变成胶，所含的胶原也易于被水解成明胶。

不同的鱼种，鱼鳞所占鱼体的比例是不同的（表7-2），一般淡水鱼鳞所占的比例要大于海水鱼鳞。用鱼鳞制取明胶时，得率一般在12%左右。

表7-2　鱼鳞占鱼体的质量分数

鱼名	大黄鱼	小黄鱼	鮸鱼	草鱼	花鲢	青鱼	鲤鱼
所占比例/%	2.5	1	2	2.5	2	2.5	2.5

3. 鱼鳞的功能

对鱼鳞进行的理化分析表明，鱼鳞中含有丰富的蛋白质、脂肪和多种微量元素，还有丰富的钙和磷，特别是其有机质组成与珍珠层粉相近。鱼鳞中含有较多的卵磷脂，可增强记忆力，抑制脑细胞退化；鱼鳞中还含有多种不饱和脂肪酸，可在血液中以结合蛋白的形式帮助传送和乳化脂肪，减少胆固醇在血管壁上的沉积，具有防止动脉硬化、预防高血压及心脏病等功用。所以吃鱼时不要把鱼鳞扔掉，而应该先洗净、捣碎，用文火熬成胶状，配以适口佐料，便是上佳的营养菜肴。

（二）鱼鳞胶原蛋白的提取技术

1. 鱼鳞提取胶原蛋白的前处理

鱼鳞主要由胶原蛋白、羟基磷灰石、硬蛋白及$CaCO_3$、$CaSO_4$组成。Onozato H等研究发现，胶原纤维被磷灰石黏附。因此，在提取前应对鱼鳞进行前处理，使胶原蛋白脱离磷灰石晶格的束缚而溶出，从而提高提取效果。

在鱼鳞的前处理中主要做的是脱钙，方法主要有酸脱钙和EDTA脱钙。酸脱钙主要是利用酸和钙盐反应，从而将钙盐以Ca^{2+}形式溶出。EDTA脱钙是由于Ca^{2+}、Mg^{2+}等金属离子能够与EDTA发生络合，而达到脱出金属离子的目的。在酸脱钙中酸的选择也较多，现在主要应用的是盐酸、柠檬酸、醋酸、乳酸等。有人研究过盐酸法脱钙过程中胶原蛋白的变化情况。在实验中发现当HCl浓度$<0.1mol/L$时，胶原蛋白的溶出随酸度的增加而增加；当HCl浓度$>0.1mol/L$时，胶原的溶出与酸度呈负相关，盐酸浓度越大，鱼鳞中胶原蛋白的水解越少。这点对提取胶原蛋白非常有利。但总的来说，用盐酸进行前处理的方法欠佳，原因是其前处理时间过长且有大量的腐蚀性物质介入，不利于后期的加工生产。在鱼鳞胶原蛋白提取工艺的优化中采用微波辅助10%柠檬酸脱钙的方法对鱼鳞进行前处理，可缩短处理时间，对胶原蛋白破坏较小，且整个过程中没有毒害或腐蚀性物质的介入，提高了胶原蛋白的安全性。但没有进一步的探讨微波处理提高脱钙能力的原因，未对比直接用柠檬酸脱钙和微波辅助10%柠檬酸脱钙的效果差异，从而说明是微波对脱钙有促进作用。EDTA脱钙一般用0.5mol/L的EDTA溶液（料液比1∶25）处理2d，这期间要加强机械搅动，使金属离子充分络合。有人在鲤鱼鳞酸溶性胶原蛋白提取的研究中，发现在对鲤鱼鱼鳞前处理前先用Na_2CO_3对其进行处理可以提高胶原蛋白的提取率。主要是因为碱性物质可以起疏松胶原纤维致密结构的作用，从而增大胶原蛋白的提取率。但用Na_2CO_3处理需要浸泡48h，时间太长，不利于实际生产。

2. 鱼鳞胶原蛋白的提取方法

（1）传统提取方法　传统的制备胶原蛋白的工艺是：原料→预处理→酸处理→碱处理→熬胶→胶液过滤→浓缩→切片→干燥→成品。

将鱼鳞洗净，必要时要进行脱脂脱色，然后用盐酸（pH值在4～5）浸泡进行脱钙处理，直到鳞片柔软透明，时间为2～3周：取出洗净后浸灰15～20d，主要是使得原料组织疏松。洗净后放在60～70℃夹层锅中加热2～3h熬胶2～5次，提尽为止。趁热转盘，凝固成胶冻，干燥后使含水量<15%，即得成品。然而，传统的提取方法步骤繁多，耗时长且在提取过程中胶原蛋白流失较大，不适于大规模的生产。

（2）酸提取法　酸提取法即利用酸在一定的外界环境条件下提取胶原蛋白，使用的酸有盐酸、柠檬酸、乳酸、醋酸等。利用乙酸从鲤鱼鱼鳞中提取胶原蛋白，经过响应面分析实验得到最佳提取工艺。在提取过程中发现，乙酸浓度过高反而会使胶原蛋白的提取率有下降的趋势，主要原因是较高的乙酸浓度会增加胶原蛋白的溶解速率，使提取液的黏度迅速增大，从而不利于后期的提取。用0.5mol/L的醋酸提取鱼鳞胶原蛋白，实验后的样品进行电泳时发现几乎没有条带。用醋酸、柠檬酸、乳酸来提取草鱼鱼鳞的胶原蛋白的结果表明，柠檬酸提取胶原蛋白的得率最高，乳酸次之，醋酸最低。总体上说，用酸提取胶原蛋白时在前处理中不能用酸进行处理，因而有部分杂蛋白难以去除，在后续提取得到的胶原蛋白含杂蛋白较多，从而就增大了胶原蛋白纯化的工作量。酸提取方法步骤过于烦琐，在常温下提取，大量胶原蛋白损失。

（3）热水提取法　热水提取就是原料经过各种前处理后在一定条件下用热水浸提，从而得到水溶性胶原蛋白的方法。在研究鱼鳞水法制胶的实验中得到鱼鳞水法制胶的最佳温度在60～70℃。温度高些有助于提胶，但温度过高抽提率则有所下降。超过70℃后，所制得的鱼鳞胶的固含量会有降低的现象，随着固含量的降低，鱼鳞胶的折射率和增比黏度都会降低，导致鱼鳞胶的质量有所下降。液比（鱼鳞与水的质量比）越小，所制得的胶黏度越高，鱼鳞胶的质量也相对好些；可是液比太小抽提胶困难，抽提率小。因此抽提鱼鳞胶的液比以（1∶1）～（1∶1.5）为最好。在比较热力法和酶解法提取鱼鳞胶原蛋白的实验中发现，热力法的提取率比酶解法高，鱼鳞∶水＝1∶20，121℃提取15min，得率可达到45.47%，并且热力法提取的胶原蛋白有较高的保水性、乳化能力和乳化稳定性及泡沫稳定性。但此实验存在一个问题，由于目前胶原蛋白特异性的定量比较困难，因此常采用蛋白质总量测定方法或总氮量测定方法，而胶原蛋白对热比较敏感，在40℃以上的变性过程中，胶原蛋白的三螺旋结构被破坏，其中的氢键和疏水键断裂；温度升高到60℃以上，某些共价键被破坏，发生降解；到125～127℃以上，蛋氨酸、丝氨酸，苏氨酸以及酪氨酸等氨基酸残基被破坏，脱氨、脱水。因此，在实验中测得的应该是变性后的胶原蛋白的总氮量，由此计算出的提取率就不准确。

（4）酶提取法　酶提取法制备即利用各种不同的酶在一定的外界环境条件下提取胶原蛋白，常采用的酶有中性蛋白酶、木瓜蛋白酶、胰蛋白酶、胃蛋白酶等。原料经过前处理后加入不同的酶提取得到酶促溶性胶原蛋白。采用碱性蛋白酶 2709 酶解鱼鳞的结果表明，酶解最佳温度为 50℃，酶量宜采用 3.0%，酶解的最佳时间为 5h，底物浓度宜选择 10%。得到的鱼鳞水解蛋白有很好的吸水性、乳化性、起泡性和溶解性。实验中用茚三酮显色法判定各因素对鱼鳞胶原蛋白水解的影响，但以显色反应的颜色深浅来判定水解液中游离氨基酸的总量时，其准确性需进一步考证。以乙酸为胃蛋白酶的溶剂酶解鱼鳞提取胶原蛋白时，最佳提取条件是：温度为 16.59℃，时间 28.18h，酶用量为 396.21μg/mL。由于乙酸也可以水解胶原蛋白，因此，此方法提取得到的胶原蛋白既有酶溶性的也有酸溶性的。但是提取的时间太长，不适于工业生产。通过比较多种酶（枯草杆菌 1389 蛋白酶、胰蛋白酶、木瓜蛋白酶）在其各自的最佳条件下对胶原蛋白的水解情况可知，经稀释后鱼鳞胶蛋白溶液的总氮量为 37.30mg/mL，酶用量为 2000μg/mL，水解时间为 5h，而利用混合酶水解在相同的时间内水解度较高。虽然多酶的水解度高，但成本太高，同样不利于大规模的生产加工。在酶水解提取中，还存在一个问题，即随着酶的水解作用，在水解产物中容易有苦味肽的出现。并且研究发现水解度与苦味肽的生成呈线性关系，因此不难推想，选择合适的水解度可有效控制苦味肽的生成。因而，在酶法提取胶原蛋白中找到一个水解度又高，苦肽生成量又少的点是至关重要的。

目前提取胶原蛋白的技术也有很大的发展，但或多或少都存在一些缺点，不利于实际的大规模生产。酸提取法就是步骤过于烦琐且提取物中混有酸，从而不利于食品、化妆品工业的加工采用。热提取法虽然没有其他杂物的混入，但在高温下蛋白质容易变性，这对提取产物影响颇大。酶提取法没有了以上两种方法的缺陷，但在酶水解时易有苦味肽的产生从而限制了其应用范围。因此，迫切需要在前人的基础上探寻新的方便快捷的胶原蛋白提取方法。

（三）鱼鳞制胶工艺

（1）碱（酸）法制胶　传统工艺如下：

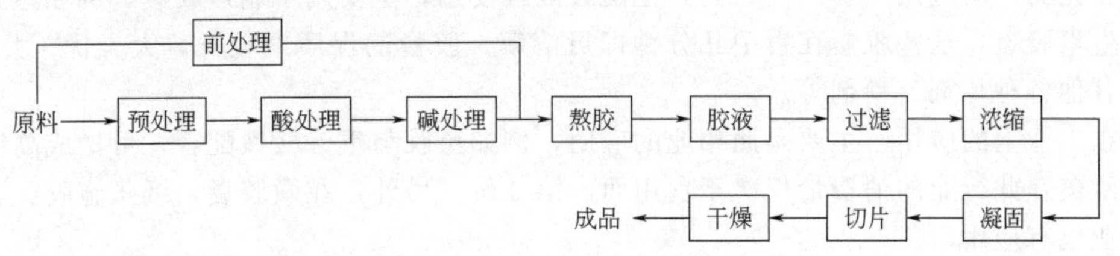

先把鱼鳞洗净，必要时进行脱脂脱色，然后用浓度为 1%～2% 的盐酸溶液浸泡，以除去鱼鳞中的钙盐。为尽量减少对胶原的影响，温度要控制在 0～15℃。浸泡液由于消耗而浓度变稀时及时更换，直至鳞片柔软透明，pH 值稳定不变时停止浸酸，时间大概 2～3 周；取出洗干净后浸灰（2～4g/L 的石灰乳）15～20d，这对产品质量的优劣、产率的高低、色泽的深浅影响很大。洗净后放在 60～70℃夹层锅内加热 2～3h，提尽为止。

（2）酶法制胶　酶处理可代替长时间浸灰，还能将不溶解的粗蛋白分解，保留原料中的有效活性成分。根据胶蛋白的特点，选择胃蛋白酶、胰蛋白酶和枯草杆菌中性蛋白酶 3 种进行了对比实验（表 7-3），根据对茚三酮的显色深浅，表明游离氨基酸的含量水平。胃蛋白酶能使胶原蛋白溶解，但酶解作用几乎不发生；胰蛋白酶则能轻度酶解。综合考虑，选定枯草杆菌中性蛋白酶效果较好。

表 7-3 几种酶处理后对茚三酮的显色反应

酶种类	胃蛋白酶	胰蛋白酶	先胃蛋白酶后胰蛋白酶	枯草杆菌中性蛋白酶
茚三酮显色	无	浅	深	深

酶解时通过对酶量、温度、固形物浓度和酶解时间进行最适条件的选择，按正交设计，来比较不同水平的差异显著性，最终选择的最佳条件是，温度 50℃，酶量 1.5%，时间 6h；底物浓度 20%。

(3) 工艺过程

① 浸料　鱼鳞应选体积较大的鱼类为好。为便于加工，必须先按类挑选，然后经过浸碱、浸酸、浸灰、中和四个工序。采用浓度 5% 的 NaOH 溶液浸泡 5min，除去鳞上的油脂并使鱼鳞膨胀。用清水冲洗至不含碱味。然后再用稀盐酸溶液浸泡 4 次，称为浸酸，时间 20～24h，其中第 1 次宜短、第 4 次则长。浸酸后用清水反复清洗，再放在 0.2%～0.4% 的石灰水中浸泡，称为浸灰；时间 10～14 天，最后洗净，用稀盐酸中和。

② 熬胶　经过上述处理后，即可将鱼鳞放在蒸锅内熬胶，连续熬煮数次，使胶质提净为止。熬煮温度以 60～70℃为宜，每次熬煮时间为 2～3h，用水量为鱼鳞质量的 1～1.5 倍。

③ 干燥　熬胶后，取出胶液，用滤布趁热过滤，分装在浅盘中，使之冷却，凝固成胶冻，用刮刀将胶刮成厚 0.5～1cm 的薄片，放在干燥室内进行干燥，即得成品。

(四) 应用

(1) 在食品上的应用　鱼鳞胶含有除色氨酸以外的全部必需氨基酸，如果再补充色氨酸，其营养价值就会更高。鱼鳞胶是强有力的保护胶体，乳化力强，既有助于食物消化，又可抑制牛奶、豆浆等食品中的蛋白质因胃酸而引起的凝聚作用。欧美等发达国家食用胶的消费量是很大的，在这方面的研究也比较成熟。它在食品上常用作罐头、水果、冰激凌、蛋黄酱等的胶黏剂、稳定剂和乳化剂等。它的前身胶原有 2 种非常重要的用途，一是香肠肠衣，二是酒类澄清剂。此外，鱼鳞胶还是一种低卡保健食品，能防止发胖并增加体力。

(2) 在医药上的应用　鱼鳞胶可与其他明胶混合使用，主要用于制造胶囊，例如鱼肝油胶囊和维生素胶囊，这些胶囊在胃中几分钟即可溶解。胶囊的保质期较长，大大优于片剂。还可用于其他各种片剂、粉剂等。

(3) 在工业上的应用　主要是照相业的应用，例如鱼胶与重铬酸铵配合，可做成高级摄影胶膜。欧美在此行业的消费量仅次于食用而占第 2 位。另外，在微胶囊、纸张施胶、乳化等其他行业也有应用。

(五) 酸碱法提取鱼鳞胶胶黏剂

1. 原材料与配方 (质量份)

鱼鳞	100	醋酸钠	1～2
NaOH	3.0	正丙醇	1～3
氢氧化钙	3.6	对二甲氨基苯甲醛	3～5
硫酸	1～2	高氯酸	0.1～1.0
羟脯氨酸	0.5	异丙醇	0.2～1.2
氯胺 T	0.3	活性剂	适量
柠檬酸	0.2	其他助剂	适量

2. 制备方法

鱼鳞→粉碎→浸酸脱钙→水洗过滤→调 pH 值→脱钙鳞片→浸灰→水洗过滤→调 pH 值→水提→挤滤→鱼鳞明胶。

↓

滤渣

3. 性能与效果

采用酸碱法与热水提取相结合的方法提取鳙鱼鱼鳞胶的最佳浸酸工艺条件为：浸酸料液比 1∶20、浸酸浓度 3%、浸酸时间 6h；浸碱工艺条件为：料液比 1∶20、浸碱浓度 3%、浸碱时间 12h。

采用此工艺条件，生产周期可由传统方法的 30～40d，缩短到 1d 完成，而且得到的鱼鳞胶纯度较高，品质良好。

（六）草鱼鱼鳞胶黏剂

1. 原材料与配方（质量份）

草鱼鳞	100	蒸馏水	适量
胃蛋白酶	10	其他助剂	适量
盐酸	5～6		

2. 制备方法

（1）预处理　鱼鳞在提取鱼鳞胶之前先用盐酸脱钙，3.81%的盐酸以 57.67 的液料比在低温（10～15℃）下脱钙 32.33h，用蒸馏水反复清洗鱼鳞，抽干备用。

（2）鱼鳞胶的制备　准确称取一定量的鱼鳞，经前处理工艺后，加入液料比为 10 的蒸馏水，然后加入 1.0%的胃蛋白酶，在 pH 值为 2、温度为 37℃下酶解 5h，干燥即得鱼鳞胶。

3. 性能与效果

鱼鳞胶的氨基酸组成见表 7-4。

表 7-4　鱼鳞胶的氨基酸组成

氨基酸	质量分数/%
天冬氨酸 Aspartic	3.35
苏氨酸 Threonine	0.89
丝氨酸 Serine	0.91
谷氨酸 Glutamic	5.21
脯氨酸 Proline	9.35
甘氨酸 Glycine	16.27
丙氨酸 Alanine	5.62
胱氨酸 Cystine	—
缬氨酸 Valine	1.08
蛋氨酸 Methionine	0.86
异亮氨酸 Isoleucine	0.65
亮氨酸 Leucine	1.29
酪氨酸 Tyrosine	0.50
苯丙氨酸 Phenylalanine	0.14
组氨酸 Histidine	2.01
赖氨酸 Lysine	0.25
精氨酸 Arginine	5.11
总计	52.49

对鱼鳞胶的凝胶强度，以及鱼鳞胶的动力学黏度在 0.5℃/min 的速率下的冷却过程（40～5℃）和加热过程（5～40℃）2 个阶段进行了分析，测定的鱼鳞胶的凝胶温度和熔化温度分别为 17.1℃和 26.8℃。鱼鳞胶溶液的黏度随浓度增加而增加，随着温度的升高而降低，随外加电解质 NaCl 浓度的增加而增加。

（七）改性鱼鳞胶黏剂

1. 原材料与配方（质量份）

鲫鱼鳞	100	啤酒酵母	3.0
柠檬酸	7.0	热水	适量
草酸	5.0	其他助剂	适量
NaOH	5～10		

2. 制备方法

（1）鱼鳞的清洗和干燥　收集本地淡水鲫鱼鱼鳞，清除杂质，再以 3%盐水浸泡，不断搅拌，洗涤干净，离心脱水，用离心后静置的上清液洗涤数次。烘箱中 40℃烘干备用。为了确保鱼鳞中的蛋白不变质，利于熬胶，鱼鳞烘干时一般应控制温度不高于 40℃。也可放置室温自然烘干，待用。

（2）碱处理　鱼鳞熬胶前需先进行脱色与杂蛋白的去除，以便更加有利于后续脱钙工序。通常采用碱溶液处理，但碱度过高会破坏鱼鳞的固定结构，造成浪费。

鱼胶的主要成分是生胶质，黏度很高，胶凝强度超过一般的动物胶。鱼鳞胶原是一种纤维蛋白，通常由 3 条多肽链构成三股螺旋结构，具有较强的机械强度，不溶于冷、温水和酸、碱或盐的稀溶液中，吸水膨胀。热水中，聚合作用力和连接作用力减弱，易于断裂，生成较小的水溶性明胶质。

选择将预处理过的鱼鳞放在室温 0.2%的 NaOH 中浸泡 24h。浸泡过后的溶液变浑浊，并有较浓的腥味。加酸至中性（pH 试纸显示中性即可）。

实验结果表明，未经处理的鱼鳞片纹路较平，并且清晰，鳞片比较厚。经 NaOH 浸泡过的鱼鳞片溶涨，透明度比未经处理的鱼鳞片增加。

（3）制胶　脱腥后的鱼鳞胶溶液，倒入成型的器皿中自然风干成胶。采用离心沉淀分离的方式也可以获得粉末状鱼鳞胶。

3. 性能与效果

（1）熬胶时可极大地缩小液体用量，使最后的脱水凝胶更为迅速。并且超声波熬胶时，容器内温度不超 70℃，符合熬胶所需的温度。

（2）柠檬酸可食用，作用比较温和，脱钙效果好，且其脱钙液还可以作为钙补充液加以回收利用，提高了资源的利用率，节约生产用水量。

（3）采用酵母脱腥法进行鱼鳞胶的脱腥。虽然酵母脱腥的机理不是很清楚，但是酵母法脱腥效果比其他方法更为理想，并且酵母中含有丰富氨基酸。

（4）生产工艺更加简单，产品也符合食用标准。

（八）鱼鳞胶原-壳聚糖止血海绵

1. 原材料与配方（质量份）

罗非鱼鱼鳞	7.0	柠檬酸	3.0
壳聚糖	30	醋酸溶液	5.0
胃蛋白酶	1～3	戊二醛	0.015
牛腱Ⅰ型胶原	1～2	蒸馏水	适量

2. 制备方法

（1）鱼鳞胶原的制备　罗非鱼鱼鳞洗净晾干，粉碎后于3%盐酸溶液中浸泡2h，充分脱钙。将脱钙后的鱼鳞用蒸馏水洗净，以1∶20的质量比加入0.2mol/L的柠檬酸溶液调pH值至2.0，添加3%胃蛋白酶，在10℃下酶解48h；酶解液于10℃、8000r/min下离心10min（旋转半径r=11.5cm），收集上清液，残渣继续酶解；重复上述酶解步骤3次，合并上清液。在上清液中缓慢加入NaCl粉末，使NaCl浓度达到0.8mol/L，混匀后于10℃静置过夜，使鱼鳞胶原充分沉淀析出。在10℃下以8000r/min的转速离心10min（旋转半径r=11.5cm），收集沉淀，装于透析袋内，用蒸馏水透析3d，每天更换蒸馏水，直至Cl^-不再析出。经冷冻干燥后获得鱼鳞胶原固体，置于干燥器中保存。

（2）胶原-壳聚糖止血海绵的制备　将制得的鱼鳞胶原与壳聚糖分别溶解于0.2%的醋酸溶液中，以一定比例混匀，再加入一定量的戊二醛溶液，倒入硅胶模具中（4.8cm×2.5cm×1.2cm），于4℃环境下静置交联24h。再放置于－70℃低温下冻结24h，冻结后于真空冷冻干燥机中冷冻干燥48h，制成多孔海绵状固体，即胶原-壳聚糖止血海绵。

3. 性能与效果

以罗非鱼（*Tilapia mossambica*）鱼鳞为原料，经低温酶解提取鱼鳞Ⅰ型胶原，将鱼鳞Ⅰ型胶原与壳聚糖进行混合交联，冻干后制成胶原-壳聚糖止血海绵。以止血海绵的密度、吸水倍数、保水率、透气率和止血时间为指标，通过单因素实验和正交试验优化获得最佳的制备工艺：胶原与壳聚糖配比7∶3、制备液总浓度1.4%、交联剂添加量0.015%。在该最佳工艺下制备的止血海绵密度为22.95mg/cm^3、吸水倍数为45.34、保水率为55.83%、透气率为46.36%、止血时间为68.0s，呈蜂窝状多孔结构，具有优良的持水性和透气性。

（九）脱钙罗非鱼鱼鳞胶黏剂

1. 原材料与配方（质量份）

罗非鱼鱼鳞	100	柠檬酸溶液	10
氯化钠(NaCl)溶液	15	蒸馏水	适量
乙二胺四乙酸二钠	0.15	其他助剂	适量

2. 制备方法

将干净鱼鳞按料液比1∶15（g/mL）浸泡于1.03mol/L的氯化钠（NaCl）溶液中24h，以除去非胶原成分，然后脱钙。鱼鳞与0.15mol/L的乙二胺四乙酸二钠（EDTA-Na_2）按1∶15（g/mL）混合后浸泡6h，用蒸馏水洗涤至pH=5～6，沥干，浸于柠檬酸溶液（料液比1∶10，g/mL），再用蒸馏水洗涤至中性，添加5倍鱼鳞质量的蒸馏水熬胶，胶液经200

目滤布过滤、60℃真空浓缩后进行真空干燥（60℃，24h），所得样品粉碎后即为罗非鱼鱼鳞明胶。

3. 性能

鱼鳞及牛骨明胶的氨基酸组成见表 7-5，理化性质见表 7-6。

表 7-5　鱼鳞及牛骨明胶氨基酸组成（每 1000 个总氨基酸残基中的残基数）

氨基酸	鱼鳞明胶	牛骨明胶
天冬氨酸 Asp	46	48
苏氨酸 Thr	21	18
丝氨酸 Ser	25	34
谷氨酸 Glu	72	82
甘氨酸 Gly	352	352
丙氨酸 Ala	132	121
缬氨酸 Val	23	26
甲硫氨酸 Met	15	3
异亮氨酸 Ile	12	12
亮氨酸 Leu	25	28
酪氨酸 Tyr	5	1
苯丙氨酸 Phe	16	14
赖氨酸 Lys	27	33
组氨酸 His	2	5
精氨酸 Arg	54	51
脯氨酸 Pro	118	99
羟脯氨酸 Hyp	55	73
氨基酸总量 total	1000	1000
亚氨基酸 imino acid	173	172

表 7-6　鱼鳞及牛骨明胶的理化性质

明胶	水分/%	粗蛋白/%	灰分/%	凝胶强度/g	熔点/℃	成胶质量浓度/(g/L)	黏度/(L/g)	透明度/%
鱼鳞	8.4±0.3	89.9±0.2	1.7	245±2	27.0	8.0	0.030	74.9
牛骨	10.7±0.2	88.6±0.1	0.7	332±5	33.0	6.0	0.046	93.5

注：凝胶强度折合为含水量 12%的值。

4. 效果

（1）响应面优化的明胶提取工艺为脱钙罗非鱼鱼鳞经 200g/L 柠檬酸溶液浸泡 3.6h 后，在 65℃提取 3.6h，其得率高达 28%。

（2）所得明胶符合国家标准，蛋白质含量、凝胶强度较高，灰分含量低，质量好。与商业牛骨明胶相比，其凝胶强度、熔点及黏度略低，可通过化学或酶法改性进一步改善其理化性质，从而达到替代哺乳动物明胶应用于食品行业的目的。

（3）罗非鱼鳞的功能特性（如乳化性、保湿性等）还有待于进一步研究。

三、鱼皮胶

（一）脱水热处理改性鱼皮明胶

1. 原材料与配方（质量份）

罗非鱼鱼皮	100	氯化钠	0.5～1.5
DC蛋白剂	1～2	盐酸	0.2～1.2
羟脯氨酸	2～3	硫酸	0.1～1.0
NaOH	3～5	H_2O_2	2.5
无水乙醇	3～6	硼酸	3.0
甘油	1～3	尿素	1～3
三羟甲基氨基甲烷	3.0	其他助剂	适量

2. 制备方法

首先将鱼皮在NaOH溶液中常温浸泡15～20h，再用清水漂洗，而后，在氯化钠溶液中再浸泡2h，用蒸馏水漂洗使鱼皮呈中性，再在80℃热水中提取鱼皮明胶。此后再按照配方比例加入各组分，经混合后便制成鱼皮胶。

3. 性能与效果

为了改良鱼皮明胶可食膜的性能，拓宽可食膜的资源，以罗非鱼皮为原料提取明胶制备可食膜，考察了脱水热处理对其理化性质的影响。结果发现罗非鱼鱼皮明胶中亚氨基酸含量为19.3%，主要由β链和α链组成，制备的可食膜的拉伸强度达37.5MPa。80℃热处理对明胶膜的理化性质无明显的影响。当热处理温度提高到100℃或120℃时，伴随热处理明胶膜的拉伸强度逐渐增大而溶解性逐渐降低。在热处理过程中，膜的颜色略微变黄，但断裂延伸率和透明度却无明显的变化。SDS-PAGE图谱和明胶膜在蛋白变性剂中的溶解性结果显示，高于100℃的热处理使明胶α链和β链发生交联，增强疏水相互作用和共价键在明胶膜中的贡献，使膜的玻璃化转变温度得到提高。以上结果表明，脱水热处理可改善鱼皮明胶膜的力学性能、耐水性能和热稳定性，有利于拓宽可食膜的资源和鱼皮明胶膜的应用。

（二）鱼皮明胶蛋白膜1

1. 原材料与配方（质量份）

罗非鱼鱼皮	100	DC蛋白试剂	1～2
甘油	20	盐酸	2～3
戊二醛溶液	1～4	蒸馏水	适量
NaOH	3.0	其他助剂	适量

2. 制备方法

（1）鱼皮明胶的提取　罗非鱼鱼皮于0.05mol/L NaOH中在4℃下浸泡16h，清水漂洗，利用0.05mol/L HCl在室温下浸泡2h，用蒸馏水漂洗至中性，然后用80℃热水浸提制备。

（2）鱼皮明胶蛋白膜的制备　将明胶蛋白质量浓度调配成2%，甘油浓度按照蛋白质含量的20%添加后，利用搅拌脱泡机对其脱泡后调制成明胶蛋白膜液。将制备的膜液（4g）倒在5cm×5cm的有机硅树脂框内，利用恒温恒湿箱，在（25±1）℃、相对湿度（RH）为（50±5）%的条件下干燥24h后制备成明胶蛋白膜。

另外，为了研究戊二醛的添加对明胶蛋白膜性质的影响，在可食膜的膜液中添加了质量分数为1%～4%（相对明胶蛋白）的戊二醛后，按照上述方法制备成明胶蛋白膜。

3. 性能与效果

利用罗非鱼鱼皮提取明胶制备蛋白膜，考察了浸提条件和戊二醛的添加对明胶蛋白膜性质的影响。结果表明，利用罗非鱼鱼皮可以制备成无色透明的明胶蛋白膜。在80℃水浴条件下，伴随着明胶浸提时间的延长，膜的拉伸强度出现先上升后下降的趋势，在浸提时间为1.0h时达到最大值。而膜的断裂伸长率和水蒸气透过率则随着浸提时间的增加而下降。然而，浸提时间对膜的透光率没有显著影响。另一方面，当利用质量分数为1%～4%（相对明胶蛋白）的戊二醛对蛋白膜进行改性时，膜的拉伸强度、断裂伸长率、水蒸气透过率和溶解性均明显下降，而蛋白膜的色泽变黄，紫外线阻隔能力增强。利用SDS-PAGE分析发现，戊二醛的添加会使明胶分子发生交联反应，且反应更易在高分子成分之间发生。

(三) 鱼皮明胶蛋白膜2

1. 原材料与配方（质量份）

鲨鱼皮明胶粉末	100	蒸馏水	适量
甘油增塑剂	20～30	其他助剂	适量
DC蛋白试剂	1～5		

2. 制备方法

在60℃水浴中保温60min使明胶粉末溶于蒸馏水，将明胶蛋白浓度调配成2%、3%和4%，甘油（增塑剂）的浓度按照蛋白含量的20%添加后，利用搅拌脱泡机（UM113，Unix，日本）进行脱泡调制成明胶蛋白可食膜液。将调制好的膜液（4g）均匀地倒在5cm×5cm的有机硅树脂框内，利用恒温恒湿箱（PSX智能型，宁波莱福科技有限公司），在(25±1)℃、相对湿度（relative humidity，RH）50%±5%的条件下干燥24h后制备成明胶蛋白可食膜。将获得的蛋白可食膜继续放在（25±1)℃、RH 50%±5%的恒温恒湿箱中24h后，作为以下实验的测试样品。

此外，为了调查甘油浓度对明胶蛋白膜理化性质的影响，将可食膜液中的蛋白浓度调整为2%，甘油浓度分别调整成蛋白浓度的10%、20%、40%、50%和70%，按照上述方法制备成明胶蛋白膜。

3. 性能

鲨鱼皮明胶的氨基酸组成见表7-7，蛋白浓度对明胶蛋白膜性能的影响见表7-8。

表7-7　鲨鱼皮明胶氨基酸组成

氨基酸	鲨鱼皮明胶	氨基酸	鲨鱼皮明胶
甘氨酸 Gly	333	异亮氨酸① Ile	19
羟脯氨酸① Hpro	78	亮氨酸① Leu	22
脯氨酸① Pro	109	酪氨酸 Tyr	2
天冬氨酸 Asp	40	半胱氨酸 Cys	0
苏氨酸 Thr	22	苯丙氨酸① Phe	14
丝氨酸 Ser	39	赖氨酸 Lys	20
谷氨酸 Glu	75	羟赖氨酸 Hlys	10
丙氨酸① Ala	123	组氨酸 His	6
缬氨酸① Val	23	精氨酸 Arg	52
蛋氨酸① Met	13	总氨基酸 total	1000

① 表示氨基酸为疏水性氨基酸，所测氨基酸残基为每1000个氨基酸残基中的残基数。

表 7-8　蛋白浓度对明胶蛋白膜性能的影响

性能	膜液蛋白浓度/%		
	2	3	4
厚度/μm	25.2±1.5[a]	36.8±2.1[b]	45.3±2.5[c]
拉伸强度/MPa	34.2±5.6[a]	37.6±6.2[a]	34.8±6.3[a]
断裂伸长率/%	6.6±0.9[a]	8.7±0.7[b]	12.2±0.9[c]
水蒸气透过率/[10^{-10}g/(m·s·Pa)]	1.25±0.21[a]	1.73±0.35[b]	2.41±0.24[c]

注：同一行相同小写字母表示差异不显著（$P>0.05$）。

4. 效果

利用鲨鱼皮明胶制备蛋白可食膜，测定了成膜液蛋白浓度、甘油含量对明胶蛋白膜理化性质的影响，以及环境湿度对膜热稳定性的影响。结果发现，利用鲨鱼皮明胶可以制备成无色透明的蛋白可食膜，成膜液蛋白浓度对明胶蛋白膜的断裂伸长率（EAB）、水蒸气透过率（WVP）以及透明度有一定的影响，对拉伸强度（TS）没有显著影响，但甘油含量从10%增加到70%时蛋白膜的TS逐渐降低。利用DSC对膜的热稳定性进行分析，结果表明当水分活度（A_w）<0.33时，明胶蛋白膜在常温下可以处于玻璃态，性质能够保持稳定。然而，当A_w超过0.44后，膜的玻璃化转变温度（T_g）起始点低于25℃，膜的EAB上升，TS出现显著下降。当A_w达到0.92时，膜甚至开始溶解变成溶胶。因此，利用鲨鱼皮制备的明胶蛋白膜只适合在A_w小于0.44的干燥环境中应用。

第四节　其他动物胶黏剂

一、明胶

（一）简介

明胶是由胶原蛋白经过水解得到的一种天然高分子材料，在照相、制药、食品、化妆品和胶黏剂等行业中得到了广泛的应用。A.G. 沃德在1950年提出把胶原经温和但不可逆的断裂后，生成的主要产物称为明胶。明胶是最早用来作为微胶囊壁材的原料之一，尽管可以用作壁材的物质种类很多，但因其具有良好的生物兼容性和理化性质，现在的微胶囊产品仍然有相当大的部分是用明胶作壁材的。明胶微胶囊材料具有广阔的应用前景。

1. 明胶的结构与性质

明胶是一种天然的高分子材料，其结构与生物体组织结构相似，了解明胶的结构与性质对于制备和研究明胶微胶囊有重要作用。

（1）明胶的结构　明胶是胶原部分水解后的产物。胶原是由3条多肽链相互缠绕所形成的螺旋体。当胶原分子水解时，三股螺旋互相拆开，其肽链有不同程度的分离和断裂。其分离和断裂方式有4种：①3条肽链松开后仍有氢键相互联结；②1条肽链分离，另2条肽链松开后仍有氢键联结；③螺旋完全松开，成为3条互不联结的、不规则盘旋的α肽链；④3条分离的α链部分断裂。胶原按上述4种方式分离和断裂后，就形成了明胶分子的结构。

明胶是一个具有一定分子质量分布的多分散体系，其分子质量分布因工艺条件的不同而有所差别，并影响到明胶的理化性能，不同规格的明胶分子量一般为15000～250000。它是18种氨基酸所组成的两性大分子，其中甘氨酸占1/3、丙氨酸占1/9、脯氨酸和羟基脯氨酸合占1/3，谷氨酸、精氨酸、天门冬氨酸及丝氨酸共占20%，组氨酸、蛋氨酸及酪氨酸少量存在。明胶中还含有少量微量元素，不同的行业都要求有严格的技术指标来控制明胶中微量元素的含量。有人应用ICP-AES技术建立了定量测试明胶中微量元素Hg和Rh的分析方法。应用MSF模型提高了检测汞的精密度和检测限。

明胶根据制备方法的不同，可以分为酸法明胶和碱法明胶。酸法明胶（等电点6～8）是用酸水解猪皮得到的，可塑性和弹性较好。碱法明胶（等电点4.7～5.3）是用碱水解骨头及动物皮肤得到的，硬度较好。

（2）明胶的溶胶凝胶性质　在明胶水溶液中，明胶分子存在2种可逆变化的构型：溶胶形式和凝胶形式。这种性质是明胶最重要、最具特征性的理化性质，它使明胶在微胶囊领域得到了广泛的应用。明胶的溶胶凝胶性质与明胶的分子质量及其分布、提取和浓缩条件、杂质或添加剂的化学性质等有关。因此，了解明胶的这一性质是至关重要的。

当温热的明胶水溶液冷却时，其黏度逐渐升高，如果浓度足够大，温度充分低，明胶分子会互相缠结而形成三维空间的网状结构，使明胶分子的运动受到限制，但其中间夹持的大量液体却有正常的黏度，电解质离子在其中的扩散速度和电导率与在溶胶中相同，明胶水溶液即转变为凝胶。该凝胶是类似于固体的物质，能够保持其形状，并具有弹性。温度继续下降，在冷却到0℃以下时，内部水分结冰，其结晶晶格的引力超过了明胶分子对水分子的引力，水分就在凝胶内部网络中间形成冰的结晶，并逐渐扩大。皮明胶在结冰时冰晶在凝胶内部形成，将冰晶除去，剩下的是一个和冻豆腐类似的立体网络；但在骨明胶结冰时，冰晶在凝胶的表面及四周产生。这说明非常相似的2种明胶，其凝胶中的分子结构与组织并不完全相同，骨明胶内部的水分可以更自由地运动。该类转变是可逆的，明胶凝胶在受热后能可逆地转变为溶液状态。

对明胶来说，凝胶强度（Bloom值）是衡量其力学性能最重要的指标。研究表明：在酸溶胶原的组分中，α组分含量对凝胶强度的贡献最大，随着α组分含量的增加，凝胶强度也随之增大。从理论上讲，α组分含量占明胶总含量的60%～70%时，才称得上是高质量的明胶。然而，由于α组分含量与骨胶原的来源、制备方法及工艺条件紧密相关，因此通过胶原水解所制得的明胶，其α组分的相对含量可以在10%～70%变化。

2. 明胶微胶囊的性质与制备特点

（1）微胶囊的性质　微胶囊是由天然或合成高分子材料（称为壁材）将微小的固体颗粒、液滴或气泡（称为芯材）包覆的微小囊状物，直径一般在1～1000μm。微胶囊技术的研究始于20世纪30年代，在50年代中期得到迅猛发展，在此时期出现了许多微胶囊化产品和工艺。用于制备微胶囊的方法很多，目前文献报道的有200多种，从原理上大致可分为化学方法、物理方法和物理化学方法3类。化学法主要包括界面聚合法、原位聚合法、锐孔法等；物理化学法主要包括水相分离法、油相分离法、粉末床法等；物理法主要包括喷雾干燥法、真空蒸发沉积法、空气悬浮法等。

微胶囊之所以被广泛地应用于工业品中，是由于通过对物质进行胶囊化后可以实现许多目的：可改善被包覆物质的物理性质，增加其应用领域；在可以控制的条件下，使芯材即刻释放出来；也可经过一段时间逐渐地释放出来：提高物质的稳定性，使物质免受环境的影响，改善芯材的反应活性、耐久性、压敏性、光敏性和热敏性；使药物具有靶向功能，降低对健康的危害，减少毒副作用；将不相容的化合物隔离等。

(2) 明胶微胶囊的制备特点　明胶具有良好的成膜性、生物相容性、可生物降解性，并且是一种有效的保护胶体，可以阻止晶体或离子的聚集，是制备微胶囊的重要的壁材原料。明胶微胶囊通常选用的制备方法有单凝聚法、复凝聚法、喷雾干燥法、冷冻干燥法等。

明胶侧链上的氨基、羧基以及羟基使其具有很高的化学活性，可以通过各种化学反应或其他多种方法对明胶进行改性，得到许多既有新的特性，又保留明胶优异性能的新型材料。利用丙烯酰胺改性明胶的研究表明：用接枝明胶以单凝聚法制备的微胶囊，随着接枝明胶分子量的增大，粒径分布变宽，分子量较小的接枝明胶制备的微胶囊粒径分布更集中，更趋向于正态分布。其他天然高分子材料（如壳聚糖等）与明胶共混，使其生物相容性、可控降解性都得到了明显改善。

戊二醛常作为交联剂用于明胶微胶囊的制备中。将空气中250℃热处理7h的未交联明胶经过稀硫酸处理后，可得多孔内核结构，但在氮气中250℃热处理的未交联和交联明胶，都得不到多孔内核结构。有人研究了甲醛和戊二醛交联后胶原构象的变化，发现要引起分子椭圆率相同的变化，甲醛的用量应是戊二醛用量的4倍多。但是由于戊二醛有一定毒性，无法广泛用于医学、食品等领域，因此有人以天然化合物京尼平为交联剂，研究了其对明胶的交联反应机理，将交联反应分为2类，即快反应杂环胺化反应及慢反应酰胺化反应。所得交联体系的力学性能及吸水溶胀性能均与京尼平的用量有关，可以通过京尼平用量的调节而在一定范围内调控明胶的理化性能。

明胶作为由18种氨基酸构成的高分子聚合物，在40℃以上长期加热就会加速明胶分子中肽链的水解断裂。研究表明：微球表面固化不完全，微球之间存在粘连现象，所以在工业化微胶囊生产中采用烘干干燥，很容易产生微球（微囊）粘连，故不易采用烘干干燥。微球冷冻干燥首先失去的也是表面水分，微球表面形态无变化，至8h，直径大于20μm的大微囊有轻微皱缩，延长冷冻干燥时间，微球表面不再变化。

(二) 实用配方

1. 适用明胶1（质量份）

明胶	100.0	尿素	20.0
稀醋酸	200.0	亚硫酸钠	0.01
酒精	12.0	甘油	2～5.0
明矾	2.5		

说明：在0.5～0.7MPa压力下24h固化。主要用于粘接木制品。

2. 适用明胶2（质量份）

明胶	5.0	氯化钙	1.0
水	1.0		

说明：先将氯化钙溶于水，再加明胶浸泡软化，并加热溶化。适合粘纸。

(三) 明胶/羧甲基纤维素（CMC）微胶囊

(1) 原材料与配方（质量份）

明胶	90	肉桂醛	5.0
CMC	10	酶固化剂	5.0
冰醋酸	1～2	热水	适量
NaOH	2～4	其他助剂	适量

(2) 制备方法　将一定比例的明胶和 CMC 在热水中搅拌溶解，加入芯材肉桂醛，10000r/min 高速分散乳化 2～3min。乳状液倒入三口烧瓶中，45℃下恒温匀速搅拌，调节 pH 值至适当值，反应一定时间。降温到 15℃以下，调节 pH 值至中性，加入酶固化。产品经抽滤，水洗，得到湿囊。湿囊可冷冻干燥，也可以一定固形物含量分散于水中进行喷雾干燥。

(3) 性能与效果　以明胶和 CMC（羧甲基纤维素钠）为壁材，肉桂醛为芯材，通过复合凝聚法制备球形多核微胶囊。研究明胶/CMC 比例、pH 值、壁材浓度、芯壁比等参数对胶囊形态、粒径及包埋效果的影响。试验确定最佳工艺参数为：明胶/CMC 比例 9∶1，pH 值 4.6～4.7，壁材浓度 1%，芯壁比 2∶1。在此条件下制备的微胶囊球形较好，表面光滑，粒径均一。与明胶/阿拉伯胶制备的微胶囊相比，形态相似，产率较高，而壁材成本大大降低。

二、血液蛋白胶黏剂

(一) 原料的准备及质量要求

1. 血液

一般动物的血液中，约有 80%水、12%～18%蛋白质和 1%～2%糖类、脂肪及其他无机物。血液中有凝血酶，它一接触空气，就会使血液内溶解的蛋白质-纤维蛋白质立即变成不溶于水的线状物，这些线状物先结成网，然后进一步使血液凝成块。为防止血液凝块，通常可采取两种方法。

一种是在血液中加入稳定剂，阻止凝血酶的活动。常用的药剂有氯化钠（即食盐，用量为血液的 10%）、氟化钠、草酸盐等。

另一种是人工脱纤的方法，即在血液从动物伤口流出时，用木棒在容器中进行搅拌而除去，亦可将已形成的血液凝块用人工或专门的机器打碎，使血液分离出来。这种在血液中除去血纤维的工作称为血液的脱纤。

脱纤后的血液，如果保存较长时间，还需加入防腐剂，通常用苯酚、甲醛、杂酚及松节油，用量为血液量的 0.25%～1%，具体用量则需依防腐时间而定，防腐时间短可取下限。用 0.875%氟化钠也可进行防腐。目前，生产上也有用 NaOH 防腐的，用量为血液的 1%～2%（加入时血液必须是冷的），这部分 NaOH 用量，应在调胶时所加的 NaOH 用量中扣除，这种方法既经济，效果也较好。

脱纤后的血液应为鲜红色，有鲜血气味，而无特殊异臭的均匀液体，血液应通过 2mm 的筛孔，蛋白质含量应在 14%以上。

2. 血粉

在脱纤过的血液中，加入一些防腐剂，然后经干燥而制得血粉。干燥方式的不同，制得的血粉也不同。用喷雾干燥法和离心干燥法，均可制得细粉末血粉；如在干燥室中进行盘式干燥法，可制得鳞片状的结晶状血粉。这两种血粉中，以前者的质量为优，故一般都用细粉末血粉。

细粉末血粉的质量要求：红褐色的、无特殊异臭的粉末；细度要求能完全通过 2mm 筛孔；蛋白质含量应在 75%以上；含水率不超过 11%；含脂量不多于 0.4%；在水中的溶解度在 85%以上。

保存血粉的仓库应该阳光充足，空气畅通，湿度不宜大于 65%，温度不宜高于 20℃，以保证血粉不致结块腐坏变质。

（二）血胶的调制

1. 配方

血胶调制的配方，除主要胶着物质血液或血粉外，其他成胶剂的量均由血液和血粉中的蛋白质含量而定。通常血粉的蛋白质含量都能达到质量指标的要求，不需进行测定。有时由于贮存时间过长，为保证胶的质量则需进行测定。但血液一般均由肉类加工厂直接供应，蛋白质含量无规定指标，故使用时必须先测定所用血液的蛋白质含量，然后再来确定成胶剂的用量。

（1）血液和血粉中蛋白质含量的测定

① 血液　可用简捷的硫酸铜相对密度法。在测定以前，必须先配制各种相对密度的硫酸铜溶液，硫酸铜溶液的相对密度为 1.063、1.062、1.061、1.060、1.059、1.058、1.057、1.056、1.055、1.054。

硫酸铜溶液的配制，是先配制相对密度为 1.1000±0.0001 的预备液。方法是将 200g 粗硫酸铜放入 600mL 新鲜蒸馏水中，加热使其全部溶解，然后于常温下以双层致密滤纸过滤，即可以得到相对密度在 1.1000 以上的硫酸铜溶液，再以密度天平（威氏天平）测定其实际相对密度（在 18℃时）。

在 18℃时，测得蒸馏水的相对密度为 0.9985，新配硫酸铜溶液的相对密度为 x，如欲将 y 毫升相对密度为 x 的硫酸铜溶液配成 1.1000±0.0001 相对密度的标准溶液时，所应加的蒸馏水量为 V，可由下式算出：

$$V=\frac{y(x-1.1000)}{1.1000-0.9985}=\frac{y(x-1.1000)}{0.1015}$$

配得相对密度为 1.1000±0.0001 的预备液后，再按表（表 7-9）分别取出预备液的数量，然后把它们稀释到 100mL，即得相应相对密度的各种硫酸铜标准液。

表 7-9　用 1.1000±0.0001 预备液配制各种相对密度的硫酸铜标准液

相对密度	1.054	1.055	1.056	1.057	1.058	1.059	1.060	1.061	1.062	1.063
预备液/mL	53	54	55	56	57	58	59	60	61	62

测定血液中蛋白质含量时，先将硫酸铜溶液倒入试管中，然后将血液搅拌均匀，用吸管吸取血液少许，将吸管放于试管中离硫酸铜液面 1cm 的高度，压出一滴血液，然后观察血滴在硫酸铜溶液中的升降情况，如血滴浮于液面，则应换取相对密度较小的硫酸铜溶液；如血滴沉至管底，则应换取相对密度较大的硫酸铜溶液，直到换取的硫酸铜溶液能使血液在其中不上升亦不下降，并且能停留 10s 之久，则此硫酸铜溶液的相对密度与血液相同，由此即得到血液的相对密度。测得了血液的相对密度后，再由表 7-10 查得血液的蛋白质含量。

表 7-10　猪血蛋白质含量的相对密度对照表

血液的相对密度	1.063	1.062	1.061	1.060	1.059	1.058	1.057	1.056	1.055	1.054
血液蛋白质含量/%	18.95	18.70	18.45	18.18	17.73	17.67	17.42	17.15	16.90	16.60

② 血粉　用称量瓶称取 2～3g 血粉，倒入 100mL 容量瓶，加水至刻度，浸泡 4～5h，使其沉淀完全。然后用吸管吸取 10mL 上层血液，放在烧杯中，再加酒精 15～20mL，放置 2～3h，使其沉淀完全，然后用滤纸过滤。将滤纸连同沉淀物一起放在表面皿上，放入烘箱，在 (105±2)℃下干燥 2h，冷却至常温称重。

血粉的蛋白质含量计算公式：

$$P(\%)=\frac{[(G_1+G_2)-G_1]\times 100}{V_1\times \frac{G_0}{V}}$$

式中　G_0——血粉重，g；

G_1——滤纸重，g；

G_2——烘干样品重，g；

V——溶液毫升数，mL；

V_1——取出毫升数，mL；

P——血粉的蛋白质含量，%。

(2) 血胶中蛋白质含量的选择　血胶中蛋白质含量的多少，取决于被胶合木材的性质。木质致密、表面平滑的单板，可以用低蛋白血胶，胶压时要求较大的单位压力；木质粗松、加工粗糙的单板，宜用高蛋白血胶，胶压时所需单位压力则可大可小。

通常应用的血胶中，以 7%～10%的蛋白质含量为低蛋白血胶；蛋白质含量超过 10%的为高蛋白血胶，最高可达 30%～40%。我国胶合板用材较多的是松软的椴木及多孔的水曲柳等，故要求用较高蛋白含量的胶，一般以使用蛋白质含量为 10%～15%的血胶为宜。

(3) 石灰的用量　配方中石灰的用量，以每克蛋白质使用 2.5～4.0mg 当量的氧化钙来计算（氧化钙的摩尔质量为 28g）。算出了氧化钙的用量之后，再根据石灰中有效氧化钙的含量算出石灰的用量。

例如，已知鲜血的蛋白质含量为 17%，石灰中有效氧化钙的含量为 70%，则用 100kg 血液的配方中，所需石灰的用量按下式计算（以每克蛋白质用 3.5mg 当量氧化钙计）：

$$\begin{aligned}\text{石灰用量}&=\frac{\text{鲜血重}\times\text{鲜血中蛋白质含量}\times 3.5\times 28}{\text{石灰中有效氧化钙含量}\times 1000}\\&=\frac{100\times 17\%\times 3.5\times 28}{70\%\times 1000}\\&=2.38(\text{kg})\end{aligned}$$

(4) 水的用量　如果配方要求血液中蛋白质的含量为 14%，而实际鲜血的蛋白质含量为 17%。则用水量可按下式计算：

$$\begin{aligned}\text{用水量}&=\frac{\text{鲜血重}\times\text{鲜血中蛋白质含量}}{\text{配方中要求的血液的蛋白质含量}}-100\\&=\frac{100\times 17\%}{14\%}-100\\&=21.43(\text{kg})\end{aligned}$$

血胶中其他药剂用量，根据具体情况适量加入，一般按经验增减。

现将生产上使用的一些配方举例，见表 7-11、表 7-12。

表 7-11 血液胶的配方

原料及其规格	配方/份		
	Ⅰ	Ⅱ	Ⅲ
血液(蛋白质含量 14%)	100	100	100
石灰乳(石灰：水=1：4)	3	10	3
NaOH(30%溶液)	4		3
纯碱(固体粉末)		1.5	
水玻璃(40 波美度)	1		4
氨水(50%溶液)			4
水		最后加 30～50	

表 7-12 血粉胶的配方

原料及其规格	配方/份		
	Ⅰ	Ⅱ	Ⅲ
血粉(蛋白质含量 75%以上)	100	100	100
水	400	400+(30～80)	1125
NaOH(30%溶液)	12.5		
石灰乳(石灰：水=1：4)	5	10(使用前再加 50 份水)	375
纯碱(固体粉末)		3(使用前加 15 份水)	
水玻璃(40 波美度)	5		

注：加水量是分次加入的，400 份是调血粉用的，30～80 份是在最后加入的。

2. 血胶的调制

血胶的调制也在调胶机中进行，搅拌速度不宜超过 20r/min，否则易起泡。

调制工艺如下：先将血液加入调胶机中（如用血粉，则需先用一半量的水将血粉浸泡 90～120min，再加入余量的水，搅拌均匀），然后每隔 1min 依次加入石灰乳、NaOH（或纯碱）、水玻璃等，搅拌均匀即成胶。

调制好的血胶应为深褐色有光泽的黏稠液体，如用棒挑起时，胶液以片状流下即为合适。

调胶时升高温度可加速成胶，最适宜的温度为 28～30℃，调好的胶液最后静置 10～20min 再使用，这样胶液较稳定。

(三) 血胶的性质与应用

血胶为耐水性胶，其耐水性及胶合强度在蛋白质类胶中为最优。血胶胶合板在常温水中浸泡 24h 后，胶合强度仍能达到 117.6～147N/cm^2，其可挠性也优于脲醛树脂胶合板。血胶能热压胶合，也能冷压胶合（可在调胶时加甲醛或氨水等药剂，以加速凝胶）。但冷压所得的胶层弹性和强度都差，故通常都采用热压胶合。血胶制造胶合板时，对单板含水率要求不严格，中湿度单板也能进行胶合。血胶的缺点：色深，易污染板面；有异臭，易受菌类腐蚀；固化后的胶层较硬，易磨损刀具。

为进一步提高血胶的耐水性，国外有采用加较多甲醛及少量碱来调制血胶的方法，用这种改性血胶，可制造航空胶合板。另外，也可以加二羟甲脲或六亚甲基四胺来提高耐水性。

由于血胶尚有一定量的原料来源，价格低廉，故目前在人造板生产中，还有一定数量的应用。它能用于胶合板、纤维板、刨花板的制造，用血胶制造的人造板适用于建筑、家具的制造及非食品用的包装板等。

三、酪素蛋白胶黏剂（血胶）

（一）简介

酪素也称干酪素，它是一种含磷的蛋白质，存在于动物（如牛）的乳液中。它无毒、无味，不溶于水，溶于稀碱溶液和浓酸中。

酪素胶是由干酪素、消石灰、矿物盐（如氟化钠、酸性苏打、硫酸铜）等配制的。

酪素胶对木材、硬纸板、棉布、厚绒等都有较高的粘接强度，剪切强度不低于7MPa。能耐汽油。配制简单，使用方便。用于制造胶合板时，加热或不加热均可，不加热时温度不能低于0℃，否则胶易冻结。此胶的缺点是耐水、耐腐蚀及防霉性能都很差，胶液的适用期仅为4～6h。因此它的使用受到了一定的限制。

（二）实用配方

1. 干酪素胶（质量份）

干酪素	100.0	硫酸铜	0.5
生石灰	27.0	水泥(425#)	105.0
氟化钠	12.0	水	310～350.0

说明：水泥最后加，在加压下一天固化。方便，强度高，但不耐水。适合纸板、木材的粘接。

2. 干酪素水性胶（质量份）

干酪素	75.0	氟化钠	2.2
生石灰	13.5	液体石蜡	1.1
氢氧化钠	8.2	水	180.0

说明：将水分成三份，一份与生石灰、氢氧化钠混合；一份溶解干酪素；混合后再加其余成分。常温干固。适合纸张、纸板、木材的粘接。

3. 干酪素/淀粉耐水商标胶黏剂（质量份）

干酪素	22	交联剂	0.8～1.0
分散剂	16～20	消泡剂	0.2
淀粉	4～6	防腐剂	0.02～0.05
碱	3～5	水(去离子水)	60

说明：白色均匀黏稠液体；固含量38%±2%；黏度45～100Pa·s；pH值为7.5±1；贮存期≥6个月。主要用于啤酒生产线上，粘贴铝箔或锡箔封口标签。

4. 丁苯胶乳改性干酪素标签胶黏剂（质量份）

干酪素	80～100	去离子水	200～300
尿素	60～90	消泡剂	2～5
聚乙烯醇	5～10	浓氨水	适量
丁苯胶乳	20～60	防腐防霉剂	适量
淀粉	20～50		

说明：乳白色黏稠胶状物，常温下有一定流动性；固含量 48%±2%；黏度（25℃）10000mPa·s；pH 值为 8.0～8.5；−5℃至室温，粘接性及状态无明显变化；瞬间固着，常温下 5～10h 完全干燥；常温下密封保存一年不变质。

5. 酸变性淀粉改性酪蛋白啤酒瓶标签胶（质量份）

干酪素	15	磷酸钠	1.5
变性淀粉	10	交联剂	0.8
PVA	10	防腐剂(苯甲酸)	0.5
聚丙烯酰胺	1	NaOH	0.6
尿素	8.4	水	适量

说明：乳白色黏稠状液体，具有较好的流动性，固含量 35%；pH 值 7～7.5；黏度>60000mPa·s；放置半年，无明显干缩现象，维持原状；放入冰箱（0～5℃）24h，无冻结现象，室温放置后可恢复原状。

6. 新型铝箔衬纸复合用酪蛋白胶黏剂（质量份）

干酪素	100	消泡剂	适量
尿素	22	防腐剂	适量
氨水	2.5	水	150
硼砂	3.5	其他助剂	适量

说明：淡乳黄色黏稠液体，无毒，无异味；固含量 45%±2%；pH 值 7.8～8.5；黏度 3000～4500mPa·s；贮存期>6 个月。

7. 酪素水玻璃胶和酪素水泥胶（质量份）

成分	酪素水玻璃胶	酪素水泥胶
干酪素	100	100
消石灰	27	27
氟化钠	12	12
硫酸铜	0.5	0.5
水玻璃	15～20	
水泥		105
水	300～310	310～350

说明：

（1）木质零件（含水率应为 8%～15%）用干净的毛刷，除去表面的灰尘、木屑及污物。纸板需用小刀轻轻地刮其表面，使其表面粗糙，再将零件的粘接面擦干净。

（2）用排笔或鬃刷蘸取胶液（粘接纸板时，要将胶液加热到 50～70℃），薄而均匀地涂在每一个粘接面上，在室温下晾置数分钟后，再涂上一层胶，晾置 3～25min 后叠合，用夹具固定，以防移动。在 24.5～49N/cm² 压力下，木质零件在室温下放置 24h，纸板放置 2～3h 后，方能拆除夹具。

酪素胶耐水性差，在水中浸泡 24h 后，剪切强度仅为 196～294N/cm²。

8. 粉状酪素胶黏剂（质量份）

粉状酪素胶	100	自来水	210

说明：将两种材料混合，在 20℃下，搅拌成均匀的胶液。使用时，胶液的温度不超过 20℃，配好的胶液应在当天用完。

9. 改性酪蛋白标签胶（质量份）

聚乙烯醇	22	磷酸钠	1.0
玉米淀粉	20	交联剂	0.5
干酪素	10	防腐剂	0.5
尿素	5.6	氢氧化钠	0.4
聚丙烯酰胺	2.0	深井水	242.4

说明：该胶具有黏度大，初黏力好，标签涂胶后经瞬间施压不剥落，不翘曲，干燥速度快，耐水性好（冷藏过程中无商标起皮、脱标现象）以及回收清洗商标容易等特点。完全能够满足3.6万瓶/h以下的贴标机对铝箔或锡箔纸商标的高速贴标要求。主要用于啤酒瓶的贴标。

四、皮胶与虫胶

（一）皮胶

牛皮胶是由动物的皮、筋等精炼而成的。其外观为黄色至棕色，有表面光滑或呈波纹状的薄片和粉状两种。主要用于木材、纸板、棉织品等材料的粘接。胶层耐油，能在温度为－40～60℃、相对湿度为90%的条件下使用。其缺点是：易吸水脱胶，易发霉。在胶液中加入10%的甲醛溶液，能降低其吸水性；加入3%～5%的对硝基酚溶液（10%的水溶液），能提高其防霉性能。加入2%～3%的甘油，可以提高其韧性。

1. 配方一

（1）配方（质量份）

牛皮胶	100	10%对硝基酚水溶液	3～5
水	200		

（2）配制　将牛皮胶放在水中浸泡4～6h后，放在70～80℃的水浴内，不断搅拌至全部溶解为止，再加入对硝基酚水溶液。

（3）工艺

① 木质零件（含水率不应超过15%）在粘接前，用砂纸打毛。纸质和棉织品应除去灰尘和污物。

② 为了加速牛皮胶的硬固，在涂胶前，粘接面应刷一层甲醛溶液，然后再均匀地涂一层胶液。在室温下晾置3～5min后叠合。

③ 零件在0.3～0.5MPa压力，室温下放置24h。

④ 低温时胶液会结冻，使用时要放在水浴中加热。

2. 配方二

（1）配方（质量份）

牛皮胶	100	酸性硫柳汞	2
水	100	乙醇	20
酚醛涂料(相对密度0.9～0.95)	200		

（2）配制　将牛皮胶在水中浸泡1h，使其吸水膨胀。在60～70℃的水浴中加热，并搅

拌均匀。先将酸性硫柳汞溶解在乙醇中，加入酚醛涂料中调匀后，再逐渐地加入已溶解好的牛皮胶内，不断搅拌均匀。

(3) 工艺 用毛刷除去木材表面的灰尘、木屑后，将胶液均匀地涂在粘接面上，把粘接面紧紧叠合。亦可在胶层周围涂甲醛溶液，以降低胶层的吸水性。在室温下放置24h以上，方可装配或加工。

在配制和使用时，要注意以下几点。

① 涂甲醛溶液的量不宜太多，否则会使胶层发脆，影响粘接强度。

② 配好的胶液要趁热使用，一次配胶量不宜过多。

③ 酸性硫柳汞有剧毒，甲醛溶液有刺激性，在配胶时要戴上防护用具。

(4) 性能 粘接木材，剪切强度为-0.1MPa。胶层吸水性小，能防潮、防霉。可在恶劣的环境下使用，在温度-40～55℃、相对湿度为98%的环境下，能正常使用。

(二) 虫胶

虫胶又称紫胶、洋干漆或漆片。它是寄生在树枝上的紫胶虫的分泌物，是一种呈紫红色的热塑性天然树脂。由于虫胶具有粘接力强、绝缘性能好、防水、防潮及耐酸等优点，应用广泛。常用于云母片等的粘接，还可以配制焊泥。

1. 配方一

(1) 配方（质量份）

乙醇	5	虫胶	1

(2) 配制 将虫胶放入乙醇内，搅拌，使其溶解。

(3) 工艺

① 将排列着的金属与陶瓷小零件，置于专用夹具上，放入120℃的烘箱内干燥10min。

② 将虫胶胶黏剂均匀地涂于零件上，放入烘箱内，待乙醇挥发后，虫胶成黏状时，叠合、冷却。

(4) 用途 用于云母片的粘接以及金属与陶瓷零件的粘接。如用于外径小于ϕ10mm的压电陶瓷片的粘接，以进行外圆磨削加工。若用虫胶配成25%～30%的乙醇溶液，可用于导线头固定。

2. 配方二

(1) 配方（质量份）

虫胶	350	松香	350
碳酸钙	500	蓖麻油	15mL

(2) 配制 将松香放入容器内，在电炉上加热，熔化后，加入碳酸钙和蓖麻油，搅拌，再加入虫胶，搅拌均匀。趁热倒入小方盒内，冷却后取出。

(3) 工艺 粘接时，把架板和火漆胶烤热，叠合，然后把晶体和火漆胶的另一面叠合，待自然冷却后，即进行切片加工。

(4) 用途 在激光器研制过程中，用于各类晶体加工时的粘接。晶体只能微热和自然冷却，否则容易引起应力集中。加工完毕后，可用丙酮或甲苯、乙醇浸泡，除去火漆胶。

3. 配方三

(1) 配方(质量份)

虫胶	60	蓖麻油	10
三氧化二铁粉	30	乙醇	150～200

(2) 配制　将虫胶溶于乙醇中，加入三氧化二铁粉，再加蓖麻油，搅拌均匀。

(3) 工艺　将胶涂于表面处理过的螺钉上，拧上螺钉，室温固化。

(4) 用途　用于螺钉封固及导线头的固定。

参考文献

[1] 来水利，王晶丽，李文韬，等. 水性羟基丙烯酸树脂的合成及性能研究［J］. 热固性树脂，2016. 31（1）：1-5.

[2] 卢招弟，张爱黎，邢文男. 有机硅改性环氧丙烯酸乳液的制备研究［J］. 沈阳理工大学学报，2016，35（1）：97-101.

[3] 高静雅，候发秋，卿宁. 有机硅/纳米 SiO_2 改性核壳型丙烯酸乳液的研究［J］. 材料导报，2015，29（专辑 26）. 68-72.

[4] 王春久. 水性压敏胶成功所在——丙烯酸胶乳 Aronal［J］. 粘接. 1996，17（5）：28-32.

[5] 陈小锋. 一种新型水性丙烯酸复合粘合剂［J］. 塑料包装，2010，20（1）：37-38.

[6] 陈小锋，李岗，沈峰. 双组分水基丙烯酸复合粘合剂的研究［J］. 粘接，2010（11）：53-55.

[7] 陈未凤，傅和青. 纳米 Fe_3O_4 改性水性丙烯酸酯磁性压敏胶的制备与性能表征［J］. 化工学报，2015，66（2）：5135-5141.

[8] 李哲，李文刚，高亮，等. 锂离子电池用水性丙烯酸酯胶粘剂的制备及性能研究［J］. 中国胶粘剂，2015，24（12）：40-45.

[9] 焦斌，衣守志，杜天源，等. 环保型水基防锈剂的合成及其性能［J］. 材料保护，2015，48（6）：39-41.

[10] 冯瑞琪，朱炳华. 环保型弹性白胶浆成膜树脂的研制［J］. 广州化工，2015，43（11）：111-113.

[11] 李培枝，刘晨迪，赵会芳，等. 自乳化全氟烷基阳离子聚丙烯酸酯乳液的制备及涂膜性能［J］. 陕西科技大学学报，2015，33（6）：99-103.

[12] 包一岑，李小瑞，费贵强. 自交联型水基丙烯酸酯胶粘剂的合成与性能研究［J］. 中国胶粘剂，2013，22（12）：36-40.

[13] 刘钦，沈一丁，费贵强，等. 自交联酪素接枝丙烯酸酯共聚物乳液的制备及表面施酸和增强机理［J］. 高分子材料科学与工程，2011，27（7）：151-154.

[14] 徐群娜，鲁璐，王璐瑶，等. 中空型聚丙烯酸酯/酪素基 SiO_2 纳米复合皮革涂饰剂的研究［J］. 陕西科技大学学报，2015，33（3）：7-11.

[15] 范念念，王晓莉，熊晓，等. 丙烯酸酯乳液胶粘剂配方和工艺研究进展［J］. 粘接，2013（12）：41-44.

[16] 杨帆，陈远辉，顾晨成，等. 紫外光固化水性聚氨酯丙烯酸粘合剂的印花性能［J］. 纺织学报，2016，37（3）：82-86.

[17] 谭德新，王艳丽，鲁桦萍，等. 紫外光固化法合成 St/AMPS/AM 三元共聚高吸水性树脂［J］. 化工新型材料，2015，43（1）：49-51.

[18] 张心亚，蓝仁华，陈焕钦. 单组分水性有机硅改性丙烯酸乳液胶粘剂的合成与性能［J］. 化学建材，2003，（3）：36-38.

[19] 王宇航. 丙烯酸酯乳液改性方法研究进展［J］. 中国胶粘剂，2013，22（9）：51-55.

[20] 马红霞，李耀仓，魏凡，等. 丙烯酸酯乳液的合成及改性研究［J］. 中国胶粘剂，2012，21（6）：14-18.

[21] 刘万鹏. 一种环氧改性丙烯酸乳液的合成［J］. 新疆有色金属，2012（增刊 2）：136-138.

[22] 狄剑锋，刘裕文，纪凤龙. 交联型有机硅改性聚氨酯乳液的合成及其性能［J］. 纺织学报，2016，37（1）：75-80.

[23] 费贵强，李晓扬，包一岑，等. 丙烯酸羟丙酯对自交联型丙烯酸酯胶粘剂乳液性能的影响［J］. 陕西科技大学学报，2015，33（4）：80-83.

[24] 钱皓，潘翠莲. 无 APEO 型环氧树脂改性苯丙共聚乳液的制备［J］. 中国涂料. 2015，30（1）：26-28.

[25] 艾照全，蔡婷，鲁艳. 高固含量水性丙烯酸酯乳液制备及其作为胶粘剂应用进展［J］. 粘接. 2013（11）：33-36.

[26] 裴世红，石博文，宋微. 有机氟和环氧树脂改性丙烯酸酯乳液的合成研究［J］. 中国胶粘剂. 2012，21（10）：13-17.

[27] 贾茹，梁红波，熊磊. 紫外光固化水性聚氨酯-含氟丙烯酸酯乳液的制备及稳定性研究［J］. 中国胶粘剂，2011，20（3）：30-36.

[28] 刘万鹏，张爱黎. 环氧改性丙烯酸乳液的合成与性能研究［J］. 沈阳理工大学学报，2009，28（6）：79-83.

[29] 杨丑伟，王香梅，张晶，等.阳离子水性聚氨酯/聚丙烯酸酯乳液的制备与性能研究 [J].化学推进剂与高分子材料.2012，10(2)：69-72.
[30] 王晓明，王经文，李晴，等.水性丙烯酸酯乳液的合成及性能研究 [J].化学工程师，2012(3)：1-5.
[31] 包一岑，沈一丁，费贵强.丙烯酸对自交联型水基丙烯酸酯胶粘剂乳液性能的影响 [J].高分子材料科学与工程，2014，30(12)：28-33.
[32] 徐天柱，徐军，施光义.高固含量丙烯酸酯微乳液的研究 [J].中国胶粘剂，2010，19(3)：24-27.
[33] 李哲，李文刚，高亮，等.锂离子电池用水性丙烯酸酯胶粘剂的制备及性能研究 [J].中国胶粘剂，2015，24(12)：40-44.
[34] 王雪荣，黄旭东.硅烷共聚改性丙烯酸酯乳液胶粘剂 [J].粘接，2013(1)：59-61.
[35] 肖建伟，刘大娟，严辉，等.FPC用丙烯酸酯耐高温保护膜的制备和性能研究 [J].中国胶粘剂，2013，22(3)：26-30.
[36] 周风，郑水蓉，汪前莉，等.丙烯酸酯乳液胶粘剂的合成及性能研究 [J].中国胶粘剂，2013，22(8)：45-48.
[37] 王传霞，曹长青，胡正水.新型丙烯酸酯乳液胶粘剂的应用研究 [J].中国胶粘剂，2012，21(9)：26-29.
[38] 韩静，吴丹，权衡.环保型有机硅改性/纳米原位复合聚丙烯酸酯粘合剂的制备 [J].武汉纺织大学学报，2012，25(6)：50-54.
[39] 刘波.环氧树脂改性苯-丙乳液胶粘剂的制备 [J].广州化工，2012，40(9)：92-94.
[40] 张启忠，刘明，刘仲一，等.纸塑覆膜胶乳液的制备研究 [J].弹性体，2011，21(6)：34-38.
[41] 王亚妮，张瑞，李峰，等.改性丙烯酸酯胶粘剂的研制 [J].粘接，2011(3)：68-70.
[42] 刘春彦，王玉芬，吴全才.环氧树脂改性醋-丙乳液胶粘剂的研究 [J].广州化工，2011，39(15)：76-78.
[43] 梁文庆，唐宏科，胡应燕.乳液型纸塑复合胶粘剂的研制 [J].粘接，2010(6)：53-55.
[44] 林粤顺，周新华，叶少英，等.环保型自交联印花胶粘剂的制备及耐水性研究 [J].涂料工业，2014，44(1)：46-51.
[45] 范念念，王晓莉，熊晓，等.丙烯酸酯乳液胶粘剂配方和工艺研究进展 [J].粘接，2013(12)：41-46.
[46] 崔梦雅，李瑞海，刘川，等.丙烯酸酯乳液及其胶膜的制备和性能表征 [J].高分子材料科学与工程，2014，3，17-21.
[47] 郭文录，高才华，金志明.丙烯酸乳液胶粘剂的合成与研究 [J].化工新型材料，2014，42(6)：78-80.
[48] 刘毅，郑军，张士军.一种水性封口胶的研制 [J].中国胶粘剂，2014，23(6)：38-42.
[49] 周建钟，吴潇，李泳铮，等.纤维素-丙烯酸酯胶粘剂制备工艺 [J].林业科技开发，2014，28(5)：117-120.
[50] 高亮，李文刚，李哲，等.含氟丙烯酸系胶粘剂的合成及研究 [J].山东化工，2015，44(8)：14-19.
[51] 李应林，阮镜棠，张银华.一种高性能紫外光固化胶粘剂的制备 [J].粘接，2014(4)：65-68.
[52] 邢珍珍，陈朱辉，岳贤田，等.枫香树脂/丙烯酸酯复合乳液及其压敏胶粘剂的性能 [J].2014，41(3)：94-99.
[53] 李国强，于洁，郭文勇，等.聚氨酯丙烯酸酯增韧环氧丙烯酸酯光固化胶的制备 [J].电镀与涂饰，2013，32：65-68.
[54] 李国强，于洁，郭文勇，等.聚氨酯丙烯酸酯的合成及光固化胶性能研究 [J].化学与生物工程，2013，30(5)：54.
[55] 马红霞，李耀仓，雷木生.保护膜用丙烯酸酯乳液压敏胶的制备 [J].广州化工，2013，41(13)：86-88.
[56] 田巧，刘威胜.水性汽车阻尼板用压敏胶的研制 [J].广州化工，2013，41(14)：98-100.
[57] 谢正瑞，刘晓暄，崔艳艳.紫外光固化丙烯酸酯压敏胶研究进展 [J].中国胶粘剂.2013，22(8)：53-57.
[58] 周建钟，余丽艳，马海杰，等.乳液型竹纤维素-丙烯酸酯压敏胶制备初探 [J].生物质化学工程，2012，46(6)：21-24.
[59] 宋亦兰，陈建，吴召洪，等.耐热性乳液型丙烯酸酯压敏胶的合成 [J].弹性体，2012，22(6)：24-27.
[60] 王宇航.有机硅改性丙烯酸酯PSA的制备方法及应用研究进展 [J].中国胶粘剂，2013，22(2)：45-48.
[61] 石正金，潘守伟.一种高附着力丙烯酸酯密封胶的制备 [J].中国建筑防水，2012，(6)：11-13.
[62] 韩君.聚丙烯酸酯压敏胶的研制及其在反光膜中的应用 [J].粘接，2011(10)：67-70.
[63] 汪丽婷，冯瑞琪.水性压敏粘剂的研制 [J].广州化工，2013，41(14)：127-129.
[64] 曾兴业，莫美元，黄嘉俊，等.可热剥离压敏胶型保护胶片的制备及性能研究 [J].中国胶粘剂，2015，24(9)：28-31.
[65] 何伟，高明华，姜云刚，等.氟碳铝型材保护膜用压敏胶的制备与性能 [J].中国胶粘剂，2013，22(2)：22-25.

[66] 刘德峥，陈炳和，黄艳琴. 环保抗冻型聚乙酸乙烯酯乳液胶粘剂的合成与性能［J］. 精细石油化工，2009，26（5）：59-62.
[67] 吴建一，赵惠明，彭文彬. 低甲醛环保型醋酸乙烯酯粘合剂的研究［J］. 嘉兴学院学报，2003，15（6），15-17.
[68] 程增会，林永超，刘美红，等. D3 级耐水醋酸乙烯酯乳液胶粘剂的合成［J］. 中国胶粘剂，2015，24（3）：40-44.
[69] 李东哲. 抗水性和抗冻性聚乙酸乙烯酯乳液胶粘剂的制备［J］. 甘肃化工，2004（3）：19-22.
[70] 王少会，李春燕，郭赞如，等. 氧化淀粉交联改性 PVA 胶粘剂的制备与性能研究［J］. 中国胶粘剂，2015，24（7）：1-4.
[71] 朱林晖，李晓，庞道雄，等. 环保型 PVF 胶粘剂的制备［J］. 山东科技大学学报，2010，29（3）：47-50.
[72] 陈平绪，赖学军，左建，等. 改性 PVA 耐水环保贴标粘合剂的制备［J］. 中国胶粘剂，2007，16（4）33-36.
[73] 李明田，杨瑞嵩，附青山，等. 双改性剂对聚乙烯醇缩甲醛胶粘剂性能的影响［J］. 中国胶粘剂，2015，24（4）：37-39.
[74] 郑军，张竞心. 新型醋丙水性干法复膜胶的研制［J］. 化学与粘合，2014，36（4）：285-289.
[75] 洪林娜，李斌，黄辉，等. 改性聚醋酸乙烯酯乳液的制备及其性能研究［J］. 石油化工，2013，42（10）：1154-1158.
[76] 谢引玉，PVA 乳液的制备及其应用进展的研究［J］. 企业家天下，2010（1）：64-66.
[77] 白龙，李志国，邬洪川，等. 高频固化型单组分 PVAc-TDI 复合胶粘剂的制备［J］. 中国胶粘剂，2014，23（2）1-4.
[78] 白龙，顾继友，张彦华，等. 丙烯酸酯改性 PVAc 乳液胶粘剂及热性能研究［J］. 中国胶粘剂，2013，22（6）：1-5.
[79] 王永贵，刘芷晴，阚明君，等. 响应面优化法研究己二酸/聚乙烯醇水凝胶的合成［J］. 应用化工，2015，44（12）：2264-2267.
[80] 龙一飞，鄢小虎，潘婵，等. TDI 交联改性聚乙烯醇水性胶粘剂的合成工艺研究［J］. 中国胶粘剂，2015，24（10）44-48.
[81] 吴蓁，项瑜，张立亭，等. 水性木材胶粘剂的制备与性能研究［J］. 中国胶粘剂，2012，21（12）：45-48.
[82] 王焕，徐恒志，鲍俊杰，等. 水性聚氨酯胶粘剂应用进展［J］. 涂料技术与文摘，2014（1）：10-14.
[83] 孟龙，孙宾宾. 水性聚氨酯胶粘剂的开发与应用研究［J］. 山东化工，2015，44（23）：33-35.
[84] 奉定勇. 水性聚氨酯胶粘剂的研究进展［J］. 聚氨酯工业，2010，25（1）：9-12.
[85] 冯梅金，王丽，柳明. 水性聚氨酯胶粘剂的应用现状及发展趋势［J］. 化工管理，2016（1）：102-103.
[86] 马钢，刘树来，李孟倩，等. 水性聚氨酯复膜胶的制备与表征［J］. 粘接，2014（6）：75-76.
[87] 郭文杰，傅和青，司徒粤，等. 环氧大豆油改性水性聚氨酯胶粘剂［J］. 包装工程，2008，29（8）：1-3.
[88] 陶灿，韩飞龙，鲍俊杰，等. 直接/乳化共混法制备硅丙/水性聚氨酯乳液及其性能研究［J］. 应用化工，2015，44（4）：680-684.
[89] 宁继鑫，郭学方，范浩军，等. 硬段结构对水性聚氨酯胶粘剂结晶性和微相分离的影响［J］. 皮革科学与工程，2014，24（6）：10-15.
[90] 龙云飞，徐军标，文衍宣，等. 液化木薯淀粉制备聚氨酯木材胶粘剂［J］. 中国胶粘剂，2015，24（11）：26-30.
[91] 李文，唐星华，张爱琴，等. 松香基水性聚氨酯施胶剂的制备及其应用［J］. 现代化工，2015，35（10）：118-121.
[92] 刘晶，李强，严启飞. 水性聚氨酯印花黏合剂的制备［J］. 印染，2014，（24）：29-32.
[93] 宁继鑫，鲍亮，刘世勇，等. 水性聚氨酯鞋用胶粘剂粘接机理研究（Ⅰ）——界面张力影响［J］. 皮革科学与工程，2015，25（6）：5-10.
[94] 徐艳英，杨凯. 环保型固体胶棒的研制［J］. 中国胶粘剂，2008，17（3）：24-26.
[95] 周爱军，陈颖，周厚仁，等. ST/SA/AA 超强吸水剂共混改性水性聚氨酯的制备及性能研究［J］. 材料导报 B，2013，27（4）：59-62.
[96] 陈士杰. 水性聚氨酯的改性及在压敏胶中的应用研究进展［J］. 胶体与聚合物，2015，33（4）：168-170.
[97] 沈新安，郑苏. 环保型脲醛树脂胶粘剂的合成［J］. 中国胶粘剂，2011，20（4）：10-13.
[98] 吕玮，陈登龙，侯有德. 环保型脲醛树脂的制备工艺研究［J］. 化学工程与装备，2011（12）：15-18.
[99] 俞丽珍，刘东东，刘璇，等. 氧化淀粉改性脲醛树脂胶粘剂的合成工艺研究［J］. 中国胶粘剂，2013，22（8）：2.
[100] 鲁玉娇，彭奇均. 端羧基丁腈橡胶和柔性聚醚胺增韧 EP 胶粘剂的研究［J］. 中国胶粘剂，2015，24（1）：21-24.
[101] 郭秀鹏. 水性聚氨酯胶粘剂的研究进展［J］. 化工中间体，2011，（10）：1-5.
[102] 方铭中，黄活阳，刘同科，等. 建筑用硅烷改性聚氨酯密封胶研究进展［J］. 中国建筑防水，2014（1）：6-10.

[103] 郑延清，邹友思. 双组分水性聚氨酯胶黏剂的合成及表征 [J]. 厦门大学学报，2014，53（5）：711-717.
[104] 王洪祚，王颖. 水性聚氨酯的合成及改性 [J]. 粘接，2012（8）：69-74.
[105] 周建石，马全领，季永新. 卡基材料用水性聚氨酯覆膜胶的合成及应用 [J]. 中国胶粘剂，2013，22（4）：37-40.
[106] 吴明江，丁温娜，王雪琴，等. 单组分水性聚氨酯复膜胶研制 [J]. 粘接，2012（7）：38-41.
[107] 孙艳美，郭建平，沈如春，等. 不同硬段型水性聚氨酯胶粘剂的合成和性能比较 [J]. 科技导报，2010，28（5）：68-73.
[108] 龚立祝，张旭东，王月，等. 封闭型聚氨酯-环氧树脂复合乳液的合成及其防腐性能研究 [J]. 涂料工业，2015，45：12-17.
[109] 黄斌全，章嘉丽，龚鑫海，等. 新型双组分丙烯酸环氧酯胶粘剂的制备与性能研究 [J]. 粘接，2012（11）：65-67.
[110] 谢建军，黄凯，贺国京，等. 水中固化环氧树脂胶粘剂制备与性能研究 [J]. 化学与粘合，2014，36（1）：5-10.
[111] 翟良芳，赵倩，王晓莉，等. 水性环氧树脂乳液的制备与性能 [J]. 粘接，2012（6）：60-64.
[112] 付长清，陈樟，程传杰，等. 多巯基水性 EP 低温固化剂的制备及性能研究 [J]. 中国胶粘剂，2011，20（12）9-12.
[113] 范静，刘少友. 水溶性聚氨酯热熔胶的制备 [J]. 包装工程，2014，35（17）：65-68.
[114] 邬洪川，李志国，白龙，等. 单组分封闭异氰酸酯胶束/聚乙烯醇复合胶粘剂 [J]. 粘接，2014（4）：45-49.
[115] 黄丹丹，季永新. 新型醇溶性双组分 PUA 复膜胶的制备与性能 [J]. 中国胶粘剂，2012，21（8）：32-36.
[116] 项尚林，林峰，邹巍巍. 硅溶胶改性水性聚氨酯胶粘剂的研究 [J]. 中国胶粘剂，2015，24（2）：45-48.
[117] 杜媛，李小瑞，赖小娟，等. 磺酸型水性聚氨酯胶粘剂的制备及性能研究 [J]. 功能材料，2013，44（18）：2680-2683.
[118] 王颖，康小孟，罗志臣，等. 水性环氧树脂改性聚乙烯吡咯烷酮固体胶的研制 [J]. 轻工科技，2014，（12）：22-23.
[119] 李楠，魏婷，张立忠. 水性环氧树脂乳液的制备及性能表征 [J]. 辽宁化工，2015，44（8）：926-927.
[120] 黄尊行. 耐水性环氧树脂建材胶粘剂研究 [J]. 化学工程与装备，2015，（12）：30-34.
[121] 虞鑫海，李明坤，陈吉伟，等. 无溶剂无色透明快速固化环氧胶粘剂的研制 [J]. 热固性树脂，2016，31（2）：29-32.
[122] 方红霞，吴强林，刁小威，等. 高性能环保木质素基酚醛胶粘剂的制备 [J]. 复旦学报，2009，48（3）：295-300.
[123] 张志君，李永磊，张世伟等. 水性淀粉基酚醛粘合剂的研制 [J]. 2015，43（13）：111-113.
[124] 赵向飞,彭兰勤,王彦斌，等. 酚醛粘合剂用氧化淀粉的制备 [J]. 工业科技，2015，44（7）：40-42.
[125] 曾丹，赵临五，王春鹏，等. 树皮粉尿素改性酚醛树脂胶粘剂的制备和热压性能 [J]. 中国胶粘剂，2015，24（3）：36-38.
[126] 白玉梅，原建龙，高振华. 利用苯酚液化树脂制备环保耐水性木材胶粘剂及其表征 [J]. 高分子材料科学与工程，2012，28（7）：91-94.
[127] 郭本辉，邹向菲，田端正，等. 改性水溶性. PUF 木材胶粘剂合成与研究 [J]. 浙江化工，2013，44（3）
[128] 乔治邦，左迎峰，王宗博，等. 热固性双醛淀粉胶粘剂的制备及性能研究 [J]. 西南林业大学学报，2013，33（6）：84-88.
[129] 于晓芳，王喜明，薛亚楠，等. 有机蒙脱土改性脲醛树脂胶粘剂的制备及性能研究 [J]. 中国胶粘剂，2014，23（2）：23-25.
[130] 顾顺飞，张统，陆立楠，等. 弱酸性起始条件合成改性 UF 胶粘剂的工艺性能研究 [J]. 中国胶粘剂，2016，25（3）：29-36.
[131] 方丽华，杨惠贤，苏志忠，等. 环境友好脲醛树脂胶的制备 [J]. 三明学院学报，2014，31（6）：70-75.
[132] 刘璇，于清洋，俞丽珍，等. 苯酚/聚乙烯醇改性脲醛树脂胶粘剂的制备及性能研究 [J]. 中国胶粘剂，2014，23（8）：39-42.
[133] 游建华，罗文杰，李乐凡，等. 改性 PVA/天然胶乳胶粘剂的研究 [J]. 化学工程师，2013（5）：11-13.
[134] 刘春芳，金朝辉. 一种用于轮胎生产的水基型胶粘剂 [J]. 世界橡胶工业，2010，37（9）：29-30.
[135] 孙德乾，战秀梅，欧阳倮倮. 天然橡胶胶乳胶粘剂的性能对比 [J]. 中国高新技术企业，2010（18）：13-16.
[136] 李吉，马文石，胡维浦. 水性氯丁胶乳的制备、改性及应用 [J]. 粘接，2011（10）：11-13.
[137] 刘玉田. 用于真空成型多层复合材料的水基型氯丁胶粘剂 [J]. 世界橡胶工业，2010，37（3）：25-30.
[138] 贺鹏. 一种浅色聚硫密封胶的研制 [J]. 化学工程与装备，2014（11）：52-54.

[139] 赵斌，李利军，郭宁，等. 聚乙烯醇缩乙醛树脂改性木薯淀粉基木材胶粘剂的研制［J］. 中国胶粘剂，2015，24（8）：34-37.
[140] 赵斌，李利军. 木薯淀粉基木材胶粘剂的制备与性能研究［J］. 中国胶粘剂，2015，24（3）：45-48.
[141] 顾蓉，穆宝宁，王刚，等. 魔芋基共混胶粘剂的制备及其性能评价［J］. 中国胶粘剂，2015，24（7）：5.
[142] 包杰，王鸿博，高卫东. 部分糊化淀粉浆液的制备及上浆性能测试［J］. 棉纺织技术，2014，42（5）：11-14.
[143] 包杰，王鸿博，高卫东. 部分糊化淀粉浆料性及上浆性能的研究［J］. 棉纺织技术，2014，42（11）：16-20.
[144] 杨小玲，陈佑宁. 交联氧化淀粉胶黏剂的制备及性能研究［J］. 化学与黏合，2013，35（3）：13-16.
[145] 欧阳国寻，温淼琴，杨晨，等. 氧化改性淀粉胶黏剂的制备［J］. 上海工程技术大学学报，2015，29（2）：198-19.
[146] 李丽霞，贾富国，孙培灵，等. 提高淀粉基木材胶粘剂耐水性的工艺优化［J］. 农业工程学报，2009，25（7）：299-303.
[147] 刘志敏，顾正彪，程力，等. 原淀粉和预处理方法对淀粉基木材胶粘剂性能的影响研究［J］. 食品与生物技术学报，2009，28（3）：325-328.
[148] 王松林，张仿仿，陈夫山. 酶解木薯淀粉胶黏剂的制备及其应用［J］. 造纸化学品与应用，2013（2）：16-20.
[149] 朱晓飞，姜迪，张龙. 淀粉 IPN 型环保胶粘剂的合成［J］. 中国胶粘剂，2008，17（3）：13-17.
[150] 李晓玺，刘坤，黄晨，等. 酯化淀粉薄膜中增塑剂与淀粉分子间相互作用的研究［J］. 现代食品科技，2013，29（12）：2860-2864.
[151] 章昌华，管猛. 酯化淀粉胶粘剂的合成研究［J］. 粘接，2012（7）：62-65.
[152] 王必囤，顾继友，左迎峰，等. 木材用淀粉基复合胶黏剂的制备与性能［J］. 东北林业大学学报，2012，40（2）：85-88.
[153] 谭海彦，左迎峰，张彦华，等. 淀粉基木材胶黏剂的耐水性改性及表征［J］. 中国林业科技大学学报，2012，32（7）：115-118.
[154] 徐竟. 改性大米淀粉胶粘剂的制备和应用［J］. 中国胶粘剂，2009，18（3）：37-39.
[155] 梁祝贺、黄智奇，张雷娜，等. 二步交联法改善淀粉胶黏剂的耐水性［J］. 包装工程，2010，31（7）：11-14.
[156] 钱志国，王永涛，韩宇，等. 改性淀粉/EVA 共混低成本热熔胶的制备及性能研究［J］. 中国胶粘剂，2009，18（7）：17-21.
[157] 王书丽，于静，李敏贤，等. 环保型改性玉米淀粉粘合剂的研究［J］. 包装工程，2015，36（17）：30-34.
[158] 杨小玲，陈佑宁. 交联淀粉胶粘剂的制备及其性能研究［J］. 中国胶粘剂，2013，22（2）：9-12.
[159] 郑立楠，郝笑龙，余倩，等. 木材用玉米淀粉胶粘剂的改性研究［J］. 中国胶粘剂，2012，21（6）：23-25.
[160] 甘卫星，苏发导，汤衍荣，等. 木薯淀粉基环保型木材胶粘剂的合成研究（Ⅰ）［J］. 中南林业科技大学学报，2011，31（9）：128-132.
[161] 黄智奇，梁祝贺，张雷娜，等. 三聚氰胺甲醛树脂改性淀粉胶粘剂的研究与应用［J］. 包装工程，2011，（32）：29-32.
[162] 高振忠，孙伟圣. 木材用改性淀粉胶黏剂的制备［J］. 林业科学，2009，45（7）：106-110.
[163] 周庆，郭佳能，张京京，等. 交联-接枝双重改性淀粉基木材胶黏剂的合成研究［J］. 包装工程，2011，32（11）：17-20.
[164] 张洁，高飞，胡琦. 香豆胶羧基化条件的研究［J］. 西南石油大学学报，2008，30（2）：19-22.
[165] 杨文鑫，程建军，薛艳芳，等. 大豆分离蛋白基环保型胶水配方优化及特性研究［J］. 食品工业科技，2014，86-91.
[166] 曾念，谢建军，丁出，等. PVAc 乳胶/改性大豆分离蛋白共混胶粘剂的制备及性能［J］. 化工进展，2014，33（12）：3368-3373.
[167] 刘聪，张洋，杨雨薇. 微纳纤丝改性豆胶制造染色杨木胶合板［J］. 木材工业，2011，25（4）：44-46.
[168] 陈奶荣，赖玉春，林巧佳. 不同防腐剂对大豆胶粘剂防腐性能的影响［J］. 福建林学院学报，2009，29（1）：53-56.
[169] 刘翔，陈梦军，孙军. 以豆酸为胶粘剂的杨木胶合板传热性能及其影响因素［J］. 林业机械与木工设备，2015，43（11）：32-34.
[170] 郭守军，杨永利，崔秀荣，等. 猪屎豆胶与黄原胶复配胶的流变性研究［J］. 食品科学，2008，29（8）：109-111.
[171] 王清，张帅，孙晓然，等. 新型阳离子化羟乙基纤维素的合成与应用研究［J］. 中国陶瓷，2013，49（3）：52-55.
[172] 陈书霖，陶忠，吴菲菲，等，鱼皮明胶蛋白膜的制备及其性能改良［J］. 集美大学学报，2012，17（5）：335-342.
[173] 张俊杰，刘桂芳. 鱼鳞胶的制备及成分测定［J］. 河北理工大学学报，2008，30（4）：127-129.

[174] 王菌，黄煜，许永安，等.鱼鳞胶原-壳聚糖止血海绵的制备[J].渔业科学进展，2012，33(1)：129-135.
[175] 黄焕，王欣，刘宝林.鱼鳞胶原蛋白提取技术及应用[J].食品科技，2009，34(1)：208-211.
[176] 于巍，熊光权，程薇，等.草鱼鱼鳞胶的性质研究[J].食品科技，2010，35(10)：106-109.
[177] 潘杨，许学勤，酸碱法提取鱼鳞胶的工艺研究[J].食品科技，2008(3)：183-186.
[178] 曾少葵，刘坤，吴艺堂，等.脱钙罗非鱼鱼鳞明胶提取工艺优化及其理化性质[J].南方水产科学，2013，9(2)：39-44.
[179] 翁武银，吴菲菲，大迫一史，等.脱水热处理改善鱼皮明胶可食膜的性能[J].农业工程学报，2013，29(22)：289-290.
[180] 翁武银，刘光明，苏文金，等.鱼皮明胶蛋白膜的制备及其热稳定性[J].水产学报，2011，35(12)：1890-1896.
[181] 苏秀霞，景洁，李仲谨，等.混合酸-水解法合成新型改性骨胶及性能研究[J].中国胶粘剂，2011，20(4)：5-9.
[182] 郭明媛，苏秀霞，周丽，等.硫酸铝改进骨胶的制备及其胶接工艺[J].中国胶粘剂，2015，24，29-32.
[183] 苏秀霞，杨玉娜，王培霖，等.蒙脱土吸附骨胶的影响因素研究[J].中国胶粘剂，2012，21(2)：25-29.
[184] 王培霖，李仲谨，丁金皓.乙醇改性骨胶胶粘剂的制备及其耐水性研究[J].中国胶粘剂，2010，19(8)：27-30.
[185] 苏秀霞，郭明媛，张丹，等.液体骨胶胶粘剂的合成与性能研究[J].中国胶粘剂，2013，22(8)：32-35.
[186] 苏秀霞，杨玉娜，王培霖，等.戊二醛交联型骨胶/MMT复合物的性能研究[J].包装工程，2012，33(11)50.
[187] 郭明媛，苏秀霞，周丽，等.Al^{3+}改性骨胶粘合材料合成机理及耐水性研究[J].功能材料，2015，46(12)：12039-12043.
[188] 朱欣星，安然，李昌朋，等.胶原与明胶的结构研究：方法、结果与分析[J].皮革科学与工程，2012，22(5)：9.
[189] 李芳，王全杰，侯立杰.明胶微囊的应用现状与发展趋势[J].中国皮革，2011，40(1)：43-46.
[190] 张海洋，吕怡，倪悦，等.明胶/CMC复合凝聚法制备微胶囊研究[J].食品机械，2010，26(5)：44-47.
[191] 国晓辉，王亚斌，孙守慧，等.一种环保型粘虫胶的制备与性能研究[J].沈阳农业大学学报，2010，41(5)：618-621.
[192] 赵杰，侯宝杰，姜丽娜，等.猪源纤维蛋白黏合剂封闭视网膜裂孔的实验研究[J].眼科，2015，24(4)：254-257.
[193] 卜海艳，苏秀霞，郭明媛.配位改性液体耐水骨胶胶粘剂的研究[J].现代化工，2015，35(11)：111-115.
[194] 麻馨月，时君友.漆酶活化纤维素乙醇木质素胶粘剂的合成工艺研究[J].中国胶粘剂，2015，24(12)：15-18.